鸽群优化

Pigeon-Inspired Optimization

段海滨　霍梦真◎著

科学出版社

北　京

内 容 简 介

本书系统深入地阐述了鸽群优化的起源、原理、模型、理论、改进及应用,力图概括该算法自提出以来的国内外最新研究进展。全书共 9 章,主要包括鸽群优化思想起源和研究现状,鸽群优化机制原理、数学模型和实现流程,鸽群优化收敛性理论证明、首达时间及参数选择,鸽群优化模型改进,鸽群优化在任务规划、自主控制、信息处理、电气能控等领域的典型应用,以及鸽群优化研究前沿与展望。本书面向工程实际应用,突出前沿学科交叉,强调理论基础支撑,着眼优化技术发展,取材新颖,深入浅出,覆盖面广,系统性强,力求使广大读者能快速掌握和应用这一新兴的仿生群体智能优化方法。

本书可作为智能科学与技术、控制科学与工程、仿生科学与工程、计算机科学与技术、系统科学、机械工程、电气工程、电子科学与技术、航空宇航科学与技术等相关学科领域科研工作者、工程技术人员和高等院校师生的参考书,也可作为研究生和高年级本科生的教科书。

图书在版编目(CIP)数据

鸽群优化/段海滨, 霍梦真著. —北京:科学出版社, 2023.9
ISBN 978-7-03-076335-8

Ⅰ. ①鸽⋯ Ⅱ. ①段⋯ ②霍⋯ Ⅲ.①最优化算法 Ⅳ. ①O242.23

中国国家版本馆 CIP 数据核字(2023)第 175904 号

责任编辑:刘信力 孔晓慧 / 责任校对:彭珍珍
责任印制:张 伟 / 封面设计:有道设计

科 学 出 版 社 出版
北京东黄城根北街 16 号
邮政编码:100717
http://www.sciencep.com

北京中科印刷有限公司 印刷
科学出版社发行 各地新华书店经销

*

2023 年 9 月第 一 版 开本:720×1000 1/16
2024 年 1 月第二次印刷 印张:26 1/4
字数:530 000

定价:198.00 元
(如有印装质量问题,我社负责调换)

序

　　人工智能已成为当今国际科技竞争的战略制高点。随着新一代人工智能理论和技术的快速发展，诸多领域对高效优化和智能计算的要求也日益提高。优化无处不在，丰富多彩、生生不息的大自然是人类科技创新的源头。天上的飞鸟、地上的走兽、水中的游鱼，这些表面简单的生物群集行为往往涌现出"散而不乱"的集群智能协同优化效应，人们逐渐发现了许多隐含其中的信息处理、存储、交互、适应、更新和进化机制，蕴含着绝妙而有特色的智能优化机理，由此也陆续诞生了蚁群优化、粒子群优化、蜂群优化等仿生群体智能优化算法。这些算法具有本质并行性、组织性、自学习性、突现性、概率性、稳健性等特点，都不依赖于优化问题本身的严格数学性质。但是，全局收敛速度和精度的"瓶颈性"矛盾难题，一直制约着这些优化算法在工程领域的广泛应用。

　　鸽子具有惊人的导航能力、奇妙的集群飞行机制，且易于饲养便于观察，一直备受研究者青睐。受鸽群归巢过程中依赖地球磁场、太阳以及地标进行导航的行为机制启发，北京航空航天大学段海滨教授巧妙地从鸽群归巢过程中远近两种距离的分段导航机理出发，提出了模拟鸽群导航和归巢行为的鸽群优化算法，并从理论、技术和应用多维度开展了创新研究，形成了《鸽群优化》研究体系。

　　该书是段海滨教授及团队十余年来在鸽群优化研究领域创新成果的系统总结，全书具有三大特点：一是鸽群优化由段海滨教授团队首次提出，具有从"0"到"1"的原始创新性；二是基础理论与实际应用紧密结合，多学科交叉，所研究问题有很强的工程背景；三是在撰写和组织结构上遵循了机理、模型、理论、方法、应用的逻辑思路，各章内容既相对独立又融为一体，深入浅出，丰富翔实，兼顾了不同学科领域的读者。

　　鸽群优化这一全新的仿生群体智能研究领域是非常有理论意义、应用价值和值得研究的。相信该书作为鸽群优化算法的第一部学术专著，一定能对新一代人工智能的学科发展起到重要引领、有益借鉴和积极推动作用。

　　我很高兴向广大科技工作者推荐此书，是为序。

中国科学院院士 /IEEE Fellow 乔红

2023 年 7 月于北京

前　　言

　　大自然孕育了无数的自然生物，森林原野、山川河海、飞禽走兽，万象交织显示着大自然的奥妙。据生物学家预测，地球上有超过一万亿种不同生物，其中鸟类有九千余种。经过漫长的生物进化，生存下来的物种都蕴含着独特智慧，给人类科技发展提供了重要的灵感启发和丰富的创新源泉。千百年来，人类不断揭秘自然界中生物的智能行为现象，探寻其中隐含的信息交互、处理、更新、进化、评估机制，促进了仿生智能技术的蓬勃发展。

　　优化无处不在，渗透各个领域。人类对优化的探索自古至今未曾间断，而计算机和人工智能技术的快速发展又为优化领域提供了一种更高效的工具和 "加速剂"。1975 年，美国密歇根大学 John Holland 教授在其专著 *Adaptation in Natural and Artificial Systems* 中首次系统地阐述了模拟自然进化过程的遗传算法，该算法具有广泛性和适应性，是人类向大自然学习的成功典范。1995 年，美国心理学家 James Kennedy 和电气工程师 Russell C. Eberhart 模拟鸟类群体觅食行为提出了粒子群优化算法，是仿生群体智能优化算法的里程碑式突破。粒子群优化算法发展至今经久不衰，早已突破了单一优化应用领域，进一步将其进化框架融入群体智能系统中，促进了实现大规模无人系统群集运动的分布式控制。对仿生群体智能优化算法的研究，不仅有利于加深人类对自然界的认识和共融，而且随着群体智能计算模型在人类社会实践中的广泛应用，对推动社会进步和科学技术新质生产力发展具有重要意义。

　　自然界中的鸽子具有惊人的导航飞行能力与自主归巢能力，鸽群飞行过程中表现出共识主动性、群智涌现性和自组织演化性等 "散而不乱" 的特点，并形成智慧可控的飞行集群。"感彼云外鸽，群飞千翩翩。来添砚中水，去吸岩底泉。" (唐·白居易《游悟真寺诗 (一百三十韵)》)，正是对鸽子集群智能行为的精准写照。受鸽群归巢行为启发，北京航空航天大学仿生自主飞行系统研究组于 2014 年提出了一种模拟自然界中鸽群自主归巢过程的仿生群体智能优化算法——鸽群优化算法，通过模拟鸽群归巢不同阶段使用不同导航工具这一机制，将全局寻优过程分为两个阶段，分别使用地图和指南针算子、地标算子。该算法具有控制参数少、寻优速度快、易得到全局最优解等优点，在 "粗寻" 与 "精搜" 全局寻优过程平衡方面具有独特的内在机理优势，在解决有约束、无约束、单目标、多目标以及连续、离散等优化问题方面表现出优异的鲁棒性能和强大的发展潜力。

　　本书作者及仿生自主飞行系统研究组成员多年来一直致力于鸽群优化模型、理论及应用的创新研究，在鸽群优化这一特色方向形成了较为丰厚的研究积累。本书是作者在对鸽群优化算法深入系统研究的基础上撰写而成的，同时吸纳了国内外具有代表性的部分最新研究成果，是系统介绍鸽群优化理论和技术的第一部学术专著。全书以鸽群优化算法的基础理论、数学模型及应用推广为主线，突出前沿学科交叉，面向工程实际应用，强调理论基础支撑，着眼优化技术发展，取材新颖，深入浅出，覆盖面广，系统性强，全面反映了鸽群优化算法及其应用在国内外的发展现状和最新研究成果，旨在为广大读者提供一部关于鸽群优化方面较为系统的学术著作，为从事仿生群体智能优化研究的科技工作者和广大读者提供理论基础、技术支撑和创新参考。

　　全书共 9 章。第 1 章为绪论，主要介绍鸽子的生物特征、归巢机制及发展历史，阐述了鸽群优化的思想起源和研究现状；第 2 章介绍鸽群优化算法的机制原理、数学模型及实现流程，并对其机理特征进行分析；第 3 章从理论角度分析鸽群优化的收敛性、收敛速度、首达时间、参数特征等问题；第 4 章介绍离散、二进制、广义、进化博弈、莱维飞行、多目标等六种经典的鸽群优化改进策略和模型；第 5 章介绍应用于集群编队、避障飞行、航路规划及协同搜索等任务规划的鸽群优化算法；第 6 章介绍应用于控制参数优化、无人机自主着舰和自主空中加油等空天控制的鸽群优化算法；第 7 章介绍应用于图像处理和数据挖掘等智能信息处理的鸽群优化算法；第 8 章介绍应用于系统节能、器件控制等电气能控的鸽群优化算法；第 9 章从模型改进、理论深化、并行实现、仿生硬件及应用拓展等方面对鸽群优化的未来发展趋势进行展望。本书第二作者是我指导的博士，协助完成了本书部分章节的工作。全书内容理论联系实际，基本构成了一个完整的封闭体系，具有很强的可读性。

　　衷心感谢中国科学院院士、IEEE Fellow、中国科学院自动化研究所乔红研究员百忙之中认真审阅了书稿，给予了宝贵意见和建议，并为本书作序。感谢本领域相关同行专家、学者在本书撰写过程中给予的热心指导和宝贵建议，感谢北京航空航天大学仿生自主飞行系统研究组师生在鸽群优化理论研究和技术应用过程中的努力和贡献，同时向本书引用参考文献的各位作者表示诚挚谢意。

　　本书是在科技创新 2030–"新一代人工智能" 重大项目 (2018AAA0100803)，国家自然科学基金重大研究计划重点支持项目 (91948204)、联合基金重点支持项目 (U20B2071，U19B2033)、联合基金集成项目 (U1913602)、创新研究群体项目 (T2121003)、面上项目 (61273054，60975072)，军委科技委基础加强计划项目、国防科技创新特区项目，装备预研等支持或部分支持下取得的成果结晶，在此非常感谢上述单位和部门的大力支持。

由于作者水平有限，不少内容还有待完善和深入研究，书中难免存在不妥之处，恳请专家、学者和广大读者不吝指正。

段海滨

Email: hbduan@buaa.edu.cn

2023 年 9 月于北京航空航天大学

目　　录

CONTENTS

第 1 章 绪 论

1.1 引 言

大自然历经了亿万年发展和进化，积累了无数"天机"。自古以来，大自然一直是人类技术思想、工程原理和重大发明的丰富源泉。春秋末期著名哲学家、思想家、文学家和史学家老子在其所著《道德经》中，提出了"人法地，地法天，天法道，道法自然"的重要思想。仿生智能技术通过对自然界中复杂系统的深入探索与模拟学习，不仅可用于解决各种实际工程难题，而且可加强对仿生智能本质的最终理解，与人工智能中建立智能"思维"机制这一目标吻合 [1]，是人工智能领域的一个重要分支 [2]。

群体智能是受自然界中群居性动物集体行为启发，用于设计问题求解算法和分布式系统的理论与方法。生物集群行为中，个体遵循简单、一致的行为规则，邻近个体之间通过社会信息共享进行相互作用，从自身以及其他个体的历史经验中获益，最终完成复杂的群体生命活动 [3]。仿生群体智能优化算法基于这一群智涌现机制，将生物个体运动映射到智能个体寻优中，其本质上是一种全局概率搜索算法，寻优过程中生物群体所表现出来的复杂行为是通过简单个体的交互表现出高度的全局智能，智能也同时促进了计算技术的发展 [4]。2017 年 7 月国务院印发实施的《新一代人工智能发展规划》中，21 次提到了"群体智能"，并将群体智能列为构建新一代人工智能基础理论体系的八个关键基础理论之一，强调重点"研究群体智能结构理论与组织方法、群体智能激励机制与涌现机理、群体智能学习理论与方法、群体智能通用计算范式与模型"，并"鼓励科学家自由探索，勇于攻克人工智能前沿科学难题，提出更多原创理论，作出更多原创发现"。

受自然界中生物群体智能行为启发的仿生智能优化算法一直备受关注 (图 1.1)。1967 年，美国密歇根大学 Holland 教授的博士生 Bagley 在其博士学位论文中，首次提出了遗传算法 (genetic algorithm, GA) 这一术语，并研究了遗传算法在博弈问题中的应用 [5]。但早期研究缺乏带有指导性的理论和计算工具的开拓。1975 年，Holland 教授在其学术专著 *Adaptation in Natural and Artificial Systems* 中，通过模拟达尔文生物进化论的自然选择和遗传学机理的生物进化过程，系统阐述了遗传算法的基本理论和方法，代表着遗传算法的正式提出 [6]。1991 年，比利时布鲁塞尔自由大学 Dorigo 等通过模拟自然界中蚂蚁群体觅食行为而提

出了蚁群优化 (ant colony optimization, ACO) 算法 [7]。美国心理学家 Kennedy 和电气工程师 Eberhart 于 1995 年跨学科融合，通过模拟自然界中鸟类群体觅食行为提出了粒子群优化 (particle swarm optimization, PSO) 算法 [3,8]；美国康奈尔大学 Seely 于 1995 年最先提出了蜂群的自组织模拟模型 [9]，随后美国弗吉尼亚理工学院暨州立大学 Teodorovic 于 2005 年进一步提出了蜂群优化 (bee colony optimization, BCO) 算法 [10]，土耳其埃尔吉耶斯 (Erciyes) 大学的 Karaboga 于 2005 年提出了较为完善的人工蜂群 (artificial bee colony, ABC) 算法模型 [11]。至今，这些算法一直是群体智能领域的研究热点，特别是近年来，模拟自然界各类生物进化机理的新算法也一直层出不穷。

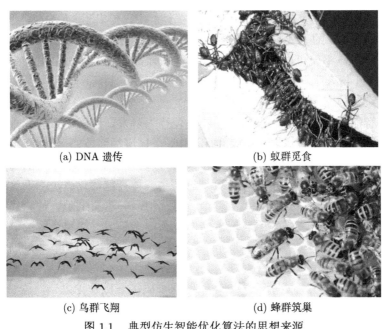

(a) DNA 遗传   (b) 蚁群觅食

(c) 鸟群飞翔   (d) 蜂群筑巢

图 1.1   典型仿生智能优化算法的思想来源

遗传算法、蚁群优化算法、粒子群优化算法、人工蜂群算法等这些仿生群体智能优化算法，大多面向工程实际中的优化问题，通过模拟自然界生物系统，探寻生物体自身的本能，挖掘生物个体适应生存环境的无意识寻优行为而提出来，因而在结构和机制上具有许多相似特点 [12]：

(1) 都是一类不确定的算法。其主要步骤都含有随机因素，能有更多的机会获取全局最优解，这种不确定性体现了自然界的 "选择"，在求解某些特定问题时要优于确定性方法。

(2) 都具有应用普适性。在优化过程中都不依赖于优化问题本身的严格数学性质, 以及目标函数和约束条件的精确数学描述。

(3) 都具有进化性。其个体在复杂的、随机的、时变的环境中, 通过交互与学习行为而不断提高其适应性。

(4) 都具有突现性。其总目标的完成是在群体中个体的进化过程中突现出来的。

(5) 都具有隐含并行性。能以较少的计算代价获得较大的收益。

(6) 都具有稳健性。在不同的条件和环境下, 体现出强大的适应性和有效性。

由于上述特点, 仿生智能优化算法在算法结构、运行模式及应用领域等方面表现出极大的相似性, 均由个体组成群体, 依据特定的进化规则, 迭代更新群体 (如遗传算法、蚁群优化算法) 或个体位置 (如粒子群优化算法、人工鱼群算法), 最优解随着群体的不断进化或移动而突现出来。在该框架模式中, 决定算法性能的是群体的更新规则, 这些设定规则决定了个体的行为规范, 具有直接的生物学基础, 构成了算法不同于其他同类的独特本质和鲜明特色。正是由于自然界中生物系统的多样性和复杂性, 不同的算法特性对于特定的优化问题表现出了求解性能的差异 [13]。而这些差异的存在, 也为仿生群体智能优化算法的设计提出和性能改进提供了丰富的创新源泉。

随着智能优化算法的涌现, 对搜索空间的 "探索" (exploration) 与 "开发" (exploitation) 行为之间的矛盾日益凸显, 探索行为旨在促进优化精度的提升, 而开发行为则加快了收敛速度。因此, 平衡好 "探索" 与 "开发" 行为, 实现优化精度与收敛速度的均衡, 是研究者们一直孜孜以求的目标。自然界中的信鸽是一种常见的鸽子, 它有一种与生俱来的能力, 能够跨越极远的距离寻找归巢的路 [14]。由于这种特殊技能, 信鸽在人类历史上扮演了从邮递员到侦察员等重要角色。早在公元前 8 世纪, 古希腊奥运会就用信鸽来宣布冠军。即使电信已经普及, 在第一次和第二次世界大战期间, 灵活性和适应性强的信鸽仍是必不可少的信使。受自然界中鸽群归巢行为启发, 北京航空航天大学段海滨等于 2014 年提出一种新兴的仿生群体智能优化算法——鸽群优化 (pigeon-inspired optimization, PIO) 算法 [15]。

鸽群优化算法模仿鸽子归巢过程中不同阶段使用不同导航工具的行为, 建立了两种不同的算子模型: 地图和指南针算子以及地标算子。如今, 鸽群优化算法经过十余年发展, 在模型改进、理论研究和实际应用方面已取得了诸多创新研究成果, 为利用生物智能技术解决复杂工程优化或系统控制问题提供了一条崭新的技术途径 [16-22]。

本章首先介绍鸽子归巢过程的飞行特点与其导航能力的最新研究进展, 然后介绍鸽群优化算法的思想起源以及目前的发展情况, 总结分析该算法最新代表性成果与发展趋势, 最后给出本书的体系结构。

1.2 鸽子习性

鸽子和人类共同生活已有数千年的历史，其在生物分类学上属鸟纲，鸽形目，鸠鸽科，鸽属。鸽子是一种善于飞行的鸟，常见的羽毛花色有青、白、黑、绿、花等。鸽子飞翔所依靠的胸肌占体重的 20%～30%，因此每分钟心跳可达 600 余次。鸽子没有牙齿，但具有特殊的消化系统，主要以谷类为食，喜欢吃石子。食物直接吞入食道，再贮存在肌胃里。鸽子的肌胃很坚韧，由两对强有力的胃壁肌肉组成，内壁有角质膜，石子也贮存在胃腔内。食物进入其中后，在胃壁肌肉层和石子的相互摩擦下被碾碎。因此，石子起到了牙齿磨碎食物的作用，鸽子为了消化食物必须不断地吞食石子。通常鸽子只能消化 60% 的食物，剩下的都随粪便排掉 [23]。

鸽子种类很多，但大致可分为野鸽和家鸽两类 (图 1.2)。野鸽主要有岩栖和树栖两类；家鸽经过长期培育和筛选，有食用鸽、玩赏鸽、竞翔鸽、军用鸽和实验鸽等多种。家鸽的品种都起源于野生崖鸽，也叫原鸽 (*Columba livia*)，俗称野鸽，分布在滨海地区，栖息于岩石峭壁之间，以群居的形式筑巢繁殖。据有关史料记载，早在 5000 年前，古埃及人和古希腊人已把野生鸽训练为家鸽。在有关鸽子归巢行为的科学研究中，所提到的实验鸽通常指原鸽 [24]。原鸽在鸟类中属于中等体型，全身毛色为石板灰色，颈部和胸部的羽毛呈现出悦目的金属光泽，能够随观察角度的变化而表现出由绿到蓝到紫的颜色变化，翅膀及尾部均具有一条黑色横纹，其中尾部的黑色横纹较宽且毛色为白色。鸽子的眼睛不像人类或者猫头鹰那样，而是一边一个。这使得鸽子看到的是两个单眼的成像，而不是两个眼睛形成的图像。于是它们必须不断地移动头部，以便获得景深信息。鸽群通常表现为结群活动和盘旋飞行，1928 年的研究发现，栖息在喜马拉雅山脉地区的原鸽飞行迅速而且常沿直线飞行，一般飞行高度较低 [25]。

(a) 野鸽   (b) 家鸽

图 1.2   鸽子

鸽子的活动特点是白天活动，夜晚归巢栖息。白天活动十分活跃，频繁采食饮水，晚上则在鸽巢内安静休息。但经过训练的信鸽若在傍晚前未赶回栖息地，可能会在夜间飞行。其反应机敏，易受惊扰，在日常生活中警觉性较高，对周围刺激的反应十分敏感，例如闪光、怪音、移动的物体、异常颜色等均可引起鸽群骚动和飞扑。

鸽子记忆力很强，对固定的饲料、饲养管理程序、环境条件和呼叫信号均能形成一定的习惯，甚至产生牢固的条件反射。鸽子还是习惯性较强的动物，要改变它们原有的生活习惯，需经过一段时间的调整适应。在鸽子的饲养管理中，应固定日常饲养管理程序和环境条件，以保证有较高的生产效能。无论家鸽或野鸽均具有强烈的归巢性，通常它们的出生地就是它们一直生活的地方，鸽子在任何陌生的地方都不安心逗留，时刻都想返回自己的"故乡"，尤其在遇到危险情况时，这种"恋家"欲望更强烈。若将鸽子在距离鸽巢百里甚至千里之外的地方放飞，它会竭力以最快的速度返回，并且不愿在途中逗留或栖息。

鸽子作为和平的象征为人所熟知，但雄鸽同样很好战，常为争夺领地、食物或配偶而大打出手，甚至有时打得激烈，主人过来拉架它们都难以发现。争斗前，雄鸽会鼓起脖子咕咕叫并原地转圈，希望通过虚张声势逼退对方。如果无效，就直接短兵相接开战，突然冲向对方，相互用翅膀狠拍。争斗若继续升级，双方会扭作一团，胸脯扛在一起角力，并不停用嘴啄对方的头和脖子，冷不丁也会抽对手一膀子。若争斗发生在狭小的空间内，弱势一方因无处可逃，往往会受到严重伤害，最常见的就是头皮被啄掉，严重的可能致死。图 1.3 给出了两只鸽子为了争夺领地，在崖壁上大打出手的场景 [26]。

图 1.3　鸽子争斗

虽然鸽子喜欢成群活动，但婚姻生活却遵守比较严格的一夫一妻制，大多数情况下一旦婚配便会从一而终。在雄鸽打跑了竞争者之后，便开始求婚过程。当一只单身雄鸽占据了一个窝时，它会待在窝里拖着长音发出低沉的 "咕——咕——"
声，这是在召唤雌鸽们来相亲。有意的雌鸽登门到访，雄鸽就会立即起身求爱，雌
鸽如果飞走，雄鸽则会跟上。若雌鸽没走，雄鸽就卖力地将它迎进家门，然后拥
着趾高气扬的雌鸽在窝中四处走走。如果雌鸽对鸽巢和雄鸽都很满意，它俩就一
起蹲在窝里，微颤翅膀并低声 "互诉衷肠"。而在窝巢之外，求偶则是另一番景象。
发情的雄鸽会将空气吞入嗉囊 (鸟类食管后段的膨大部分，用以贮存和软化食物)，
让脖子膨胀起来，颈部羽毛显得更加闪亮，同时抬头挺胸、竖起羽毛，向雌鸽显示
自己强壮的体魄。随后，雄鸽会在雌鸽身边来回踱步和转圈，发出 "咕嘟噜——咕
嘟噜——" 的啼叫，并不时展开尾羽、接二连三地向雌鸽猛凑过去。如果雌鸽不买
账飞走，雄鸽要么痴情尾随，要么再找另一只雌鸽展开新一轮追求。如图 1.4(a)
展示了一只雄鸽 (左) 正在向心仪的雌鸽表演 "婚舞"，如果雌鸽对雄鸽的表演满
意，还会与它 "接吻" (如图 1.4(b) 所示)。接着雄鸽跳上雌鸽的背进行交配，随后
冲上高空比翼双飞。

(a) 鸽子求婚　　　　　　　　　　　　　　　　(b) 鸽子接吻

图 1.4　鸽子求偶行为

　　鸽群呈现均匀型分布，指鸽子种群在空间按一定间距均匀分布而产生的空
间格局，这是由于种内斗争与最大限度利用资源间的平衡。鸽群主要采用集群
编队方式飞行，个体间通过紧密协调而使鸽群飞行成为一场让人惊叹的特技表
演 (如图 1.5 所示)。匈牙利罗兰大学 Vicsek 教授的研究团队利用全球定位系
统 (global positioning system，GPS) 设备获取鸽群的飞行轨迹，对鸽群中的分
层领导行为进行了分析 [27]。研究发现，鸽群中不同个体间存在着严格的等级关
系，除头鸽外，其他跟随鸽也存在层次等级 [28,29]。头鸽处于绝对领导地位，其
余跟随鸽遵循下层服从上层原则，但无法影响上层，即下层鸽子行为不仅受头
鸽影响，也受其他上层鸽子的影响，而往往来自于邻近上层的影响更为直接迅
速 [30]。鸽群在长期进化过程中演化出高度协调一致的集群运动，具有无中心、共
识主动性、简单性和自组织性等 "散而不乱" 的群体智能特点，这与多智能体系统
动态行为的鲁棒性、分散性、自组织性等基本特征相一致 [31,32]。因此，自然界中
的鸽群智能行为机制也为无人系统 (无人机 (UAV)、无人车、无人船、无人潜航

器等) 自主控制提供了重要借鉴。

(a) 鸽群归巢飞行　　　　　　(b) 鸽群盘旋飞行

图 1.5　鸽子集群飞行

1.3　鸽子导航特点

鸽子具有惊人的归巢能力, 影响鸽子归巢的主要因素可分为 3 类, 即太阳、地磁场和地形地标, 并且鸽子在旅程的不同阶段会使用不同的导航工具 [33]。鸽子导航机制的代表性研究学者如图 1.6 所示。对鸽子归巢行为的导航机制分析始于 20 世纪中叶, 得益于德国马克斯–普朗克研究所 Gustav Kramer 等的两个重要发现: 一是迁徙鸟类更倾向于自然的迁徙方向; 二是非迁徙的鸟类被释放时, 大多向着离家方向不远的方位出发 [34]。1957 年, Kramer 首次提出 "Map-and-Compass" 模型, 该模型是鸽子导航的核心模型之一 [35]。1974 年, 美国康奈尔大学 Charles Walcott 等采用定向笼验证了鸽子的磁盘依赖性 [36]。2004 年, 牛津大学 Tim Guilford 等借助数学模型预测了鸽子会在旅程中的什么阶段切换导航工具 [37]。此后, 国内外学者通过研究鸽群导航行为发现: 当鸽子开始飞行时, 大部分时间会依靠类似指南针一样的导航工具; 在旅途的中间部分, 鸽子会将导航工具切换至地标, 同时重新评价自己的路线并进行必要的修正。

(a) Gustav Kramer　　　(b) Charles Walcott　　　(c) Tim Guilford

图 1.6　鸽子导航机制的代表性研究学者

1.3.1　太阳因素

美国康奈尔大学 Keeton 等在鸽子实验中,将磁铁粘在有丰富飞行经验的鸽子背部,并选择阴天的时候在距离目的地 27~50km 的地方释放,结果发现鸽子常常会迷失方向,而晴天的时候就不会出现这样的情况[38]。英国布里斯托大学 Whiten 等设计了一种装置,进行太阳高度对鸽子导航影响的实验探究 (如图 1.7 所示)[39],发现太阳也是鸽子的一种导航工具,鸽子的导航能力会因太阳的高度而发生改变。德国工程院院士 Wiltschko 等通过实验发现,鸽子在归巢的过程中,可将来自太阳的方向信息与地磁信息相结合,从而完成导航[40]。

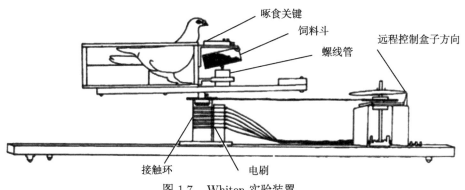

图 1.7　Whiten 实验装置

1.3.2　地磁场因素

德国法兰克福大学 Schiffner 等研究发现,持续波动的磁场不仅影响鸽子的初始飞行,而且在鸽子整个归巢航行过程中都起着不可忽略的作用[41]。意大利比萨大学 Ioale 等通过实验,将亥姆霍兹 (Helmholtz) 线圈放置在鸽子的脖子和头部 (图 1.8),并使用 0.14Hz 的频率产生干扰磁场[42]。实验还发现当人工磁场的振荡是方形时,鸽子初始方向均受强烈影响,而三角形或正弦形的振荡则不会产生影响。意大利认知科学与技术研究所 Visalberghi 等研究了人工磁场对从陌生地点放飞的鸽子的归巢行为的影响,研究表明,鸽子不是简单地在磁场和太阳之间切换,而是这两种机制在某种程度上相互干扰[43]。德国工程院院士 Wiltschko 等通过实验确定了在鸟类的上喙结构含有磁感应结构,验证了这些特殊结构在鸽子导航中发挥了重要作用[44]。北卡罗来纳大学 Mora 等就鸽子的磁感应机制进行了深入研究,发现鸽子磁粒子信号是通过鼻子经三叉神经反馈给大脑的 (图 1.9)[45]。

图 1.8　鸽子佩戴线圈和波形信号发生器

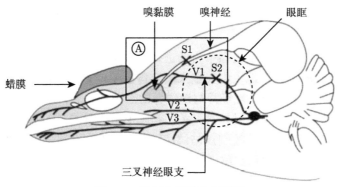

图 1.9　鸽子头部横向剖面图

1.3.3　地形地标因素

英国牛津大学 Braithwaite 等指出，视觉一般不被认为是鸽子用于航行的重要工具，但实验发现，相似的地形会影响鸽子的归巢行为[46]。英国牛津大学 Biro 等通过实验 (实验装置如图 1.10 所示) 发现，在释放鸽子之前，如果给鸽子 5min 时间来熟悉释放地点的地形风貌，可加快鸽子的归巢过程[47]。瑞士苏黎世大学 Dell'Ariccia 等发现，释放鸽子之前的等待时间，会对鸽子归巢过程中的速度和归巢时间产生积极影响，并缩短鸽子返回释放点附近时的盘旋时间[48]。他们还发现，释放前的等待不仅可提升鸽子归巢的导航能力，也会增加鸽子归巢的动机。北京航空航天大学 Duan 等提出一种新的鸽子归巢行为模型和基于信鸽导航机制的无人机自主导航系统，并在仿真平台上验证无人机可完成类似于信鸽的自主返航[49]。北京航空航天大学辛龙通过模拟鸽子归巢过程中特殊的视觉系统及脑信息处理机制，建立了信鸽行为学模型，并开展了鸽子导航过程中的视觉–脑信息处理机制的创新应用研究[50]。

(a) 信鸽释放盒，垂直侧面　　 (b) 佩戴全球定位系统
可保持透明或不透明　　　　 跟踪器的信鸽

图 1.10　Biro 等的实验装置图

1.3.4　其他因素

重力矢量理论假设鸽子依靠重力场进行空间定位，家鸽通过比较自己记忆的重力矢量和释放地点的本地重力矢量来确定自己的位置，并根据遇到的重力异常调整飞行路线。由于重力异常经常与地磁异常混杂在一起，瑞士苏黎世大学 Lipp 等将有经验的鸽子从一个与磁异常无关的强圆形重力异常 (直径 25km) 中心和一个地球物理控制点放飞，该控制点与鸽房等距离均为 91km[51]。在穿过异常边界区域后，除了那些在途中遇到重力异常的鸽子，它们比对照组的鸽子分散得更多，这些数据增加了重力矢量假说的可信度。除了上述导航工具外，大气次声也逐渐被认为是信鸽导航系统不可或缺的重要组成部分 [52]。

1.4　鸽子导航历史

鸽子因具有惊人的导航能力、奇妙的集群飞行机制，又因其易于饲养便于观察，从而备受研究者青睐。信鸽历史可追溯到文明起源时期，在《圣经·旧约》中有记载，上帝用一场席卷大地的洪水惩罚堕落的人类，先知诺亚则由于虔信上帝，预先得到启示并制造了一艘巨大的 "诺亚方舟" 逃过一劫。先知诺亚驾驶着方舟在洪水中漂流多天之后从方舟里放出了一只鸽子，以获取洪水是否退去的消息。上帝让鸽子衔回了橄榄枝，传递了洪水已退尚存希望这一讯息 [53]。从此之后，鸽子和橄榄枝也成为了和平的象征。

鸽子作为信使进行飞鸽传书的确切开始时间，现在还没有明确定论。1984 年，我国在四川芦山县芦阳镇发掘了一座汉代古墓，墓中出土的 "陶楼房" 山墙上有一个鸽舍，舍内有两只鸽子，经文物部门鉴定，被认为是汉代民间饲养传信鸽的实物证据 [54]。公元 407~ 425 年，东晋十六国时期夏国开国皇帝赫连勃勃开始进行大规模信鸽选种，利用其传递军情。到了盛唐，飞鸽传书就已经很普遍了。据记载，唐太宗李世民养了一只白鸽传信，从西安到洛阳，空距 285km，"日返数回"。张骞、班超出使西域的时候，也是利用信鸽来与朝廷传递书信[55]。唐玄宗开元年间，宰相张九龄少年时在岭南老家养过许多鸽子，并用它们与亲友通信。五代十国时期王仁裕《开元天宝遗事》一书中记载："张九龄少年时，家养群鸽。每与亲知书信往来，只以书系鸽足上，依所教之处，飞往投之，九龄目之为'飞奴'。"在唐代，信鸽不仅用来与亲友通信，还被多次用于军事通信。

在宋、元、明、清诸朝，信鸽传书一直在人们的通信生活与军事通信中发挥着重要作用。公元 1128 年，南宋大将张浚视察部下曲端的军队。张浚来到军营后，竟见空荡荡地没有人影，他非常恼怒，命令曲端把他的部队立刻召集到眼前。曲端遵张浚命令，先后放飞五只鸽子调兵遣将，大队人马随即集结完毕，张浚又惊又喜对曲端更是一番夸赞。其实，曲端放出的五只鸽子，都是训练有素的信鸽，它们身上提前携带好调兵的文书，一旦从笼中放出，立即飞到指定的地点，把调兵的文书送到相应的部队[56]。元末明初著名诗人杨维桢在《义鸽三章》中叹息信鸽的辛劳，"肃肃兮飞奴，离尔俦兮别尔家。吁嗟尔劳兮，比鸿雁兮将书"。

原云南省军区军鸽队陈文广，被称为"新中国军鸽通信事业的奠基人"，是公认的中国"军鸽大王"。1945 年，他获赠美国军鸽 62 羽，后携鸽从军，先后培育出了"森林黑"、"应验系"、"高原雨点"等军鸽品系，如图 1.11 所示[57]。新中国成立后不久，一天夜里，边防线上一军人得了重病，在十万火急的情况下，是一只军鸽以来回半个小时的时间给病人送去了药品，挽救了军人的生命。另外一只鸽子在一只翅膀被枪打中的情况下，仍坚持把信送到目的地。20 世纪 70 年代，我国在罗布泊进行氢弹试验，昆明 50 羽军鸽在陈文广率领下奉命参加试验。在距核弹中心 50m、100m、200m、500m、1000m 的位置处，当核爆炸时，鸽笼门开启，军鸽迅速冲出鸽笼，迎着辐射顶着冲击波，急速地穿过翻卷着的蘑菇云层，通过核爆区，闯出死亡地带。经最后清点，45 羽飞回基地，除羽毛稍有燎痕外，身体各器官完好，为完成核战争条件下辅助通信手段保通信畅通试验作出了独特贡献[57]。

　　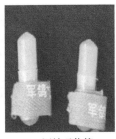　　

(a) 陈文广(1931～2013)　　(b) 军鸽通信管　　(c) 军鸽训练

图 1.11　军鸽饲养

公元前 1200 年，古埃及人用信鸽传递尼罗河的洪水警报。公元前 776 ～ 前 393 年，古希腊奥林匹克运动会则利用鸽子传递比赛优胜信息。古罗马时代，凯撒大帝在征服高卢的战争中多次使用鸽子传递军情。公元前 43 年，赫蒂厄斯和布鲁特斯在围攻摩德纳时也是用鸽子进行联络的。在中世纪，鸽子被十字军战士从中东带回欧洲，经过断断续续几百年演变，到 1800 年，欧洲已出现了使用信鸽的原始通信网络。其中最繁忙的路线是从伦敦出发，横穿英吉利海峡，再到达法国和比利时[58]。据传在 1815 年，英国和普鲁士联军在滑铁卢战役中击败拿破仑，战场上的硝烟还未散尽，罗斯柴尔德家族的信鸽便已起飞，穿越英吉利海峡去伦敦报信了。Nathan 先于其他人得知了法国失利的消息，于是大幅买入英国政府债券，最终大赚一笔[59]。

在世界战争史上，信鸽参战的事例不胜枚举。普法战争的最后阶段，由于法军在前线一败涂地，巴黎已被德军包围，此时两只直径 12m、高度相当于五层楼的气球在巴黎上空启动 (图 1.12)[58]，而这些气球的任务就是穿越德国人的封锁，与迁至图尔的法国政府保持联络。按照历史学家们的记录，这些气球不仅要面对炮火威胁，或被狂风摧毁，而且只能 "进行上下左右的不规则运动"，即使其成功抵达包围圈外，返回巴黎的机会也微乎其微。正是考虑到这一点，在这两部升空的气球上还专门搭载了一些 "特殊乘客"——信鸽。一旦抵达包围圈外，它们将负责把回信带到城中。这两部气球中一部在黎明时分被炮火击中，但另一部却侥幸顺利抵达，这使得运送的信鸽能够为巴黎传回数千条消息。这些消息的字数被限制在 20 个词以内，用最新的技术印在火棉胶银片上，每张胶片的质量不超过百分之一盎司 (1 盎司 =28.35 克)(图 1.13)[58]。在正常情况下，一只鸽子可以携带 4 万份急件。在城内，这些信息将作为幻灯片投影在墙上，由文书抄写，再由邮局交到收信人手中。尽管效率相当低下，但当时除了信鸽，并没有其他备用途径可选。

图 1.12   普法战争法国搭载信鸽热气球

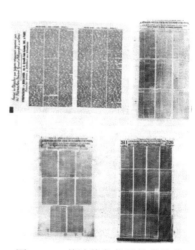

图 1.13   普法战争信鸽携带胶片

普法战争结束后，多国军队对信鸽的好奇很快变成了焦虑和狂热，很多国家开始努力建设信鸽通信系统。直到第一次世界大战爆发前，欧洲列强都建立起了自己的信鸽通信系统。第一次和第二次世界大战期间，信鸽被广泛应用于军情通信 (图 1.14)。

(a) 一战期间坦克间的信鸽通信　　(b) 二战期间美军的移动鸽舍

图 1.14　世界大战期间的信鸽应用

在第一次世界大战中，德国的军队包围沃克斯堡，切断了其中法军部队与大部队的联系，沃克斯堡的指挥官却依然依靠着信鸽与大部队保持联系，但情况变得越来越艰难，在最后时刻沃克斯堡的指挥官放出了最后一只信鸽，传递最后的情报 "毒气与烟雾让守军变得极其危险，我们仍然在坚持，我们急需支援，这是最后一只鸽子"。这只信鸽忍受着毒气的袭击，摇摇晃晃地在天空中飞翔，跟跄地朝着法国人的后方飞去，带着珍贵的情报抵达了凡尔登，然后气绝身亡。因为它的情报解救了 194 名士兵，这只顽强的鸽子后来被法国追授了荣誉军团勋章 (图 1.15)[55]。

图 1.15　法国英雄信鸽及荣誉军团勋章

二战爆发后，车载坦克无线电的迅速发展使得信鸽的地位日趋没落，而更现代化的步坦协同战术与通信手段也在逐步取代传统的信鸽–人力传令的方式。不过在德军中，特别是山地部队里，由于海拔地形以及通信信号较差等因素，用惯了无线电的山地兵们还是需要使用信鸽或者人力将命令传达到那些无法接收到信号的地区。反观盟军方面，英国人在二战期间总共饲养了 25 万余只信鸽。其中有 32 只信鸽获英国军方为战争中表现杰出的动物而设立的迪金勋章 [60]。一只名为乔伊的战鸽，生于 1943 年，同年被训练成了一只美军专用的信鸽。1943 年 10 月 18 日，盟军空军部队准备对意大利的卡尔维利索尔塔村的德军阵地发起战术突袭，由于无线电通信不畅，空军部队并未了解到该村事实上已经被英国第 169 伦敦步兵旅占领。十万火急之下，乔伊腿上被系好了通知撤退的书面命令后送出鸽舍，即刻飞往 169 步兵旅控制下的卡尔维利索尔塔村。乔伊在 20 分钟内飞行了大约 32 公里，在轰炸机即将起飞前准时将情报送达，挽救了 1000 多人的生命，而这位英勇的 "战士" 也在 1946 年 6 月 3 日获得了迪金勋章，该勋章被称为 "动物的维多利亚十字勋章"。1961 年，18 岁的乔伊在底特律去世，最终被制作为标本送进美国陆军电力通信博物馆中，成为永久的纪念 [61]。

经历千百年历史，今天鸽子依然在启发着人类，也依然发挥着新的作用 [61]。人类可利用它进行隐蔽通信，海上航行与陆地联系，森林保护巡逻队与总部联系，城市上空实时监测空气质量等。

1.5　鸽群优化算法起源

鸽群优化算法是一种新兴的仿生群体智能优化算法，受鸽群归巢过程中依赖地磁场、太阳以及地标进行导航的机制启发而提出 [15]。当鸽群结伴飞行寻找鸽巢时，群体中的每只鸽子都参照鸽群中目前最接近鸽巢位置的个体来调整下一步的飞行方向和飞行速度。段海滨等把鸽群归巢行为和决策行为具象化表示为鸽群归巢导航模型，进一步通过仿真实验、逐步修正的方法将其设计成一种解决全局优化问题的通用工具 [15]。因此，鸽群优化算法的直观背景来源于动物行为学、控制科学、计算机科学和人工智能交叉学科领域。

鸽群优化算法模型的设计及提出，除了受自然界中鸽群归巢行为启发之外，还受益于群体智能优化的两个前期研究成果。

一是粒子群优化算法。美国社会心理学家 Kennedy 和电气工程师 Eberhart 于 1995 年模仿鸟类的觅食行为提出粒子群优化算法 [3,7]，它是一种基于群体智能的随机寻优算法。该算法利用群体中的个体对信息的共享，使整个群体的运动在问题求解空间中产生从无序到有序的演化过程，从而获取最优解。粒子群优化算法既保持了传统进化算法深刻的群体智慧背景，同时又有许多独特的优良性能，因此被广泛应用于多领域。鸽群优化算法和粒子群优化算法一样采用了基于种群的进化方式进行搜索，这使得它可以同时搜索待优化问题解空间中的多处潜在区域。

二是 boid 模型。boid 模型是一种简单的人工生命系统，人工生命的概念是在 1987 年由美国圣塔菲研究所的 Langton 教授首先提出[62]。Langton 认为人工生命是 "研究那些具有自然生命现象的人造系统"；"人工生命是这样的一个研究领域：致力于去抽象出生命现象的基本动力学原理，并把这些原理运用到计算机等媒体，使得它们进入这些媒体实现操纵和接受检验。除了为地球上已知的生命形式提供新的研究方法外，人工生命允许人类去探索更广泛的可能存在生命的领域"；"可以说人工生命的整体代表了一种尝试，这种尝试极大地提高了综合性方法在生物学研究中的作用"。美国俄克拉荷马大学 Ray 教授认为："人工生命用非生命的元素去建构生命现象以了解生物学，而不是把自然的生物体分解成各个单元，它是一种综合性方法而不是还原的方法。"[63] 综上，人工生命就是研究具有生命特征的人工系统，采用的主要工具是计算机，主要方法是利用计算机编程模拟[12]。

圣塔菲研究所 Millonas 进一步发展了 Langton 的理论，1994 年在采用人工生命理论进行群居动物行为研究时，对于如何采用计算机构建具有合作行为的集群人工生命系统，提出了群体智能应该遵循的如下 5 条基本原则[64]：

(1) 邻近原则。群体能够进行简单的空间和时间计算。

(2) 品质原则。群体能够响应环境中的品质因子。

(3) 多样性反应原则。群体的行动范围不应该太窄。

(4) 稳定性原则。群体不应在每次环境变化时都改变自身的行为。

(5) 适应性原则。在所需代价不太高的情况下，群体能够在适当的时候改变自身的行为。

上述原则说明，实现群体智能的智能主体必须能够在环境中表现出自主性、反应性、学习性和自适应性等智能特性，而群体智能的核心在于由众多简单个体组成的群体能够通过简单的交互合作来实现某一功能，完成某一任务。这 5 条基本原则也是鸽群优化算法的基本概念之一。

1986 年，美国学者 Reynolds 提出了一种简单的人工生命系统，即 boid 模型 (对应于 "bird-oid object")，该模型模拟鸟类的聚集飞行行为[65]。boid 模型包含三种行为：分离、对齐及聚集 (图 1.16)，并能够感知周围一定范围内其他 boid 的飞行信息。boid 根据该信息，结合其自身当前的飞行状态，并在三条简单行为规则的指导下作出下一步的飞行决策。

(1) 避免碰撞。飞离最近的个体，以避免碰撞。

(2) 速度一致。和邻近个体的平均速度保持一致。

(3) 向中心聚集。飞向群体的中心，向邻近个体的平均位置移动。

(a) 分离   (b) 对齐   (c) 聚集

图 1.16   人工鸟系统三种行为模式

鸟群中的每只鸟在初始状态下是处于随机位置向各个随机方向飞行的，但随着时间的推移，这些初始处于随机状态的鸟通过自组织逐步聚集成一个个小的群落，并以相同速度朝相同方向飞行。Reynolds 用计算机动画的形式展现了该系统的行为，每个 boid 能够在快相撞时自动分开，遇到障碍物分开后又重新合拢。这实际上就是一种群体智能模型 (图 1.17)，该模型也是鸽群优化算法的直接来源之一。

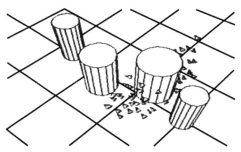

图 1.17   boid 模型示意图

与此同时，美国加利福尼亚大学 Boyd 等在研究人类的决策过程时，提出了个体学习和文化传递的概念[66]。根据他们的研究结果，人们在决策过程中使用两类重要的信息。一是自身的经验，二是其他人的经验，即人们可根据自身的经验和他人的经验进行自主决策，这是鸽群优化算法所借鉴的另一个灵感启发和基本概念。

另外，鸽群优化算法还借鉴了美国罗得岛大学鸟类学家 Heppner 的鸟类模型[67]。Heppner 的鸟类模型在反映群体行为方面与其他类模型有许多相同之处，其主要不同之处在于鸟类被吸引飞向栖息地 (图 1.18)。在仿真中，一开始每只鸟均无特定目标进行飞行，直到有一只鸟飞到栖息地，当设置期望栖息地比期望留在鸟群中具有更大适应值时，每只鸟都将离开群体而飞向栖息地，随后就自然地形成了鸟群。由于鸟类使用简单的规则确定自己的飞行方向与飞行速度 (实质上，每只鸟都试图停在鸟群中而又不相互碰撞)，当一只鸟飞离鸟群而飞向栖息地时，将导致它周围的其他鸟也飞向栖息地。这些鸟一旦发现栖息地，将降落在此，驱使更多的鸟落在栖息地，直到整个鸟群都落在栖息地。

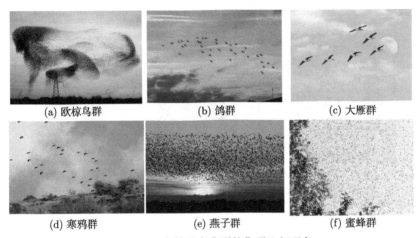

(a) 欧椋鸟群　　　　(b) 鸽群　　　　(c) 大雁群

(d) 寒鸦群　　　　(e) 燕子群　　　　(f) 蜜蜂群

图 1.18　自然界中典型的集群飞行现象

北京航空航天大学段海滨等依托遗传算法、粒子群优化、人工蜂群算法等多年的研究积累，通过模拟自然界中鸽群导航和归巢机理，在 Reynolds、Kennedy 和 Eberhart 的基础上 (图 1.19)，创新性提出并建立了鸽群优化算法模型，以解决 "速度" 和 "精度" 矛盾的全局优化问题。鸽群寻找巢穴的过程与算法寻找特定问题的最优解很类似，距离巢穴近或对归巢路径熟悉的鸽子引导其周围鸽子飞向巢穴，这一机制增加了整个鸽群返回鸽巢的可能性，也符合社会认知观点，即个体向它周围的成功者学习，个体与周围的其他同类比较，并模仿其优秀者的行为。如何像鸽群归巢一样，使个体能够在解空间内运动并最后在最优解处降落，其关键在于如何保证个体降落在最优解处而不降落在其他解处，这就是社会性及智能性所在。要解决上述问题，关键在于在探索 (寻找一个好解) 和开发 (利用一个好解) 之间寻找一个好的平衡。太小的探索导致算法收敛于早期所遇到的局部最优解处，而太小的开发会使算法不收敛。另一方面，需要在个性和社会性之间寻找平衡，也就是说，既希望个体具有个性化，像鸽群飞行中的个体不互相碰撞，又希望其向其他已经找到好解的个体学习，即社会性。

在基本鸽群优化算法中，可将鸽群归巢飞行视为一个优化过程，释放位点代表初始潜在解，鸽群中个体的位置表示解空间中的某个解，鸽巢代表最优解，飞行过程中通过鸽群之间的信息交流引导鸽群逐步飞向靠近鸽巢的位置，从而实现对最优解的探索 (图 1.20)。鸽群优化算法过程包括两个独立的算子，即地图和指南针算子以及地标算子，这些算子分别描述了太阳和地磁场以及熟悉的地标对导航的影响。该算法具有收敛速度快，不易陷入局部最优点等优势，该算法提出不久即得到了众多国内外研究者的迅速关注和广泛应用，成为仿生群体智能优化领域一个方兴未艾的仿生优化算法[68-72]。

(a) Craig Reynolds

(b) James Kennedy

(c) Russell C. Eberhart

图 1.19   群体智能领域的代表性学者

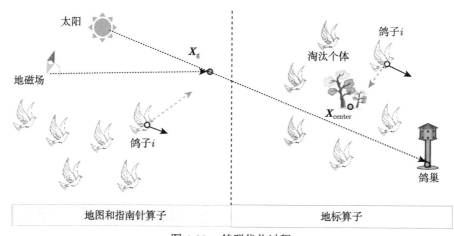

图 1.20   鸽群优化过程

鸽群优化算法的优化过程体现了群体智能优化算法的一个重要特征，即群体中具有简单智能的个体通过相互作用和相互影响，在群体层面上涌现出智能的复杂行为。因此，可将鸽群优化算法概括为如下三种群体行为。

1) 惯性行为

在鸽群归巢的第一阶段，每只鸽子在飞行过程中具有速度惯性行为，下一时刻的飞行方向参考上一时刻的速度方向，在初始阶段速度惯性较大，随着时间增加而逐渐减弱。速度惯性行为使得鸽群个体能够在寻优初始阶段具有一定的方向性, 避免由完全随机过程导致的陷入局部最优解等现象, 保持鸽子种群的多样性。

2) 学习行为

鸽群飞行过程中, 个体可通过视觉、听觉等途径进行信息交互, 获取种群的最优个体信息或环境地标信息, 根据自身经验和群体知识在学习机制的引导下调整优化自身的飞行速度和飞行方向, 逐步靠近全局最优解的位置, 以实现鸽子种群的自组织进化。

3) 择优行为

在鸽群归巢的第二阶段, 环境根据 "优胜劣汰" 的自然法则对种群实施择优行为, 对环境更熟悉的鸽子被选择生存下来, 而不熟悉环境的鸽子将被种群淘汰。通过鸽群的择优行为, 能够提高种群的个体质量, 促进寻优速度的提升。

鸽群优化算法在两个循环搜索阶段通过维护个体的速度矢量和位置矢量而保证了算法对解空间的 "探索" 与 "开发" 行为, 鸽子群体的惯性行为、学习行为以及择优行为使得种群能够最大程度接近或到达最优解。

1.6 鸽群优化算法进展

自 2014 年鸽群优化算法首次提出以来, 在短短几年时间里, 其针对多类型具体问题进行了改进, 衍生出了许多变型, 并广泛应用于诸多领域, 充满了无限的发展潜力 [73]。变型可分为要素更换、算子增加、结构调整和应用扩展等四个方面, 具体如表 1.1 所示。

表 1.1   现有鸽群优化算法变型

分类	作者 (年份)	名称	机制
要素更换	Hao 等 (2014)[74]	—	使用分数阶微积分修正地图和指南针算子
	Jia 等 (2017)[75]	ECPIO	使用种群离散度修正地图和指南针算子
	Chen 等 (2017)[76]	MGMPIO	使用可变参数机制修正地图和指南针算子
	Zhou 等 (2017)[77]	MAIPIO	将中心最佳和全局最佳位置分别替换为个体最佳位置的加权平均和前邻居的个体最佳位置
	Lin 等 (2018)[78]	AWPIO	使用非线性动态惯性权系数修正地图和指南针算子
	Yuan 等 (2022)[79]	IPIO	
	Tao 等 (2018)[80]	CPIO	使用认知因子和压缩因子分别修正地图和指南针算子以及地标算子
	Ming 等 (2021)[81]	—	
	Pei 等 (2017)[82]	QCPIO	使用量子突变算子替换地标算子
	Li 等 (2014)[83]	BQPIO	使用量子突变算子替换地图和指南针算子
	Zhang 等 (2015)[84]		
	Xian 等 (2018)[85]	LFPIO	使用基于莱维飞行的搜索算子替换地图和指南针算子
	Liu 等 (2016)[86]		
	Dou 等 (2017)[87]		
	Zhang 等 (2017, 2018)[88,89]		
	Yuan 等 (2022)[90]		

续表

分类	作者 (年份)	名称	机制
要素更换	Wang 等 (2022)[91]	HTNPIO	
	Hua 等 (2019)[92]	APIO	使用自适应变量修正地图和指南针算子
	Saad 等 (2022)[93]		
	Yang 等 (2018)[94]	CMPIO	使用柯西变量替换中心和全局最佳位置
	Wang 等 (2020)[95]		使用柯西变异机制修正两个算子
算子增加	Hao 等 (2014)[74]	—	
	Feng 等 (2022)[96]	PIOLG	增加交叉算子
	Liu 等 (2022)[97]	IM-PIO	
	Li 等 (2014)[98]	SAPIO	增加模拟退火算子
	Sun 等 (2014)[99]	PPPIO	
	Zhang 等 (2017)[100]	PPPIO	增加捕食–逃逸算子
	Duan 等 (2023)[101]	CLPPPIO	
	Zhang 等 (2015)[102]		
	Hu 等 (2016)[103]	GPIO	增加突变算子
	Selma 等 (2021)[104]		
	Wu 等 (2022)[105]		
	Liao 等 (2023)[106]	HTNPIO	
	Deng 等 (2016)[107]	HMCPIO	增加通信算子
	Duan 等 (2016)[108]	OPIO	增加正交初始化
	Cheng 等 (2016)[109]	SOPIO	增加子空间分割正交初始化
	Chen (2017)[76]	MGMPIO	增加多尺度高斯变异算子
	Pei 等 (2017)[82]	QCPIO CPIO	增加混沌算子
	Hilia 等 (2022)[110]		
	Zhou 等 (2017)[77]	MAIPIO	增加竞争算子
	Jiang 等 (2017)[111]	—	增加威胁启发式算子
	Sushnigdha 等 (2017, 2018)[112,113]		增加约束处理算子
	Xu 等 (2018)[114]	ADID-PIO	增加相邻干扰算子
	Sun 等 (2018)[115]	HCLPIO	增加异构综合学习算子
	Khan 等 (2018)[116]	HPIO	增加新型和声即兴算子
	Hua 等 (2019)[117]	—	增加个体最佳学习算子和激活算子
	Liu 等 (2019)[118]	IPIO	增加反转算子和高斯算子
	Xiang 等 (2019)[119]	CLPIO—TL	增加学习概率算子
	Fei 等 (2019)[120]		增加变权重因子和变异因子
	Li 等 (2020)[121]	QEPIO	增加量子纠缠合并算子
	Zhao 等 (2020)[122]	ACPIO	增加混沌算子
	Fan 等 (2020)[123]	DFPIO	增加延迟因子
	Ding 等 (2021)[124]	—	增加动态自适应地磁算子
	He 等 (2022)[125]	EPIO	增加随机因子
	Yuan 等 (2022)[126]	AFPIO	增加裂变算子
结构调整	Liu 等 (2020)[127]	LBAS-PIO	引入天牛须搜索算法模型进行策略更新
	Gao 等 (2022)[128]	SFL-PIOA	引入混合跳蛙算法模型进行算法初始化
	Yin 等 (2022)[129]	Yin-YangPIO	引入阴阳对算法模型进行策略更新
	Sasikumar 等 (2022)[130]	PIO-GWO	引入灰狼算法模型进行策略更新
	Hadeel 等 (2020)[131]	Cosine_PIO	引入余弦相似度函数进行速度更新

续表

分类	作者 (年份)	名称	机制
	Li 等 (2014)[83]	SAPIO	对操作算子进行概率操作
	Duan 等 (2015)[132]	PEPIO	合并两个操作算子
	Zheng 等 (2022)[133]	EPIO	
	Deng 等 (2016)[134]	MPIO	引入概率因子对两个操作算子进行选择
	Zhang 等 (2018)[135]	SCPIO	将鸽群划分为多个子群
	Xu 等 (2018)[96]	HPIO	
	Wang 等 (2019)[136]	ADID-PIO	
	Mao 等 (2022)[137]	—	
	Sun 等 (2022)[138]	AGLDPIO	
	Zhao 等 (2022)[139]	HPIO	
	Xiang 等 (2022)[140]	ESPIO	
	Tao 等 (2018)[64]	CPIO	引入交叉操作进行策略更新
	Ashish 等 (2022)[141]		
	Huo 等 (2019)[142]	MPIO	对两个操作算子进行变异操作
	Duan 等 (2015, 2019)[132,143]	PEPIO	将鸽群分为捕食者和逃逸者
结构调整	Mohamed 等 (2017)[144]	MPIO	
	Cui 等 (2022)[145]		
	Jiang 等 (2019)[146]	IPIO	引入粒子群优化机制进行策略更新
	Zheng 等 (2021)[147]	IPIO	引入速度更新和修正机制进行更新
	Orieb 等 (2023)[148]	LS-PIO	引入局部搜索机制进行策略更新
	Wang 等 (2019)[149]	CPIOD	引入协同机制与阈值机制进行策略更新
	Luo 等 (2019)[150]	CPIO	
	Yu 等 (2022)[151]	CLPIO	引入合作与竞争的协同进化机制进行策略更新
	Yuan 等 (2022)[152]	PCPIO	
	Duan 等 (2019)[153]	MGPIO	引入混合博弈机制进行策略更新
	Chen 等 (2019)[154]	QPIO	引入量子行为机制进行策略更新
	Hu (2019)[155]		
	Xu 等 (2019)[156]	VDCPIO	引入变维度混沌机制进行策略更新
	Xu 等 (2019)[157]	ISMC-PIO	引入独立区域和多区域搜索机制进行策略更新
	Sun 等 (2020)[158]	QT-PIO	引入仿射变换机制进行策略更新
	He 等 (2022)[159]	MSPIO	引入多策略协同机制进行更新
	Wang 等 (2021)[160]	PCHS-PIO	引入竞争层级机制进行策略更新
	Herdianti 等 (2021)[161]	—	引入反向学习机制进行策略更新
	Huo 等 (2021)[162]	OBPIO	
	Ramalingam 等 (2022)[163]		
	Feng 等 (2022)[164]	ALPIO	引入自学习策略进行地图和指南针算子更新
	Pan 等 (2022)[165]	TPIO	引入田口方法进行策略更新
	Hu 等 (2022)[166]	PPIO	引入拍卖机制进行策略更新
	Ruan 等 (2022)[167]	TLPIO	引入迁移学习机制进行策略更新

续表

分类	作者 (年份)	名称	机制
应用扩展	Qiu 等 (2015, 2018)[168,169]		
	Hu 等 (2019)[170]		
	Yan 等 (2019)[171]		
	Fu 等 (2019)[172]		
	Duan 等 (2020)[173]	MPIO	扩展到多目标优化
	Chen 等 (2020)[174]		
	Ruan 等 (2020)[175]		
	Chen 等 (2020)[176]		
	Tong 等 (2021)[177]		
	Chang 等 (2023)[178]		
	Shan 等 (2017)[179]		
	Alazzam 等 (2020)[180]	DKPIO	扩展到离散优化
	Liu 等 (2021)[181]		
	Duan 等 (2021)[182]		
	Lu 等 (2021)[183]	IPIO	
	Yang 等 (2019)[184]	BRPIO	
	Zhong 等 (2019)[185]	DPIO	
	Pan 等 (2021)[186]	BPIO	扩展到二进制优化
	Bolaji 等 (2021)[187]	—	
	Shen (2022)[188]	—	
	Bolaji 等 (2018)[189]	BPIO	扩展到组合优化
	Hua 等 (2021)[190]	CGAPIO	
	He 等 (2020)[191]	—	将鸽群位置扩展表示为量子位
	Hai 等 (2019, 2021)[192,193]	EGPIO	将鸽群位置扩展表示为进化博弈玩家

1.6.1 要素更换

在原有结构的基础上, 对基本鸽群优化算法进行两个方向的修正: 系数修正和算子替换。

在系数修正方向上, Hao 等通过分数阶微积分修正了地图和指南针算子, 以平衡收敛速度和搜索步长[74]。Jia 和 Sahmoudi 用种群离散度提出了扩展收缩鸽群优化 (expand and contract pigeon-inspired optimization, ECPIO) 算法[75]。Chen 等在粒子群算法中考虑了变参数机制来修正地图和指南针算子[60]。Lin 等通过在地图和指南针算子中加入非线性动态惯性权重系数, 提出了自适应加权鸽群优化 (adaptive weighted pigeon-inspired optimization, AW-PIO) 算法, 以处理局部搜索能力和全局搜索能力之间的矛盾[78]。陶国娇等[80] 以及 Ming 等[81] 对地图和指南针算子以及地标算子附加了认知和压缩因子, 以避免过早收敛。在鸽群优化算法中, 地图和指南针算子代表个体惯性, 而向全局最优位置和地标中心位置趋近代表全局学习, 地图和指南针算子操作和向地标中心位置趋近可以避免陷入某个局部最优解。因此, 适当的地图和指南针算子值和从全局最佳位置到地标中心位置的适当学习强度对于提高算法性能至关重要。Hua 等[92] 提出的自适应鸽群优化 (adaptive pigeon-inspired optimization, APIO) 算法将地图和指南针算子改进为一个随迭代次数进化的变量，平衡了算法的全局和局部搜索优化能力。

在算子替换方向上，周凯等将地标中心位置和全局最佳位置替换为所有个体最佳位置和按权重降序排列的前向邻居个体最佳位置的加权平均位置，这种修正是受野生大鹅机制的启发[77]。为了提高搜索能力和优化效率，Li 和 Duan 提出了基于量子行为的改进鸽群优化算法，用布洛赫 (Bloch) 量子编码变异算子代替地图和指南针算子以及地标算子[83]。Liu 等提出了一种莱维飞行鸽群优化 (Lévy-flight pigeon-inspired optimization, LFPIO) 算法，将地图和指南针算子替换为基于莱维飞行搜索算子，通过自适应对数函数修正地标算子[86]。Yang 等提出了柯西变异鸽群优化 (Cauchy mutation pigeon-inspired optimization, CMPIO) 算法，其增加一个柯西变异偏移量到全局最佳位置和地标中心位置[94]。在鸽群优化算法中，全局最佳位置和地标中心位置负责进化学习的方向引导，这两个参数的作用类似于海洋导航中的信标。通过用更多的信标取代全局最佳位置和地标中心位置，鸽群优化算法的性能得到了显著增强。

1.6.2 算子增加

考虑到仿生智能计算中的成熟概念，鸽群优化算法的变型呈现出无限的可能性。受遗传算法特点的启发，Hao 等[74] 在地标算子后面增加了交叉操作，以改善种群多样性。Li 和 Duan 提出了模拟退火鸽群优化 (simulated annealing pigeon-inspired optimization, SAPIO) 算法，在算法末尾引入高斯扰动，避免陷入局部最优[83]。Zhang 和 Duan 在地标算子之后执行了高斯变异操作，产生了高斯鸽群优化 (Gaussian pigeon-inspired optimization, GPIO) 算法，以克服基本鸽群优化算法在探索能力方面的弱点[84]。为了提高基本鸽群优化算法的性能，Chen 和 Duan 引入了多尺度高斯变异鸽群优化 (multi-scale Gaussian mutation pigeon-inspired optimization, MGMPIO) 算法，对所有位置应用多尺度高斯运算，并在地图和指南针算子中使用全局最佳位置[76]。受膜计算模型的启发，Deng 等提出了混合膜计算鸽群优化 (hybrid membrane computing and pigeon-inspired optimization, HMCPIO) 算法，在地标算子后增加了一个通信算子[107]。Duan 等将正交设计策略应用于鸽群优化算法的初始化，并称之为具有丰富种群多样性的新型正交鸽群优化 (orthogonal pigeon-inspired optimization, OPIO) 算法[108]。Cheng 等设计了子空间分割正交初始化步骤，以保证初始种群的最优分布，并将此算法命名为子空间正交鸽群优化 (sub-space orthogonal pigeon-inspired optimization, SOPIO) 算法[109]。Pei 等在量子混沌鸽群优化 (quantum chaotic pigeon-inspired optimiza-tion, QCPIO) 算法结束时进行了混沌局部搜索操作，以避免过早收敛[82]。受多智能体模型中交互行为的启发,周凯等提出了多智能体模型改进鸽群优化 (multi-agent improve pigeon-inspired optimization, MAIPIO) 算法,通过执行竞争算子强化来自优势个体的学习行为 [77]。为了惩罚劣解,蒋飘蓬等和 Sushnigdha 等分别在鸽群优化算法中添加了威胁启发式操作和约束处理机制 [111−113]。Hua 等和 Xu 等参考粒子群优化算法中的认知模型,试图基于地图和指南针算子中的个体历史最佳解和全局最佳解来更新鸽子的位置和速度 [92,114]。Sun 等还提出了异构综合学习鸽群优化 (heterogeneous comprehensive learning pigeon-inspired optimization, HCLPIO) 算法,综合了异构综合学习策略和鸽群优化算法 [115]。和声搜索算法也为 Khan 等提供了灵感,通过在地标算子中即兴产生新的和声而提出和声鸽群优化 (harmony pigeon-inspired optimization, HPIO) 算法 [116]。Li 和 Deng 通过在地图和指南针算子的初始添加量子纠缠组合运算,提出了量子纠缠鸽群优化 (quantum-entanglement pigeon-inspired optimization, QEPIO) 算法 [121]。Zhao 等提出了一种具有约束的自适应混沌鸽群优化 (adaptive chaotic pigeon-inspired optimization, ACPIO) 算法,利用混沌映射可以得到一组新的具有强遍历性和不规则性的极值,帮助算法跳出局部最优 [122]。Fan 等增加了延迟因子来改进鸽群优化算法,避免了局部最优问题 [123]。Ding 等提出了一种基于目标函数的动态自适应地图和指南针算子,以取代原方法中对地图和指南针算子设定固定值的方法 [124]。在众多研究者的努力下,鸽群优化算法的搜索能力得到了很大的提高。

1.6.3 结构调整

基本鸽群优化算法的结构调整包括三个方面:算子的执行顺序,鸽群的分类更新,以及引入新的策略更新机制。

在第一个方面,Li 和 Duan 通过考虑鸽子导航策略的不确定性,选择根据概率分布操作地图和指南针算子或地标算子 [83]。考虑到算法参数调整的便利性,段海滨等通过由基本概念设计的过渡因子将两个算子组合起来 [132]。在改进的鸽群优化算法中,鸽子基于耦合更新方程飞行,过渡因子确保全局最佳位置和地标中心位置分别支配前一次和后一次迭代。陶圆娇和李智提出了选择两个鸽群优化算子中的一个来进行交叉操作 [80]。两个操作按以下顺序执行:地图和指南针算子、地标算子、地图和指南针算子以及地标算子。在基本鸽群优化算法中,向全局最佳位置和地标中心位置的学习是一个分阶段的过程,同时或交叉学习这两种方法可能会在某些问题上产生令人惊讶的结果。同样,Deng 和 Duan 通过引入概率因子进行概率选择 [134]。

在第二个方面,Duan 等提出了通过将鸽子分为捕食者和逃逸者来加强全局搜索能力的捕食-逃逸鸽群优化 (predator-prey pigeon-inspired optimization, PP-PIO) 算法 [143]。Xu 和 Deng 通过对优等、中等、下等鸽群进行分离更新,发展了邻近干扰和综合调度鸽群优化 (adjacent-disturbances and integrated-dispatching pigeon-inspired optimization, ADID-PIO) 算法 [114]。在 ADID-PIO 算法中, 优等鸽向全局最佳位置和各自的个体最佳位置学习, 中等鸽向个体最佳和优等鸽的中心位置学习, 次等鸽向全局最佳位置学习。受鸽群等级制度的启发, Zhang 和 Duan 提出了社会层级鸽群优化 (social-class pigeon-inspired optimization, SCPIO) 算法, 通过建立等级社会网络, 鸽子学习同等级鸽子历史时刻最优的位置 [135]。在基本鸽群优化算法中, 所有个体都根据相同的规则更新自己的位置, 这不能充分利用进化过程中个体之间的差异。因此, 人们将整个鸽群看作一个异构网络, 进行分类更新, 为具有不同特征的个体设计特定的分类规则。Wang 等 [136] 提出了一种考虑鸽群异质性的异构鸽群优化 (heterogeneous pigeon-inspired optimization, HPIO) 算法。通过将鸽群分为中心和非中心角色, 这两组鸽群分别被赋予 "开发" 和 "探索" 功能, 以便它们能够密切互动, 找到最优异的解决方案。Luo 等提出了一种协同进化鸽群优化 (coevolution pigeon-inspired optimization, CPIO) 算法, 将鸽群分为若干个子群, 并通过合作–竞争机制进行迭代进化 [150]。Wang 等提出了并行竞争和层级搜索鸽群优化 (parallel competition and hierarchical search pigeon-inspired optimization, PCHS-PIO) 算法, 第一阶段将所有鸽子分为两类, 只有一个全局种群进行完整的迭代, 而两个或多个局部种群通过动态调整在小范围内进行精细化搜索, 进化是平行的且伴随竞争 [160]。

在第三个方面, Huo 等采用具有非线性特征的变异算子针对两个鸽群优化算子进行变异操作 [142]。在地图和指南针算子中, 随着问题维数的增加, 粒子的全局搜索能力将下降。Wang 等引入了一种协作机制, 在位置更新过程中, n 维问题的每个维度都可以分别更新, 同时设定距离阈值, 防止鸽群过早聚集而使其失去探索活力 [149]。Duan 等提出一种混合博弈鸽群优化 (mixed game pigeon-inspired optimization, MGPIO) 算法, 种群个体根据某种概率选择不同的策略, 增加了种群的多样性 [153]。Chen 等提出了一种量子行为鸽群优化 (quantum-based pigeon-inspired optimization, QPIO) 算法, 当前的最优解被认为是两个概率状态的线性叠加, 通过量子旋转门正概率被增强或重置, 以平衡探索和开发能力 [154]。Xu 等针对鸽群优化算法独特的搜索机制, 提出了一种变维复合混沌映射鸽群优化 (variable dimension chaotic pigeon-inspired optimization, VDCPIO) 算法, 利用混沌映射所产生序列的混沌特性对种群进行初始化, 使种群具有较好的多样性, 以提高全局最优解搜索能力和收敛速度 [156]。Sun 等提出了一种准仿射变换鸽群优化算法, 将鸽子抽象成无质量的粒子, 粒子具有不同的更新策略, 采用准仿射变换进化算法的矩阵, 使得粒子运动和空间探索更加科学 [158]。

1.6.4 应用扩展

基本鸽群优化算法最早被提出用于解决空中机器人路径规划问题, 这是一个单目标连续优化问题 [12]。目前，鸽群优化算法已经发展到通过设计特定的初始化和评估规则来解决从连续和离散优化到单目标和多目标优化的各类问题以及其他映射模式。

首先，Duan 等提出了基于帕累托排序的多目标鸽群优化 (multi-objective pigeon-inspired optimization, MPIO) 算法 [168,169,173]。在 MPIO 算法中，采用非支配排序和拥挤比较的方法对鸽子进行评价。Hu 等提出了一种多模态多目标鸽群优化算法，加入精英学习策略和特殊拥挤距离计算机制以防止算法早熟收敛，有助于得到均匀分布的解 [155]。MPIO 算法已应用于多领域多目标优化问题，例如动态经济排放调度 [171]、多目标聚类分析 [174]、多无人机自主避障控制 [175]、多无人机路径规划问题 [177] 等。

针对离散问题优化，单鑫等提出了离散制造车间能效优化的离散知识型鸽群优化 (discrete knowledge pigeon-inspired optimization，DKPIO) 算法 [179]。针对高校科研项目人力资源配置的复杂性和限制性特点，Liu 等提出了一种以损失最小化和项目延迟时间最短为优化目标的改进离散鸽群优化算法 [181]。Duan 等提出了一种动态离散鸽群优化算法，对执行空中搜索攻击任务的多架无人机进行最大化总收益和最小化消耗计算 [182]。其中，二进制优化问题在离散问题中较为常见，Bolaji 等针对多维背包问题 (一种组合优化任务) 提出了二进制鸽群优化 (binary pigeon-inspired optimization, BPIO) 算法 [187]。在 BPIO 算法中，建立了一个二进制表示模型来匹配多维背包问题中搜索空间的特征。Alazzam 等提出一种新型二进制鸽群优化算法，对机器学习的特征选择过程进行优化 [180]。

另外，He 等采用量子位来描述鸽子的当前状态，为了保持种群多样性，根据蒙特卡罗随机模拟获得鸽子的位置状态，以解决基本鸽群优化算法由于早熟收敛而陷入局部最优的问题 [191]。Hai 等针对增强型自抗扰控制方法，提出了一种进化博弈鸽群优化 (evolutionary game theory-based pigeon-inspired optimization, EGPIO) 算法 [192,193]。个体在进化博弈过程中动态调整策略，以提高基本鸽群优化算法的适应性。

1.7 本 书 结 构

本书核心内容分为鸽群优化算法机理模型及理论分析、模型改进、典型应用三大部分。具体来说，第一部分为鸽群优化算法机理、模型和理论，分别对应第 2 章和第 3 章；第二部分为鸽群优化算法的模型改进，涵盖了从连续到离散、从具体到广义、从单目标到多目标等扩展方向，对应第 4 章内容；第三部分为鸽群优化算法及其改进模型在任务规划、自主控制、信息处理、电气能控等方面的典型应用，对应第 5~8 章内容。全书共 9 章，按照算法原理、模型、理论、应用的学术研究步骤构成，基本形成了一个完整的封闭体系，本书的具体组织结构如图 1.21 所示。

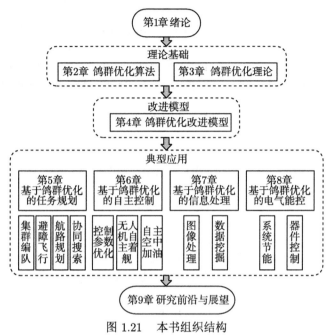

图 1.21 本书组织结构

1.8 本 章 小 结

本章作为全书的第 1 章，介绍了自然界中鸽子的特点和生活习性，分析了影响鸽群导航的多种可能因素，阐述了从古至今鸽子作为信息传递使者的国内外历史背景和现状，介绍了鸽群优化算法的思想起源、机制原理和发展历程，最后给出了本书的体系结构。

参 考 文 献

[1] Fan J T, Fang L, Wu J M, et al. From brain science to artificial intelligence[J]. Engineering, 2020, 6: 248-252.

[2] Duan H B, Qiu H X. Advancements in pigeon-inspired optimization and its variants[J]. Science China Information Sciences, 2019, 62(7): 070201-1-10.

[3] Kennedy J, Eberhart R. Particle swarm optimization[C]. Proceedings of 1995 IEEE International Conference on Neural Networks, Perth, WA, Australia, 1995: 1942-1948.

[4] Zhu S Q, Yu T, Xu T, et al. Intelligent computing: The latest advances, challenges and future[J]. Intelligent Computing, 2023, 2: 6.

[5] Bagley J D. The behavior of adoptive system which employ genetic and correlation algorithm[J]. Dissertation Abstracts International, 1967, 28(12): 2-4.

[6] Holland J H. Adaptation in Natural and Artificial Systems[M]. Ann Arbor: University of Michigan Press, 1975.

[7] Colorni A, Dorigo M, Maniezzo V, et al. Distributed optimization by ant colonies[C]. Proceedings of the 1st European Conference on Artificial Life, Paris, 1991: 134-142.

[8] Shi Y H, Eberhart R. A modified particle swarm optimizer[C]. Proceedings of 1998 IEEE International Conference on Evolutionary Computation, Anchorage, AK, USA, 1998: 69-73.

[9] Seeley T D. The Wisdom of the Hive: The Social Physiology of Honey Bee Colonies[M]. Cambridge: Harvard University Press, 1995.

[10] Teodorovic D, Dell'Orco M. Bee colony optimization—A cooperative learning approach to complex transportation problems[J]. Advanced OR and AI Methods in Transportation, Poznan, 2005: 51-60.

[11] Karaboga D. An idea based on honey bee swarm for numerical optimization[R]. Technical Report-TR06, Erciyes University, 2005.

[12] 段海滨, 张祥银, 徐春芳. 仿生智能计算 [M]. 北京: 科学出版社, 2010.

[13] 安麦德. 基于鸽群优化的飞行器飞行控制系统设计 [D]. 北京: 北京航空航天大学, 2020.

[14] 霍梦真. 仿鸟群智能的有人/无人机集群自主控制及验证 [D]. 北京: 北京航空航天大学, 2022.

[15] Duan H B, Qiao P X. Pigeon-inspired optimization: A new swarm intelligence optimizer for air robot path planning[J]. International Journal of Intelligent Computing and Cybernetics, 2014, 7: 24-37.

[16] 张达敏, 张绘娟, 闫威. 异构网络中基于鸽群优化算法的 D2D 资源分配机制 [J]. 控制与决策, 2020, 35(12): 2951-2967.

[17] Yu Y P, Deng Y M, Duan H B. Multi-UAV cooperative path planning via mutant pigeon inspired optimization with group learning strategy[C]. Proceedings of 12th International Conference on Swarm Intelligence, Qingdao, China, 2021: 195-204.

[18] Liu X Z, Han Y, Chen J. Discrete pigeon-inspired optimization-simulated annealing algorithm and optimal reciprocal collision avoidance scheme for fixed-wing UAV formation assembly[J]. Unmanned Systems, 2021, 9(3): 211-225.

[19] Togaçar M. Detection of segmented uterine cancer images by hotspot detection method using deep learning models, pigeon-inspired optimization, types-based dominant activation selection approaches[J]. Computers in Biology and Medicine, 2021, 136: 104659.

[20] Lyu Y D, Zhang Y Q, Chen H P. An improved pigeon-inspired optimization for multi-focus noisy image fusion[J]. Journal of Bionic Engineering, 2021, 18: 1452-1462.

[21] Rajendran S, Khalaf O I, Alotaibi Y, et al. MapReduce-based big data classification model using feature subset selection and hyperparameter tuned deep belief network[J]. Scientific Reports, 2021, 11: 24138.

[22] 孙永斌. 基于仿生智能的无人机软式自主空中加油技术研究 [D]. 北京: 北京航空航天大学, 2021.

[23] 搜狗百科. 鸽子 [EB/OL].https://baike.sogou.com/v328233.html (2020-12-18) [2021-10-1].

[24] Birdlife Australia. Rock dove[EB/OL]. https://birdlife.org.au/bird-profiles/rock-dove/ (2017-11-1)[2021-10-1].

[25] 维基百科. 原鸽 [EB/OL]. https://zh.wikipedia.org/wiki/%E5%8E%9F%E9%B8%BD (2021-8-18) [2021-10-1].

[26] 博物. 鸽子 [EB/OL]. http://www.dili360.com/nh/article/p54fea91db50dc27.htm(2015-3-1)[2021-10-1].

[27] Nagy M, Akos Z, Biro D, et al. Hierarchical group dynamics in pigeon flocks[J]. Nature, 2010, 464(7290): 890-893.

[28] 罗琪楠. 基于鸽群行为机制的多无人机协调围捕及验证 [D]. 北京: 北京航空航天大学, 2017.

[29] 邱华鑫. 仿鸟群行为的多无人机编队协调自主控制 [D]. 北京: 北京航空航天大学, 2019.

[30] 段海滨, 邱华鑫. 基于群体智能的无人机集群自主控制 [M]. 北京: 科学出版社, 2018.

[31] 陈杰, 方浩, 辛斌. 多智能体系统的协同群集运动控制 [M]. 北京: 科学出版社, 2017.

[32] Huo M Z, Duan H B, Yang Q, et al. Live-fly experimentation for pigeon-inspired obstacle avoidance of quadrotor unmanned aerial vehicles[J]. Science China Information Sciences, 2019, 62: 052201-1-8.

[33] 段海滨, 叶飞. 鸽群优化算法研究进展 [J]. 北京工业大学学报, 2017, 43(1): 1-7.

[34] 段海滨, 辛龙, 邓亦敏. 仿信鸽归巢行为的导航技术研究进展 [J]. 智能系统学报, 2021, 16(1): 1-10.

[35] Kramer G. Experiments on bird orientation and their interpretation[J]. IBIS, 1957, 99(2): 196-227.

[36] Walcott C, Green R P. Orientation of homing pigeons altered by a change in the direction of an applied magnetic field[J]. Science, 1974, 184(4133): 180-182.

[37] Guilford T, Roberts S, Biro D, et al. Positional entropy during pigeon homing II: Navigational interpretation of Bayesian latent state models[J]. Journal of Theoretical Biology, 2004, 227: 25-38.

[38] Keeton W T. Magnets interfere with pigeon homing[J]. Proceedings of the National Academy of Sciences, 1971, 68(1): 102-106.

[39] Whiten A. Operant study of sun altitude and pigeon navigation[J]. Nature, 1972, 237: 405-406.

[40] Wiltschko R, Wiltschko W. Clock-shift experiments with homing pigeons: A compromise between solar and magnetic information[J]. Behavioral Ecology and Sociobiology, 2001, 49: 393-400.

[41] Schiffner I, Wiltschko R. Temporal fluctuations of the geomagnetic field affect pigeons' entire homing flight[J]. Journal of Comparative Physiology A, 2011, 197: 765-772.

[42] Ioale P, Guidarini D. Methods for producing disturbances in pigeon homing behaviour by oscillating magnetic fields[J]. Journal of Experimental Biology, 1985, 116(1): 109-120.

[43] Visalberghi E, Alleva E. Magnetic influences on pigeon homing[J]. Biological Bulletin, 1979, 156(2): 246-256.

[44] Wiltschko R, Schiffner I, Fuhrmann P, et al. The role of the magnetite-based receptors in

the beak in pigeon homing[J]. Current Biology, 2010, 20(17): 1534-1538.

[45] Mora C V, Davison M, Wild J M, et al. Magnetoreception and its trigeminal mediation in the homing pigeon[J]. Nature, 2004, 432(7016): 508-511.

[46] Braithwaite V A, Guilford T. Viewing familiar landscapes affects pigeon homing[J]. Proceedings of the Royal Society B: Biological Sciences, 1991, 245(1314): 183-186.

[47] Biro D, Guilford T, Dell'Omo G, et al. How the viewing of familiar landscapes prior to release allows pigeons to home faster: Evidence from GPS tracking[J]. Journal of Experiments Biology, 2002, 205(24): 3833-3844.

[48] Dell'Ariccia G, Costantini D, Dell'Omo G, et al. Waiting time before release increases the motivation to home in homing pigeons (*Columba livia*)[J]. The Journal of Experimental Biology, 2009, 212(20): 3361-3364.

[49] Duan H B, Xin L, Shi Y H. Homing pigeon-inspired autonomous navigation system for unmanned aerial vehicles[J]. IEEE Transactions on Aerospace and Electronic Systems, 2021, 57(4): 2218-2224.

[50] 辛龙. 仿鸽子智能的无人机自主导航技术研究 [D]. 北京: 北京航空航天大学, 2020.

[51] Blaser N, Guskov S I, Entin V A, et al. Gravity anomalies without geomagnetic disturbances interfere with pigeon homing—A GPS tracking study[J]. Journal of Experiments Biology, 2014, 217(22): 4057-4067.

[52] Hagstrum J T. Atmospheric propagation modeling indicates homing pigeons use loft-specific infrasonic 'map' cues[J]. The Journal of Experimental Biology, 2013, 216: 687-699.

[53] 网易. 与毕加索有巨大关系的和平鸽, 其实是象征着爱情和生育的神鸟 [EB/OL]. https://www.163.com/dy/article/G3V9MMTF0545WG8Q.html(2021-2-28)[2021-10-1].

[54] 搜狐. 中国信鸽运动发展史 [EB/OL]. https://www.sohu.com/a/258475524_100110159.

[55] 搜狐. 凡尔登的信鸽: 无线电前最好的信息传递工具, 一战拯救 194 名士兵 [EB/OL]. https://www.sohu.com/a/346205625_99964053(2019-10-12)[2021-10-1].

[56] 搜狐. 信鸽传丢情报百年后被发现 [EB/OL]. https://www.sohu.com/a/430700539_100118870 (2020-11-13)[2021-10-1].

[57] 每日头条. 你不知道的"军鸽大王"背后, 他做了这几件大事鸽友沸腾了 [EB/OL]. https://kknews.cc/zh-cn/news/xp8zjlg.html (2018-8-1)[2021-10-1].

[58] 游民专栏. 厉害了! 我的鸽!《战地 1》信鸽的真相竟然是 [EB/OL]. https://www.gamersky.com/zl/201610/825656.shtml(2016-10-30)[2021-10-1].

[59] 博客园. 高频交易低延迟: 信鸽、100 微妙和恒生的纳秒试验 [EB/OL]. https://www.cnblogs.com/timlong/p/5387624.html(2016-4-13)[2021-10-1].

[60] 知道日报. 一只鸽子救了 1000 名士兵? 小谈信鸽在近现代战争中的应用 [EB/OL]. https://zhidao.baidu.com/daily/view?id=127817(2018-5-28)[2021-10-1].

[61] 宾琳. 基于鹰鸽捕食行为的无人机协同对抗及验证 [D]. 北京: 北京航空航天大学, 2023.

[62] Langton C G. Artificial Life[M]. New York: Addison-Wesley Longman Publishing Company, 1989.

[63] Ray T S. An evolutionary approach to synthetic biology to synthetic biology: Zen and the art of creating life[J]. Artificial Life, 1993, 1(1_2): 179-209.

[64] Millonas M M. Swarm, Phase Transitions, and Collective Intelligence. Artificial Life Ⅲ[M]. New York: Addison Wesley, 1994.

[65] Reynolds C W. Flocks, herds, and schools: A distributed behavioral model[J]. Computer Graphics, 1987, 21(4): 25-34.

[66] Boyd R, Gintis H, Bowles S, et al. The evolution of altruistic punishment[J]. Proceedings of the National Academy of Sciences of the United States of America, 2003, 100(6): 3531-3535.

[67] Heppner F, Grenander U. A stochastic nonlinear model for coordinated bird flocks[M]// Krasner S. The Ubiquity of Chaos. Washington American Association for the Advancement of Science, 1990: 233-238.

[68] 吴爱国, 巩志浩. 基于改进鸽群算法的气动捕获轨道优化 [J]. 航空学报, 2020, 41(9): 324292.

[69] Kundu K, Dev R, Rai A, et al. Employment of pigeon inspired optimization algorithm for pattern synthesis of linear antenna arrays[C]. Proceedings of 2022 International Conference on Computational Intelligence and Sustainable Engineering Solutions, Greater Noida, India, 2022: 196-201.

[70] Hua W, Ma Z W, Ji S D, et al. Improving the mechanical property of dissimilar Al/Mg hybrid friction stir welding joint by PIO-ANN[J]. Journal of Materials Science & Technology, 2020, 53: 41-52.

[71] Huo M Z, Deng Y M, Duan H B. Cauchy-Gaussian pigeon-inspired optimisation for electromagnetic inverse problem[J]. International Journal of Bio-Inspired Computation, 2021, 17(3): 182-188.

[72] 段海滨, 仝秉达, 刘冀川. 基于指数平均动量鸽群优化的多无人机协同目标防御 [J]. 北京航空航天大学学报, 2022, 48(9): 1624-1629.

[73] Duan H B. Pigeon-Inspired Optimization [EB/OL]. http://hbduan.buaa.edu.cn/pio.htm (2023-9-9) [2023-9-9].

[74] Hao R, Luo D L, Duan H B. Multiple UAVs mission assignment based on modified pigeon inspired optimization algorithm[C]. Proceedings of 6th IEEE Chinese Guidance, Navigation and Control Conference, Yantai, China, 2014: 2692-2697.

[75] Jia Z X, Sahmoudi M. A type of collective detection scheme with improved pigeon-inspired optimization[J]. International Journal of Intelligent Computing and Cybernetics, 2016, 9(1): 105-123.

[76] Chen S J, Duan H B. Fast image matching via multi-scale Gaussian mutation pigeon-inspired optimization for low cost quadrotor[J]. Aircraft Engineering and Aerospace Technology, 2017, 899(6): 777-790.

[77] 周凯, 姜文志, 陈邓安, 等. 基于改进鸽群优化的直升机协同目标分配 [J]. 火力与指挥控制, 2017, 42(7): 84-98.

[78] 林娜, 黄思铭, 拱长青. 基于自适应权重鸽群算法的无人机航路规划 [J]. 计算机仿真, 2018, 35(1): 38-42.

[79] Yuan G S, Xia J, Duan H B. A continuous modeling method via improved pigeon-inspired

optimization for wake vortices in UAVs close formation flight[J]. Aerospace Science and Technology, 2022, 120: 107259.

[80] 陶国娇, 李智. 带认知因子的交叉鸽群算法 [J]. 四川大学学报 (自然科学版), 2018, 55(2): 295-330.

[81] Ming Z X, Lv Q H, Lv H, et al. LED plant lighting system design based on improved pigeon-inspired optimization algorithm[C]. Proceedings of 2021 International Conference on Laser, Optics and Optoelectronic Technology, Xi'an, China, 2021: 1-9.

[82] Pei J X, Su Y X, hang D H. Fuzzy energy management strategy for parallel HEV based on pigeon-inspired optimization algorithm[J]. Science China Technological Sciences, 2017, 60(3): 425-433.

[83] Li H H, Duan H B. Bloch quantum-behaved pigeon-inspired optimization for continuous optimization problems[C]. Proceedings of 6th IEEE Chinese Guidance, Navigation and Control Conference, Yantai, China, 2014: 2634-2638.

[84] Zhang S J, Duan H B. Multiple UCAVs target assignment via bloch quantum-behaved pigeon-inspired optimization[C]. Proceedings of 34th Chinese Control Conference, Hangzhou, China, 2015: 6936-6941.

[85] Xian N, Chen Z L. A quantum-behaved pigeon-inspired optimization approach to explicit nonlinear model predictive controller for quadrotor[J]. International Journal of Intelligent Computing and Cybernetics, 2018, 11(1): 47-63.

[86] Liu Z Q, Duan H B, Yang Y J, et al. Pendulum-like oscillation controller for UAV based on Lévy-flight pigeon-inspired optimization and LQR[C]. Proceedings of 2016 IEEE Symposium Series on Computational Intelligence, Athens, Greece, 2016: 1-6.

[87] Dou R, Duan H B. Lévy flight based pigeon-inspired optimization for control parameters optimization in automatic carrier landing system[J]. Aerospace Science and Technology, 2017, 61: 11-20.

[88] Zhang D F, Duan H B, Yang Y J. Active disturbance rejection control for small unmanned helicopters via Lévy flight-based pigeon-inspired optimization[J]. Aircraft Engineering and Aerospace Technology, 2017, 89(6): 946-952.

[89] Zhang D F, Duan H B. Identification for a reentry vehicle via Lévy flight-based pigeon-inspired optimization[J]. Proceedings of the Institution of Mechanical Engineers, Part G: Journal of Aerospace Engineering, 2018, 232(4): 626-637.

[90] Yuan Y, Deng Y M, Luo S D, et al. Distributed game strategy for unmanned aerial vehicle formation with external disturbances and obstacles[J]. Frontiers of Information Technology and Electronic Engineering, 2022, 23(7): 1020-1031.

[91] Wang H M, Zhao J H. A novel high-level target navigation pigeon-inspired optimization for global optimization problems[J]. Applied Intelligence, 2023, 53: 14918-14960.

[92] Hua B, Huang Y, Wu Y H, et al. Spacecraft formation reconfiguration trajectory planning with avoidance constraints using adaptive pigeon-inspired optimization[J]. Science China Information Sciences, 2019, 62(7): 070209-1-3.

[93] Saad M, Abozied M A H. Nonlinear system control analysis and optimization using

advanced pigeon-inspired optimization algorithm[J]. Journal of King Saud University-Engineering Sciences, 2022, DOI: 10.1016/j.jksues.2022.11.001.

[94] Yang Z Y, Duan H B, Fan Y M, et al. Automatic carrier landing system multilayer parameter design based on Cauchy mutation pigeon-inspired optimization[J]. Aerospace Science and Technology, 2018, 79: 518-530.

[95] Wang B H,Wang D B, Ali Z A. A Cauchy mutant pigeon-inspired optimization-based multi-unmanned aerial vehicle path planning method[J]. Measurement and Control, 2020, 53(1-2): 83-92.

[96] Feng Q, Hai X S, Liu M, et al. Time-based resilience metric for smart manufacturing systems and optimization method with dual-strategy recovery[J]. Journal of Manufacturing Systems, 2022, 65: 486-497.

[97] Liu M, Feng Q, Fan D M, et al. Resilience importance measure and optimization considering the stepwise recovery of system performance[J]. IEEE Transactions on Reliability, 2023, 72(3): 1064-1077.

[98] Li C, Duan H B. Target detection approach for UAVs via improved pigeon-inspired optimization and edge potential function[J]. Aerospace Science and Technology, 2014, 39: 352-360.

[99] Sun H, Duan H B. PID controller design based on prey-predator pigeon-inspired optimization algorithm[C]. Proceedings of 11th IEEE International Conference on Mechatronics and Automation, Tianjin, China, 2014: 1416-1421.

[100] Zhang B, Duan H B. Three-dimensional path planning for uninhabited combat aerial vehicle based on predator-prey pigeon-inspired optimization in dynamic environment[J]. IEEE/ACM Transactions on Computational Biology and Bioinformatics, 2017, 14(1): 97-107.

[101] Duan H B, Lei Y Q, Xia J, et al. Autonomous maneuver decision for unmanned aerial vehicle via improved pigeon-inspired optimization[J]. IEEE Transactions on Aerospace and Electronic Systems, 2023, 59(3): 3156-3170.

[102] Zhang S J, Duan H B. Gaussian pigeon-inspired optimization approach to orbital spacecraft formation reconfiguration[J]. Chinese Journal of Aeronautics, 2015, 28(1): 200-205.

[103] Hu Y W, Duan H B. Gaussian entropy weight pigeon-inspired optimization for rectangular waveguide design[C]. Proceedings of 7th IEEE Chinese Guidance, Navigation and Control Conference, Nanjing, China, 2016: 1951-1956.

[104] Selma B, Chouraqui S, Selma B, et al. Autonomous trajectory tracking of a quadrotor UAV using ANFIS controller based on Gaussian pigeon-inspired optimization[J]. CEAS Aeronautical Journal, 2021, 12: 69-83.

[105] Wu Z G, Liu Y B. Integrated optimization design using improved pigeon-inspired algorithm for a hypersonic vehicle model[J]. International Journal of Aeronautical and Space Sciences, 2022, 23: 1033-1042.

[106] Liao J, Cheng J, Xin B, et al. UAV swarm formation reconfiguration control based on variable-stepsize MPC-APCMPIO algorithm[J]. Science China Information Science, 2023,

DOI: 10.1007/s11432-022-3735-5.

[107] Deng Y M, Zhu W R, Duan H B. Hybrid membrane computing and pigeon-inspired optimization algorithm for brushless direct current motor parameter design[J]. Science China Technological Sciences, 2016, 59(9): 1435-1441.

[108] Duan H B, Wang X H. Echo state networks with orthogonal pigeon-inspired optimization for image restoration[J]. IEEE Transactions on Neural Networks and Learning Systems, 2016, 27(11): 2413-2425.

[109] Cheng X J, Ren L, Cui J, et al. Traffic flow prediction with improved SOPIO-SVR algorithm[C]. Proceedings of 19th Monterey Workshop on Challenges and Opportunity with Big Data, Beijing, China, 2016: 184-197.

[110] Hilia A M, Hashing A H A, Dhahbi S, et al. Chaotic pigeon inspired optimization technique for clustered wireless sensor networks[J]. Computers, Materials and Continua, 2022, 73(3): 6547-6561.

[111] 蒋飘蓬, 周凯, 朱乾坤, 等. 采用威胁启发鸽群优化的武装直升机航路规划 [J]. 电光与控制, 2017, 24(7): 56-61.

[112] Sushningdha G, Joshi A. Re-entry trajectory design using pigeon-inspired optimization[C]. Proceedings of AIAA Atmospheric Flight Mechanics Conference, Denver, Colorado, 2017: 1-12.

[113] Sushnigdha G, Joshi A. Re-entry trajectory optimization using pigeon inspired optimization based control profiles[J]. Advances in Space Research, 2018, 62(11): 3170-3186.

[114] Xu X B, Deng Y M. UAV power component-DC brushless motor design with merging adjacent-disturbances and integrated-dispatching pigeon-inspired optimization[J]. IEEE Transactions on Magnetics, 2018, 54(8): 7402307-1-7.

[115] Sun Y B, Duan H B, Xian N. Fractional-order controllers optimized via heterogeneous comprehensive learning pigeon-inspired optimization for autonomous aerial refueling hose-drogue system[J]. Aerospace Science and Technology, 2018, 81: 1-13.

[116] Khan N, Javaid N, Khan M, et al. Harmony pigeon inspired optimization for appliance scheduling in smart grid[C]. Proceedings of 32nd International Conference on Advanced Information Networking and Applications, Cracow, Poland, 2018: 1060-1069.

[117] Hua B, Liu R P, Wu Y H, et al. Intelligent attitude planning algorithm based on the characteristics of low radar cross section characteristics of microsatellites under complex constraints[J]. Proceedings of the Institution of Mechanical Engineers, Part G: Journal of Aerospace Engineering, 2019, 233(1): 4-21.

[118] Liu H M, Yan X S, Wu Q H. An improved pigeon-inspired optimisation algorithm and its application in parameter inversion[J]. Symmetry-Basel, 2019, 11(10): 1291-1-18.

[119] Xiang S, Xing L N, Wang L, et al. Comprehensive learning pigeon-inspired optimization with tabu list[J]. Science China Information Sciences, 2019, 62(7): 070208-1-3.

[120] 费伦, 段海滨, 徐小斌, 等. 基于变权重变异鸽群优化的无人机空中加油自抗扰控制器设计 [J]. 航空学报, 2019, 41(1): 323490-323490.

[121] Li S Q, Deng Y M. Quantum-entanglement pigeon-inspired optimization for unmanned

aerial vehicle path planning[J]. Aircraft Engineering and Aerospace Technology, 2019, 91(1): 171-181.

[122] Zhao J X, Duan H B, Chen L, et al. Leadership hierarchy-based formation control via adaptive chaotic pigeon-inspired optimization[C]. Proceedings of 21st IFAC World Congress, Berlin, Germany, 2020: 9348-9353.

[123] Fan S Y, Cao S X, Zhang Y H. Temperature prediction of photovoltaic panels based on support vector machine with pigeon-inspired optimization[J]. Complexity, 2020: 9278162-1-12.

[124] Ding J L, Chen G C, Huang Y M, et al. Short-term wind speed prediction based on CEEMDAN-SE-improved PIO-GRNN model[J]. Measurement and Control, 2021, 54(1-2): 73-87.

[125] 何杭轩, 段海滨, 张秀林, 等. 基于扩张鸽群优化的舰载无人机横侧向着舰自主控制 [J]. 智能系统学报, 2022, 17(1): 151-157.

[126] Yuan Y, Deng Y M, Luo S D, et al. Hybrid formation control framework for solar-powered quadrotors via adaptive fission pigeon-inspired optimization[J]. Aerospace Science and Technology, 2022, 126: 107564.

[127] Liu A, Jiang J. Solving path planning problem based on logistic beetle algorithm search-pigeon-inspired optimisation algorithm[J]. Electronics Letters, 2020, 56(21): 1096-1159.

[128] Gao H, Zang B B. New power system operational state estimation with cluster of electric vehicles[J]. Journal of the Franklin Institute, 2023, 360(12): 8918-8935.

[129] Yin J H, Deng N, Zhang J D. Wireless sensor network coverage optimization based on Yin-Yang pigeon-inspired optimization algorithm for Internet of Things[J]. Internet of Things, 2022, 19: 100546-1-12.

[130] Sasikumar G, Hemalatha K L, Pamela D, et al. Hybrid pigeon inspired optimizer-gray wolf optimization for network intrusion detection[J]. Journal of System and Management Sciences, 2022, 12(4): 383-397.

[131] Hadeel A, Ahmad S, Eddin S K. A lightweight intelligent network intrusion detection system using OCSVM and pigeon inspired optimizer[J]. Applied Intelligence, 2022, 52(4): 3527-3544.

[132] 段海滨, 邱华鑫, 范彦铭. 基于捕食逃逸鸽群优化的无人机紧密编队协同控制 [J]. 中国科学: 技术科学, 2015, 45(6): 559-572.

[133] Zheng Z Q, Duan H B, Deng Y M. Extended search pigeon-inspired optimized MPPT controller for solar quadcopter[J]. Aircraft Engineering and Aerospace Technology, 2023, 95(5): 706-714.

[134] Deng Y M, Duan H B. Control parameter design for automatic carrier landing system via pigeon-inspired optimization[J]. Nonlinear Dynamics, 2016, 85: 97-106.

[135] Zhang D F, Duan H B. Social-class pigeon-inspired optimization and time stamp segmentation for multi-UAV cooperative path planning[J]. Neurocomputing, 2018, 313: 229-246.

[136] Wang H, Zhang Z X, Dai Z, et al. Heterogeneous pigeon-inspired optimization[J]. Science China Information Sciences, 2019, 62(7): 070205-1-7.

[137] Mao Z H, Xia M X, Jiang B, et al. Incipient fault diagnosis for high-speed train traction systems via stacked generalization[J]. IEEE Transactions on Cybernetics, 2022, 52(8): 7624-7633.

[138] Sun Y B, Liu Z J, Zou Y. Active disturbance rejection controllers optimized via adaptive granularity learning distributed pigeon-inspired optimization for autonomous aerial refueling hose-drogue system[J]. Aerospace Science and Technology, 2022, 124: 107528-1-16.

[139] Zhao Z L, Zhang M Y, Zhang Z H, et al. Hierarchical pigeon-inspired optimization-based MPPT method for photovoltaic systems under complex partial shading conditions[J]. IEEE Transactions on Industrial Electronics, 2022, 69(10): 10129-10143.

[140] 向宏程, 邓亦敏, 段海滨. 基于探索群策略鸽群优化的高超声速飞行器飞/发一体化控制 [J]. 智能系统学报, 2022, 17(4): 849-855.

[141] Ashish N, Yatindra K, Bhola J. An ECG classification using DNN classifier with modified pigeon inspired optimizer[J]. Multimedia Tools and Applications, 2022, 81(7): 9131-9150.

[142] Huo M Z, Duan H B, Luo D L, et al. Parameter estimation for a VTOL UAV using mutant pigeon inspired optimization algorithm with dynamic OBL strategy[C]. Proceedings of IEEE 15th International Conference on Control and Automation, Edinburgh, Scotland, 2019: 669-674.

[143] Duan H B, Huo M Z, Yang Z Y, et al. Predator-prey pigeon-inspired optimization for UAV ALS longitudinal parameters tuning[J]. IEEE Transactions on Aerospace and Electronic Systems, 2019, 55(5): 2347-2358.

[144] Mohamed M S, Duan H B, Fu L. Flying vehicle longitudinal controller design via prey-predator pigeon-inspired optimization[C]. Proceedings of IEEE Symposium Series on Computational Intelligence, Honolulu, HI, USA, 2017: 1650-1655.

[145] 崔焕庆, 张娜, 罗汉江. 基于改进鸽群算法的无线传感器网络定位方法 [J]. 传感技术学报, 2022, 35(3): 399-404.

[146] Jiang F, He J Q, Tian T H. A clustering-based ensemble approach with improved pigeon-inspired optimization and extreme learning machine for air quality prediction[J]. Applied Soft Computing Journal, 2019, 85: 105827-1-14.

[147] Zheng W M, Luo D L, Zhou Z W, et al. Multi-UAV cooperative moving target search based on improved pigeon-inspired optimization[C]. Proceedings of 5th Chinese Conference on Swarm Intelligence and Cooperative Control, Shenzhen, China, 2021: 921-930.

[148] Orieb A A, Wesam A, Maha S, et al. An improved PIO feature selection algorithm for IoT network intrusion detection system based on ensemble learning[J]. Expert Systems With Applications, 2023, 213(22): 118745-1-16.

[149] Wang Y, Zhang G B, Zhang X F. Multilevel image thresholding using tsallis entropy and cooperative pigeon-inspired optimization bionic algorithm[J]. Journal of Bionic Engineering, 2019, 16(5): 954-964.

[150] Luo D L, Shao J, Xu Y, et al. Coevolution pigeon-inspired optimization with cooperation-competition mechanism for multi-UAV cooperative region search[J]. Applied Sciences, 2019, 9(5): 827-1-20.

[151] Yu Y P, Liu J C, Wei C. Hawk and pigeon's intelligence for UAV swarm dynamic combat game via competitive learning pigeon-inspired optimization[J]. Science China Technological Sciences, 2022, 65(5): 1072-1086.

[152] Yuan Y, Duan H B. Active disturbance rejection attitude control of unmanned quadrotor via paired coevolution pigeon-inspired optimization[J]. Aircraft Engineering and Aerospace Technology, 2022, 94(2): 302-314.

[153] Duan H B, Tong B D, Wang Y, et al. Mixed game pigeon-inspired optimization for unmanned aircraft system swarm formation[C]. Proceedings of 10th International Conference on Swarm Intelligence, Chiang Mai, Thailand, 2019: 429-438.

[154] Chen B Y, Lei H, Shen H D, et al. A hybrid quantum-based PIO algorithm for global numerical optimization[J]. Science China Information Sciences, 2019, 62(7): 070203-1-12.

[155] Hu C H, Xia Y, Zhang J G. Adaptive operator quantum-behaved pigeon-inspired optimization algorithm with application to UAV path planning[J]. Algorithms, 2019, 12(1): 3-1-16.

[156] Xu B, Zhou F X, Li H P, et al. Early fault feature extraction of bearings based on teager energy operator and optimal VMD[J]. ISA Transactions, 2019, 86: 249-265.

[157] Xu X B, Duan H B, Deng Y M, et al. Hybrid ISMC-PIO and receding horizon control for UAVs formation[C]. Proceedings of 2019 IEEE Congress on Evolutionary Computation, Wellington, New Zealand, 2019: 3278-3285.

[158] Sun X X, Pan J S, Chu S C, et al. A novel pigeon-inspired optimization with quasi-affine transformation evolutionary algorithm for DV-Hop in wireless sensor networks[J]. International Journal of Distributed Sensor Networks, 2020, 16(6): 1-15.

[159] He H X, Duan H B. A multi-strategy pigeon-inspired optimization approach to active disturbance rejection control parameters tuning for vertical take-off and landing fixed-wing UAV[J]. Chinese Journal of Aeronautics, 2022, 35(1): 19-30.

[160] Wang J, Song X D, Le Y, et al. Design of self-shielded uniform magnetic field coil via modified pigeon-inspired optimization in miniature atomic sensors[J]. IEEE Sensors Journal, 2021, 21(1): 315-324.

[161] Herdianti W, Gunawan A A S, Komsiyah S. Distribution cost optimization using pigeon inspired optimization method with reverse learning mechanism[J]. Procedia Computer Science, 2021, 179: 920-929.

[162] Huo M Z, Duan H B. He H X, et al. Data-driven parameter estimation for VTOL UAV using opposition-based pigeon-inspired optimization algorithm[C]. Proceedings of 2021 IEEE International Conference on Robotics and Biomimetics, Sanya, China, 2021: 669-674.

[163] Ramalingam R, Karunanidy D, Alshamrani S S, et al. Oppositional pigeon-inspired optimizer for solving the non-convex economic load dispatch problem in power systems[J]. Mathematics, 2022, 10: 3315-1-24.

[164] Feng Q, Hai X S, Sun B, et al. Resilience optimization for multi-UAV formation reconfiguration via enhanced pigeon-inspired optimization[J]. Chinese Journal of Aeronautics,

2022, 35(1): 110-123.

[165] Pan J S, Tian A Q, Snášel V, et al. Maximum power point tracking and parameter estimation for multiple-photovoltaic arrays based on enhanced pigeon-inspired optimization with Taguchi method[J]. Energy, 2022, 251: 123863-1-16.

[166] Hu C F, Qu G, Zhang Y T. Pigeon-inspired fuzzy multi-objective task allocation of unmanned aerial vehicles for multi-target tracking[J]. Applied Soft Computing, 2022, 126: 109310.

[167] Ruan W Y, Duan H B, Deng Y M. Autonomous maneuver decisions via transfer learning pigeon-inspired optimization for UCAVs in dogfight engagements[J]. IEEE/CAA Journal of Automatica Sinica, 2022, 9(9): 1639-1657.

[168] Qiu H X, Duan H B. Multi-objective pigeon-inspired optimization for brushless direct current motor parameter design[J]. Science China Technological Sciences, 2015, 58(11): 1915-1923.

[169] Qiu H X, Duan H B. A multi-objective pigeon-inspired optimization approach to UAV distributed flocking among obstacles[J]. Information Sciences, 2018, 509: 515-529.

[170] Hu Y, Wang J, Liang J, et al. A self-organizing multimodal multi-objective pigeon-inspired optimization algorithm[J]. Science China Information Sciences, 2019, 62(7): 070206-1-17.

[171] Yan L, Qu B Y, Zhu Y S, et al. Dynamic economic emission dispatch based on multi-objective pigeon-inspired optimization with double disturbance[J]. Science China Information Sciences, 2019, 62(7): 070210-1-3.

[172] Fu X Y, Chan F T S, Niu B, et al. A multi-objective pigeon inspired optimization algorithm for fuzzy production scheduling problem considering mould maintenance[J]. Science China Information Sciences, 2019, 62(7): 070202-1-18.

[173] Duan H B, Huo M Z, Shi Y H. Limit-cycle-based mutant multi-objective pigeon-inspired optimization[J]. IEEE Transactions on Evolutionary Computation, 2020, 24(5): 948-959.

[174] Chen L, Duan H B, Fan Y M, et al. Multi-objective clustering analysis via combinatorial pigeon inspired optimization[J]. Science China Information Science, 2020, 63(7): 1302-1313.

[175] Ruan W Y, Duan H B. Multiple UAVs obstacle avoidance control via multi-objective social learning pigeon-inspired optimization[J]. Frontiers of Information Technology & Electronic Engineering, 2020, 21(5): 740-748.

[176] Chen G G, Qian J, Zhang Z Z, et al. Application of modified pigeon-inspired optimization algorithm and constraint objective sorting rule on multi-objective optimal power flow problem[J]. Applied Soft Computing Journal, 2020, 92: 106321-1-19.

[177] Tong B D, Chen L, Duan H B. A path planning method for UAVs based on multi-objective pigeon-inspired optimisation and differential evolution[J]. International Journal of Bio-Inspired Computation, 2021, 17(2): 105-112.

[178] Chang P, Bao X, Meng F C. Multi-objective pigeon-inspired optimized feature enhancement soft-sensing model of wastewater treatment process[J]. Expert Systems with Applications, 2023, 215: 119193-1-15.

[179] 单鑫, 王艳, 纪志成. 基于参数知识鸽群算法的离散车间能效优化 [J]. 系统仿真学报, 2017, 29(9): 2140-2148.

[180] Alazzam H, Sharieh A, Sabri K E. A feature selection algorithm for intrusion detection system based on pigeon inspired optimizer[J]. Expert Systems with Applications, 2020, 148: 113249-1-14.

[181] Liu C B, Ma Y H, Yin H, et al. Human resource allocation for multiple scientific research projects via improved pigeon-inspired optimization algorithm[J]. Science China Technological Sciences, 2021, 64(1): 139-147.

[182] Duan H B, Zhao J X, Deng Y M, et al. Dynamic discrete pigeon-inspired optimization for multi-UAV cooperative search-attack mission planning[J]. IEEE Transactions on Aerospace and Electronic Systems, 2021, 57(1): 706-720.

[183] Lu J F, Jiang J, Han B, et al. Dynamic target search of UAV swarm based on improved pigeon-inspired optimization[C].Proceedings of 5th Chinese Conference on Swarm Intelligence and Cooperative Control, Shenzhen, China, 2021: 361-371.

[184] Yang Z L, Liu K L, Guo Y J, et al. A novel binary/real-valued pigeon-inspired optimization for economic/environment unit commitment with renewables and plug-in vehicles[J]. Science China Information Sciences, 2019, 62(7): 070213-1-3.

[185] Zhong Y W, Wang L J, Lin M, et al. Discrete pigeon-inspired optimization algorithm with metropolis acceptance criterion for large-scale traveling salesman problem[J]. Swarm and Evolutionary Computation, 2019, 48: 134-144.

[186] Pan J S, Tian A Q, Chu S C, et al. Improved binary pigeon-inspired optimization and its application for feature selection[J]. Applied Intelligence, 2021, 51: 8661-8679.

[187] Bolaji A L, Okwonu F Z, Shola P B, et al. A modified binary pigeon-inspired algorithm for solving the multi-dimensional knapsack problem[J]. Journal of Intelligent Systems, 2021, 30(1): 1-14.

[188] Shen Y K. Bionic communication network and binary pigeon-inspired optimization for multiagent cooperative task allocation[J]. IEEE Transactions on Aerospace and Electronic Systems, 2022, 58(5): 3946-3961.

[189] Bolaji A L, Babatunde B S, Shola P B. Adaptation of binary pigeon-inspired algorithm for solving multidimensional knapsack problem[C]. Proceedings of 1st International Conference on Soft Computing: Theories and Applications, Jaipur, Rajasthan, 2018: 743-751.

[190] 华冰, 孙胜刚, 吴云华, 等. 基于 CGAPIO 的航天器编队重构路径规划方法 [J]. 北京航空航天大学学报, 2021, 47(2): 223-230.

[191] He J H, Liu Y B, Li S L, et al. Minimum-fuel ascent of hypersonic vehicle considering control constraint using the improved pigeon-inspired optimization algorithm[J]. International Journal of Aerospace Engineering, 2020, 3024607: 1-12.

[192] Hai X S, Wang Z L, Feng Q, et al. Mobile robot ADRC with an automatic parameter tuning mechanism via modified pigeon-inspired optimization[J]. IEEE/ASME Transactions on Mechatronics, 2019, 24(6): 2616-2626.

[193] Hai X S, Wang Z L, Feng Q , et al. A novel adaptive pigeon-inspired optimization

algorithm based on evolutionary game theory[J]. Science China Information Sciences, 2021, 64: 139203-1-2.

第 2 章 鸽群优化算法

2.1 引 言

鸽子惊人的导航能力和散而不乱的集群效应，一直备受广大研究者青睐 (图 2.1)。鸽子从遥远且陌生的地方成功归巢的自主导航能力在所有动物中名列前茅，现有的动物学研究得到的许多鸟类导航知识均来自信鸽实验 [1,2]。利用信鸽作为实验对象的优越性十分突出：信鸽在 5000 多年以前被人类驯养，用于传递信息，因此具备充足的数量。另外，信鸽有可靠且强烈的归巢动机，这为动物学家研究其导航行为提供了坚实的基础。与其他野生鸟类相比，由于长期驯养，信鸽习惯于被处理，其归巢行为很容易评估 [3]。鸽子在释放后即向着鸽房的方向迅速起飞，而不用搜索飞行，这表明起飞前就已确定了方向。有经验的鸽子即使被剥夺所有已知的导航信息，其飞行方向和归巢性能也均没有被损害，这表明鸽子归巢仅依靠在释放点得到的导航信息。

(a) 散而不乱效应   (b) 鸽子集群归巢

图 2.1   鸽群行为机制

在时钟移位 (Clock-Shift) 实验中 (图 2.2)，实验鸽被关在封闭的房间，通过在日出前 6 小时开始和日落前 6 小时结束的光周期下，将其内部时钟前移 6 小时，持续至少五天，重置其内部时钟，对照鸽则不作处理，按照自然时间处置。然后，所有鸽子在晴天时进行放飞实验，观察并统计其飞行方向，来判断太阳罗盘的作用。实验结果表明，与对照鸽比较，实验鸽对太阳的位置判断出现较大偏差，空心圆表示对照鸽的飞行方向分布，实心圆表示实验鸽的飞行方向分布。Clock-Shift导致实验鸽内部时钟的错乱，使之误判了太阳的位置：早上 6 点释放鸽子把东升的太阳解释为正南方向的正午太阳，从朝南飞行 (空心圆) 改为朝东 (实心圆) 飞行。这种典型的逆时针偏转，表明其使用太阳罗盘定向。

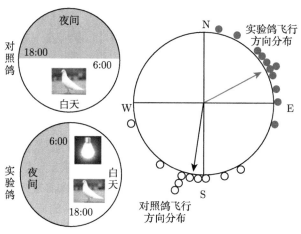

图 2.2　Clock-Shift 实验图

在磁场干扰实验中，图 2.3(a) 是鸽子头上缠着电磁线圈的实验场景照片，图 2.3(b) 示意了干扰前鸽子的飞行方向，用空心圆表示；图 2.3(c) 示意了在阴天释放后鸽子的消失方向，如图中实心圆所示。在阴天释放，是为了排除太阳罗盘的作用。箭头表示平均向量，通过控制线圈的极向控制磁场方向。通过实验研究，可发现图 2.3(b) 中整体上是朝着鸽房的方向飞行，随着磁场变化，在图 2.3(c) 中鸽子更多地朝鸽房反方向飞行，即鸽子的飞行方向会跟随外加磁场的改变而发生改变。这两种行为学实验表明，鸽子导航工具兼具太阳罗盘和地磁罗盘，并且两种罗盘的准确性相似。

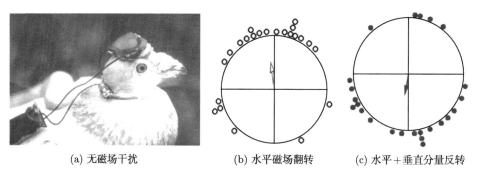

(a) 无磁场干扰　　　　　(b) 水平磁场翻转　　　　　(c) 水平＋垂直分量反转

图 2.3　鸽子磁场干扰示意图

除了罗盘导航，鸽子归巢过程同样依赖视觉导航。动物行为学实验表明，当鸽子靠近鸽房区域时，会直接选择最优路径归巢，而不需要再次判断方向。在反复多次释放归巢实验后，鸽子在该区域的飞行路径逐渐定型，即使释放时偏离习惯路线，鸽子仍会首先飞回到熟悉的位置区域，然后再按照习惯航线飞行。这些鸽群行为实验充分表明，在鸽房附近区域，鸽子将不再采用连续的太阳或磁场罗盘导航，而依赖独立、熟悉的视觉地标[4,5]。2012 年，德国工程院院士 Wiltschko 用特殊地标组成的 "马赛克地图"(mosaic map) 概念解释鸽房区域，即鸽子能够记忆鸽房附近显著地标相对于鸽房及相互之间的相对位置关系，可依赖视觉识别鸽房附近的特殊地标，并利用其给出的方位信息辅助导航[6]。"马赛克地图" 由多个孤立的地标组成，而不是连续的环境梯度。动物行为学试验表明，当鸽子归巢过程中进入鸽房附近一定范围内后，可直接以习惯路径归巢，生物学家称这一区域为 "即时归巢区域"(immediate home area)，并将该区域的导航行为视为一个基于视觉的快速导航，鸽子将显著地标相对于鸽房及相互之间的相对位置存储在海马体中，其导航原理如图 2.4 所示。在鸽子的视角下，通过对某一标志物的识别，可立即生成具有方向性的航线。因此，在靠近鸽房的区域内，鸽子通过视觉在大脑中形成该区域的 "认知地图"，当通过视觉看到熟悉的地标时，可产生条件反射，通过大脑直接生成归巢的最佳路径，该过程中鸽子视觉系统及脑中的海马结构发挥了重要作用[7]。

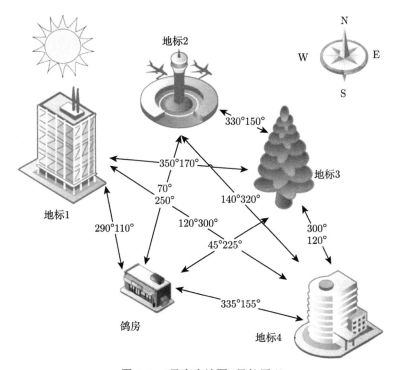

图 2.4　"马赛克地图" 导航原理

受鸽群归巢行为机制启发，段海滨等于 2014 年提出了鸽群优化算法的基本模型，并应用于解决空中机器人路径规划问题，这标志着鸽群优化算法的正式提出 [8]。该算法中每只鸽子采用分布式进化策略寻找鸽巢 (最优解)，能有效提高收敛速度，具有全局快速搜索的优越性 [9-13]。鸽群优化算法由于其正确性、可使用性、可读性、高执行效率和健壮性 [14]，在解决各种复杂优化问题方面具有广阔的应用前景 [15-26]。

本章首先阐述最优化问题的起源与发展，从数学角度给出其组成元素及数学表达形式，然后介绍鸽群优化算法的起源及归巢导航算子具象化过程，用数学公式及原理图给出鸽群优化算法对最优化问题的求解机理，并给出该算法用于最优化问题求解的具体实现步骤、流程图及伪代码，为后续章节奠定模型理论基础。

2.2   最优化问题

最优化问题普遍存在于工程应用、社会生活以及科学研究中，即在特定的环境约束下求解最令人满意的解决方案。最优化方法的起源可追溯到 17 世纪，牛顿和布莱尼茨在创建的微积分中提出了函数的极值问题。随着社会进步和科学技术发展，最优化问题逐渐呈现出高维化、强非线性、强约束性、高动态性等特点，传统的优化算法受到较大局限，促进了仿生群体智能优化算法的涌现和发展。

所谓最优化问题，就是在满足一定约束下，寻找一组变量值，使得系统的某些性能指标达到最大或最小 [27]。从数学角度来讲，最优化问题的模型包括变量、约束条件和目标函数三元素 [28]。

(1) 变量，即决定待优化问题性能的若干个变量 $x_1, x_2, \cdots, x_D$，变量均为实数，这样的一组值构成了一个可行解 $\boldsymbol{X}$。

(2) 约束条件，即对可行解中每个变量元素施加的限制条件，通常用等式或不等式表示为

$$g_i\left(x_1, x_2, \cdots, x_D\right) = 0, \quad i = 1, 2, \cdots, m \tag{2.2.1}$$

$$h_i\left(x_1, x_2, \cdots, x_D\right) \geqslant 0, \quad i = 1, 2, \cdots, l \tag{2.2.2}$$

(3) 目标函数，通常用一个或一组具有最大或最小值的实值函数进行描述。根据目标函数的个数，可将最优化问题分为单目标优化问题和多目标优化问题。

单目标优化问题可表示为

$$\begin{cases} \min f(\boldsymbol{X}) \\ \text{s.t. } \boldsymbol{X} \in S \end{cases} \tag{2.2.3}$$

$$S = \{ \boldsymbol{X} \, | g_i \left(\boldsymbol{X} \right) = 0, \ i = 1, 2, \cdots, m; h_i \left(\boldsymbol{X} \right) \geqslant 0, \ i = 1, 2, \cdots, l \} \qquad (2.2.4)$$

其中，$\boldsymbol{X} = [x_1, x_2, \cdots, x_D]^{\mathrm{T}} \in \mathbb{R}^D$ 为变量；$f \left(\boldsymbol{X} \right)$ 为目标函数；$S \in \mathbb{R}^D$ 为满足约束条件的解空间。

多目标优化问题的数学模型为

$$\begin{cases} \min F \left(\boldsymbol{X} \right) \\ F \left(\boldsymbol{X} \right) = \left[f_1 \left(\boldsymbol{X} \right), f_2 \left(\boldsymbol{X} \right), \cdots, f_k \left(\boldsymbol{X} \right) \right] \\ \text{s.t. } \boldsymbol{X} \in S \end{cases} \qquad (2.2.5)$$

对于单目标优化问题，输出的是一组确定的解，而对于多目标优化问题，多个目标函数之间往往存在着不一致的极值点，因而几乎不存在一组解能够使得所有的目标函数同时达到最优。因此，多目标优化问题的解为一组解，称为帕累托最优 (Pareto optimality)。

2.3 算法介绍

鸽群优化算法源于对鸽群归巢行为的研究[8,29-33]，将鸽群归巢行为机制抽象化提取为两个算子，具体如下所述。

(1) **地图和指南针算子**：鸽子可通过磁感应来感知地球磁场，从而在大脑中形成地图。鸽群将太阳高度角作为调整方向的指南针，随着鸽群飞行逐渐接近目的地，鸽群对太阳和指南针的依赖逐渐减少。

(2) **地标算子**：当鸽子飞近它们的目的地时，会逐渐依靠鸽群周围的地标。如果鸽群熟悉地标，会直接飞往目的地。如果鸽群远离目的地，并不熟悉地标，则会跟随熟悉地标的鸽子。

2.3.1 算法模型

1. 地图和指南针算子

在鸽群优化算法模型中，每只鸽子的位置映射为解空间内的一个可行解。归巢飞行的第一阶段依赖地图和指南针算子，定义 N_{p} 只信鸽在一个 D 维搜索空间中寻找归巢的路。鸽群中鸽子 i 在第 t 次迭代过程中的位置和速度分别表示为 $\boldsymbol{X}_i^t$ 和 $\boldsymbol{V}_i^t$，其中 $1 \leqslant t \leqslant N_{c1_{\max}}$，$N_{c1_{\max}}$ 为地图和指南针算子的最大迭代次数。第 t 次迭代后鸽子的速度和位置更新规则如下：

$$\boldsymbol{V}_i^{t+1} = \mathrm{e}^{-R \cdot (t+1)} \cdot \boldsymbol{V}_i^t + \mathrm{rand} \cdot \left(\boldsymbol{X}_{\mathrm{g}}^t - \boldsymbol{X}_i^t \right) \qquad (2.3.1)$$

$$\boldsymbol{X}_i^{t+1} = \boldsymbol{X}_i^t + \boldsymbol{V}_i^{t+1} \qquad (2.3.2)$$

其中，R 为地图和指南针算子；rand 为 $[0,1]$ 区间内的随机数；$\boldsymbol{X}_{\mathrm{g}}^{t}$ 为通过对比鸽群位置所获得的当前全局最佳位置。图 2.5 给出了鸽群在搜索第一阶段主要依赖的地图和指南针算子模型，每只鸽子可根据公式 (2.3.1) 调整自己的飞行方向。第一项表示地图和指南针算子对上一时刻速度 (细箭头表示) 的调节，第二项则表示鸽群向通过交互获得的鸽群中最优位置学习 (粗箭头表示)，这两个箭头的矢量和为鸽群个体下一时刻的飞行方向。

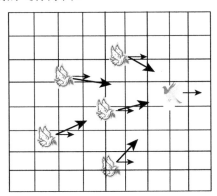

图 2.5　鸽群优化算法中的地图和指南针算子模型

2. 地标算子

在第二阶段地标算子主导过程中，鸽群的数量在每次迭代后减少一半，抛弃远离目的地且对地标不熟悉的鸽子。在逐渐接近目的地的过程中，令 $\boldsymbol{X}_{\mathrm{c}}^{t}$ 作为第 t 次迭代过程中鸽群的地标中心位置 ($1 \leqslant t \leqslant N_{c2\max}$，$N_{c2\max}$ 为地标算子的最大迭代次数)，并假设每只鸽子都能直接飞向目的地。第 t 次迭代鸽子的位置更新规则如下：

$$N_{\mathrm{p}}^{t} = \left[N_{\mathrm{p}}^{t}/2 \right] \tag{2.3.3}$$

$$\boldsymbol{X}_{\mathrm{c}}^{t} = \frac{\displaystyle\sum_{i=1}^{N_{\mathrm{p}}^{t}} \boldsymbol{X}_{i}^{t} \cdot f(\boldsymbol{X}_{i}^{t})}{\displaystyle\sum_{i=1}^{N_{\mathrm{p}}^{t}} f(\boldsymbol{X}_{i}^{t})} \tag{2.3.4}$$

$$\boldsymbol{X}_{i}^{t+1} = \boldsymbol{X}_{i}^{t} + \mathrm{rand} \cdot \left(\boldsymbol{X}_{\mathrm{c}}^{t} - \boldsymbol{X}_{i}^{t} \right) \tag{2.3.5}$$

其中，$[\cdot]$ 为取整函数；权重系数 $f(\boldsymbol{X}_{i}^{t})$ 为鸽子 i 在第 t 次迭代的位置代价函数值，可通过下式计算：

$$f(\boldsymbol{X}_{i}^{t}) = \begin{cases} \mathrm{fitness}(\boldsymbol{X}_{i}^{t}), & \text{最大化问题} \\[2mm] \dfrac{1}{\mathrm{fitness}(\boldsymbol{X}_{i}^{t}) + \varepsilon}, & \text{最小化问题} \end{cases} \tag{2.3.6}$$

式中，ε 为任意非零常数。图 2.6 阐释了鸽群在搜索第二阶段主要依赖地标算子的原理，鸽群的地标中心 (圆中心的鸽子) 可看作每次迭代中的目的地，一半对地标不熟悉远离中心的鸽子 (圈外的鸽子) 会在飞行过程逐渐远离群体，离地标中心较近的鸽子 (圈子里的鸽子) 会很快飞到目的地。

图 2.6　鸽群优化算法中的地标算子模型

从社会学的角度分析，公式 (2.3.1) 中 $\mathrm{e}^{-R\cdot(t+1)}\cdot\boldsymbol{V}_i^t$ 为速度惯性部分，表示鸽群个体对上一时刻速度的参考程度，公式 (2.3.1) 中 $\mathrm{rand}\cdot(\boldsymbol{X}_{\mathrm{g}}^t-\boldsymbol{X}_i^t)$ 与式 (2.3.5) 中 $\mathrm{rand}\cdot(\boldsymbol{X}_{\mathrm{c}}^t-\boldsymbol{X}_i^t)$ 为种群学习行为，表示鸽群个体间的相互作用与相互影响，公式 (2.3.3) 中 $N_{\mathrm{p}}^t=[N_{\mathrm{p}}^t/2]$ 为种群择优行为，表示鸽群淘汰低智能个体，保留高质量个体。首先，鸽群速度惯性保持具有自身开拓、扩展搜索空间的趋势，使得算法具有全局优化能力。其次，鸽群学习行为体现了个体间的信息共享，使个体具有较强的局部搜索能力。最后，上述两种行为平衡了鸽群优化算法的全局和局部搜索能力，而择优行为进一步凝聚高质量个体，加快算法的收敛速度。

2.3.2　算法流程

鸽群优化算法的具体实现步骤如下所述。

Step 1　初始化待优化问题参数。

Step 2　初始化算法的参数，主要包括解空间维度 D，种群规模 N_{p}，地图和指南针算子 R，两个算子的最大迭代次数 $N_{c1\max}$ 和 $N_{c2\max}$。

Step 3　随机初始化每只鸽子的位置和速度。比较鸽群的适应度值，找出当前最佳位置。

Step 4　操作地图和指南针算子。首先，使用公式 (2.3.1) 和公式 (2.3.2) 更新每只鸽子的速度和位置。然后比较鸽群中每个个体的适应度函数值，找出当前迭代次数的最佳位置。

Step 5　如迭代次数 $t > N_{c1\max}$，则停止地图和指南针算子操作。否则，转到 Step 4。

Step 6   操作地标算子。按照鸽子的适应度函数值对它们进行排序，根据公式 (2.3.3) 抛弃鸽群中一半适应度值较低的鸽子。然后根据公式 (2.3.4) 找到鸽群的地标中心，每只鸽子都会根据式 (2.3.5) 调整飞行方向飞往目的地。最后，存储最佳位置和最佳适应度值。

Step 7   如迭代次数 $t > N_{c2\max}$，停止地标算子操作并输出结果。否则，转到 Step 6。

鸽群优化算法结构流程如图 2.7 所示。

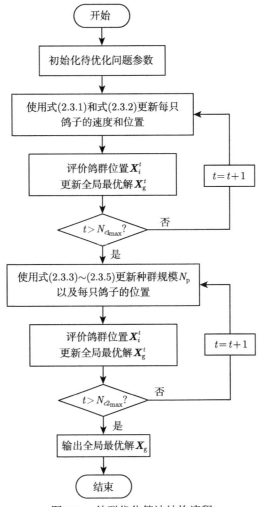

图 2.7   鸽群优化算法结构流程

鸽群优化算法的一种伪代码如表 2.1 所示，此处待优化问题为最小化问题。

表 2.1 鸽群优化算法的一种伪代码表示

算法 1：鸽群优化算法

输入：

N_p：鸽群的种群规模

D：搜索空间的维度

R：地图和指南针算子

$N_{c1\max}$：地图和指南针算子的最大迭代次数

$N_{c2\max}$：地标算子的最大迭代次数

输出：

$\boldsymbol{X}_g$：全局最优位置

---

1. 初始化

设置 N_p、D、R、$N_{c1\max}$、$N_{c2\max}$ 的初始值和搜索解空间；

设置每只鸽子初始位置 $\boldsymbol{X}_i$ 和速度 $\boldsymbol{V}_i$，$i = 1, 2, \cdots, N_p$；

计算鸽群位置的适应度函数值，得到 $\boldsymbol{X}_g = \mathrm{argmin}\,[f(\boldsymbol{X}_i)]$

---

2. 地图和指南针算子

For $t = 1$ to $N_{c1\max}$ do

　For $i = 1$ to N_p do

　　根据式 (2.3.1) 和式 (2.3.2) 计算位置 $\boldsymbol{X}_i^t$ 和速度 $\boldsymbol{V}_i^t$

　End for

　用适应度函数评价鸽群位置 $\boldsymbol{X}_i^t$，$i = 1, 2, \cdots, N_p$ 并更新 $\boldsymbol{X}_g^t$

End for

---

3. 地标算子

For $t = 1$ to $N_{c2\max}$ do

　根据适应度值对所有鸽子进行排序；

　保留适应度值较高的 N_p 个体，放弃其他个体 $N_p^t = \left[N_p^t/2\right]$；

　根据式 (2.3.4) 计算 $\boldsymbol{X}_c^t$ 并更新 $\boldsymbol{X}_i^{t+1}$，$i = 1, 2, \cdots, N_p$

　用适应度函数评价 $\boldsymbol{X}_i^{t+1}$，$i = 1, 2, \cdots, N_p$，并更新 $\boldsymbol{X}_g^{N_{c1\max}+t}$

End for

---

4. 输出

输出全局最优解 $\boldsymbol{X}_g$

2.3.3 算法特点

鸽群优化算法是一种结合 "种群" 和 "进化" 概念的随机全局优化算法，通过对鸽群优化算法的改进与应用 [34-38]，其相对于传统的仿生智能计算方法而言，表现出如下主要特点。

(1) **全局搜索能力强**：鸽群优化算法继承了粒子群优化算法的基本更新操作，基于地图和指南针算子的全局搜索策略具有较强的全局搜索能力，能够增强算法的全局寻优范围，保持种群多样性，避免陷入局部最优解 [39,40]。

(2) **收敛寻优速度快**：鸽群优化算法所采用的基于地标算子的局部开发策略可充分改善种群结构，加权地标中心可提高种群的多样性，增强局部寻优能力，及早放弃低智能鸽群个体则进一步加快了算法的收敛速度[41]。

(3) **探索开发平衡好**：鸽群优化算法通过两个算子将全局 "探索" 与局部 "开发" 策略进行较好的平衡，将 "速度" 和 "精度" 这两个矛盾指标进行了较好的统一[42,43]。地图和指南针算子主导全局搜索过程，地标算子专注局部开发过程，两个算子可采用多种组合方式进行改进优化，各种智能优化策略均能较好地融入鸽群优化算法的框架中。

2.4　本章小结

本章首先介绍了最优化问题的组成元素，介绍了不同类型的数学表达式，然后从深层意义上提取鸽群优化算法的关键作用算子，给出了基本鸽群优化算法的数学模型，对算法的机制原理进行了深入分析，并结合算法原理示意图、伪代码和流程图等详细阐述了其具体实现步骤和程序结构框架。

本章内容是基本鸽群优化算法的机理分析部分，也是深入理解鸽群优化算法、使用或改进鸽群优化算法并进行各类优化问题求解的基础。

参 考 文 献

[1] 辛龙. 仿鸽子智能的无人机自主导航技术研究 [D]. 北京: 北京航空航天大学, 2020.

[2] 霍梦真. 仿鸟群智能的有人/无人机集群自主控制及验证 [D]. 北京: 北京航空航天大学, 2022.

[3] Wiltschko R, Wiltschko W. Avian navigation: A combination of innate and learned mechanisms[J]. Advances in the Study of Behavior, 2015, 47: 229-310.

[4] Guilford T, Biro D. Route following and the pigeon's familiar area map[J]. Journal of Experimental Biology, 2014, 217(2): 169-179.

[5] Wallraff H G, Jakob K, Andrea S. The role of visual familiarity with the landscape in pigeon homing[J]. Ethology, 1994, 97(1-2): 1-25.

[6] Wiltschko R. Navigation without technical aids: How pigeons find their way home[J]. European Journal of Navigation, 2012, 10(1): 22-31.

[7] 段海滨, 辛龙, 邓亦敏. 仿信鸽归巢行为的导航技术研究进展 [J]. 智能系统学报, 2021, 16(1): 1-10.

[8] Duan H B, Qiao P X. Pigeon-inspired optimization: A new swarm intelligence optimizer for air robot path planning[J]. International Journal of Intelligent Computing and Cybernetics, 2014, 7(1): 24-37.

[9] 段海滨, 梁静, Suganthan P N. 鸽群智能优化专题简介 [J]. 中国科学: 信息科学, 2019, 49(7): 939-940.

[10] 段海滨, 仝秉达, 刘冀川. 基于指数平均动量鸽群优化的多无人机协同目标防御 [J]. 北京航空航天大学学报, 2022, 48(9): 1624-1629.

[11] Feng Q, Hai X S, Sun B, et al. Resilience optimization for multi-UAV formation recon-figuration via enhanced pigeon-inspired optimization[J]. Chinese Journal of Aeronautics, 2022, 35(1): 110-123.

[12] Shen Y K. Bionic communication network and binary pigeon-inspired optimization for multiagent cooperative task allocation[J]. IEEE Transactions on Aerospace and Electronic Systems, 2022, 58(5): 3946-3961.

[13] Li Z H, Zhang L, Wu K L. Filter design for laser inertial navigation system based on improved pigeon-inspired optimization[J]. Aerospace, 2023, 10(1): 63-1-17.

[14] 段海滨, 张祥银, 徐春芳. 仿生智能计算 [M]. 北京: 科学出版社, 2011.

[15] 李霜琳, 何家皓, 敖海跃, 等. 基于鸽群优化算法的实时避障算法 [J]. 北京航空航天大学学报, 2021, 47(2): 359-365.

[16] Duan H B, Zhao J X, Deng Y M, et al. Dynamic discrete pigeon-inspired optimiza-tion for multi-UAV cooperative search-attack mission planning[J]. IEEE Transactions on Aerospace and Electronic Systems, 2021, 57(1): 706-720.

[17] 华冰, 刘睿鹏, 孙胜刚, 等. 一种基于自适应种群变异鸽群优化的航天器集群轨道优化方法 [J]. 中国科学: 技术科学, 2020, 50(4): 453-460.

[18] Huo M Z, Duan H B. An adaptive mutant multi-objective pigeon-inspired optimization for unmanned aerial vehicle target search problem[J]. Control Theory and Applications, 2020, 37(3): 584-591.

[19] 费伦, 段海滨, 徐小斌, 等. 基于变权重变异鸽群优化的无人机空中加油自抗扰控制器设计 [J]. 航空学报, 2019, 41(1): 323490.

[20] Duan H B, Lei Y Q, Xia J, et al. Autonomous maneuver decision for unmanned aerial vehicle via improved pigeon-inspired optimization[J]. IEEE Transactions on Aerospace and Electronic Systems, 2022, 3221691.

[21] Hai X S, Wang Z L, Feng Q, et al. A novel adaptive pigeon-inspired optimization algo-rithm based on evolutionary game theory[J]. Science China Information Sciences, 2021, 64: 139203-1-2.

[22] 杨之元, 段海滨, 范彦铭. 基于莱维飞行鸽群优化的仿雁群无人机编队控制器设计 [J]. 中国科学: 技术科学, 2018, 48(2): 161-169.

[23] Liu C B, Ma Y H, Yin H, et al. Human resource allocation for multiple scientific research projects via improved pigeon-inspired optimization algorithm[J]. Science China Techno-logical Sciences, 2021, 64: 139-147.

[24] 段海滨, 邱华鑫, 范彦铭. 基于捕食逃逸鸽群优化的无人机紧密编队协同控制 [J]. 中国科学: 技术科学, 2015, 45(6): 559-572.

[25] Mao Z H, Xia M X, Jiang B, et al. Incipient fault diagnosis for high-speed train traction systems via stacked generalization[J]. IEEE Transactions on Cybernetics, 2022, 52(8): 7624-7633.

[26] Ruan W Y, Duan H B, Deng Y M. Autonomous maneuver decisions via transfer learning pigeon-inspired optimization for UCAVs in dogfight engagements[J]. IEEE/CAA Journal of Automatica Sinica, 2022, 9(9): 1639-1657.

[27] 孙家泽, 王曙燕. 群体智能优化算法及其应用 [M]. 北京: 科学出版社, 2017.

[28] 高鹰, 高翔. 仿生智能计算中的粒子群优化算法及应用 [M]. 北京: 科学出版社 2018.

[29] Duan H B, Huo M Z, Yang Z Y, et al. Predator-prey pigeon-inspired optimization for UAV ALS longitudinal parameters tuning[J]. IEEE Transactions on Aerospace and Electronic Systems, 2019, 55(5): 2347-2358.

[30] Duan H B, Xin L, Shi Y H. Homing pigeon-inspired autonomous navigation system for unmanned aerial vehicles[J]. IEEE Transactions on Aerospace and Electronic Systems, 2021, 57(4): 2218-2224.

[31] Duan H B, Huo M Z, Shi Y H. Limit-cycle-based mutant multi-objective pigeon-inspired optimization[J]. IEEE Transactions on Evolutionary Computation, 2020, 24(5): 948-959.

[32] Liu M, Feng Q, Fan D M, et al. Resilience importance measure and optimization considering the stepwise recovery of system performance[J]. IEEE Transactions on Reliability, 2022, 3196058.

[33] Liu X Z, Han Y, Chen J. Discrete pigeon-inspired optimization-simulated annealing algorithm and optimal reciprocal collision avoidance scheme for fixed-wing UAV formation assembly[J]. Unmanned Systems, 2021, 9(3): 211-225.

[34] Hai X S, Wang Z L, Feng Q, et al. Mobile robot ADRC with an automatic parameter tuning mechanism via modified pigeon-inspired optimization[J]. IEEE/ASME Transactions on Mechatronics, 2019, 24(6): 2616-2626.

[35] 华冰, 孙胜刚, 吴云华, 等. 基于 CGAPIO 的航天器编队重构路径规划方法 [J]. 北京航空航天大学学报, 2021, 47(2): 223-230.

[36] 陶国娇, 李智. 带认知因子的交叉鸽群算法 [J]. 四川大学学报, 2018, 55(2): 295-300.

[37] Xu X B, Deng Y M. UAV power component-DC brushless motor design with merging adjacent-disturbances and integrated-dispatching pigeon-inspired optimization[J]. IEEE Transactions on Magnetic, 2018, 54(8): 1-7.

[38] Duan H B, Wang X H. Echo state networks with orthogonal pigeon-inspired optimization for image restoration[J]. IEEE Transactions on Neural Networks and Learning Systems, 2016, 27(11): 2413-2425.

[39] Zhao Z L, Zhang M Y, Zhang Z H, et al. Hierarchical pigeon-inspired optimization-based MPPT method for photovoltaic systems under complex partial shading conditions[J]. IEEE Transactions on Industrial Electronics, 2022, 69(10): 10129-10143.

[40] Huo M Z, Duan H B, He H X, et al. Data-driven parameter estimation for VTOL UAV using opposition-based pigeon-inspired optimization algorithm[C]. Proceedings of 2021 IEEE International Conference on Robotics and Biomimetics, Sanya, China, 2021: 669-674.

[41] Shen Y K. Bionic communication network and binary pigeon-inspired optimization for multiagent cooperative task allocation[J]. IEEE Transactions on Aerospace and Electronic Systems, 2022, 58(5): 3946-3961.

[42] Huo M Z, Deng Y M, Duan H B. Cauchy-Gaussian pigeon-inspired optimisation for electromagnetic inverse problem[J]. International Journal of Bio-Inspired Computation, 2021,

17(3): 182-188.

[43] Lei Y Q, Huo M Z, Deng Y M, et al. Multiple UAVs target allocation via stochastic dominant learning pigeon-inspired optimization in beyond-visual-range air combat[C]. Proceedings of 12th International Conference on CYBER Technology in Automation, Control, and Intelligent Systems, Baishan, China, 2022: 1269-1274.

第 3 章　鸽群优化理论

3.1　引　言

鸽群优化算法是近年来兴起的一种新型仿生群体智能优化算法，其特点是模拟自然界中鸽群的归巢导航行为来设计随机优化算法，它对所求解最优化函数性态要求较弱，寻优结果和初值无关，并具有一定的并行性，已成为仿生群体智能优化算法领域研究的一个热点。一系列的基准实验和实际优化问题的求解对比实验表明，在寻优效率和算法稳定性方面，鸽群优化算法具有较好的综合性能。尽管鸽群优化算法在许多领域 (特别是在实际工程优化中) 都表现出了其有效性和优越性，并受到了研究者们的广泛关注，但其理论基础目前较为薄弱。当今，对鸽群优化算法的理论研究主要基于经验和直观的统计结果，缺乏较为严谨的数学论证。达·芬奇认为 "数学是一切科学的基础"，马克思曾说 "一种科学只有在成功地运用数学时，才算达到了真正完善的地步"，因此，对鸽群优化算法的理论分析是一个具有重要意义的关键基础性科学问题，对深入理解鸽群优化算法机理、改进算法机制、应用算法解决实际问题具有重要指导意义。

对鸽群优化算法的理论分析内容主要有以下几个方面。

(1) 收敛性分析。鸽群优化算法是一个随机过程，证明算法的收敛性、收敛速度及收敛条件至关重要，马尔可夫 (Markov) 链理论是常用的分析随机算法收敛性的手段。证明算法收敛，即证明在经过连续无穷次迭代后，鸽群位置的群体状态序列必将进入群体最优状态，因此，鸽群优化算法经过连续无穷次迭代后，搜索到全局最优解的概率是 1。

(2) 参数分析。算法参数是影响收敛速度和收敛精度的关键，而鸽群优化算法参数的确定更多地是依赖经验确定，并根据具体问题的仿真结果检验。不同的参数选择会影响算法的开发和探索能力，可能导致算法较快或者较慢收敛甚至不收敛。一方面，适当的参数能够使得利用算法所编写的程序在计算机上运行较短的时间得到优化结果；另一方面，适当的参数能够使得程序运行得到的结果更优，即算法收敛速度更快，收敛结果精度更高。因此鸽群优化算法的参数研究是非常有必要的，也是很有意义的交叉研究方向之一。

(3) 复杂度分析。算法的复杂度理论研究是算法求解问题所需各种资源的评估依据，其主要用于估计、界定算法求解某类问题时所需的和仅需的计算资源量的技术或方法。通常对算法效率在理论上的探讨又称为算法的事前估计,可分为算法的时间复杂度分析和空间复杂度分析。在实际应用中,通常把算法执行基本操作 (如加、减、乘、除、比较等) 的次数定义为算法的时间复杂度,把算法执行时间内所占用的存储单元定义为算法的空间复杂度。

(4) 针对鸽群优化算法的收敛性分析的进一步研究还包括随机数、鸽群层级结构、收敛迭代次数的影响等。

本章将重点给出基于马尔可夫链的离散鸽群优化算法收敛性理论证明,研究了基于特征方程的改进多目标鸽群优化算法收敛性理论,分析基于平均收益模型的鸽群优化算法首达时间以及基于鞅理论的连续鸽群优化算法收敛性问题,并研究引入网络结构的异构鸽群优化算法综合特性。

3.2 基于马尔可夫链的收敛性理论证明

本节针对无人机三维路径规划问题的求解,介绍一种基于捕食-逃逸机制的鸽群优化算法 [1],并将鸽群优化算法的种群序列状态视为有限马尔可夫链,对其进行初步的收敛性理论证明。

3.2.1 问题描述

1. 地形环境建模

三维路径规划的第一步是将世界空间抽象成对路径规划算法有意义的表示,在对无人机的真实仿真中,采用如下三维数学表达式来映射地形环境:

$$z\left(x,y\right) = \sin\left(x/5+1\right) + \sin\left(y/5\right) + \cos\left(a\sqrt{x^2+y^2}\right) + \sin\left(b\sqrt{x^2+y^2}\right) \quad (3.2.1)$$

其中,z 为某位置点的高度;a 和 b 为常数。实际上,无人机路径规划问题始终在动态环境下进行 [2,3]。任务区域存在着威胁区域,例如雷达、导弹和高射炮。此处将所有的威胁区域抽象为圆柱体,用两组坐标来表示第 i 个圆柱形危险区域 (或禁飞区):(X_i, Y_i) 定义了危险区域的原始位置,(V_{xi}, V_{zi}) 为危险区域的移动速度 (此处危险区域的移动速度不变)。危险区域的范围由半径 r_i 确定,即在圆柱体内,无人机很容易受到威胁,且威胁的概率与到威胁中心的距离成正比,而在区域外面则很难受到攻击。

2. 代价函数设计

无人机路径规划问题的最优路径确定很复杂,并包含了许多不同特性 [4]。这里可将需要考虑的特性表示为代价函数,路径规划算法的目的是找到一条将代价函数最小化的路径。此处,可将代价函数定义为 [5]

$$F_{\text{cost}} = C_{\text{length}} + C_{\text{altitude}} + C_{\text{danger zones}} + C_{\text{power}} + C_{\text{collision}} + C_{\text{smoothing}} \quad (3.2.2)$$

在代价函数中，与路径长度有关的项可定义为

$$C_{\text{length}} = 1 - \frac{L_{ST}}{L_{\text{traj}}} \tag{3.2.3}$$

$$C_{\text{length}} \in [0, 1] \tag{3.2.4}$$

其中，L_{ST} 为连接起点 S 和终点 T 的直线长度；L_{traj} 为路径总长度。

在代价函数中，与路径高度有关的项可定义为

$$C_{\text{altitude}} = \frac{A_{\text{traj}} - Z_{\min}}{Z_{\max} - Z_{\min}} \tag{3.2.5}$$

$$C_{\text{altitude}} \in [0, 1] \tag{3.2.6}$$

其中，$Z_{\max}$ 为搜索空间高度的上限；$Z_{\min}$ 为搜索空间高度的下限；A_{traj} 为实际路径的平均高度；$Z_{\max}$ 和 $Z_{\min}$ 分别设置为略高于地形的最高点和最低点。

在代价函数中，与进入危险区域有关的项可定义为

$$C_{\text{danger zones}} = \frac{L_{\text{inside d.z.}}}{\sum\limits_{i=1}^{n_d} d_i} \tag{3.2.7}$$

$$C_{\text{danger zones}} \in [0, 1] \tag{3.2.8}$$

其中，n_d 为危险区域总个数；$L_{\text{inside d.z.}}$ 为经过危险区域 (dangerous zone) 的路径子段的总长度；d_i 为危险区域 i 的直径。由于在三维环境中 $L_{\text{inside d.z.}}$ 可能大于 $\sum\limits_{i=1}^{n_d} d_i$，所以可将 $C_{\text{danger zones}}$ 最大值设为 1。由于危险区域在无人机穿越过程中是移动的，所以必须定义危险区域的位置。

无人机所需能源高于无人机可用能源项定义为

$$C_{\text{power}} = \begin{cases} 0, & L_{\text{not feasible}} < 0 \\ P_{\text{penalty}} + \dfrac{L_{\text{not feasible}}}{L_{\text{traj}}}, & L_{\text{not feasible}} > 0 \end{cases} \tag{3.2.9}$$

$$C_{\text{power}} \in 0 \cup [P_{\text{penalty}}, P_{\text{penalty}} + 1] \tag{3.2.10}$$

其中，$L_{\text{not feasible}}$ 为无人机所用能源大于可用能源的路径线段长度的总和；L_{traj} 为路径的总长度；P_{penalty} 为惩罚常数。此处使用路径的最大长度来定义无人机的可用能源，这个常数一定比最差可行路径的代价要高。通过增加惩罚系数 P_{penalty}，可从所有解中分离出非可行解。

在代价函数中，与地面碰撞有关的项可定义为

$$C_{\text{collision}} = \begin{cases} 0, & L_{\text{under terrain}} \leqslant 0 \\ P_{\text{penalty}} + \dfrac{L_{\text{under terrain}}}{L_{\text{traj}}}, & L_{\text{under terrain}} > 0 \end{cases} \qquad (3.2.11)$$

$$C_{\text{collision}} \in 0 \cup [P_{\text{penalty}}, P_{\text{penalty}} + 1] \qquad (3.2.12)$$

其中，$L_{\text{under terrain}}$ 为地表以下的路径子段的总长度；L_{traj} 为路径的总长度。

由于路径被定义为一系列线段，所以所生成的路径在这些线段连接处速度是不连续的。此处通过使用圆形结构来移除那些连接处速度不连续的部分，同时使得所找到的最优解的平滑性可以保证。因此，与路径非平滑有关的项可定义为

$$C_{\text{smoothing}} = \begin{cases} 0, & N_{\text{impossible}} = 0 \\ P_{\text{penalty}} + \dfrac{N_{\text{impossible}}}{N_{\text{total}}}, & L_{\text{impossible}} > 0 \end{cases} \qquad (3.2.13)$$

$$C_{\text{smoothing}} \in 0 \cup [P_{\text{penalty}}, P_{\text{penalty}} + 1] \qquad (3.2.14)$$

其中，$N_{\text{impossible}}$ 为使用圆形结构无法平滑的连接数；N_{total} 为路径中的连接总数。

在路径规划算法的优化阶段，利用搜索引擎来寻找代价函数最小的解，即为找到一条最能满足这个代价函数所代表的所有特性的路径。代价函数模拟了一个特定的场景，其中最优路径最小化了飞行平均高度的距离并避开危险区域，同时满足无人机的性能特点。这个代价函数是高度复杂的，并可验证路径规划算法的功能和性能，同时这个代价函数也较容易修改，并可应用于不同任务场景。

3. 路径规划方案

在该模型中，起点和目标分别被定义为 S 和 T。路径规划的任务是生成一个可选路径，该路径具有上述代价函数的最小值。连接点 S 和 T，然后在 XY 平面上绘制路径的投影。将投影 $S'T'$ 均分成 $(D_s + 1)$ 份。在每个分段点作一个垂直于 $S'T'$ 的平面。在每个平面上取一个离散点，然后依次连接形成一条可飞行路径。这样，路径规划问题就转化为优化坐标序列，以获得目标函数更优的适应度值。为了加快算法的搜索速度，可取线段 $S'T'$ 为 x 轴，并根据公式 (3.2.15) 对每个离散点 $(x(k), y(k), z(k))$ 进行坐标变换。其中，θ 为原 x 轴逆时针旋转到平行线段 $S'T'$ 的角度，(x_s, y_s) 表示原坐标系中的坐标。其具体公式为

$$\begin{bmatrix} x'(k) \\ y'(k) \\ z'(k) \end{bmatrix} = \begin{bmatrix} \cos\theta & \sin\theta & 0 \\ -\sin\theta & \cos\theta & 0 \\ 0 & 0 & 1 \end{bmatrix} \begin{bmatrix} x(k) - x_s \\ y(k) - y_s \\ z(k) \end{bmatrix} \qquad (3.2.15)$$

求解计算时，每个点的 x 坐标可由公式 $x'(k) = \dfrac{|S'T'|}{D_s + 1} k$ 求得。

3.2.2　算法设计

1. 捕食–逃逸机制

效率和准确性是搜索算法的主要性能指标。基本鸽群优化算法可有效解决数值设计、参数优化等问题，但也具有趋向于收敛到局部最优解的缺陷 [6-8]。本节介绍一种捕食-逃逸鸽群优化 (PPPIO) 算法，将鸽群优化算法与捕食–逃逸机制相融合，以提高算法性能。在每一代发生突变后，引入捕食–逃逸行为机制，以便在下一代中选择更好的解。

捕食行为是自然界中最常见的行为和现象之一，许多仿生群体智能优化算法都受到生态学中捕食–逃逸策略的启发 [9,10]。在自然界中，捕食者狩猎猎物以确保自己的生存，而猎物则需要能够逃避捕食者的追捕。另一方面，捕食者给猎物种群造成压力，以帮助控制猎物种群数量。在这个模型中，捕食者或者猎物中的个体代表一个解，种群中的每个猎物都可以根据其适应度值扩张或被捕食者杀死，且捕食者总是试图杀死其邻域中适应度最低的猎物，对应删除种群中适应度低的解。利用捕食–逃逸机制的概念来增加种群的多样性，并根据最差解建立捕食者的模型，捕食者可定义为

$$P_{\text{predator}} = P_{\text{worst}} + \rho_{\text{hunt}} \left(1 - \frac{t}{t_{\max}} \right) \tag{3.2.16}$$

其中，P_{predator} 为捕食者 (一个可行解)；P_{worst} 为种群中最坏解；t 为当前迭代步；$t_{\max}$ 为最大迭代步数；ρ_{hunt} 为狩猎率。为了模拟捕食者与猎物之间的相互作用，保持猎物与捕食者之间距离的方法为

$$\begin{cases} P_{k+1} = P_k + \rho_{\text{hunt}} \mathrm{e}^{-|d|}, & d > 0 \\ P_{k+1} = P_k - \rho_{\text{hunt}} \mathrm{e}^{-|d|}, & d < 0 \end{cases} \tag{3.2.17}$$

其中，d 为该解和捕食者之间的距离；k 为当前迭代步。

上述算法利用了捕食–逃逸的概念，使得子代的个体在定义的空间中广泛分布，避免了个体早熟，并提高了寻找最优解的速度。

2. 操作算子并行化

在鸽群优化算法的基本模型中，地标算子的操作是在后期的迭代过程中进行的。然而，该算法可能已经在第一阶段收敛到局部最优解，因此地标算子无法发挥作用。此外，每使用一次地标算子，鸽子数量 N_{p} 会减少一半，鸽子数量下降得太快导致经过少量的迭代就会达到零。这样，地标算子只会对鸽子的位置产生很小的影响。因此，对基本鸽群优化算法进行修正，地图和指南针算子以及地标算

子在所有迭代中并行使用。采用参数 ω_{center} 来定义地标的影响，该参数随平滑路径而增加，用常量参数 c_p 来定义地标算子中鸽子的数目。新的地标算子可定义为

$$N_p^t = c_p \cdot N_{p_{max}}, \quad c_p \in (0,1) \tag{3.2.18}$$

$$\boldsymbol{X}_c^t = \frac{\sum_{N_p^t} \boldsymbol{X}_i^t f\left(\boldsymbol{X}_i^t\right)}{\sum_{N_p^t} f\left(\boldsymbol{X}_i^t\right)} \tag{3.2.19}$$

$$\omega_{center} = \frac{s_{center} + (1 - s_{center})\, t}{N_{c_{max}}}, \quad s_{center} \in (0,1) \tag{3.2.20}$$

$$\boldsymbol{X}_i^t = \boldsymbol{X}_i^{t-1} + r_2 \omega_{center} \left(\boldsymbol{X}_c^t - \boldsymbol{X}_i^{t-1}\right) \tag{3.2.21}$$

其中，s_{center} 为实验定义常数。

3. PPPIO 算法实施流程

本节给出的改进鸽群优化算法用于无人机路径规划的具体步骤如下：

Step 1 根据上文中的任务环境模型，初始化路径规划任务的详细信息。

Step 2 初始化算法参数，如解空间维数 D，种群大小 N_p，地图和指南针算子 R，迭代次数 t。

Step 3 为每只鸽子设置随机的速度和路径。比较每只鸽子的适应度值，并搜索当前的最佳路径。

Step 4 操作地图和指南针算子，更新每只鸽子的速度和位置。

Step 5 根据适应度值对所有鸽子进行排序。根据公式 (3.2.18)，适应度值较低的鸽子将跟随那些适应度值较高的鸽子，然后根据公式 (3.2.19) 找到所有鸽子的地标中心，并且该中心是理想目的地。所有鸽子都会根据公式 (3.2.21) 调整飞行方向，以飞往目的地。接下来，存储最佳解的参数和最佳适应度值。

Step 6 如公式 (3.2.16) 所示，以最差的解为基础建立捕食者模型。然后，根据公式 (3.2.17) 来生成其他解以保持捕食者和猎物之间的距离。

Step 7 若迭代次数 $t > N_{c_{max}}$，则停止迭代，输出结果，否则，转 Step 6。

3.2.3 理论分析

在不考虑捕食–逃逸机制以及进化公式中随机数的影响时，PPPIO 算法可定义为

$$\boldsymbol{V}_i^t = \boldsymbol{V}_i^{t-1} \mathrm{e}^{-Rt} + c_p \left(\boldsymbol{X}_g^t - \boldsymbol{X}_i^{t-1}\right) \tag{3.2.22}$$

$$\boldsymbol{X}_i^t = \boldsymbol{X}_i^{t-1} + \omega_{\text{center}} \cdot \left(\boldsymbol{X}_c^t - \boldsymbol{X}_i^{t-1}\right) \tag{3.2.23}$$

定义 3.1 假设 $\{y^{(k)}, k \geqslant 0\}$ 是一个离散随机变量；离散随机变量值的有限集为 $S = \{j\}$，称为状态空间。对于任意 $k \geqslant 1$，$i^{(l)} \in S\,(l \leqslant k+1)$，满足公式 (3.2.22)，则 $\{y^{(k)}, k \geqslant 0\}$ 为马尔可夫链。

$$p(y(t+1) = i(t+1) \,|\, y(t) = i(t), \cdots, y(0) = i(0))$$
$$= p(y(t+1) = i(t+1) \,|\, y(t) = i(t)) \tag{3.2.24}$$

引理 3.1 鸽群优化算法的种群序列状态 $\boldsymbol{X}^t$ 为有限马尔可夫链。

证明 解空间 S 给定了边界。此外，由于确定了鸽群的参数和大小，所以，鸽群的状态空间是有限的。

从上述算法描述中可得，$\boldsymbol{X}^t$ 的值是一列离散随机变量，而 $\boldsymbol{X}^{t+1}$ 的值仅由前一状态 $\boldsymbol{X}^t$ 确定。可以发现，鸽群的状态 $\boldsymbol{X}^t$ 是有限的齐次马尔可夫链。[证毕]

定义 3.2 全局最优解集可以描述为 $M = \{\boldsymbol{X}; \forall \boldsymbol{Y} \in S, \text{s.t.} f(\boldsymbol{X}) \geqslant f(\boldsymbol{Y})\}$。

定义 3.3 对于任意鸽群初始位置分布 $\boldsymbol{X}^0 = S_0 \in S$，$\lim\limits_{n\to\infty} P\{\boldsymbol{X}^t \in M | \boldsymbol{X}^0 = S_0\} = 1$ 意味着该算法在概率上强收敛于全局最优解集，而 $\lim\limits_{n\to\infty} P\{\boldsymbol{X}^t \cap M \neq 0 | \boldsymbol{X}^0 = S_0\} = 1$ 表示对全局最优解集具有弱收敛性。

推论 3.1 鸽群优化算法的种群进化方向是不变的，即 $f(\boldsymbol{X}^{t+1}) \leqslant f(\boldsymbol{X}^t)$。

证明 很明显，鸽群优化算法倾向于让鸽子个体向代价函数较低的位置移动。因此，最低代价函数会随着迭代次数增加而单调下降。 [证毕]

定理 3.1 鸽群优化算法的马尔可夫链以概率 1 收敛于全局最优解集 M，即 $\lim\limits_{t\to\infty} P\{\boldsymbol{X}^t \in M\} = 1$

证明 从推论 3.1 可知，若已进入全局最优解集 M，则显然 $\boldsymbol{X}^{t+1}$ 会被限定在 M 中

$$P\{\boldsymbol{X}^{t+1} \in M | \boldsymbol{X}^t \in M\} = 1$$

那么

$$P\{\boldsymbol{X}^{t+1} \in M\} = (1 - P\{\boldsymbol{X}^t \in M\}) \cdot P\{\boldsymbol{X}^{t+1} \in M | \boldsymbol{X}^t \notin M\}$$
$$+ P\{\boldsymbol{X}^t \in M\} \cdot P\{\boldsymbol{X}^{t+1} \in M | \boldsymbol{X}^t \in M\}$$
$$= (1 - P\{\boldsymbol{X}^t \in M\}) \cdot P\{\boldsymbol{X}^{t+1} \in M | \boldsymbol{X}^t \notin M\} + P\{\boldsymbol{X}^t \in M\}$$

假设

$$P\{\boldsymbol{X}^{t+1} \in M | \boldsymbol{X}^t \notin M\} \geqslant d(t) \geqslant 0$$

那么

$$\lim_{n \to \infty} \prod_{i=1}^{n} 1 - d(i) = 0$$

因此

$$1 - P\left\{\boldsymbol{X}^{t+1} \in M\right\} \leqslant \left[1 - d(t)\right]\left[1 - P\left\{\boldsymbol{X}^{t} \in M\right\}\right]$$

$$\Rightarrow 1 - P\left\{\boldsymbol{X}^{t+1} \in M\right\} \leqslant \left[1 - P\left\{\boldsymbol{X}^{0} \in M\right\}\right] \cdot \prod_{i=1}^{n} 1 - d(i)$$

$$\Rightarrow \lim_{n \to \infty} P\left\{\boldsymbol{X}^{t+1} \in M\right\} \geqslant 1 - \left[1 - P\left\{\boldsymbol{X}^{0} \in M\right\}\right] \cdot \lim_{n \to \infty} \prod_{i=1}^{n} 1 - d(i)$$

$$\Rightarrow \lim_{n \to \infty} P\left\{\boldsymbol{X}^{t+1} \in M\right\} \geqslant 1$$

然而，$P\left\{\boldsymbol{X}^{t+1} \in M\right\} \leqslant 1$，因此，$\lim_{n \to \infty} P\left\{\boldsymbol{X}^{t+1} \in M\right\} = 1$，相当于 $\lim_{n \to \infty} P\{\boldsymbol{X}^{t} \in M\} = 1$。 [证毕]

显然，不考虑捕食–逃逸机制的 PPPIO 算法能以概率 1 收敛到全局最优解集 M。若考虑捕食–逃逸机制，可提高 PPPIO 算法跳出局部最优的能力，从而收敛到全局最优解集 M。

通过对 PPPIO 算法的数学描述，可确定该算法的计算复杂度。初始阶段的地图和指南针算子的时间复杂度为 $O(DN_{\mathrm{p}})$，因为需要使用地图和指南针算子公式来更新每只鸽子的各个维度，快速排序用于把鸽子划分为两个部分以便计算地标中心 X_c，地标算子在每一次迭代中的时间复杂度为 $O(DN_{\mathrm{p}} + N_{\mathrm{p}} \log N_{\mathrm{p}})$。捕食–逃逸机制的时间复杂度为 $O(DN_{\mathrm{p}})$，与地图和指南针算子相同。由于迭代次数为 N_c，从而得到算法的计算复杂度为 $O(DN_{\mathrm{p}} + N_{\mathrm{p}} \log N_{\mathrm{p}}) N_c$。

3.2.4 仿真实验

为了评估所研究的 PPPIO 算法综合性能，这里进行了一系列仿真实验。起点的坐标设置为 $(10, 16, 0)$，目标点设置为 $(55, 100, 0)$。

将基本鸽群优化算法和 PPPIO 算法的初始参数作如下调整。

种群大小：$N_{\mathrm{p}} = 150$；

地图和指南针算子：$R = 0.2$；

地标算子中鸽子数量增长率：$c_{\mathrm{p}} = 0.5$；

地标算子增长率因子：$s_{\mathrm{center}} = 0.2$；

分割点数：$D_{\mathrm{s}} = 10$。

PPPIO 算法与基本 PIO、PSO 和 DE 算法的计算结果如下。示例 1 的结果如图 3.1 ~ 图 3.3 所示，其中每个危险区域以常速移动，而示例 2 的图 3.4 ~ 图 3.6 中，一些危险区域是移动的，而有一个危险区域是固定的，这更接近真实的环境。示例 3 是一个稳定的环境，如图 3.7 ~ 图 3.9 所示。

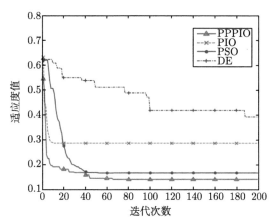

图 3.1   示例 1 动态环境进化曲线比较

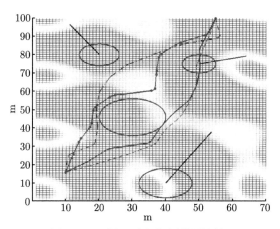

图 3.2   示例 1 路径规划结果比较

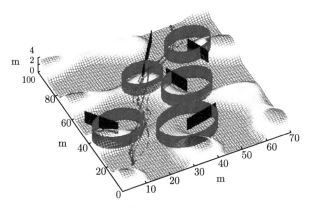

图 3.3   示例 1 三维动态环境路径规划结果比较

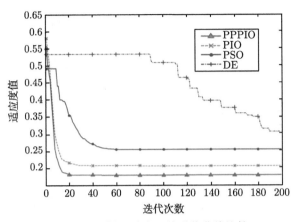

图 3.4　示例 2 动态环境进化曲线比较

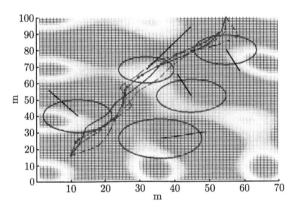

图 3.5　示例 2 路径规划结果比较

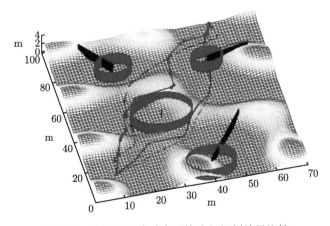

图 3.6　示例 2 三维动态环境路径规划结果比较

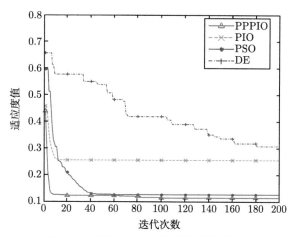

图 3.7 示例 3 恒定环境进化曲线比较

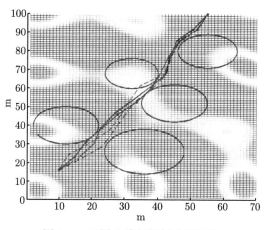

图 3.8 示例 3 路径规划结果比较

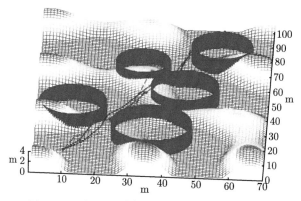

图 3.9 示例 3 三维恒定环境路径规划结果比较

从四种算法的演化曲线来看，基本 PIO 算法的收敛速度有时比 PPPIO 算法快。这种现象实际上体现了捕食-逃逸机制的效果，因为其目的是增加种群的多样性，防止种群进入局部最优解，从而在一定程度上降低了算法的收敛速度。然而，PPPIO 算法的最终结果要好于基本 PIO 算法，因为捕食-逃逸机制的概念有助于寻优过程，尤其在最后阶段更为明显。

这里，可对改进鸽群优化算法的参数进行如下分析。

(1) 种群大小 N_p：N_p 是鸽群优化算法中的一个重要基本参数，N_p 的增加会扩大搜索空间，促进解的多样性。但如果 N_p 太大，将导致收敛过程缓慢，并需较大计算量，若 N_p 过小，将收敛至局部最优解。经过多次在不同条件下 ($N_p =$ 50, 150, 200, 300) 的仿真，最终确定 $N_p = 50$，比较适合本节所要解决的路径规划问题。

(2) 地图和指南针算子 R：R 意味在地图和指南针算子中上一代速度 ($\boldsymbol{V}_i^{t-1}$) 如何影响下一代的速度 ($\boldsymbol{V}_i^t$)，过大的 R 值将导致 $\boldsymbol{V}_i^{t-1}$ 权重减小太快。经过多次仿真，针对此问题可选择 $R = 0.2$。

(3) 分段点数 D_s：路径上节点越多，路径越精确。但节点过多会扩大搜索空间的维数，计算时间也会比较长，综合考虑选择 D_s 的值为 10。

在图 3.2 和图 3.3 的环境中，每个危险区域都在以恒定的速度移动。蓝色的圆柱体定义了危险区域的初始位置，这些区域的移动路径由黑条表示。从进化曲线可见，PPPIO 算法在效率和收敛速度上都是最好的。基本鸽群优化算法在最初的几次迭代中收敛速度与 PPPIO 算法一样快，但很快就会陷入局部最优。图 3.5 和图 3.6 中环境既有移动的又有静止的危险区域，PPPIO 算法的收敛速度和最终结果都优于基本鸽群优化算法，该算法也适用于每个危险区域位置不变的环境。在使用基本鸽群优化算法时，无人机甚至飞进了危险区域，而 PPPIO 算法的求解性能仍然是最好的。

不同算法搜索到每个最优解的值可由代价函数结果值给出，具体如表 3.1 所示。从实验结果可见，PPPIO 算法具有更优异的仿真结果，比其他对比算法更有效。

表 3.1   PPPIO、PIO、PSO 和 DE 算法结果比较

示例	算法			
	PPPIO	PIO	PSO	DE
示例 1	**0.1411**	0.2866	0.1670	0.3933
示例 2	**0.1789**	0.2068	0.2548	0.2995
示例 3	**0.1146**	0.2547	0.1267	0.3072

3.3   改进多目标鸽群优化算法分析

本节介绍一种基于极限环的变异多目标鸽群优化 (limit-cycle-based mutant multi-objective pigeon-inspired optimization, CMMOPIO) 算法 [11]，其具体实现过程伪代码如表 3.2 所示。在该算法中，设计了极限环机制来考虑影响鸽子飞行的综合因素，在进化过程中通过引入突变机制以增强探索能力。另外，双存储库的应用使得非支配解得以储存和选择，以指导鸽群的高效飞行。由于基于极限环的变异机制，该算法不仅具有更快的收敛速度和更高的求解精度，而且提高了算法的种群多样性。为了验证该算法的普适性，这里对算法的收敛性进行理论分析。

表 3.2   CMMOPIO 算法实现过程

算法 1: CMMOPIO 算法步骤
1:    for $i = 1$ to N_p do
2:        初始化每个个体的位置 $\boldsymbol{X}$ 和速度 $\boldsymbol{V}$
3:        评估每个个体的代价函数值 F
4:    end for
5:    获得种群中的非支配个体
6:    创建 D 维超立方体，并把鸽子个体放到相应的位置
7:    初始化每个个体的最优位置 $\boldsymbol{X}_\mathrm{g} = \boldsymbol{X}^1$
8:    for $t = 1$ to N_{c_max}
9:        采用极限环机制计算权重系数 k_1 和 k_2
10:       采用变异机制计算 $\boldsymbol{X}_\mathrm{c}^t$
11:       更新速度 $\boldsymbol{V}^t$ 和位置 $\boldsymbol{X}^t$:

$$\boldsymbol{V}_i^{t+1} = \mathrm{e}^{-Rt} \cdot \boldsymbol{V}_i^t + k_1 \cdot (\boldsymbol{X}_\mathrm{g}^t - \boldsymbol{X}_i^t) + k_2 \cdot (\boldsymbol{X}_\mathrm{c}^t - \boldsymbol{X}_i^t) \tag{3.3.1}$$

$$\boldsymbol{X}_i^{t+1} = \boldsymbol{X}_i^t + \boldsymbol{V}_i^{t+1} \tag{3.3.2}$$

12:       边界检查: 如果变量超出了边界上限，那么将其设置为最大值。反之亦然
13:       评估鸽群中每个个体的位置，并更新每只鸽子的最佳位置
14:       更新辅助存储库
15:   end for

3.3.1   算法设计

1. 极限环机制

基本鸽群优化算法采用两个独立的迭代循环来模拟信鸽的归巢过程。地图和指南针算子作用在鸽群飞行后期阶段逐渐减弱，地标算子逐渐在信鸽导航机制中发挥主要作用。在 CMMOPIO 算法中，两个导航算子在基于极限环的机制下融合在一个过程中。作为一个极限环，它具有这样的性质：当时间进入无穷大时，极限环附近的所有变量最终都趋向于极限环。根据这个概念，利用基于极限环的机制来更新公式 (3.3.1)，其中的两个算子定义为

$$\left[\begin{array}{c} k_{1,i}^{t+1} \\ k_{2,i}^{t+1} \end{array} \right] = \left[\begin{array}{c} k_{1,i}^{t} \\ k_{2,i}^{t} \end{array} \right] + L_i^t \tag{3.3.3}$$

$$L_i^t = \lambda \cdot \left[\begin{array}{cc} \gamma_i^t & -1 \\ 1 & \gamma_i^t \end{array} \right] \cdot \left[\begin{array}{c} k_{1,i}^{t} \\ k_{2,i}^{t} \end{array} \right] \tag{3.3.4}$$

$$\gamma_i^t = 1 - (k_{1,i}^t)^2 - (k_{2,i}^t)^2 \tag{3.3.5}$$

由于鸽群优化算法中的两个算子在鸽子飞行过程中的不同时间段起主导作用，它们的权重和权重变化趋势需要与鸽子的归巢行为相呼应。在第一阶段，鸽群的全局最优位置 $\boldsymbol{X}_g$ 在导航中起主要作用，因此 k_1 通常被初始化为 1。在第二个阶段，随着 $\boldsymbol{X}_g$ 作用力的下降，鸽群中心位置 $\boldsymbol{X}_c^t$ 的影响力逐渐增加超过 $\boldsymbol{X}_g$。因此，$\boldsymbol{X}_c^t$ 的作用系数 k_2 初始设置为 0 并逐渐增大。基于极限环机制的两个参数演化过程如图 3.10 所示，初始阶段 k_1 比 k_2 大，随着迭代次数 t 的增加，k_1 逐渐减小，k_2 逐渐增大并超过 k_1。因此，鸽群的全局最佳位置 $\boldsymbol{X}_g^t$ 首先起主导作用，鸽群中心位置 $\boldsymbol{X}_c^t$ 在第二阶段起主要导航作用。

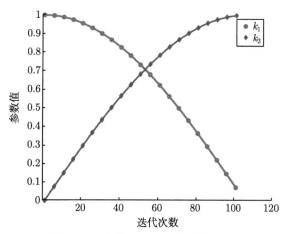

图 3.10 参数 k_1 和 k_2 的演化曲线

2. 变异机制

如前所述，鸽群中心位置 $\boldsymbol{X}_c^t$ 基于突变机理计算。在基本鸽群优化算法中，利用解的最大值或最小值获得 $\boldsymbol{X}_c^t$ 的位置。然而在解决多目标问题时无法找到一种

解决方案，而使其所有代价函数值都优于其他解决方案，因此设计一种突变机制来生成 $\boldsymbol{X}_\mathrm{c}^t$ 是非常重要的。

由于变异算子在多目标进化算法 (multi-objective evolutionary algorithms, MOEAs) 中的成功应用，本节采用变异机制提高算法求解多目标问题的探索性和适用性。$\boldsymbol{X}_{\mathrm{c},i}^t$ 基于非支配解生成，然后基于公式 (3.6.6) 和公式 (3.6.7) 中的阶跃突变算子，利用突变机制改进所选解。将所选解分别在 D 维上展开，当解经过一定维数的变异后，可得到更好的函数值，然后对 $\boldsymbol{X}_{\mathrm{c},i}^t$ 进行更新。表 3.3 中算法 2 给出了变异机制的具体步骤。

$$\boldsymbol{X}_\mathrm{c}^t(i,j) = \boldsymbol{X}_\mathrm{Rep}(j) + \Delta d \cdot (\mathrm{ub} - \mathrm{lb}) \tag{3.3.6}$$

$$\Delta d = \mathrm{sum}\left(\frac{a(k)}{2^k}\right), \quad a(k) = \begin{cases} 0, & \mathrm{rand} < 1/m \\ 1, & \mathrm{rand} \geqslant 1/m \end{cases} \tag{3.3.7}$$

其中，$k = 0, 1, 2, \cdots, m$。

表 3.3　CMMOPIO 算法变异机制

算法 2: 变异机制步骤
1:　初始化 $m = 20$, 上限和下限分别为 ub,lb
2:　在辅助存储库中随机选择非支配解 $\boldsymbol{X}_\mathrm{Rep}(j)$
3:　if rand $< 1/m$
4:　　$a(k) = 1$
5:　else
6:　　$a(k) = 0$
7:　end if
8:　计算 Δd, $\boldsymbol{X}_{\mathrm{c},i}^t$
9:　计算新的代价函数值 F_New
10:　if F_New dominates F_Old
11:　　更新 $\boldsymbol{X}_{\mathrm{c},i}^t$
12:　end if

3. 双存储库

在所设计的 CMMOPIO 算法中有两个存储库，其中一个存储库由当前迭代的鸽子位置组成，另一个辅助存储库用于保存从进化过程中选择的非支配位置的记录。此处辅助存储库设计参考文献 [12]，它由归档控制器和网格组成。

(1) **归档控制器**：归档控制器的作用是决定是否将更新的解决方案 (S) 保存在辅助存储库中，作出选择的过程如下所述。

将进化计算过程中得到的非支配解与辅助存储库 (初始时刻为空) 中的个体进行比较。如果辅助存储库是空的，则吸收新的非支配决策 S1 (参见图 3.11 中的步骤 1)。如果新决策 S2 被辅助存储库中的方案 S1 支配，则新解决方案 S2 被自动移除 (参见图 3.11 中的步骤 2)。当辅助存储库中没有能支配新解决方案 S3 的方案时，那么新解决方案存储在辅助存储库中 (参见图 3.11 中的步骤 3)。如果新解决方案 S4 支配辅助存储库中的解决方案 S1，并且没有被辅助存储库中的其他解决方案支配，则解决方案 S4 被辅助存储库吸收，并且解决方案 S1 同时被踢出 (参见图 3.11 中的步骤 4)。当辅助存储库中的个体数达到最大允许容量时，网格过程开始。

(2) **网格过程**：网格化过程的作用是将大量的解决方案均匀分布在辅助存储库中。

为了使帕累托前沿均匀分布，采用自适应网格变型策略 [13]，其基本原则是利用辅助存储库来存储能够支配主存储库中解决方案的个体。在辅助存储库中，多目标问题的搜索空间被划分为正方形网格 (图 3.12)。

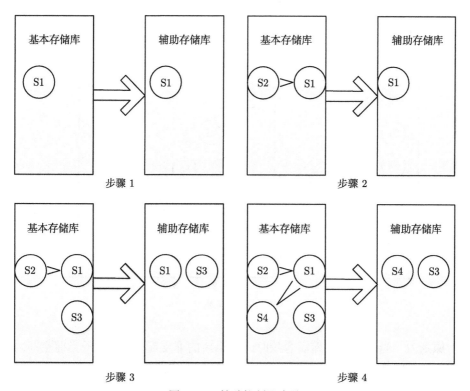

图 3.11 辅助控制器步骤

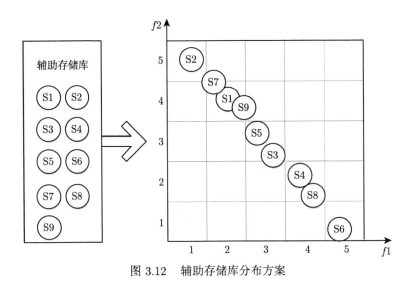

图 3.12　辅助存储库分布方案

原则 1　当辅助存储库容量满时，如果存储新的非支配解 S0，则将位于稠密区域的解移出，如 S9 (图 3.13)。

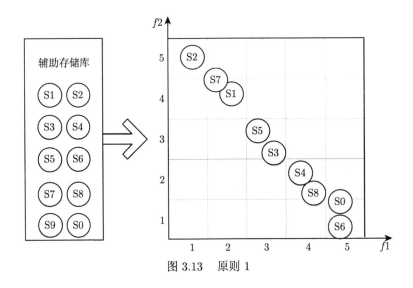

图 3.13　原则 1

原则 2　当辅助存储库满容量时，如果新的非支配解 S0 位于当前空间之外，则重新计算网格的边界并删除某些解，如图 3.14 中的原则 2 所示。

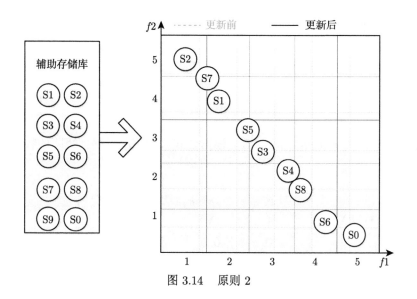

图 3.14 原则 2

3.3.2 理论分析

目前关于多目标鸽群优化算法的收敛性研究较少 [14]。本节基于帕累托最优的概念，分析 CMMOPIO 算法的收敛性，给出所提算法的收敛条件。为了讨论 CMMOPIO 算法的收敛性，需做如下假设。

假设 3.1 $\boldsymbol{X}_{\text{g},i}$ 和 $\boldsymbol{X}_{\text{c}}$ 满足条件 $\{\boldsymbol{X}_{\text{g},i}, \boldsymbol{X}_{\text{c}}\} \in \varGamma$，其中 $\varGamma$ 为搜索区域，$i = 1, 2, \cdots, N_{\text{p}}$。

假设 3.2 对于解 $\boldsymbol{X}_i^t$，存在帕累托最优解集 $\boldsymbol{X}^*$，$i = 1, 2, \cdots, N_{\text{p}}$。

假设 3.3 参数 k_1 和 k_2 满足条件 $0 < k_1 + k_2 < 2 \cdot \left(1 + \text{e}^{-Rt}\right)$。

定理 3.2 当假设 3.1～ 假设 3.3 满足，给定 $k_1 \geqslant 0$，$k_2 \geqslant 0$，鸽群位置 $\boldsymbol{X}_i^t$ 将收敛到帕累托最优解 $\boldsymbol{X}^*$。

证明 将公式 (3.3.1) 代入公式 (3.3.2)，可得到如下非齐次递归关系：

$$\boldsymbol{X}_i^{t+1} = (1 - k_1 - k_2 + \text{e}^{-R(t+1)}) \cdot \boldsymbol{X}_i^t + k_1 \cdot \boldsymbol{X}_{\text{g},i}^t + k_2 \cdot \boldsymbol{X}_{\text{c}}^t \tag{3.3.8}$$

其中，$i = 1, 2, \cdots, N_{\text{p}}$，公式 (3.3.8) 可表示为矩阵形式：

$$\begin{bmatrix} \boldsymbol{X}_i^{t+1} \\ \boldsymbol{X}_i^t \\ 1 \end{bmatrix} = \phi(t) \begin{bmatrix} \boldsymbol{X}_i^{t+1} \\ \boldsymbol{X}_i^t \\ 1 \end{bmatrix} \tag{3.3.9}$$

式中，系数矩阵 $\phi(t)$ 为

$$\phi(t) = \begin{bmatrix} 1 - k_1 - k_2 + \mathrm{e}^{-R(t+1)} & -\mathrm{e}^{-R(t+1)} & k_1 \cdot X_{g,i}^t + k_2 \cdot X_c^t \\ 1 & 0 & 0 \\ 0 & 0 & 1 \end{bmatrix} \tag{3.3.10}$$

假设 $\mathrm{e}^{-R(t+1)} = r, k_1 + k_2 = K$，根据公式 (3.3.10) 可得到矩阵的特征多项式 $\phi(t)$：

$$\phi(t) - \lambda I = \begin{bmatrix} 1 - K - r & -r & k_1 \cdot \boldsymbol{X}_{g,i}^t + k_2 \cdot \boldsymbol{X}_c^t \\ 1 & -\lambda & 0 \\ 0 & 0 & 1 - \lambda \end{bmatrix} \tag{3.3.11}$$

$$(1 - \lambda)[\lambda^2 - (1 - K + r) \cdot \lambda + r] = 0 \tag{3.3.12}$$

可得 $\phi(t)$ 的特征值

$$\lambda_1 = 1, \quad \lambda_{2,3} = \frac{(1 - K + r) \pm \sqrt{(1 - K + r)^2 - 4r}}{2} \tag{3.3.13}$$

因此，鸽子位置可表示为

$$\boldsymbol{X}_i^t = \gamma_1 \cdot \lambda_1 + \gamma_2 \cdot \lambda_2^t + \gamma_3 \cdot \lambda_3^t \tag{3.3.14}$$

其中，γ_1、γ_2 和 γ_3 为常数。

显然，特征值受到参数 K 和 r 的影响，CMMOPIO 算法的收敛条件为 $\max\{|\lambda_2| \quad |\lambda_3|\} < 1$，即

$$\left| \frac{(1 - K + r) \pm \sqrt{(1 - K + r)^2 - 4r}}{2} \right| < 1 \tag{3.3.15}$$

基于假设 3.3 和公式 (3.6.3)，参数 k_1 和 k_2 满足如下条件：

$$\begin{cases} 0 < r < 1 \\ 0 < K < 2(1 + r) \end{cases} \tag{3.3.16}$$

因此，在以下情况下讨论得到结论所需的条件。

情况 1：$(1 - K + r)^2 - 4r < 0$

在情况 1 中, 两个特征值 λ_2 和 λ_3 为复数:

$$|\lambda_2|^2 = |\lambda_3|^2 = \frac{1}{4}\left|(1-K+r)^2 - (1-K+r)^2 + 4r\right| = r$$

实际上在情况 1 中若要得到 $\max\{|\lambda_2| \quad |\lambda_3|\} < 1$, 只需满足 $r < 1$, 因此情况 1 要求条件 $-2\sqrt{r}+r+1 < K < 2\sqrt{r}+r+1$ 和 $r > 0$。因此, 情况 1 的收敛条件为

$$\begin{cases} 0 < r < 1 \\ -2\sqrt{r}+r+1 < K < 2\sqrt{r}+r+1 \end{cases}$$

情况 2: $(1-K+r)^2 - 4r \geqslant 0$

在情况 2 中, 两个特征值 λ_2 和 λ_3 为实数, 于是情况 2 的条件等价于 $r \geqslant 0$ 和 $K \leqslant -2\sqrt{r}+r+1$ 或 $K \geqslant 2\sqrt{r}+r+1$。

(1) 若 $K \leqslant -2\sqrt{r}+r+1$, 那么 $\max\{|\lambda_2| \quad |\lambda_3|\} < 1$ 仅需

$$|\lambda_2| = \left|\frac{(1-K+r) + \sqrt{(1-K+r)^2 - 4r}}{2}\right| < 1$$

可得 $0 < K \leqslant -2\sqrt{r}+r+1$, $r < 1$。

(2) 若 $K \geqslant 2\sqrt{r}+r+1$, 那么 $\max\{|\lambda_2| \quad |\lambda_3|\} < 1$ 仅需

$$|\lambda_3| = \left|\frac{(1-K+r) - \sqrt{(1-K+r)^2 - 4r}}{2}\right| < 1$$

即

$$\frac{(1-K+r) - \sqrt{(1-K+r)^2 - 4r}}{2} > -1$$

可得 $2\sqrt{r}+r+1 \leqslant K < 2(1+r)$, $r < 1$。因此, 情况 2 的收敛条件为

$$\begin{cases} 0 < r < 1 \\ 2\sqrt{r}+r+1 \leqslant K < 2(1+r) \end{cases}$$

因此, 结合以上两种情况, 公式 (3.3.16) 满足 CMMOPIO 算法的收敛条件。

根据公式 (3.3.14), 鸽群位置的全局收敛解可表示为

$$\lim_{t \to \infty} X_i^t = \gamma_1$$

当公式 (3.3.8) 中 $t \to \infty$ 时, 鸽子的位置可计算为

$$\lim_{t \to \infty} \boldsymbol{X}_i^t = \lim_{t \to \infty} (k_1 \cdot \boldsymbol{X}_{g,i}^t + k_2 \cdot \boldsymbol{X}_c^t)/(k_1 + k_2) \tag{3.3.17}$$

当假设 3.1 和假设 3.2 成立时，有

$$\boldsymbol{X}_{\mathrm{g},i}^{t-1} \succ \boldsymbol{X}_{\mathrm{g},i}^{t} \quad \text{或} \quad \boldsymbol{X}_{\mathrm{g},i}^{t-1} \prec\succ \boldsymbol{X}_{\mathrm{g},i}^{t}$$

$$\boldsymbol{X}_{\mathrm{c}}^{t} \prec \boldsymbol{X}_{\mathrm{g},i}^{t} \quad \text{或} \quad \boldsymbol{X}_{\mathrm{c}}^{t} \prec\succ \boldsymbol{X}_{\mathrm{g},i}^{t}$$

对于 CMMOPIO 算法，鸽子的最佳位置 $\boldsymbol{X}_{\mathrm{g},i}$ 将基于接近帕累托前沿的非支配解通过突变机制进一步更新。因此

$$\lim_{t\to\infty} \boldsymbol{X}_{\mathrm{g},i}^{t} = \boldsymbol{X}^{*} \tag{3.3.18}$$

此外，最佳位置 $\boldsymbol{X}_{\mathrm{c}}$ 由鸽子在当前非支配集合中选择的位置变异而来。因此，存在

$$\lim_{t\to\infty} \boldsymbol{X}_{\mathrm{c}}^{t} = \boldsymbol{X}^{*} \tag{3.3.19}$$

基于公式 (3.3.18) 和公式 (3.3.19)，公式 (3.3.17) 可表示为

$$\lim_{t\to\infty} \boldsymbol{X}_{i}^{t} = \lim_{t\to\infty} (k_1 \cdot \boldsymbol{X}^{*} + k_2 \cdot \boldsymbol{X}^{*})/(k_1 + k_2) = \boldsymbol{X}^{*} \qquad \text{[证毕]}$$

定理 3.3　当假设 3.1～假设 3.3 满足时，鸽群速度 $\boldsymbol{V}_{i}^{t}$ 趋于 0。

证明　根据公式 (3.3.1)，速度可定义为

$$\boldsymbol{V}_{i}^{t+1} - (1 - K + r) \cdot \boldsymbol{V}_{i}^{t} + r \cdot \boldsymbol{V}_{i}^{t-1} = 0$$

则系数矩阵的特征多项式为

$$[\lambda^2 - (1 - K + r) \cdot \lambda + r] = 0$$

$\phi(t)$ 的特征值为

$$\lambda_{4,5} = \frac{(1 - K + r) \pm \sqrt{(1 - K + r)^2 - 4r}}{2}$$

由此，鸽群的速度可表示为

$$\boldsymbol{V}_{i}^{t} = \gamma_4 \cdot \lambda_4^{t} + \gamma_5 \cdot \lambda_5^{t}$$

其中，γ_4 和 γ_5 为常数。

当假设 3.1～假设 3.3 满足时，基于定理 3.2 的分析，有

$$\lim_{t\to\infty} \boldsymbol{V}_{i}^{t} = 0 \qquad \text{[证毕]}$$

通过收敛性理论分析得出，随着迭代次数的增加，种群中的每只鸽子都会收敛到最优位置。

3.3.3 仿真实验

1. 评估函数

使用文献 [15] 的基准函数验证所提出的 CMMOPIO 算法的性能，这些基准问题都是具有最大值或最小值的两个或三个函数的多目标问题。基准函数的性能评估指标如下所述。

1) generational distance (GD)

generational distance 的概念是由 Veldhuizen 和 Lamont[16] 提出的，用来检验目前找到的非支配解与帕累托最优集的解之间的距离，定义为

$$\mathrm{GD} = \frac{\sqrt{\sum_{i=1}^{n} d_i^2}}{n} \tag{3.3.20}$$

其中，n 为迄今为止发现的非支配解集合中的解数量；d_i 为每个解与帕累托最优集合中最近元素之间的欧几里得距离。很明显，当 GD 等于零时，这些解都包含在帕累托最优集中。因此，除 0 以外的值将说明解离问题函数的帕累托前沿有多接近。

2) spacing (SP)

SP 的概念是由 Schott[17] 引入的，其目的是测量目前所寻找到的非支配解中相邻元素的方差。定义为

$$\mathrm{SP} = \sqrt{\frac{1}{n-1} \sum_{i=1}^{n} (\bar{d} - d_i)^2} \tag{3.3.21}$$

其中，$d_i = \min_{j}(|f_1^i(\boldsymbol{x}) - f_1^j(\boldsymbol{x})| + |f_2^i(\boldsymbol{x}) - f_2^j(\boldsymbol{x})|)$ 为所有解的平均值，$i, j = 1, 2, \cdots, n$；$\bar{d}$ 为所有 d_i 的平均值；n 为迄今为止发现的非支配解的个数。当 SP 的值为零时，表示当前获得的帕累托前沿中所有成员都是等距分布的。

3) inversed generational distance (IGD)

IGD 概念可作为一个综合指标来评价 MOEAs 的收敛性能和分布性能 [18]。IGD 定义为

$$\mathrm{IGD}(P, Q) = \frac{\sum_{v \in P} d(v, Q)}{|P|} \tag{3.3.22}$$

其中，P 为数量为 $|P|$ 的真实帕累托前沿中的点；Q 表示由 MOEAs 获得的帕累托最优解。因此，$d(v, Q)$ 是 P 集合中每个个体与 Q 集合中个体之间的最小欧几里得距离。IGD 值越小，则算法性能越好。

2. 对比实验

为了验证所给出算法的性能，这里与现有算法进行了对比实验。CMMOPIO 算法的参数设置如表 3.4 所示。

表 3.4　CMMOPIO 算法参数

描述	符号	值
地图和指南针算子的权重系数	R	0.02
极限环机制的权重系数	λ	0.015
基础存储库的容量	N	100
辅助存储库的容量	N_{rep}	100

1) 与五种多目标优化算法的性能比较

从多目标优化问题中选取 7 个测试函数如表 3.5 所示。

表 3.5　测试函数与参数

编号	测试函数	搜索区域	维度
F1	$f_1 = x^2$ $f_2 = (x-2)^2$	$[-5,5]$	1
F2	$f_1 = 1 - \exp\left(-\sum_{i=1}^{n}\left(x_i - \frac{1}{\sqrt{n}}\right)^2\right)$ $f_2 = 1 - \exp\left(-\sum_{i=1}^{n}\left(x_i + \frac{1}{\sqrt{n}}\right)^2\right)$	$[-4,4]$	10
F3	$f_1 = \cos(\pi x_1/2) \cdot (1+g)$ $f_2 = \sin(\pi x_1/2) \cdot (1+g)$ $g = \sum_{i=2}^{n}(x_i - 0.5)^2$	$[0,1]$	10
F4	$f_1 = x_1$ $f_2 = g \cdot h$ $g = 1 + \frac{9}{n-1} \cdot \sum_{i=2}^{n} x_i$ $h = 1 - \sqrt{f_1/g}$	$[0,1]$	10
F5	$f_1 = x_1$ $f_2 = g \cdot h$ $g = 1 + \frac{9}{n-1} \cdot \sum_{i=2}^{n} x_i$ $h = 1 - (f_1/g)^2$	$[0,1]$	10
F6	$f_1 = x_1$ $f_2 = g \cdot h$ $g = 1 + \frac{9}{n-1} \cdot \sum_{i=2}^{n} x_i$ $h = 1 - \sqrt{f_1/g} - (f_1/g) \cdot \sin(10\pi x_1)$	$[0,1]$	10

续表

编号	测试函数	搜索区域	维度
F7	$f_1 = \cos(\pi x_1/2) \cdot \cos(\pi x_2/2) \cdot (1 + g)$ $f_2 = \cos(\pi x_1/2) \cdot \sin(\pi x_2/2) \cdot (1 + g)$ $f_3 = \sin(\pi x_1/2) \cdot (1 + g)$ $g = \sum_{i=2}^{n} (x_i - 0.5)^2$	$[0, 1]$	10

表 3.6 给出了 CMMOPIO 算法与组合多目标鸽群优化 (combinatorial multi-objective pigeon-inspired optimization, CMOPIO)、MOPSO、NSGA-II、SPEA2 和 MOEA/D 算法的比较结果。性能评估结果计算了各对比算法寻找到的帕累托前沿的最佳、最差、均值和标准差值，以更全面地对比算法的性能。

表 3.6 8 个测试功能的性能评估结果

		CMMOPIO	CMOPIO	MOPSO	NSGA-II	SPEA2	MOEA/D
F1	GD 最佳	$\mathbf{1.5000 \times 10^{-9}}$	0.0053	0.3880	5.7297×10^{-4}	6.0897×10^{-4}	5.4472×10^{-4}
	GD 最差	0.0072	0.0053	1.2865	7.7186×10^{-4}	7.1417×10^{-4}	$\mathbf{6.7503 \times 10^{-4}}$
	GD 均值	0.0038	0.0053	0.7455	6.6471×10^{-4}	6.6539×10^{-4}	$\mathbf{5.9392 \times 10^{-4}}$
	GD 标准差	0.0057	$\mathbf{0}$	0.0584	1.7850×10^{-4}	7.6142×10^{-5}	9.5398×10^{-5}
	SP 最佳	$\mathbf{2.1213 \times 10^{-9}}$	0.0033	3.5530	0.0039	0.0042	0.0034
	SP 最差	0.0078	$\mathbf{0.0033}$	8.9611	0.0050	0.0049	0.0041
	SP 均值	0.0041	$\mathbf{0.0033}$	6.2484	0.0045	0.0045	0.0037
	SP 标准差	0.0057	$\mathbf{0}$	0.2581	0.0010	5.0208×10^{-4}	5.5056×10^{-4}
F2	GD 最佳	$\mathbf{2.0193 \times 10^{-11}}$	8.3327×10^{-4}	0.0014	7.5740×10^{-5}	7.8111×10^{-5}	7.0936×10^{-5}
	GD 最差	5.2630×10^{-4}	8.3327×10^{-4}	0.0018	1.0755×10^{-4}	9.2237×10^{-5}	8.7138×10^{-5}
	GD 均值	4.3325×10^{-5}	8.3327×10^{-4}	0.0016	9.2288×10^{-5}	8.5362×10^{-5}	7.9429×10^{-5}
	GD 标准差	3.2917×10^{-4}	$\mathbf{0}$	2.2206×10^{-4}	2.0692×10^{-5}	2.4135×10^{-6}	1.1419×10^{-5}
	SP 最佳	$\mathbf{0}$	1.4119×10^{-4}	4.8857×10^{-4}	4.3747×10^{-4}	4.5779×10^{-4}	4.5093×10^{-4}
	SP 最差	7.1367×10^{-4}	$\mathbf{1.4119 \times 10^{-4}}$	0.0084	5.5805×10^{-4}	5.6698×10^{-4}	5.5191×10^{-4}
	SP 均值	5.0391×10^{-5}	$\mathbf{1.4119 \times 10^{-4}}$	0.0059	4.9766×10^{-4}	5.0696×10^{-4}	4.9872×10^{-4}
	SP 标准差	2.4794×10^{-4}	$\mathbf{0}$	0.0062	5.2154×10^{-5}	5.9932×10^{-5}	6.5025×10^{-5}
F3	GD 最佳	1.5708×10^{-4}	0.4917	1.3300×10^{-4}	0.0067	0.0073	$\mathbf{1.1876 \times 10^{-4}}$
	GD 最差	0.0704	0.5858	0.1579	0.0093	0.0081	$\mathbf{0.0013}$
	GD 均值	0.0025	0.4976	0.0817	0.0082	0.0078	$\mathbf{2.8405 \times 10^{-4}}$
	GD 标准差	$\mathbf{0}$	0	0.0000	9.7456×10^{-4}	4.7662×10^{-4}	0.0012
	SP 最佳	$\mathbf{1.6000 \times 10^{-5}}$	0.6954	2.7861×10^{-5}	0.0604	0.0661	0.0010
	SP 最差	0.0989	0.8284	0.2233	0.0810	0.0723	$\mathbf{0.0116}$
	SP 均值	0.0034	0.7037	0.1140	0.0733	0.0698	$\mathbf{0.0025}$
	SP 标准差	$\mathbf{0}$	0	0.0000	0.0089	0.0039	0.0106
F4	GD 最佳	7.3395×10^{-5}	1.4919	1.0680×10^{-4}	2.5694×10^{-5}	2.5949×10^{-5}	$\mathbf{2.1248 \times 10^{-5}}$
	GD 最差	0.6412	1.5593	2.8820×10^{-4}	3.1770×10^{-5}	$\mathbf{3.0410 \times 10^{-5}}$	3.3462×10^{-5}
	GD 均值	0.1657	1.5026	1.9783×10^{-4}	2.8758×10^{-5}	2.8511×10^{-5}	$\mathbf{2.8035 \times 10^{-5}}$
	GD 标准差	0.4325	0.0048	2.5728×10^{-5}	$\mathbf{2.5477 \times 10^{-6}}$	3.0145×10^{-6}	7.8311×10^{-6}
	SP 最佳	$\mathbf{2.5885 \times 10^{-6}}$	0.5413	1.9314×10^{-5}	1.3141×10^{-4}	1.3125×10^{-4}	1.1065×10^{-4}
	SP 最差	0.9066	2.1167	2.0198×10^{-4}	1.5939×10^{-4}	$\mathbf{1.5588 \times 10^{-4}}$	1.8401×10^{-4}
	SP 均值	0.2341	1.2208	$\mathbf{1.2264 \times 10^{-4}}$	1.4623×10^{-4}	1.4272×10^{-4}	1.4193×10^{-4}
	SP 标准差	0.6115	1.5754	1.3266×10^{-4}	$\mathbf{7.9301 \times 10^{-6}}$	1.1415×10^{-5}	3.9227×10^{-5}

续表

		CMMOPIO	CMOPIO	MOPSO	NSGA-II	SPEA2	MOEA/D
F5	GD	最佳	**0**	2.9273×10^{-4}	2.0980×10^{-4}	2.5057×10^{-5}	1.9207×10^{-16}	2.9273×10^{-4}
		最差	1.1771	9.6986×10^{-4}	1.6129	$\mathbf{3.1476\times10^{-5}}$	3.5579×10^{-5}	9.6986×10^{-4}
		均值	0.0417	8.8522×10^{-4}	0.5647	2.8581×10^{-5}	$\mathbf{2.1618\times10^{-5}}$	8.8522×10^{-4}
		标准差	1.1771	6.7713×10^{-4}	1.6127	2.2017×10^{-6}	$\mathbf{1.5295\times10^{-11}}$	6.7713×10^{-4}
	SP	最佳	**0**	3.3288×10^{-4}	2.7282×10^{-5}	1.2968×10^{-4}	$\mathbf{1.8352\times10^{-15}}$	3.3288×10^{-4}
		最差	1.6647	0.0011	2.2810	$\mathbf{1.7905\times10^{-4}}$	2.1943×10^{-4}	0.0011
		均值	0.0589	0.0010	0.7984	1.4762×10^{-4}	$\mathbf{1.1233\times10^{-4}}$	0.0010
		标准差	1.6647	8.0429×10^{-4}	2.2809	2.4142×10^{-5}	$\mathbf{1.5203\times10^{-10}}$	8.0429×10^{-4}
F6	GD	最佳	0.0022	0.8127	9.0256×10^{-5}	3.4399×10^{-5}	$\mathbf{1.4733\times10^{-5}}$	4.5666×10^{-5}
		最差	0.7194	0.8127	0.0591	6.1931×10^{-4}	$\mathbf{4.3729\times10^{-5}}$	0.0021
		均值	0.1574	0.8127	0.0255	2.0381×10^{-4}	$\mathbf{2.0576\times10^{-5}}$	3.0420×10^{-4}
		标准差	0.4812	**0**	0.0590	2.3607×10^{-4}	1.2421×10^{-6}	9.8577×10^{-4}
	SP	最佳	0.0030	1.1492	$\mathbf{6.1350\times10^{-5}}$	3.1276×10^{-4}	9.5622×10^{-5}	4.1411×10^{-4}
		最差	1.0492	1.1492	0.0364	0.0058	$\mathbf{4.0530\times10^{-4}}$	0.0181
		均值	0.2212	1.1492	0.0157	0.0019	$\mathbf{1.5835\times10^{-4}}$	0.0027
		标准差	0.6804	**0**	0.0363	0.0023	2.0345×10^{-5}	0.0093
F7	GD	最佳	$\mathbf{1.7411\times10^{-5}}$	0.3464	2.3051×10^{-5}	0.0145	0.0104	2.6751×10^{-4}
		最差	0.6253	0.3911	0.2095	0.0234	0.0134	$\mathbf{8.4967\times10^{-4}}$
		均值	0.1842	0.3721	0.0459	0.0192	0.0118	$\mathbf{3.7416\times10^{-4}}$
		标准差	0.1271	0.0447	0.1187	0.0089	0.0014	$\mathbf{6.7713\times10^{-4}}$
	SP	最佳	$\mathbf{2.1035\times10^{-5}}$	0.5999	2.4365×10^{-5}	0.1339	0.0975	3.3288×10^{-4}
		最差	1.0830	0.6766	0.3629	0.2050	0.1247	**0.0082**
		均值	0.3186	0.6440	0.0795	0.1721	0.1099	**0.0074**
		标准差	0.2200	0.0766	0.2056	0.0711	0.0123	$\mathbf{8.0150\times10^{-4}}$

　　图 3.15 给出了在七个测试函数上获得的六种算法的非支配解集。由图可见，所给出的 CMMOPIO 算法的帕累托最优解可以覆盖七个测试函数中几乎所有的真实帕累托前沿。因此，CMMOPIO 算法的收敛性是相对稳定的，与收敛性分析相对应。从表 3.6 的结果可见，CMMOPIO 算法在七个测试函数中的测试函数 1、测试函数 2、测试函数 4、测试函数 6 和测试函数 7 性能指标的最佳值上明显优于 MOPSO、NSGA-II、SPEA2、MOEA/D 和 CMOPIO 算法。在性能值的平均值方面，它比 NSGA-II 和 SPEA2 算法更差，但 CMMOPIO 算法在测试函数 1、测试函数 4、测试函数 6 和测试函数 7 上的性能明显更好。CMMOPIO 算法可以得到精度为 10^{-6} 的 GD 或 SP 结果，而其他算法只能得到精度为 10^{-5} 或 10^{-4} 的结果。因此，CMMOPIO 算法总是能够在有限的运行中找到一组更接近真实帕累托前沿的非支配解。

　　通过 CMMOPIO 算法与 CMOPIO 算法的对比，可见所研究的 CMMOPIO 算法求得的非支配解具有良好的多样性和均匀分布性能。这些点之间的距离是近似的，并在搜索空间中的点分布是均匀的。相反，CMOPIO 算法只能找到部分解，说明 CMOPIO 算法容易陷入局部最优。因此，突变机制在寻找非支配解中起着关键作用。

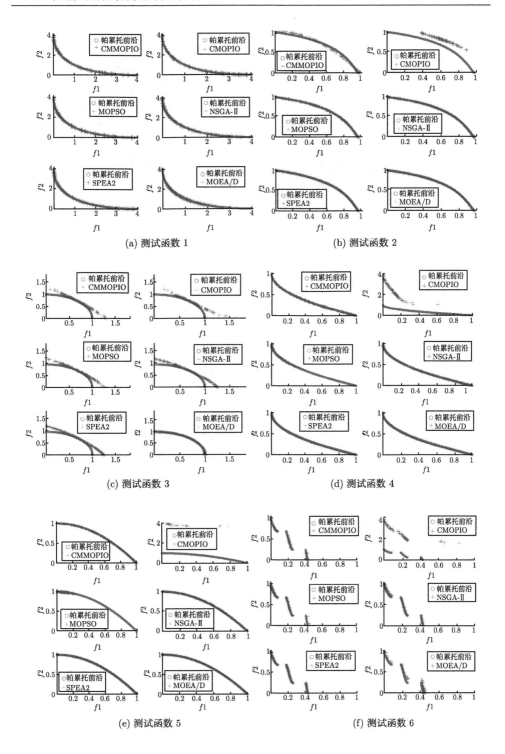

(a) 测试函数 1　　　　　　　　(b) 测试函数 2

(c) 测试函数 3　　　　　　　　(d) 测试函数 4

(e) 测试函数 5　　　　　　　　(f) 测试函数 6

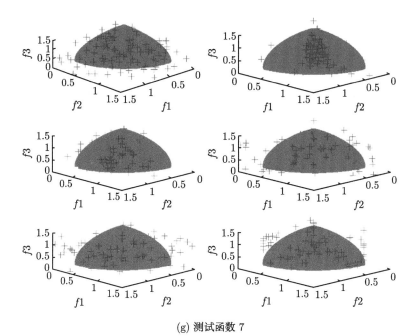

(g) 测试函数 7

图 3.15   六种算法关于测试函数的非支配解集

2) 高维求解空间性能比较

为了进一步研究 CMMOPIO 算法在高维空间下的求解效果,这里对 CMMO-PIO 算法和 SPEA2、NSGA-Ⅲ 和 HypE 算法测试了三维测试函数。最优帕累托解用曲线表示,利用直方图描述指标 IGD,以估计算法的收敛性能和分布性能。测试函数的具体定义如下所述。

(1) 测试函数 8 (minimizing MOP):

$$f_1 = x_1$$

$$f_2 = g(x)\left(1 - \sqrt{f_1/g}\right)$$

$$g = 1 + 9 \cdot \left(\sum_{i=2}^{n} x_i\right)/(n-1) \tag{3.3.23}$$

(2) 测试函数 9 (maximizing MOP):

$$f_1 = x_1$$

$$f_2 = g(x)\left(1 - (f_1/g)^2\right)$$

$$g = 1 + 9 \cdot \left(\sum_{i=2}^{n} x_i\right)/(n-1) \tag{3.3.24}$$

(3) 测试函数 10 (minimizing MOP):

$$f_1 = x_1$$

$$f_2 = g(x)\left(1 - f_1/g - (f_1/g) \cdot \sin(10\pi x_1)\right)$$

$$g = 1 + 9 \cdot \left(\sum_{i=2}^{n} x_i\right)/(n-1) \tag{3.3.25}$$

其中，$x = (x_1, \cdots, x_n)^{\mathrm{T}} \in [0, 1]^n$。

由图 3.16 可见，随着维数的增加，四种算法都能找到最优的帕累托解。在图 3.17 中，CMMOPIO 算法在三维空间仍然保持稳定的搜索能力，而其他三种算法的点在高维空间逐渐展开。这种现象在分段帕累托前沿的图 3.18 中更为明显，随着维数的增加，对比算法得到的帕累托前沿段数逐渐减少。相比之下，CMMOPIO 算法可以找到五段帕累托解，直到维数增加到 100。由图 3.19 明显可见，特别是在高维情况下，CMMOPIO 算法在搜索最优解和收敛稳定性方面优于其他三种算法。

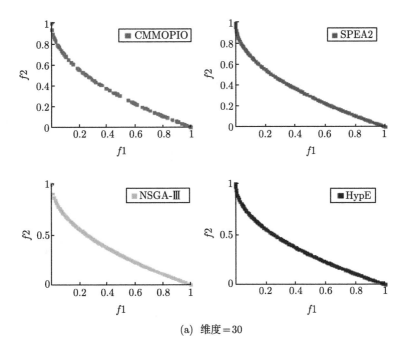

(a) 维度 = 30

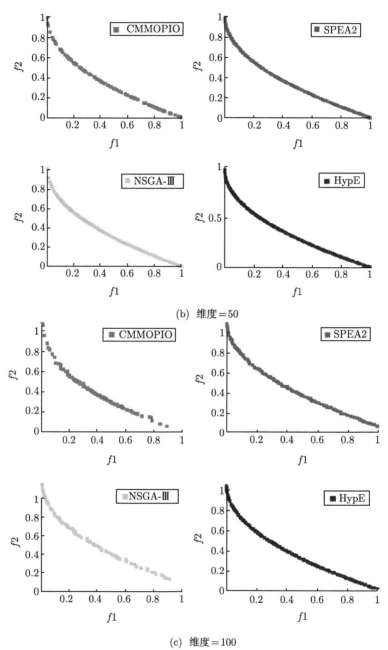

(b) 维度=50

(c) 维度=100

图 3.16　测试函数 8 在维度 30, 50, 100 中的非支配解集

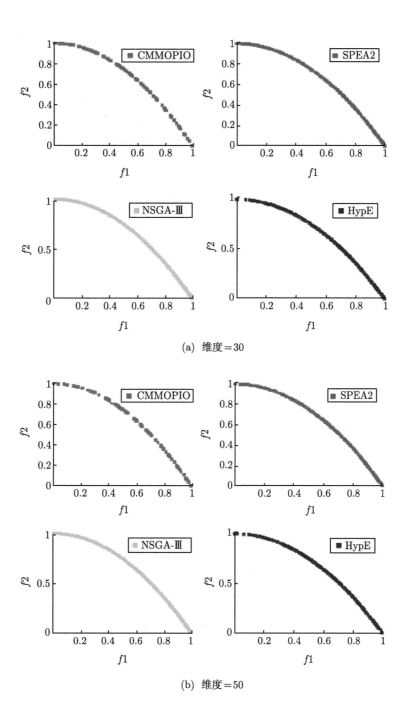

(a) 维度＝30

(b) 维度＝50

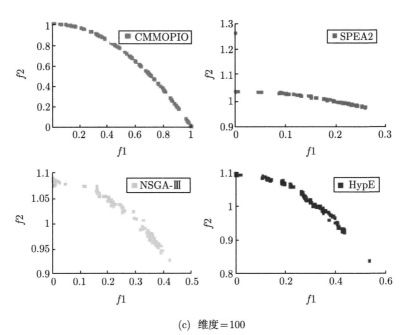

(c)　维度=100

图 3.17　测试函数 9 在维度 30, 50, 100 中的非支配解集

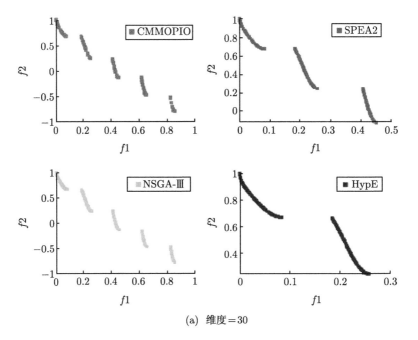

(a)　维度=30

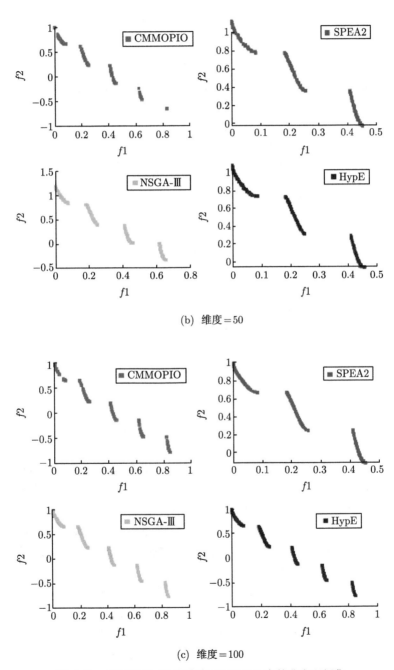

(b) 维度 = 50

(c) 维度 = 100

图 3.18 测试函数 10 在维度 30,50,100 中的非支配解集

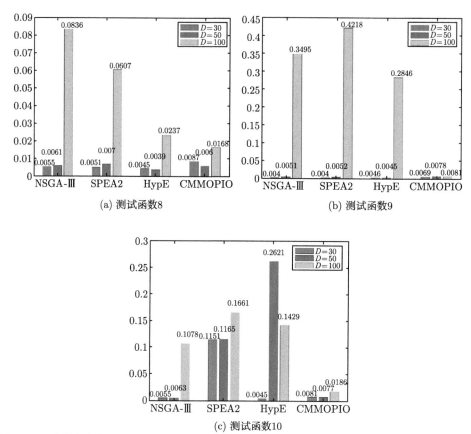

图 3.19   四种算法针对测试函数 8、测试函数 9、测试函数 10 的 IGD 值 (维度 30，50，100)

　　仿真对比结果表明，CMMOPIO 算法的非支配解集分布均匀，具有很好的多样性和真实帕累托前沿的覆盖性。其优越的性能主要是利用了基于极限环的机制和突变机制，基于极限环的机制促进了系数 k_1 和 k_2 的动态变化，平衡了全局探索和局部开发功能，增强了搜索最优帕累托解集的能力；突变机制有助于从单目标优化算法迁移来的地标算子在多目标优化函数中仍能正常工作。突变 X_{center}^t 增加了搜索步长的范围，避免陷入局部最优解中，这在优化的最后阶段是很容易遇到的。另外，系数 k_1 和 k_2 的设置满足 3.3.2 节的收敛条件。

　　从上述仿真对比结果可见，CMMOPIO 算法在解决这三个典型高维测试函数问题上优于其他三种算法。很明显，CMMOPIO 算法的指标 IGD 相对稳定，在测试函数 9 和 10 中，CMMOPIO 算法 IGD 的平均数据优于 HypE、SPEA2 和 NSGA-Ⅲ 算法。仿真实验结果充分证明了 CMMOPIO 算法的全局搜索能力、局部开发能力和全局收敛稳定性。

3.4 基于鞅理论的收敛性分析

基于马尔可夫链的收敛性分析主要针对离散型优化问题,然而基本鸽群优化算法主要用于解决连续优化问题 [19-24],因此本节基于鞅理论对连续优化问题进行收敛性分析和推广 [25]。首先,使用差分方程来计算每只鸽子在每次迭代时的期望位置。通过计算极限值,得到鸽群的统计平均收敛位置。然而,一个随机变量序列可能不收敛,即使是相应的期望序列收敛时。为了进一步研究鸽群的全局收敛性,这里利用鞅理论分析基本鸽群优化算法的进化过程,并给出保证算法全局收敛的充分条件。在基本鸽群优化算法随机模型全局收敛分析中采用的鞅理论不需要额外的马尔可夫性质等假设,从而可推广到仿生群体智能优化方法在连续优化问题中的理论分析。

3.4.1 问题描述

定义在 D 维搜索空间中随机初始化鸽子,鸽子的总数为 $N_p\left(D, N_p \in \mathbb{Z}^+\right)$,第 i 只鸽子在第 t 次迭代过程中的位置和速度分别表示为 $\boldsymbol{X}_i^t = \left(\boldsymbol{X}_{i1}^t, \boldsymbol{X}_{i2}^t, \cdots, \boldsymbol{X}_{iD}^t\right)$,$\boldsymbol{V}_i^t = \left(\boldsymbol{V}_{i1}^t, \boldsymbol{V}_{i2}^t, \cdots, \boldsymbol{V}_{iD}^t\right)$,其中,$i = 1, \cdots, N_p$,$t = 0, 1, \cdots$。由于 N_p^t 在有限时间内收敛到 1,鸽群优化算法类似于作用于连续实空间的精英 $(1 + N_p)$EA。

不失一般性,假设鸽群优化算法用于解决典型连续搜索空间中的最大化问题。

定义 3.4 最大化问题 令 $S = \prod_{i=1}^{D} [-a_i, a_i] \subset \mathbb{R}^D, a_i > 0$ 为一个 D 维连续搜索空间,且 $f : S \to \mathbb{R}$ 为 D 维函数,对于最大化问题,就是找到一个全局最优的 $\boldsymbol{x}^* \in S$,使 $f^* \triangleq f(\boldsymbol{x}^*) = \max_{\boldsymbol{X} \in S} f(\boldsymbol{X})$。

函数 $f : S \to \mathbb{R}$ 称为最大化问题的目标函数。此处不要求 $f : S \to \mathbb{R}$ 是连续的,只需是有界的,考虑无约束优化。

此外,还假设了如下属性。

假设 3.4 S 中包含全局最优解的子集非空。

假设 3.5 设 $S^*(\varepsilon) = \{\boldsymbol{X} \in S | f(\boldsymbol{X}) > f^* - \varepsilon\}$ 是全局最优的 ε-邻域。$S^*(\varepsilon)$ 中的每一个元素都可被认为是一个最大值。

假设 3.6 对于任何 $\varepsilon > 0$,$S^*(\varepsilon)$ 的勒贝格 (Lebesgue) 测度记为 $m\left(S^*(\varepsilon)\right) > 0$。

假设 3.4 描述了问题的全局最优解的存在性,假设 3.5 给出了连续最大化问题的全局最优的严格定义,假设 3.6 表明,总存在目标值连续分布且任意接近全局最优解的解,从而使最大化问题可解。

收敛性分析将基本鸽群优化算法表示为一个随机过程,具体定义如下。

定义 3.5 鸽群状态   鸽群在第 $t(t = 0, 1, 2, \cdots)$ 次迭代过程中的状态定义为：$\boldsymbol{\eta}(t) = \left(\boldsymbol{X}_1^t, \cdots, \boldsymbol{X}_{N_p}^t, \boldsymbol{X}_g^t \right)$，其中 $\boldsymbol{X}_1^t, \cdots, \boldsymbol{X}_{N_p}^t, \boldsymbol{X}_g^t \in S$。

定义 3.6 鸽群状态空间   所有可能鸽群状态的集合称为鸽群的状态空间，记为：$\Omega = S^{N_p+1} = \left\{ \eta = \left(\boldsymbol{X}_1, \cdots, \boldsymbol{X}_{N_p}, \boldsymbol{\xi} \right) \mid \boldsymbol{X}_k \in S, k = 1, \cdots, N_p, \boldsymbol{\xi} \in S \right\}$。

定义 3.7 鸽群 ε-全局最优状态   鸽群的 ε-全局最优状态定义为：$\Omega^*(\varepsilon) = \left\{ \eta = \left(\boldsymbol{X}_1, \cdots, \boldsymbol{X}_{N_p}, \boldsymbol{\xi} \right) \mid \exists \boldsymbol{X}_k \in S^*(\varepsilon), k = 1, \cdots, N_p, \boldsymbol{\xi} \in S \right\}$。

定义 3.8 离散时间随机过程   与基本鸽群优化算法相关联的离散时间随机过程记为：$\left\{ \boldsymbol{\eta}(t) = \left(\boldsymbol{X}_1^t, \cdots, \boldsymbol{X}_{N_p}^t, \boldsymbol{X}_g^t \right) \right\}_{t=0}^{+\infty}$，其状态空间是 Ω。

3.4.2 理论分析

基本鸽群优化算法的收敛性分析直观地考察了算法在迭代次数接近无穷时的特性，其基本过程包括两个阶段：地图和指南针算子、地标算子。因此，在收敛性分析中，由于前面的有限迭代不影响收敛性，此处忽略第一阶段。收敛性分析从第二阶段地标算子开始，重新考虑 $t = 0, 1, \cdots$ 而不是 $t = N_{c1_{\max}} + 1$ 到 $N_{c2_{\max}}$。

1. 鸽子位置期望值的收敛性分析

设 $\boldsymbol{X}_{ij}^t$ 和 $\boldsymbol{X}_{cj}^t$ 分别为随机向量 $\boldsymbol{X}_i^t$ 和 $\boldsymbol{X}_c^t$ 的第 j 个分量，其中 $j = 1, 2, \cdots, D$，$i = 1, 2, \cdots, N_p$，$t = 0, 1, \cdots$。根据式 $\boldsymbol{X}_i^t = \boldsymbol{X}_i^{t-1} + r \cdot \left(\boldsymbol{X}_c^t - \boldsymbol{X}_i^{t-1} \right)$，可得期望序列 $\left\{ E\left(\boldsymbol{X}_{ij}^t \right) \right\}_{t=1}^{+\infty}$ 的差分方程为

$$E\left(\boldsymbol{X}_{ij}^t \right) = \frac{1}{2} E\left(\boldsymbol{X}_{ij}^{t-1} \right) + \frac{1}{2} E\left(\boldsymbol{X}_{cj}^t \right) \tag{3.4.1}$$

式 (3.4.1) 可看作一个线性非齐次一阶差分方程 [26]，其通解为

$$E\left(\boldsymbol{X}_{ij}^t \right) = \frac{\frac{1}{2} E\left(\boldsymbol{X}_{cj}^t \right)}{1 - \frac{1}{2}} + A \cdot \left(\frac{1}{2} \right)^t = E\left(\boldsymbol{X}_{cj}^t \right) + A \cdot \left(\frac{1}{2} \right)^t \tag{3.4.2}$$

其中，A 为常数。

考虑 t 趋于无穷时，式 (3.3.2) 的极限为

$$\lim_{t \to +\infty} E\left(\boldsymbol{X}_{ij}^t \right) = \lim_{t \to +\infty} E\left(\boldsymbol{X}_{cj}^t \right) \tag{3.4.3}$$

进一步，可得每只鸽子在整个群中统计平均位置的收敛结果

$$\lim_{t \to +\infty} E\left(\boldsymbol{X}_i^t \right) = \lim_{t \to +\infty} \left(E\left(\boldsymbol{X}_{i1}^t \right), E\left(\boldsymbol{X}_{i2}^t \right), \cdots, E\left(\boldsymbol{X}_{iD}^t \right) \right)$$

$$= \left(\lim_{t\to+\infty} E\left(\boldsymbol{X}_{i1}^t\right), \lim_{t\to+\infty} E\left(\boldsymbol{X}_{i2}^t\right), \cdots, \lim_{t\to+\infty} E\left(\boldsymbol{X}_{iD}^t\right) \right)$$

$$= \left(\lim_{t\to+\infty} E\left(\boldsymbol{X}_{c1}^t\right), \lim_{t\to+\infty} E\left(\boldsymbol{X}_{c2}^t\right), \cdots, \lim_{t\to+\infty} E\left(\boldsymbol{X}_{cD}^t\right) \right)$$

$$= \lim_{t\to+\infty} E\left(\boldsymbol{X}_c^t\right), \quad k \in \{1, 2, \cdots, N_p\} \tag{3.4.4}$$

值得注意的是，在有限 t 次迭代后，种群规模 N_p^t 等于 1。根据基本鸽群优化算法的地标中心计算可得

$$\boldsymbol{X}_c^t = \operatorname{argmax} \left\{ f\left(\boldsymbol{X}_1^t\right), f\left(\boldsymbol{X}_2^t\right), \cdots, f\left(\boldsymbol{X}_{N_p}^t\right) \right\} \tag{3.4.5}$$

其中，$\boldsymbol{X}_c^t$ 为当前第 t 代鸽群的最优位置。

根据式 (3.4.4) 和式 (3.4.5) 可得，只要存在这个极限，鸽群中每只鸽子的平均位置将收敛到同一个值，即 $\lim\limits_{t\to\infty} E\left(\boldsymbol{X}_c^t\right)$。

2. 鞅理论简介

在上文指出，当 t 趋于无穷时，每只鸽子 $E\left(\boldsymbol{X}_i^t\right)$ 的统计平均位置与当前的最优解 (即鸽子)$E\left(\boldsymbol{X}_c^t\right)$ 的极限相同。这并不意味着收敛位置是全局最优，甚至是局部最优。下文将使用鞅理论来研究随机鸽群优化算法过程的全局收敛性。

在概率论中，鞅是一个随机过程，在给定当前值和前一个值的情况下，下一个值的条件期望等于当前值。次鞅是鞅的一种特殊情况，给定当前值和前一个值，下一个值的条件期望不小于当前值。

定义 3.9 次鞅 [27] 对于两个随机过程 $\{Y_k\}_{k=0}^{+\infty}$ 和 $\{Z_k\}_{k=0}^{+\infty}$，对于任意 $k > 0$，当满足如下条件时，将 $\{Y_k\}_{k=0}^{+\infty}$ 称为关于 $\{Z_k\}_{k=0}^{+\infty}$ 的次鞅：

(1) $E\left(|Y_k|\right) < +\infty$；

(2) $E\left(Y_{k+1} \mid Z_0, Z_1, \cdots, Z_j\right) \geqslant Y_j$；

(3) Y_j 是 $Z_0, Z_1, \cdots, Z_k$ 的函数。

下面给出次鞅收敛定理。

定理 3.4 次鞅收敛定理 [27] 假设 $\{Y_k\}_{k=0}^{+\infty}$ 是一个关于 $\{Z_k\}_{k=0}^{+\infty}$ 的次鞅，且 $\sup_{k\geqslant 0} E\left(|Y_k|\right) < +\infty$，那么，存在一个随机变量 Y_∞ 使得 $\{Y_k\}_{k=0}^{+\infty}$ 收敛到 Y_∞ 且概率为 1，即，$P\left(\lim\limits_{j\to+\infty} Y_k = Y_\infty\right) = 1$ 和 $E\left(|Y_\infty|\right) < +\infty$。

3. 基于鞅理论的随机收敛分析

对于任意鸽群 $\boldsymbol{\eta}(t) = \left(\boldsymbol{X}_1^t, \cdots, \boldsymbol{X}_{N_p}^t, \boldsymbol{X}_g^t\right), t = 0, 1, \cdots$，适应度函数记为 $F(\boldsymbol{\eta}(t))$。假设 $f(\cdot)$ 为所考虑的最大化问题的目标函数，定义为

$$F(\boldsymbol{\eta}(t)) \triangleq \max\left\{f\left(\boldsymbol{X}_1^t\right), \cdots, f\left(\boldsymbol{X}_{N_p}^t\right), f\left(\boldsymbol{X}_g^t\right)\right\}$$

其中，$\boldsymbol{X}_g^t$ 为整个鸽群在第 t 次迭代之前找到的最佳位置 (即全局最优位置)，定义为 $F(\boldsymbol{\eta}(t)) = f\left(\boldsymbol{X}_g^t\right)$。因此，$\{F(\boldsymbol{\eta}(t))\}_{t=0}^{+\infty}$ 是一个单调非递减序列。

引理 3.2 随机过程 $\{F(\boldsymbol{\eta}(t))\}_{t=0}^{+\infty}$ 是相对于 $\{\boldsymbol{\eta}(t)\}_{t=0}^{+\infty}$ 的次鞅过程。

证明 这里，验证了定义 3.9 中的三个条件。

(1) $f(\cdot)$ 是搜索空间 S 上的一个有界函数，因此

$$\forall t = 0, 1, \cdots, E(|F(\boldsymbol{\eta}(t))|) = E\left(\left|f\left(\boldsymbol{X}_g^t\right)\right|\right) < +\infty$$

(2) 由于 $\{F(\boldsymbol{\eta}(t))\}_{t=0}^{+\infty}$ 是一个单调非递减序列，因此有

$$F(\boldsymbol{\eta}(t+1)) \geqslant F(\boldsymbol{\eta}(t))$$

$$\Rightarrow E(F(\boldsymbol{\eta}(t+1)) \mid \boldsymbol{\eta}(0), \boldsymbol{\eta}(1), \cdots, \boldsymbol{\eta}(t))$$

$$\geqslant E(F(\boldsymbol{\eta}(t)) \mid \boldsymbol{\eta}(0), \boldsymbol{\eta}(1), \cdots, \boldsymbol{\eta}(t)) = F(\boldsymbol{\eta}(t))$$

(3) 此外，$F(\boldsymbol{\eta}(t))$ 是 $\boldsymbol{\eta}(0), \boldsymbol{\eta}(1), \cdots, \boldsymbol{\eta}(t)$ 的函数。 [证毕]

因此，根据定理 3.4，存在随机变量 $F(\boldsymbol{\eta}(\infty))$，其随机过程 $\{F(\boldsymbol{\eta}(t))\}_{t=0}^{+\infty}$ 随着 $t \to +\infty$ 而收敛于全局最优解的概率为 1。同样，随机过程 $\{\boldsymbol{\eta}(t)\}_{t=0}^{+\infty}$ 收敛到 $\boldsymbol{\eta}(\infty)$ 的概率为 1，即 $P\left(\lim\limits_{t \to +\infty} \boldsymbol{\eta}(t) = \boldsymbol{\eta}(\infty)\right) = 1$。

定义 3.10 基本鸽群优化算法的全局收敛性 假设与鸽群优化相关的离散时间随机过程为 $\{\boldsymbol{\eta}(t)\}_{t=0}^{+\infty}$。若 $\lim\limits_{t \to +\infty} P(\boldsymbol{\eta}(t) \in \Omega^*(\varepsilon)) = 1$ 对任意 $0 < \varepsilon \in \mathbb{R}$ 成立，则基本鸽群优化全局收敛。

在接下来的分析中，在给出保证基本鸽群优化算法全局收敛的充分条件之前，得到如下引理。

引理 3.3 当 $\sum\limits_{k=0}^{\infty} a_k b_k < +\infty \ (0 \leqslant a_k, b_k \leqslant 1, k = 0, 1, \cdots)$ 时，出现如下两种情况：

(1) 如果 $\sum\limits_{k=0}^{\infty} a_k = +\infty$，则 $\lim\limits_{k \to \infty} b_k = 0$。

(2) 如果 $\sum\limits_{k=0}^{\infty} a_k < +\infty$, 则 $\lim\limits_{k\to\infty} b_k = \delta \in [0,1]$ 或不存在。

证明

(1) 假设 $\lim\limits_{k\to\infty} b_k = \beta > 0$; 那么, 对于 $\dfrac{\beta}{2}$, $\exists K \in \mathbb{N}^+$, 使 $\forall k > K$, 有 $\dfrac{\beta}{2} < b_k$。

因此, $\sum\limits_{k=0}^{\infty} a_k b_k = \sum\limits_{k=0}^{K} a_k b_k + \sum\limits_{k=K+1}^{\infty} a_k b_k > \sum\limits_{k=0}^{K} a_k b_k + \dfrac{\beta}{2}\sum\limits_{k=K+1}^{\infty} a_k = +\infty$, 这与

$\sum\limits_{k=0}^{\infty} a_k b_k < +\infty$ 矛盾, 即 $\lim\limits_{k\to\infty} b_k = 0$ 成立。

(2) 注意 $a_k b_k \leqslant a_k, k = 0, 1, \cdots$, 因此, $\sum\limits_{k=0}^{\infty} a_k < +\infty$ 就等于 $\sum\limits_{k=0}^{\infty} a_k b_k < +\infty$, 即 b_k 可以取 $[0,1]$ 中的任意值。设 $b_k = \delta \in [0,1]$, 则 $\lim\limits_{k\to\infty} b_k = \delta \in [0,1]$; 设 $b_k = |\sin k|$, 则 $\lim\limits_{k\to\infty} b_k$ 不存在。 [证毕]

定理 3.5 让 $q_t^* = \min\limits_{y\in\Omega\setminus\Omega^*(\varepsilon)} P(\boldsymbol{\eta}(t+1)\in\Omega^*(\varepsilon)\mid\boldsymbol{\eta}(t)=y), t = 0,1,\cdots$, 因此, 可得如下推论:

(1) 如果 $\sum\limits_{t=0}^{\infty} q_t^* = +\infty$, 那么基本鸽群优化算法的全局收敛性能得到保证;

(2) 如果 $\sum\limits_{t=0}^{\infty} q_t^* < +\infty$, 那么基本鸽群优化算法的全局收敛性不能保证。

证明 根据条件期望的性质, 对于 $t = 0, 1, \cdots$, 有

$$E(F(\boldsymbol{\eta}(t+1))) - E(F(\boldsymbol{\eta}(t))) = E[E(F(\boldsymbol{\eta}(t+1))\mid\boldsymbol{\eta}(t))] - E(F(\boldsymbol{\eta}(t))) \quad (3.4.6)$$

假设 $\boldsymbol{\eta}(t)$ 的概率分布函数为 $P_t(\boldsymbol{y})$, 给定 $\boldsymbol{\eta}(t)=\boldsymbol{y}$, $\boldsymbol{\eta}(t+1)$ 的条件概率分布函数为 $P_t(\boldsymbol{z}\mid\boldsymbol{y})$。因此, 由公式 (3.4.6) 可知

$$E[E(F(\boldsymbol{\eta}(t+1))\mid\boldsymbol{\eta}(t))] - E(F(\boldsymbol{\eta}(t)))$$

$$= \int_\Omega E[F(\boldsymbol{\eta}(t+1))\mid\boldsymbol{\eta}(t)=\boldsymbol{y}]\mathrm{d}P_t(\boldsymbol{y}) - \int_\Omega F(\boldsymbol{y})\mathrm{d}P_t(\boldsymbol{y})$$

$$= \int_\Omega\left[\int_\Omega F(\boldsymbol{z})\mathrm{d}P_t(\boldsymbol{z}\mid\boldsymbol{y})\right]\mathrm{d}P_t(\boldsymbol{y}) - \int_\Omega F(\boldsymbol{y})\mathrm{d}P_t(\boldsymbol{y})$$

$$= \int_\Omega\left[\int_\Omega F(\boldsymbol{z})\mathrm{d}P_t(\boldsymbol{z}\mid\boldsymbol{y}) - F(\boldsymbol{y})\right]\mathrm{d}P_t(\boldsymbol{y})$$

$$= \int_\Omega\left[\int_\Omega (F(\boldsymbol{z})-F(\boldsymbol{y}))\mathrm{d}P_t(\boldsymbol{z}\mid\boldsymbol{y})\right]\mathrm{d}P_t(\boldsymbol{y})$$

注意 $\int_{\Omega} F(\boldsymbol{y})\mathrm{d}P_t(\boldsymbol{z}\mid\boldsymbol{y}) = F(\boldsymbol{y})\int_{\Omega}\mathrm{d}P_t(\boldsymbol{z}\mid\boldsymbol{y}) = F(\boldsymbol{y})$，因此，上式成立。由此，可得

$$\int_{\Omega}\left[\iint_{\Omega}(F(\boldsymbol{z})-F(\boldsymbol{y}))\mathrm{d}P_t(\boldsymbol{z}\mid\boldsymbol{y})\right]\mathrm{d}P_t(\boldsymbol{y})$$
$$\geqslant\int_{\Omega\backslash\Omega^*(\varepsilon)}\left[\iint_{\Omega^*(\varepsilon)}(F(\boldsymbol{z})-F(\boldsymbol{y}))\mathrm{d}P_t(\boldsymbol{z}\mid\boldsymbol{y})\right]\mathrm{d}P_t(\boldsymbol{y})$$

记 $\alpha = \min\{F(\boldsymbol{z})-F(\boldsymbol{y})\mid \boldsymbol{z}\in\Omega^*(\varepsilon), \boldsymbol{y}\in\Omega\backslash\Omega^*(\varepsilon)\}$，$F(\boldsymbol{z})>f^*-\varepsilon, F(\boldsymbol{y})\leqslant f^*-\varepsilon$，可得 $\alpha>0$，且

$$\int_{\Omega\backslash\Omega^*(\varepsilon)}\left[\iint_{\Omega^*(\varepsilon)}(F(\boldsymbol{z})-F(\boldsymbol{y}))\mathrm{d}P_t(\boldsymbol{z}\mid\boldsymbol{y})\right]\mathrm{d}P_t(\boldsymbol{y})$$
$$\geqslant\alpha\int_{\Omega\backslash\Omega^*(\varepsilon)}\left[\iint_{\Omega^*(\varepsilon)}\mathrm{d}P_t(\boldsymbol{z}\mid\boldsymbol{y})\right]\mathrm{d}P_t(\boldsymbol{y})$$
$$=\alpha\int_{\Omega\backslash\Omega^*(\varepsilon)}P\left(\boldsymbol{\eta}(t+1)\in\Omega^*(\varepsilon)\mid\boldsymbol{\eta}(t)=\boldsymbol{y}\right)\mathrm{d}P_t(\boldsymbol{y})$$

记 $q_t^* = \min_{\boldsymbol{y}\in\Omega\backslash\Omega^*(\varepsilon)}P\left(\boldsymbol{\eta}(t+1)\in\Omega^*(\varepsilon)\mid\boldsymbol{\eta}(t)=\boldsymbol{y}\right)$，有

$$\alpha\int_{\Omega\backslash\Omega^*(\varepsilon)}P\left(\boldsymbol{\eta}(t+1)\in\Omega^*(\varepsilon)\mid\boldsymbol{\eta}(t)=\boldsymbol{y}\right)\mathrm{d}P_t(\boldsymbol{y})$$
$$\geqslant\alpha q_t^*\int_{\Omega\backslash\Omega^*(\varepsilon)}\mathrm{d}P_t(\boldsymbol{y}) = \alpha q_t^* P\left(\boldsymbol{\eta}(t)\notin\Omega^*(\varepsilon)\right) \tag{3.4.7}$$

结合公式 (3.4.6) 和公式 (3.4.7)，可得

$$\sum_{t=0}^{M}[(E\left(F\left(\boldsymbol{\eta}\left(t+1\right)\right)\right)-E\left(F\left(\boldsymbol{\eta}\left(t\right)\right)\right))]$$
$$=E\left(F\left(\boldsymbol{\eta}\left(M+1\right)\right)\right)-E\left(F\left(\boldsymbol{\eta}\left(0\right)\right)\right)$$
$$\geqslant\alpha\sum_{t=0}^{M}[q_t^* P\left(\boldsymbol{\eta}(t)\notin\Omega^*(\varepsilon)\right)] \tag{3.4.8}$$

由于 $\{F(\boldsymbol{\eta}(t))\}_{t=0}^{+\infty}$ 为有界鞅，令公式 (3.4.8) 中 $M\to+\infty$，由此，可得

$$\sum_{t=0}^{\infty}[q_t^* P\left(\boldsymbol{\eta}(t)\notin\Omega^*(\varepsilon)\right)] < +\infty \tag{3.4.9}$$

这里，利用引理 3.3 讨论与基本鸽群优化算法全局收敛有关的两种情况。

(1) 如果 $\sum\limits_{t=0}^{\infty} q_t^* = +\infty$，那么 $\lim\limits_{t \to +\infty} P\left(\boldsymbol{\eta}(t) \notin \Omega^*(\varepsilon)\right) = 0$，即 $\lim\limits_{t \to +\infty} P(\boldsymbol{\eta}(t) \in \Omega^*(\varepsilon)) = 1$。

如前所述，随机过程 $\{\boldsymbol{\eta}(t)\}_{t=0}^{+\infty}$ 以概率 1 收敛到 $\boldsymbol{\eta}(\infty)$，即 $P\left(\lim\limits_{t \to +\infty} \boldsymbol{\eta}(t) = \boldsymbol{\eta}(\infty)\right) = 1$；这意味着 $\boldsymbol{\eta}(\infty)$ 几乎肯定会在 $\Omega^*(\varepsilon)$ 中取值，从而保证了基本鸽群优化算法的全局收敛性。

(2) 如果 $\sum\limits_{t=0}^{\infty} q_t^* < +\infty$，那么 $\lim\limits_{t \to +\infty} P\left(\boldsymbol{\eta}(t) \notin \Omega^*(\varepsilon)\right) = \delta \in [0, 1]$ 或 $\lim\limits_{t \to +\infty} P\left(\boldsymbol{\eta}(t) \notin \Omega^*(\varepsilon)\right)$。

与 (1) 类似，基本鸽群优化算法在 $\lim\limits_{t \to +\infty} P\left(\eta(t) \notin \Omega^*(\varepsilon)\right) = 0$ 时具有全局收敛性。

如果 $\lim\limits_{t \to +\infty} P\left(\boldsymbol{\eta}(t) \notin \Omega^*(\varepsilon)\right) = \delta \in [0, 1]$，$\boldsymbol{\eta}(\infty)$ 具有采用 $\Omega^*(\varepsilon)$ 之外的值的正概率，这意味着基本鸽群优化算法不是全局收敛的。

如果 $\lim\limits_{t \to +\infty} P\left(\boldsymbol{\eta}(t) \notin \Omega^*(\varepsilon)\right)$ 不存在，那么基本鸽群优化显然不是全局收敛的。

综上所述，在 (2) 情况下，基本鸽群优化算法的全局收敛性无法得到保证。直观地说，q_t^* 表示鸽群在时间 $t = 0, 1, \cdots$ 时从外界逃到 ε-全局最优区域的最小概率，它反映了鸽群逼近全局最优的能力：随着 q_t^* 的增大，鸽群更容易逼近全局最优。虽然每个 q_t^* 可能较小，但只要 q_t^* 的累积足够大，基本鸽群优化算法仍可获得全局最优。   [证毕]

3.5 基于平均收益模型的首达时间分析

本节采用平均收益模型，分析连续优化问题中鸽群优化算法平均首达时间 (expected first hitting time, EFHT) 上界的估计值 [28]。案例研究和实验结果表明，基于平均收益模型的理论分析适用于种群规模和问题规模均大于 1 的一般情况，其解决的优化问题描述如 3.4.1 节所示。

3.5.1 理论分析

1. 平均收益模型

平均增益模型基于 $\{\boldsymbol{X}_t\}_{t=0}^{\infty}$ 表示的离散时间非负随机过程。期望一步位移 $\delta_t = E\left(\boldsymbol{X}_t - \boldsymbol{X}_{t-1} \mid \boldsymbol{X}_t, \boldsymbol{X}_{t-1}, \cdots, \boldsymbol{X}_0\right) (t \geqslant 0)$ 被称为平均收益。对于任意 $\varepsilon > 0$，定义首达时间为 $T_\varepsilon = \min\{t \geqslant 0 : \boldsymbol{X}_t \leqslant \varepsilon\}$。

定理 3.6 [29] 假设 $\{\boldsymbol{X}_t\}_{t=0}^{\infty}$ 是一个对所有 $t \geqslant 0$ 有 $\boldsymbol{X}_t \geqslant 0$ 的马尔可夫过程。令 $h : [0, A] \to \mathbb{R}^+$ 为单调递增的可积函数。若当 $\boldsymbol{X}_t > \varepsilon > 0$ 时有 $E\left(\boldsymbol{X}_t - \boldsymbol{X}_{t+1} | \boldsymbol{X}_t\right) \geqslant h\left(\boldsymbol{X}_t\right)$ 成立，则对 T_ε，有

$$E\left(T_\varepsilon | \boldsymbol{X}_0\right) \leqslant 1 + \int_\varepsilon^{\boldsymbol{X}_0} \frac{1}{h\left(x\right)} \mathrm{d}x \tag{3.5.1}$$

2. 平均首达时间上界

对于任意鸽群 $\boldsymbol{\eta}\left(t\right) = \left(\boldsymbol{X}_1^t, \cdots, \boldsymbol{X}_{N_p}^t, \boldsymbol{X}_g^t\right)$，$t = 0, 1, \cdots$，定义适应度函数为 $F\left(\boldsymbol{\eta}\left(t\right)\right)$，假设 $f\left(\cdot\right)$ 是所考虑的最大化问题的目标函数，定义

$$F\left(\boldsymbol{\eta}\left(t\right)\right) \triangleq \max\left\{f\left(\boldsymbol{X}_1^t\right), \cdots, f\left(\boldsymbol{X}_{N_p}^t\right), f\left(\boldsymbol{X}_g^t\right)\right\}$$

由于 $\boldsymbol{X}_g^t$ 是鸽子种群截至第 t 次迭代所找到的最佳位置 (即全局最佳位置)，可令 $F\left(\boldsymbol{\eta}\left(t\right)\right) = f\left(\boldsymbol{X}_g^t\right)$，因此 $\{F\left(\boldsymbol{\eta}\left(t\right)\right)\}_{t=0}^{+\infty}$ 是单调非递减序列。

令 $\boldsymbol{X}_t = f^* - F\left(\boldsymbol{\eta}\left(t\right)\right)$，$t = 0, 1, \cdots$，则 $\boldsymbol{X}_t - \boldsymbol{X}_{t+1} = F\left(\boldsymbol{\eta}\left(t+1\right)\right) - F\left(\boldsymbol{\eta}\left(t\right)\right)$。

令 $q_t^* = \min\limits_{\boldsymbol{y} \in \Omega \backslash \Omega^*\left(\varepsilon\right)} P\left(\boldsymbol{\eta}\left(t+1\right) \in \Omega^*\left(\varepsilon\right) | \boldsymbol{\eta}\left(t\right) = \boldsymbol{y}\right)$，$t = 0, 1, \cdots$。

令 $\alpha = \min\left\{F\left(\boldsymbol{z}\right) - F\left(\boldsymbol{y}\right) \mid \boldsymbol{z} \in \Omega^*\left(\varepsilon\right), \boldsymbol{y} \in \Omega \backslash \Omega^*\left(\varepsilon\right)\right\}$，其中 $F\left(\boldsymbol{z}\right) > f^* - \varepsilon$，$F\left(\boldsymbol{y}\right) \leqslant f^* - \varepsilon$，假设 α 存在，则有 $\alpha > 0$。

定理 3.7 假设鸽群优化算法解决最大化问题的首达时间为 $T_\varepsilon = \min\{t \geqslant 0 : \boldsymbol{X}_t \leqslant \varepsilon\}$，给定初始状态 $\boldsymbol{X}_0$，有

$$E\left(T_\varepsilon | \boldsymbol{X}_0\right) \leqslant 1 + \frac{1}{\alpha} \int_\varepsilon^{\boldsymbol{X}_0} \frac{1}{q_t^* P\left(\boldsymbol{\eta}\left(t\right) \notin \Omega^*\left(\varepsilon\right)\right)} \mathrm{d}x \tag{3.5.2}$$

证明 假设 $\boldsymbol{\eta}\left(t\right)$ 的概率分布函数为 $P_t\left(\boldsymbol{y}\right)$，在给定 $\boldsymbol{\eta}\left(t\right) = \boldsymbol{y}$ 的条件下，$\boldsymbol{\eta}\left(t+1\right)$ 的条件概率分布函数为 $P_t\left(\boldsymbol{z}|\boldsymbol{y}\right)$。

$$E\left(\boldsymbol{X}_t - \boldsymbol{X}_{t+1} \mid \boldsymbol{X}_t\right)$$

$$= E[F(\boldsymbol{\eta}(t+1)) - F(\boldsymbol{\eta}(t)) \mid \boldsymbol{\eta}(t)]$$

$$= \int_\Omega E[F(\boldsymbol{\eta}(t+1)) \mid \boldsymbol{\eta}(t) = \boldsymbol{y}] \mathrm{d}P_t(\boldsymbol{y}) - \int_\Omega F(\boldsymbol{y}) \mathrm{d}P_t(\boldsymbol{y})$$

$$= \int_\Omega \left[\int_\Omega F(\boldsymbol{z}) \mathrm{d}P_t(\boldsymbol{z} \mid \boldsymbol{y})\right] \mathrm{d}P_t(\boldsymbol{y}) - \int_\Omega F(\boldsymbol{y}) \mathrm{d}P_t(\boldsymbol{y})$$

$$= \int_{\Omega} \left[\int_{\Omega} F(\boldsymbol{z}) \mathrm{d}P_t(\boldsymbol{z} \mid \boldsymbol{y}) - F(\boldsymbol{y}) \right] \mathrm{d}P_t(\boldsymbol{y})$$

$$= \int_{\Omega} \left[\int_{\Omega} (F(\boldsymbol{z}) - F(\boldsymbol{y})) \mathrm{d}P_t(\boldsymbol{z} \mid \boldsymbol{y}) \right] \mathrm{d}P_t(\boldsymbol{y})$$

$$\geqslant \int_{\Omega \backslash \Omega^*(\varepsilon)} \left[\int_{\Omega^*(\varepsilon)} (F(\boldsymbol{z}) - F(\boldsymbol{y})) \mathrm{d}P_t(\boldsymbol{z} \mid \boldsymbol{y}) \right] \mathrm{d}P_t(\boldsymbol{y})$$

$$\geqslant \alpha \int_{\Omega \backslash \Omega^*(\varepsilon)} \left[\int_{\Omega^*(\varepsilon)} \mathrm{d}P_t(\boldsymbol{z} \mid \boldsymbol{y}) \right] \mathrm{d}P_t(\boldsymbol{y})$$

$$= \alpha \int_{\Omega \backslash \Omega^*(\varepsilon)} P\left(\boldsymbol{\eta}(t+1) \in \Omega^*(\varepsilon) \mid \boldsymbol{\eta}(t) = \boldsymbol{y}\right) \mathrm{d}P_t(\boldsymbol{y})$$

$$\geqslant \alpha q_t^* \int_{\Omega \backslash \Omega^*(\varepsilon)} \mathrm{d}P_t(\boldsymbol{y}) = \alpha q_t^* P\left(\boldsymbol{\eta}(t) \notin \Omega^*(\varepsilon)\right)$$

由公式 (3.5.1) 和公式 (3.5.3),可得公式 (3.5.2)。 [证毕]

3. 算例分析

将如下 n 维线性函数视为目标函数:

$$f(x_1, x_2, \cdots, x_n) = x_1 + x_2 + \cdots + x_n,$$
$$(x_1, x_2, \cdots, x_n) \in S = [0, a] \times [0, a] \times \cdots \times [0, a], \quad a > 0 \tag{3.5.3}$$

当 $(x_1, x_2, \cdots, x_n) = (a, a, \cdots, a)$ 时,目标函数取其最小值 na。

为了避免复杂计算,令种群大小 $N_{\mathrm{p}} = 2$。假设鸽群优化算法从初始位置 $(0, 0, \cdots, 0)$ 开始,则 $X_0 = na$。

定理 3.8 在上述情况下,首达时间 T_ε 满足

$$E(T_\varepsilon | \boldsymbol{X}_0) \leqslant 1 + \frac{1}{\dfrac{\sqrt{n}}{2\sqrt{6\pi}} \mathrm{e}^{-\frac{3n}{2}} + \dfrac{n}{4}} (na - \varepsilon) \tag{3.5.4}$$

证明 对于 $t = 0, 1, \cdots$,有

$$E(\boldsymbol{X}_t - \boldsymbol{X}_{t+1} | \boldsymbol{X}_t)$$
$$= E(\boldsymbol{\eta}(t) | \boldsymbol{X}_t) = \int_{-\infty}^{+\infty} x \mathrm{d}F(x)$$

$$= \int_0^{+\infty} x \mathrm{d}\left(\sqrt{\frac{6}{\pi n}} \int_{-\infty}^x \mathrm{e}^{-\frac{6(t-n/2)^2}{n}} \mathrm{d}t\right) = \sqrt{\frac{6}{\pi n}} \int_0^{+\infty} x \mathrm{e}^{-\frac{6(x-n/2)^2}{n}} \mathrm{d}x$$

$$= \sqrt{\frac{6}{\pi n}} \cdot \left(\int_0^{+\infty} \left(x-\frac{n}{2}\right) \mathrm{e}^{-\frac{6(x-n/2)^2}{n}} \mathrm{d}x + \int_0^{+\infty} \frac{n}{2} \mathrm{e}^{-\frac{6(x-n/2)^2}{n}} \mathrm{d}x\right)$$

$$= \sqrt{\frac{6}{\pi n}} \cdot \left(\int_0^{+\infty} \left(x-\frac{n}{2}\right) \mathrm{e}^{-\frac{6(x-n/2)^2}{n}} \mathrm{d}x + \int_0^{+\infty} \frac{n}{2} \mathrm{e}^{-\frac{6(x-n/2)^2}{n}} \mathrm{d}x\right)$$

$$= \sqrt{\frac{6}{\pi n}} \cdot \left(-\frac{n}{12} \int_0^{+\infty} \mathrm{e}^{-\frac{6(x-n/2)^2}{n}} \mathrm{d}\left(-\frac{6(x-n/2)^2}{n}\right) + \frac{n}{2} \int_0^{+\infty} \mathrm{e}^{-\frac{6(x-n/2)^2}{n}} \mathrm{d}x\right)$$

$$= \sqrt{\frac{6}{\pi n}} \left(-\frac{n}{12}\left(0 - \mathrm{e}^{-3n/2}\right) + \frac{n\sqrt{n}}{2\sqrt{6}} \frac{\sqrt{\pi}}{2}\right)$$

$$= \sqrt{\frac{6}{\pi n}} \left(\frac{n}{12} \mathrm{e}^{-3n/2} + \frac{n\sqrt{n\pi}}{4\sqrt{6}}\right)$$

$$= \frac{\sqrt{n}}{2\sqrt{6\pi}} \mathrm{e}^{-3n/2} + \frac{n}{4}$$

因此，对任意 $\varepsilon > 0$，根据定理 3.7，有

$$E\left(T_\varepsilon | \boldsymbol{X}_0\right) \leqslant 1 + \int_\varepsilon^{na} \frac{1}{\frac{\sqrt{n}}{2\sqrt{6\pi}} \mathrm{e}^{-3n/2} + \frac{n}{4}} \mathrm{d}x = 1 + \frac{1}{\frac{\sqrt{n}}{2\sqrt{6\pi}} \mathrm{e}^{-3n/2} + \frac{n}{4}}\left(na - \varepsilon\right)$$

由于

$$\lim_{n \to \infty} \left[1 + \frac{1}{\frac{\sqrt{n}}{2\sqrt{6\pi}} \mathrm{e}^{-3n/2} + \frac{n}{4}}\left(na - \varepsilon\right)\right] = 1 + 4a$$

因此，当问题的维度 n 足够大时，时间上界将保持恒定。   [证毕]

3.5.2 仿真实验

定理 3.8 给出了基本鸽群优化算法求解 n 维线性函数问题的平均首达时间上界，这里进一步通过仿真实验来验证理论结果。初始参数设置为：$\varepsilon = 0.01$，$a = 20$，$n = 1, 2, \cdots, 400$。对于每个问题的维度 n，进行 300 次算法运算，并将 300 次的首达时间取平均值作为实际的平均首达时间。图 3.20 给出了平均首达时间的实际值与理论上界的比较。对于每一个 $n = 1, 2, \cdots, 400$，由公式 (3.5.5) 估计的平均首达时间大约为 $1 + 4a = 1 + 4 \times 20 = 81$，而实际的平均首达时间大约为 40。数值仿真实验验证了本节所研究的理论分析与优化问题求解结果的符合度。

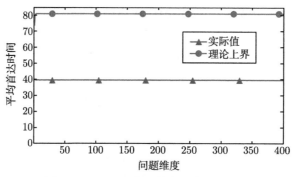

图 3.20 EFHT 实际值与理论上界比较

3.6 异构鸽群优化算法特性分析

基本鸽群优化算法的地图和指南针算子、地标算子均假定鸽群群体中的每只鸽子都是同构的，从另一个动物学角度而言，该假设实际上违背了自然界中真实鸟类通常扮演不同角色这一事实[30-33]。本节通过考虑鸽群个体的异质性，给出了一种新型鸽群优化算法，即异构鸽群优化 (HPIO) 算法[34]。通过将鸽群中的鸽子划分为中心角色和非中心角色，对地图和指南针算子以及地标算子进行了改进，被划分为两种不同角色的鸽子分别被赋予了 "开发" 和 "探索" 的功能，这样它们就可紧密地相互作用，从而找到最有希望的解决方案。大量的实验研究表明，本节介绍的异构鸽群优化算法所产生的鸟类异质性更加有利于鸟类之间的信息交换，性能显著优于基本鸽群优化算法。

3.6.1 算法设计

异构鸽群优化算法在两个连续的优化阶段中使用了两个新的算子。在第一阶段执行地图和指南针算子，以探索和利用多个迭代的解空间。在该阶段，鸽子的交互拓扑是基于无标度网络的，鸽子的学习策略是有选择性的，强调中心鸽子和非中心鸽子的不同角色的影响。在第二阶段，地标算子快速地将鸽群缩小为一个最佳的最终解，通过将鸽子明确划分为探索和开发群体，让它们各自发挥作用，共同实现较大的优化效果。

表 3.7 中对比性地给出了基本鸽群优化算法和异构鸽群优化算法的伪代码。这两个算法都有两个优化阶段：在第一阶段，利用地图和指南针算子迭代更新每只鸽子的位置和速度，对解空间进行 "探索" 和 "开发"；第二阶段通过执行多次迭代的地标算子，可快速收敛到最优的最终解，即最终的 "开发"。这两个阶段相互密切配合，以获得最佳解决方案。

表 3.7　基本 PIO 和 HPIO 算法伪代码

基本鸽群优化算法 (PIO)	异构鸽群优化算法 (HPIO)
输入	
N_p: 鸽群个体数 D: 搜索空间的维数 R: 地图和指南针算子 $N_{c1\max}$: 地图和指南针算子执行的迭代次数 $N_{c2\max}$: 地标算子执行的最大迭代次数 搜索范围: 搜索空间的边界	
	k_i: 第 i 只鸽子的度 k_c: 中心鸽子适应度的最小值 (即将鸽子分为中心和非中心组的阈值)
初始化	
设置 N_p, D, R, $N_{c1\max}$, $N_{c2\max}$ 和搜索范围的初始值 初始化鸽群中每只鸽子的位置 $\boldsymbol{X}_i^0 \in \mathbb{R}^D$ 和速度 $\boldsymbol{V}_i^0 \in \mathbb{R}^D$ 计算每只鸽子的适应度函数值 $f\left(\boldsymbol{X}_i^0\right)$ $(1 \leqslant i \leqslant N_p)$ 设 $\boldsymbol{X}_g$ 为鸽群中具有最优适应度函数值的鸽子的位置 设 $\boldsymbol{X}_{p_i} = \boldsymbol{X}_i^0$, $1 \leqslant i \leqslant N_p$ 设 $\boldsymbol{X}_{n_i} = \boldsymbol{X}_j^0$, $j \in \{i, \mathcal{N}(i)\}$, $\mathcal{N}(i)$ 是 i 的邻居的集合, 且第 j 个个体的适应度是最优的	
	使用 Barabási-Albert 模型随机生成一个无标度网络。这个网络有 N_p 个节点, 每个节点代表一只独立的鸽子。在这个网络中, 如果鸽子 j 与鸽子 i 相连, 则鸽子 $j(j \neq i)$ 作为鸽子 i 的邻居
执行地图和指南针算子	
For $t = 1$ to $N_{c1\max}$ do For $i = 1$ to N_p do $\quad \boldsymbol{V}_i^t = \boldsymbol{V}_i^{t-1} \exp(-R \cdot t)$ $\qquad + \text{rand}(0, 1) \cdot \left(\boldsymbol{X}_g^{t-1} - \boldsymbol{X}_i^{t-1}\right)$ $\quad \boldsymbol{X}_i^t = \boldsymbol{X}_i^{t-1} + \boldsymbol{V}_i^t$ 更新 X_g End for End for (其中, $\text{rand}(0, 1)$ 产生位于 $[0, 1)$ 范围内的随机数)	For $t = 1$ to $N_{c1\max}$ do For $i = 1$ to N_p do $\quad \boldsymbol{V}_i^t = \boldsymbol{V}_i^{t-1} \exp(-R \cdot t)$ $\quad + \begin{cases} \dfrac{1}{k_i}\sum\limits_{j \in \mathcal{N}(i)} \text{rand}(0, 1) \cdot \left(\boldsymbol{X}_{p_j} - \boldsymbol{X}_i\right), & k_i > k_c \\ \text{rand}(0, 1) \cdot \left(\boldsymbol{X}_{n_i} - \boldsymbol{X}_i\right), & k_i \leqslant k_c \end{cases}$ $\quad \boldsymbol{X}_i^t = \boldsymbol{X}_i^{t-1} + \boldsymbol{V}_i^t$ 更新 $\boldsymbol{X}_{p_j}$ 和 $\boldsymbol{X}_{n_i}$ End for End for
执行地标算子	
For $t = N_{c1\max} + 1$ to $N_{c1\max} + N_{c2\max}$ do 根据适应度值 $f\left(\boldsymbol{X}_i^t\right)$ $(1 \leqslant i \leqslant N_p)$ 对所有可用鸽子进行排序 舍弃适应度相对较差的一半鸽子 ($N_p = N_p/2$) $F\left(\boldsymbol{X}_i^t\right) = \begin{cases} \dfrac{1}{f\left(\boldsymbol{X}_i^t\right)+\varepsilon}, & \text{对于} f \text{ minimization} \\ f\left(\boldsymbol{X}_i^t\right), & \text{对于} f \text{ maximization} \end{cases}$ $\boldsymbol{X}_c^t = \dfrac{\sum\limits_{i=1}^{N_p} \boldsymbol{X}_i^t F\left(\boldsymbol{X}_i^t\right)}{N_p \sum\limits_{i=1}^{N_p} F\left(\boldsymbol{X}_i^t\right)}$ $\boldsymbol{X}_i^t = \boldsymbol{X}_i^{t-1} + \text{rand} \cdot \left(\boldsymbol{X}_c^t - \boldsymbol{X}_i^{t-1}\right)$ 更新 $\boldsymbol{X}_g$ End for	For $t = N_{c1\max} + 1$ to $N_{c1\max} + N_{c2\max}$ do 根据鸽子在无标度网络中的适应度对鸽子进行排序 舍弃适应度最小的鸽子 (更新 N_p) $F\left(\boldsymbol{X}_i^t\right) = \begin{cases} \dfrac{1}{f\left(\boldsymbol{X}_i^t\right)+\varepsilon}, & \text{对于} f \text{ minimization} \\ f\left(\boldsymbol{X}_i^t\right), & \text{对于} f \text{ maximization} \end{cases}$ $\boldsymbol{X}_c^t = \dfrac{\sum\limits_{i=1}^{N_p} \boldsymbol{X}_i^t F\left(\boldsymbol{X}_i^t\right)}{N_p \sum\limits_{i=1}^{N_p} F\left(\boldsymbol{X}_i^t\right)}$ $\boldsymbol{X}_i^t = \boldsymbol{X}_i^{t-1} + \text{rand} \cdot \left(\boldsymbol{X}_c^t - \boldsymbol{X}_i^{t-1}\right)$ 更新 $\boldsymbol{X}_g$ End for
注: 如果地标算子执行多次迭代后 $N_p = 1$, 则终止迭代过程, 即地标算子执行迭代的实际次数可能小于 $N_{c2\max}$	
输出	
根据适应度函数 f, $\boldsymbol{X}_g$ 为输出的最优解	

对于基本鸽群优化算法，有必要通过采用一种新的鸽子交互方式来挖掘其潜力。因此，引入网络的概念来描述鸽子相互作用的结构，以及鸽子从其邻居学习到鸽群优化算法的不同策略。在地图和指南针算子执行之前，异构鸽群优化算法采用基于Barabási-Albert 模型生成的无标度网络作为鸽群的交互拓扑。基于无标度网络的鸽群拓扑结构的一个特征是每只鸽子的度是不同的，即每只鸽子有不同数量的邻居。在异构鸽群优化算法的第一个优化阶段，k_c 把种群分为中心鸽子和非中心鸽子。中心鸽子 (其度超过某一阈值) 以一种完全知情的方式学习它们的邻居 (每只中心鸽子都会向它的每一个邻居学习)；而非中心鸽子 (中心鸽子之外的鸽子) 采用传统的单信息方式。这两群鸽子采用不同的学习策略，在优化过程中发挥不同的作用。中心鸽子致力于引领全局最优解的开发方向；相比之下，非中心鸽子负责在一个相对较大的解决方案空间中进行探索。因此，通过将鸽群的异质性引入鸽群优化算法，从而将地图和指南针算子提供的 "探索" 和 "开发" 功能分别推向更高的程度。地标算子的改进采用了一种新的设置，即在每次优化迭代中放弃适应度值最低的一半鸽子。这样的改进确保了异构鸽群优化算法的最终 "开发" 过程重点在中心鸽子上，这些中心鸽子拥有关于最优解所在位置的重要信息。因此，在异构鸽群优化算法中对这两种算子进行修改，都是为了在鸽群异构化基础上提高搜索性能。

3.6.2 特性分析

为研究异构鸽群优化算法的异构性能，并验证关于鸽群中心和非中心角色异构所带来的优势，这里通过仿真实验验证所设计算法的性能和特征。如下给出的所有仿真结果都是 100 次独立运行的平均结果。

1. 方法比较

采用仿生群体智能优化算法性能测试中常用的 17 个测试函数 (表 3.9 和表 3.10) 比较了异构鸽群优化算法与其他相关优化方法 (表 3.8) 的性能。在 17 个测试函数中，$f_1 \sim f_5$ 为单峰函数，$f_6 \sim f_{10}$ 为多峰函数；$f_{11} \sim f_{15}$ 是用随机生成的正交矩阵 M 旋转 $f_6 \sim f_{10}$ 产生的；f_{16}，f_{17} 是由 10 个不同的函数组合而成的。

表 3.8 性能对比优化算法

方法	描述
PIO	基本鸽群优化算法
ERPIO	使用 Erdös-Rényi 随机网络作为鸽子交互拓扑的 PIO 算法
EHPIO	使用 Erdös-Rényi 随机网络作为鸽子交互拓扑的 HPIO 算法
SWPIO	使用小世界网络作为鸽子交互拓扑的 PIO 算法
SHPIO	使用小世界网络作为鸽子交互拓扑的 HPIO 算法
SFPIO	使用无标度网络作为鸽子交互拓扑的 PIO 算法
SIPIO	在 SFPIO 算法基础上采用选择性信息学习策略 (地图和指南针算子与 HPIO 算法相同，地标算子与基本鸽群优化算法相同)

表 3.9　仿真实验的典型测试函数

类型	编号	函数	表达式
单峰函数[35]	1	Sphere	$f_1(x) = \sum\limits_{i=1}^{D} x_i^2$
	2	Rosenbrock	$f_2(x) = \sum\limits_{i=1}^{D} \left(100 \left(x_i^2 - x_{i+1} \right)^2 + (x_i - 1)^2 \right)$
	3	Schwefel P2.22	$f_3(x) = \sum\limits_{i=1}^{D} |x_i| + \prod\limits_{i=1}^{D} |x_i|$
	4	Quartic Noise	$f_4(x) = \sum\limits_{i=1}^{D} i x_i^2 + \text{ random } [0,1)$
	5	Schwefel	$f_5(x) = \left(\sum\limits_{i=1}^{D} x_i \right)^2$
多峰函数	6	Ackley[35]	$f_6(x) = -20 \exp \left(-0.2 \sqrt{\dfrac{1}{D} \sum\limits_{i=1}^{D} x_i^2} \right)$ $- \exp \left(\dfrac{1}{D} \sum\limits_{i=1}^{D} \cos \left(2\pi x_i \right) \right) + 20 + e$
	7	Rastrigin[35]	$f_7(x) = \sum\limits_{i=1}^{D} \left(x_i^2 - 10 \cos \left(2\pi x_i \right) + 10 \right)$
	8	Rastrigin (discrete)[36]	$f_8(x) = \sum\limits_{i=1}^{D} \left(y_i^2 - 10 \cos \left(2\pi y_i \right) + 10 \right)$ $y_i = \begin{cases} x_i, & |x_i| < \dfrac{1}{2} \\ \text{round} \left(2x_i \right) / 2, & |x_i| \geqslant \dfrac{1}{2} \end{cases}$
	9	Weierstrass[36]	$f_9(x) = \sum\limits_{i=1}^{D} \left(\sum\limits_{k=0}^{k_{\max}} \left[a^k \cos \left(2\pi b^k \left(x_i + 0.5 \right) \right) \right] \right)$ $- D \sum\limits_{k=0}^{k_{\max}} \left[a^k \cos \left(\pi b^k \right) \right]$
	10	Griewank[35]	$f_{10}(x) = \dfrac{1}{4000} \sum\limits_{i=1}^{D} x_i^2 - \prod\limits_{i=1}^{D} \cos \left(\dfrac{x_i}{\sqrt{i}} \right) + 1$

类型	编号	函数	表达式
	11	Ackley(rotated)	$f_{11}(x) = -20 \exp\left(-0.2\sqrt{\dfrac{1}{D}\sum\limits_{i=1}^{D} y_i^2}\right)$ $-\exp\left(\dfrac{1}{D}\sum\limits_{i=1}^{D}\cos\left(2\pi y_i\right)\right) + 20 + e$
	12	Rastrigin(rotated)	$f_{12}(x) = \sum\limits_{i=1}^{D}\left(y_i^2 - 10\cos\left(2\pi y_i\right) + 10\right)$
旋转 函数 [36]	13	Rastrigin (discrete and rotated)	$f_{13}(x) = \sum\limits_{i=1}^{D}\left(z_i^2 - 10\cos\left(2\pi z_i\right) + 10\right)$ $z_i = \begin{cases} y_i, & \|y_i\| < \dfrac{1}{2} \\ \operatorname{round}\left(2y_i\right)/2, & \|y_i\| \geqslant \dfrac{1}{2} \end{cases}$
	14	Weierstrass(rotated)	$f_{14}(x) = \sum\limits_{i=1}^{D}\left(\sum\limits_{k=0}^{k_{\max}}\left[a^k\cos\left(2\pi b^k\left(y_i+0.5\right)\right)\right]\right)$ $-D\sum\limits_{k=0}^{k_{\max}}\left[a^k\cos\left(\pi b^k\right)\right]$
	15	Griewank(rotated)	$f_{15}(x) = \dfrac{1}{4000}\sum\limits_{i=1}^{D} y_i^2 - \prod\limits_{i=1}^{D}\cos\left(\dfrac{y_i}{\sqrt{i}}\right) + 1$
组合 函数	16	Composite 1 [37]	f_{16} 由 10 个球面函数组成
	17	Composite 2 [37]	f_{17} 由 10 个函数组成

注: (1) M 是随机生成的正交矩阵, $D = 30$;

(2) $a = 0.5$, $b = 3$, $k_{\max} = 20$;

(3) 对于 $f_{11} \sim f_{15}$, $y_i = x_i \cdot M$。

表 3.10 仿真实验的典型测试函数 (续表 3.9)

类型	编号	函数	$x_i(1 \leqslant i \leqslant D)$ 搜索范围	目标值
	1	Sphere	$[-100,\ 100]$	0.01
	2	Rosenbrock	$[-2.048,\ 2.048]$	100
单峰函数	3	Schwefel P2.22	$[-10,\ 10]$	0.01
	4	Quartic Noise	$[-1.28,\ 1.28]$	0.05
	5	Schwefel P1.22	$[-10,\ 10]$	100
	6	Ackley	$[-32,\ 32]$	0.01
	7	Rastrigin	$[-5.12,\ 5.12]$	100
多峰函数	8	Rastrigin(discrete)	$[-0.5,\ 0.5]$	0.01
	9	Weierstrass	$[-0.5,\ 0.5]$	0.01
	10	Griewank	$[-600,\ 600]$	0.05

续表

类型	编号	函数	$x_i(1 \leqslant i \leqslant D)$ 搜索范围	目标值
旋转函数	11	Ackley(rotated)	$[-32,\ 32]$	0.01
	12	Rastrigin(rotated)	$[-5.12,\ 5.12]$	100
	13	Rastrigin(discrete and rotated)	$[-5.12,\ 5.12]$	100
	14	Weierstrass(rotated)	$[-0.5,\ 0.5]$	1
	15	Griewank(rotated)	$[-600,\ 600]$	0.05
组合函数	16	Composite 1	$[-5,\ 5]$	0.01
	17	Composite 2	$[-5,\ 5]$	10

对于仿真实验中所涉及的 8 种算法，以下参数设置均相同：初始种群大小为 500；第一阶段，地图和指南针算子的执行迭代次数固定在 $150(N_{c1_{\max}} = 150)$；第二阶段，地标算子最多实现 50 次迭代 $(N_{c2_{\max}} = 50)$；地图和指南针算子使用的 R 参数设置为 0.01。对于 ERPIO 算法和 EHPIO 算法，鸽群的交互拓扑由 Erdös-Rényi 模型生成，其中 $p = 0.02$。对于 SWPIO 算法和 SHPIO 算法，小世界鸽群交互拓扑的 $p = 0.3$。对于 SFPIO 算法和 HPIO 算法，无标度鸽群交互拓扑由 Barabási-Albert 模型生成，其中 $k = 4$。表 3.11 给出了这 8 种优化算法在 17 个测试函数上获得的最佳解的适应度结果，表中每一行 (除去 HPIO 的最优 k_c 这一列) 的最佳结果以粗体突出显示。

这里所涉及的 8 个鸽群优化算法变型的性能排名为 HPIO > EHPIO > SHPIO > SIPIO > ERPIO > SWPIO > SFPIO > PIO。其中，SFPIO、SWPIO 和 ERPIO 仅采用某种网络来指定鸽群的交互拓扑，本质上是将鸽群的某种异质性引入基本鸽群优化算法中。从表 3.11 给出的仿真结果可见，这样的做法有利于提高优化效果。与仅采用特定鸽群交互拓扑的鸽群优化算法相比，SWPIO、ERPIO、HPIO 进一步采用了：

(1) 一个新的鸽子学习策略 "选择性信息策略"，强调中心鸽子和非中心鸽子角色之间的差异，即负责开发和探索的角色；

(2) 改进地标算子，以便在第二阶段实施的 "开发" 过程将针对中心鸽子，这样可保证鸽子的异质性优势得到全面发挥。

此外，与 SIPIO 算法相比，HPIO 算法的性能优势是显而易见的，这表明对地标算子的重新设计是有意义的。由此，对鸽群优化算法中 "开发" 和 "探索" 两种角色的划分进行了改进，均能显著提高基本鸽群优化算法的整体寻优性能。由于 HPIO 在算法对比仿真实验中取得了较为优异的性能，因此这类采用无标度鸽群交互拓扑和选择性信息学习策略的鸽群优化算法可作为异构鸽群优化算法来推广应用。

表 3.11 优化算法的性能比较

测试函数	PIO	ERPIO	EHPIO ($k_c=9$)	SWPIO	SHPIO ($k_c=9$)	SFPIO	SIPIO ($k_c=9$)	HPIO ($k_c=9$)	HPIO (最优 k_c)
f_1	1.92×10^{-3}	5.74×10^{-7}	1.35×10^{-14}	5.73×10^{-6}	3.25×10^{-14}	2.22×10^{-4}	4.66×10^{-5}	1.18×10^{-14}	1.05×10^{-14} ($k_c=15$)
f_2	3.11×10^{1}	2.81×10^{1}	2.82×10^{1}	2.87×10^{1}	2.90×10^{1}	2.91×10^{1}	2.87×10^{1}	2.88×10^{1}	2.87×10^{1} ($k_c=17$)
f_3	—	3.42×10^{-6}	2.25×10^{-9}	5.20×10^{-4}	5.25×10^{-9}	3.35×10^{-3}	9.08×10^{-4}	1.97×10^{-9}	9.62×10^{-10} ($k_c=17$)
f_4	6.99×10^{-4}	4.99×10^{-5}	5.28×10^{-5}	5.13×10^{-5}	9.87×10^{-5}	5.48×10^{-5}	5.45×10^{-5}	4.90×10^{-5}	4.81×10^{-5} ($k_c=5$)
f_5	1.77	6.96×10^{-2}	7.35×10^{-11}	1.35×10^{-1}	6.13×10^{-11}	2.55×10^{-1}	1.46×10^{-2}	5.36×10^{-11}	5.36×10^{-11} ($k_c=9$)
f_6	—	2.82×10^{-5}	4.31×10^{-9}	4.11×10^{-4}	5.09×10^{-9}	4.33×10^{-3}	2.18×10^{-3}	4.27×10^{-9}	4.27×10^{-9} ($k_c=9$)
f_7	7.42×10^{-1}	3.66×10^{-1}	5.28×10^{-12}	3.87×10^{-1}	6.02×10^{-12}	3.92×10^{-1}	5.27×10^{-2}	1.33×10^{-12}	1.25×10^{-12} ($k_c=5$)
f_8	9.12×10^{-1}	4.58×10^{-1}	9.88×10^{-11}	4.89×10^{-1}	9.98×10^{-11}	5.47×10^{-1}	9.87×10^{-2}	8.31×10^{-11}	2.84×10^{-11} ($k_c=1$)
f_9	6.41×10^{-3}	3.59×10^{-3}	3.29×10^{-9}	4.36×10^{-3}	9.17×10^{-9}	4.30×10^{-3}	6.55×10^{-3}	2.75×10^{-9}	2.03×10^{-9} ($k_c=1$)
f_{10}	3.43×10^{-3}	3.60×10^{-6}	4.68×10^{-14}	1.11×10^{-4}	4.17×10^{-14}	7.26×10^{-4}	5.34×10^{-4}	2.75×10^{-14}	4.98×10^{-15} ($k_c=15$)
f_{11}	—	5.01×10^{-5}	6.25×10^{-8}	7.68×10^{-4}	8.30×10^{-8}	4.43×10^{-3}	4.31×10^{-3}	4.21×10^{-8}	4.21×10^{-8} ($k_c=9$)
f_{12}	1.12	5.22×10^{-1}	5.00×10^{-12}	5.82×10^{-1}	5.82×10^{-12}	6.45×10^{-1}	8.64×10^{-2}	4.49×10^{-12}	4.02×10^{-12} ($k_c=5$)
f_{13}	1.34	6.08×10^{-1}	6.49×10^{-11}	6.78×10^{-1}	7.68×10^{-11}	7.21×10^{-1}	1.42×10^{-1}	2.78×10^{-11}	2.25×10^{-11} ($k_c=1$)
f_{14}	1.06×10^{-2}	6.66×10^{-3}	5.93×10^{-9}	7.21×10^{-3}	3.84×10^{-9}	7.25×10^{-3}	3.02×10^{-3}	3.01×10^{-9}	8.65×10^{-10} ($k_c=1$)
f_{15}	4.94×10^{-3}	2.14×10^{-5}	8.63×10^{-13}	1.14×10^{-4}	9.51×10^{-13}	6.32×10^{-4}	5.04×10^{-4}	1.06×10^{-13}	1.06×10^{-13} ($k_c=9$)
f_{16}	1.34	8.99×10^{-1}	5.26×10^{-1}	9.00×10^{-1}	6.00×10^{-1}	9.21×10^{-1}	6.55×10^{-1}	3.46×10^{-1}	1.68×10^{-1} ($k_c=17$)
f_{17}	2.66	1.32	8.12×10^{-1}	9.57×10^{-1}	8.62×10^{-1}	9.68×10^{-1}	9.59×10^{-1}	1.68×10^{-1}	1.01×10^{-1} ($k_c=17$)

2. 特性分析

1) 收敛特性比较

为了找出异构鸽群优化算法性能优势的原因，这里分析了 PIO 算法、SFPIO 算法和 HPIO 算法的全局收敛特性，图 3.21 表示随着优化迭代的进行，三种算法种群平均适应度的收敛条件。由仿真结果可见，有两个现象是显著的：

(1) 在第一阶段，使用地图和指南针算子，HPIO 算法在迭代初期收敛速度较快，SFPIO 算法在第一阶段的最后阶段收敛效果最好；

(2) 在执行地标算子的第二阶段，HPIO 算法比其他两种算法具有更大的“开发”潜力。

第一种现象表明 HPIO 带头进行快速开发，但后来这种开发停滞了。这是由于选择性信息学习策略使得占据种群一定比例的中心鸽子无法接近最优解。第二种现象验证了中心鸽子包含关于最优解所在位置的无偏信息。因此，对地标算子的修改对于最大化引入鸽子异质性的好处是有意义的。

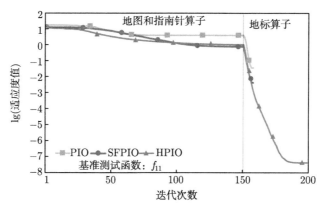

图 3.21 鸽群平均适应度值进化曲线

2) 鸽子的异质性分析

为了探讨异构鸽群优化算法中心鸽子和非中心鸽子特征的异质性，这里在旋转的 Ackley(f_{11}) 这个测试函数上进行了两次实验，分别分析：

(1) 中心/非中心鸽子的平均适应度值随着优化迭代过程发生的变化；

(2) 中心/非中心鸽子在每一次迭代中向其他鸽子学习的平均次数的变化。

两个实验的仿真结果如图 3.22 所示，由图 3.22(a) 可见，中心鸽子比非中心鸽子在最优解位置上掌握的信息更准确，这是合理的，因为两种鸽子的角色不同，分别是“开发”和“探索”角色。由图 3.22(b) 可见，与非中心鸽子相比，中心鸽子有更多的机会被其他鸽子学习，尤其是在优化的开始阶段。随着优化解的收敛，越来越多的非中心鸽子 (邻居中至少有一个中心鸽子) 可获得与鸽群中最优中心鸽子邻居相同的适应度值，这使得鸽群的学习对象从中心鸽子邻居转变为自身，在最后的优化阶段降低了中心鸽子向其他鸽子学习的比例。

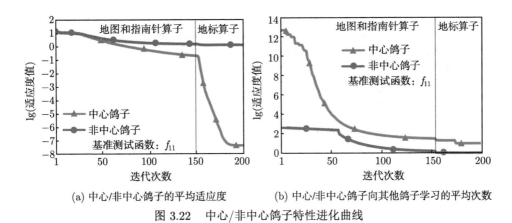

(a) 中心/非中心鸽子的平均适应度   (b) 中心/非中心鸽子向其他鸽子学习的平均次数

图 3.22　中心/非中心鸽子特性进化曲线

3.7　本 章 小 结

随着鸽群优化算法的快速发展和广泛应用，对算法的理论研究逐渐成为使用、扩展、应用算法的关键理论支撑和重要应用参考。虽然目前鸽群优化算法的模型改进和具体应用取得了相当丰富的研究成果，但仍然存在着许多理论层面的问题尚待严谨深入的数学论证，比如参数选择问题、收敛性问题以及收敛速度问题等。

本章结合鸽群优化算法的改进模型，引入马尔可夫理论、鞅理论、平均收益模型等，对典型鸽群优化模型进行了理论证明和分析，可为鸽群优化算法的进一步模型改进和实际应用提供理论依据和借鉴指导。

参 考 文 献

[1] Zhang B, Duan H B. Three-dimensional path planning for uninhabited combat aerial vehicle based on predator-prey pigeon-inspired optimization in dynamic environment[J]. IEEE/ACM Transactions on Computational Biology and Bioinformatics, 2017, 14(1): 97-107.

[2] Ragi S, Chong E K. UAV path planning in a dynamic environment via partially observable Markov decision process[J]. IEEE Transactions on Aerospace and Electronic Systems, 2013, 49(4): 2397-2412.

[3] Wu P Y, Campbell D, Merz T. Multi-objective four-dimensional vehicle motion planning in large dynamic environments[J]. IEEE Transactions on Systems, Man, and Cybernetics: Systems, 2011, 41(3): 621-634.

[4] Xu B, Jiao M Y, Zhang X K, et al. Path tracking of an underwater snake robot andlo-comotion efficiency optimization based on improved pigeon-inspired algorithm[J]. Journal of Marine Science and Engineering, 2022, 10(47): 1-16.

[5] Roberge V, Tarbouchi M, Labonte G. Comparison of parallel genetic algorithm and particle swarm optimization for real-time UAV path planning[J]. IEEE Transactions on Industrial Informatics, 2013, 9(1): 132-141.

[6] 李霜琳, 何家皓, 敖海跃, 等. 基于鸽群优化算法的实时避障算法 [J]. 北京航空航天大学学报, 2021, 47(2): 359-365.

[7] Mao Z H, Xia M X, Jiang B, et al. Incipient fault diagnosis for high-speed train traction systems via stacked generalization[J]. IEEE Transactions on Cybernetics, 2022, 52(8): 7624-7633.

[8] Feng Q, Hai X S, Sun B, et al. Resilience optimization for multi-UAV formation reconfiguration via enhanced pigeon-inspired optimization[J]. Chinese Journal of Aeronautics, 2022, 35(1): 110-123.

[9] Duan H B, Huo M Z, Yang Z Y, et al. Predator-prey pigeon-inspired optimization for UAV ALS longitudinal parameters tuning[J]. IEEE Transactions on Aerospace and Electronic Systems, 2019, 55(5): 2347-2358.

[10] 段海滨, 邱华鑫, 范彦铭. 基于捕食逃逸鸽群优化的无人机紧密编队协同控制 [J]. 中国科学: 技术科学, 2015, 45(6): 559-572.

[11] Duan H B, Huo M Z, Shi Y H. Limit-cycle-based mutant multi-objective pigeon-inspired optimization[J]. IEEE Transactions on Evolutionary Computation, 2020, 24(5): 948-959.

[12] Xue B, Zhang M, Browne W N. Particle swarm optimization for feature selection in classification: A multi-objective approach[J]. IEEE Transactions on Cybernetics, 2013, 43(6): 1656-1671.

[13] Knowles J D, Corne D W. Approximating the nondominated front using the Pareto archived evolution strategy[J]. Evolutionary Computation, 2000, 8(2): 49-172.

[14] Huo M Z, Duan H B. An adaptive mutant multi-objective pigeon-inspired optimization for unmanned aerial vehicle target search problem[J]. Control Theory and Applications, 2020, 37(3): 584-591.

[15] Ruiz-Cruz R, Sanchez E N, Ornelas-Tellez F, et al. Particle swarm optimization for discrete-time inverse optimal control of a doubly fed induction generator[J]. IEEE Transactions on Cybernetics, 2013, 43(6): 1698-1709.

[16] Veldhuizen D A V, Lamont G B. Multiobjective evolutionary algorithms: Analyzing the state-of-the-art[J]. Evolutionary Computation, 2000, 8(2): 125-147.

[17] Schott J R. Fault tolerant design using single and multicriteria genetic algorithm optimization[D]. Cambridge: Massachusetts Institute of Technology, 1995.

[18] Hanan H, Azam A B, Amin I, et al. CGDE3: An efficient center-based algorithm for solving large-scale multi-objective optimization problems[C]. Proceedings of 2019 IEEE Congress on Evolutionary Computation, Wellington, New Zealand, 2019: 350-358.

[19] 段海滨, 杨之元. 基于柯西变异鸽群优化的大型民用飞机滚动时域控制 [J]. 中国科学: 技

术科学, 2018, 48(3): 277-288.

[20] Wang J, Song X D, Le Y, et al. Design of self-shielded uniform magnetic field coil via modified pigeon-inspired optimization in miniature atomic sensors[J]. IEEE Sensors Journal, 2021, 21(1): 315-324.

[21] 闫怡汝, 王寅. 基于鸽群优化的复杂环境下无人机侦查航迹优化 [J]. 郑州大学学报 (工学版), 2019, 40(4): 15-19.

[22] 霍梦真, 段海滨. 基于自适应变异的多目标鸽群优化的无人机目标搜索 [J]. 控制理论与应用, 2020, 37(3): 584-591.

[23] He H X, Duan H B. A multi-strategy pigeon-inspired optimization approach to active disturbance rejection control parameters tuning for vertical take-off and landing fixed-wing UAV[J]. Chinese Journal of Aeronautics, 2022, 35(1): 19-30.

[24] Zhao Z L, Zhang M Y, Zhang Z H, et al. Hierarchical pigeon-inspired optimization-based MPPT method for photovoltaic systems under complex partial shading conditions[J]. IEEE Transactions on Industrial Electronics, 2022, 69(10): 10129-10143.

[25] Zhang Y S, Huang H, Wu H Y, et al. Theoretical analysis of the convergence property of a basic pigeon-inspired optimizer in a continuous search space[J]. Science China Information Sciences, 2019, 62: 070207-1-9.

[26] Elaydi S N. An Introduction to Difference Equations[M]. 3rd ed. New York: Springer, 2005.

[27] Nguyen H T, Wang T H. A Graduate Course in Probability and Statistics, Volume I, Essentials of Probability for Statistics[M]. Beijing: Tsinghua University Press, 2008.

[28] Zhang Y S, Huang H, Hao Z F, et al. Runtime analysis of pigeon-inspired optimizer based on average gain model[C]. Proceedings of 2019 IEEE Congress on Evolutionary Computation, Wellington, New Zealand, 2019: 1165-1169.

[29] Zhang Y S, Huang H, Hao Z F, et al. First hitting time analysis of continuous evolutionary algorithms based on average gain[J]. Cluster Computing, 2016, 19(3): 1323-1332.

[30] Zhang D F, Duan H B. Social-class pigeon-inspired optimization and time stamp segmentation for multi-UAV cooperative path planning[J]. Neurocomputing, 2018, 313: 229-246.

[31] 赵建霞, 段海滨, 赵彦杰, 等. 基于鸽群层级交互的有人/无人机集群一致性控制 [J]. 上海交通大学学报, 2020, 54(9): 973-980.

[32] 罗琪楠, 段海滨, 范彦铭. 鸽群运动模型稳定性及聚集特性分析 [J]. 中国科学: 技术科学, 2019, 49(6): 652-660.

[33] Yu Y P, Liu J C, Wei C. Hawk and pigeon's intelligence for UAV swarm dynamic combat game via competitive learning pigeon-inspired optimization[J]. Science China Technological Sciences, 2022, 65(5): 1072-1086.

[34] Wang H, Zhang Z X, Dai Z, et al. Heterogeneous pigeon-inspired optimization[J]. Science China Information Sciences, 2019, 62: 070205-1-9.

[35] Yao X, Liu Y, Lin G M. Evolutionary programming made faster[J]. IEEE Transactions on Evolutionary Computation, 1999, 3(2): 82-102.

[36] Liang J J, Qin A K, Suganthan P N, et al. Comprehensive learning particle swarm

optimizer for global optimization of multimodal functions[J]. IEEE Transactions on Evolutionary Computation, 2006, 10(3): 281-295.

[37] Liang J J, Suganthan P N, Deb K. Novel composition test functions for numerical global optimization[C]. Proceedings of IEEE Swarm Intelligence Symposium, Pasadena, USA, 2005: 68-75.

第 4 章　鸽群优化改进模型

4.1　引　　言

鸽群优化算法由于其本质机理上较好地平衡了速度和精度的矛盾问题，从而在全局搜索方面具有较好的快速全局寻优性能。但同其他仿生群体智能优化算法类似，基本鸽群优化算法也存在模型上的局限性，具体表现为以下几方面。

(1) 对目标函数性质具有较强的限制性要求，目标函数必须是连续且单目标的，而实际应用过程中离散化问题、多目标优化问题等需求较多。对于离散甚至二值化优化问题，基本鸽群优化算法的解空间是连续的，从而使得迭代过程更新的鸽群位置是不可行的；对于多目标优化问题，无法唯一地确定一组解中的最优解。因此，基本鸽群优化算法中全局最优位置以及地标中心位置无法直接确定。为了求解多种类型优化问题，需改进基本鸽群优化模型中的变量映射定义、位置更新规则等，以使算法具有更广的应用范围。

(2) 在受自然启发的仿生群体智能优化算法中，局部 "开发" 和全局 "探索" 是两个关键因素。算法通过种群初始化，进行全局探索，发现局部的潜在解，并针对潜在解进行局部开发。全局探索通常采用随机策略，在全局范围内进行搜索，这使得优化算法能够跳出局部最优。搜索步长将影响全局探索的性能，若全局探索能力不足，将导致收敛速度极度缓慢；局部开发是利用当前全局搜索获取的局部潜在解信息，以便下一个迭代周期的搜索可集中在潜在局部最优区域或邻域区域，这种局部最优不一定是全局最优。太小的探索导致算法较早收敛于早期遇到的局部最优解，降低优化精度；而太小的开发会使算法不收敛，降低优化速度 [1,2]。因此，全局探索和局部开发本质上又是一对矛盾的问题，使得鸽群优化算法收敛精度和收敛速度的平衡受到一定程度的限制 [3,4]。

衡量优化方法性能的三个关键指标可归纳为：优化精度、收敛速度和鲁棒性。这就要求算法的性能既能满足全局探索，避免算法早期收敛到局部最优解，又能使算法具备较强的局部开发，加快算法收敛速度。如何在 "探索"(寻找一个优解) 和 "开发" (利用一个优解) 之间建立一个平衡点，这是算法研究的难点问题之一，为了使这两者达到最佳的均衡，需要改进基本鸽群优化算法策略以解决上述难题。

(3) 算法优化结果一般与参数的选取有较大的关系，求解质量受参数的影响明显。不同的参数值可能导致不同的结果，而目前参数值的选取较大地依赖于问题的背景知识及经验，缺乏通用性。针对不同的优化问题背景，需对基本鸽群优化算法模型进行改进，一方面设计算法更新策略，降低算法性能对参数的过度依赖；另一方面设计参数更新策略，使得算法参数具有自适应性或鲁棒性，从而减少鸽群优化算法在不同领域实际应用过程中的调参工作量。

　　针对上述问题，本章首先介绍一种将算法优化空间从连续域扩展到离散域的离散鸽群优化模型，同时引入 Metropolis 接受准则平衡探索与开发性能。在离散鸽群优化模型的基础上，进一步研究面向二进制优化问题的二进制鸽群优化算法。然后，介绍一种广义鸽群优化模型，提高鸽群优化算法的泛化能力，增强对复杂或多模态优化问题的适应性。针对内部参数依赖于待优化问题导致的适应性差问题，本章给出一种进化博弈鸽群优化算法，可根据具体问题自适应选择鸽群优化算法的加权系数，而不是在经验区间内进行选择。利用莱维飞行中一些解执行局部搜索、另一些执行全局搜索的机制，本章研究一种莱维飞行鸽群优化算法，能够较好地平衡大规模优化问题精度和速度之间的矛盾关系。针对多目标优化问题，本章介绍一种高维多目标鸽群优化算法，将基本鸽群优化算法应用领域扩展至高维多目标优化问题。上述算法或能求解一类基本鸽群优化算法无法求解的最优化问题，或对不同的最优化问题具有普遍的适用性，可为算法改进和扩展提供 "抛砖引玉" 的模型参考。

4.2　离散鸽群优化

　　鸽群优化算法作为一种新型的仿生群体智能优化算法，主要应用于求解连续优化问题，实际工程应用中大量的离散优化问题促使了鸽群优化算法向离散域扩展[5-8]。针对旅行商问题 (traveling salesman problem, TSP)，本节介绍一种基于 Metropolis 接受准则的离散鸽群优化 (discrete pigeon-inspired optimization, DPIO) 算法[9]。为提高离散鸽群优化算法的探索能力，这里引入具有综合学习能力的地图和指南针算子；为提高离散鸽群优化算法的开发能力，这里引入具有协作学习能力的地标算子，并能从旅行商问题实例的启发式信息中学习。为了避免算法早熟收敛，这里采用 Metropolis 接受准则来决定是否接受新产生的解。

4.2.1　算法设计

　　旅行商问题是最著名的 NP-hard 组合优化问题之一，没有一种具有多项式时间复杂度的精确算法能保证它找到全局最优路径。考虑一个有 n 个城市的旅行商问题实例，距离矩阵 $D = (d_{i,j})_{n*n}$ 用于存储所有城市对之间的距离，其中矩阵 D 中的每个元素 $d_{i,j}$ 表示城市 i 到城市 j 的距离。用城市的排列 x 来表示一个解决方案，它表示城市的访问顺序。旅行商问题的目标是找到一个令如下函数最小的

解 $\boldsymbol{x}$:

$$f\left(\boldsymbol{x}\right) = \sum_{i=1}^{n-1} d_{x_i, x_{i+1}} + d_{x_n, x_1} \qquad (4.2.1)$$

若将鸽群优化算法中的鸽群速度和位置更新规则应用到解决旅行商问题,就必须重新定义旅行商问题的位置、速度和所有必要的算子。使用向量 $\boldsymbol{x}$ 来表示位置,它是一个链表,存储边集,$\boldsymbol{x}$ 中每个元素 x_j 表示一条从城市 j 到城市 x_j 的边 e_{j,x_j}。为了保证每个位置都是一个有效解,$\boldsymbol{x}$ 须为城市的排列,对于每个 $j \in \{1,2,3,\cdots,n\}$ 有 $x_j \neq j$。以有五个城市的旅行商问题实例为例,假设 $x = (3,5,2,1,4)$,则 $\boldsymbol{x}$ 表示有五条边 $(e_{1,3}, e_{2,5}, e_{3,2}, e_{4,1}, e_{5,4})$ 的解,因此解 $\boldsymbol{x}$ 的路径是 $1 \to 3 \to 2 \to 5 \to 4$。同样地,使用向量 $\boldsymbol{v} = (v_1, v_2, \cdots, v_n)$ 表示速度,其中每个元素 v_j 表示一条从城市 j 到城市 v_j 的边 e_{j,v_j}。对于速度矢量 $\boldsymbol{v}$,唯一的约束是每个 $j \in \{1,2,3,\cdots,n\}$ 有 $v_j \neq j$,这个约束可保证 $\boldsymbol{v}$ 中的每个元素都是一条有效的边。

1. 离散鸽群优化算法基本运算符

给定两个元素 $x_{1,j}$ 和 $x_{2,j}$ 来自两个位置向量 $\boldsymbol{X}_1$ 和 $\boldsymbol{X}_2$,减运算符 $\ominus$ 产生第 j 位速度 v_j 的过程可定义为

$$v_j = x_{2,j} \ominus x_{1,j} = \begin{cases} x_{2,j}, & x_{2,j} \neq x_{1,j} \\ e \in nc\left(j\right), & x_{2,j} = x_{1,j} \end{cases} \qquad (4.2.2)$$

其中,$nc(j)$ 为城市 j 的下一个访问城市列表;e 为从 $nc(j)$ 内所有城市中随机抽取的城市。使用公式 (4.2.2),在两个位置 $\boldsymbol{X}_2$ 和 $\boldsymbol{X}_1$ 之间的减运算符的结果是速度 $\boldsymbol{V}$,其中每个元素 v_j 等于 $x_{2,j} \ominus x_{1,j}$。对于第 j 个速度分量 v_j,若 $x_{2,j}$ 不等于 $x_{1,j}$,则 $v_j = x_{2,j}$,否则从 $nc(j)$ 中随机选取速度分量。为城市 j 创建 $nc(j)$ 有三种不同的方法:① 空,即 $nc(j)$ 是空的;② 完整,即 $nc(j)$ 包括所有其他城市;③ 启发式,即 $nc(j)$ 是由 k 个最近城市组成的最近城市列表,其中 k 为 $nc(j)$ 长度。根据鸽子所处的阶段,可选择最适合的 $nc(j)$ 产生方式。

在基本鸽群优化算法的第二阶段,鸽子以地标中心作为飞行指导。显然,基本鸽群优化算法中计算地标中心的方法对于 $\boldsymbol{x}$ 中的离散数据来说是没有意义的。通常,可用众数 (即最常出现的值) 来代替离散数据的中心,但使用众数只能将模范个体限制在最常见的个体中,这不同于基本鸽群优化算法中鸽子个体均对地标中心具有贡献。考虑到这一点,从当前的鸽群中随机选取一个个体来表示中心。每个个体都有被选中的机会,为此定义一个新的选择运算符。给定位置在 j 维度的列表 $(x_{1,j}, v_{2,j}, \cdots, v_{m,j})$,选择运算符 $\uplus$ 用于计算模范个体 j 维度的 c_j,被定

义为公式 (4.2.3)。与位置分量 x_j 和速度分量 v_j 类似，模范个体 c_j 表示从城市 j 到城市 c_j 的边：

$$c_j = \uplus_{i=1}^m x_{i,j} = x_{k,j} \tag{4.2.3}$$

其中，k 从 $(1, 2, \cdots, m)$ 中随机选取。

　　给定位置 $\boldsymbol{x}$ 和速度分量 v_j，用于产生新位置的加运算符 $\oplus$ 可定义为

$$\boldsymbol{x} \oplus v_j = \min\left(\text{inverse}\,(\boldsymbol{x}, v_j),\,\text{insert}\,(\boldsymbol{x}, v_j),\,\text{swap}\,(\boldsymbol{x}, v_j)\right) \tag{4.2.4}$$

其中，$\text{inverse}\,(\boldsymbol{x}, v_j),\,\text{insert}\,(\boldsymbol{x}, v_j),\,\text{swap}\,(\boldsymbol{x}, v_j)$ 分别为逆算子、插入算子和交换算子。$\text{inverse}\,(\boldsymbol{x}, v_j)$ 算子通过对 x_j 和 v_j 之间城市的访问序列求逆来生成一个新解，$\text{insert}\,(\boldsymbol{x}, v_j)$ 算子通过将以 v_j 为首的城市移动到 x_j 前面来生成一个新的解决方案，$\text{swap}\,(\boldsymbol{x}, v_j)$ 算子通过交换 x_j 和 v_j 的位置而产生一个新的解决方案。加运算符是一个贪婪的混合算子，是一种有多个邻居的运算符，它从这些邻居中选择最好的一个。具体而言，对于以速度分量 v_j 表示的边 e_{j,v_j}，使用逆算子、插入算子和交换算子生成三个相邻解，并将最佳解作为候选解。在插入算子中，每个插入操作随机产生块的长度。基于加运算符和减运算符，综合运算符可定义为如下形式：

$$\boldsymbol{x} = \boldsymbol{x} \oplus (P \ominus \boldsymbol{x}) = ((((\boldsymbol{x} \oplus (p_1 \ominus \boldsymbol{x}_1)) \oplus (p_2 \ominus \boldsymbol{x}_2)), \cdots) \oplus (p_n \ominus \boldsymbol{x}_n)) \tag{4.2.5}$$

　　在离散鸽群优化算法中，地图和指南针算子以及地标算子都使用公式 $v_{i,j}^t = v_{i,j}^{t-1} \mathrm{e}^{-Rt} + r\left(g_j^{t-1} - x_{i,j}^{t-1}\right)$ 产生新解，而模范个体分量 p_j 和下一个访问城市列表 nc 在减运算符中的意义取决于鸽子所处阶段。如果鸽子处于第一阶段，则 p_j 是随机选择的鸽子个体最优解的第 j 个元素，并使用完整策略生成 nc。如果鸽子处于第二阶段，则 p_j 是选择运算符生成的地标中心的第 j 个元素，使用启发式策略生成 nc。

　　在地图和指南针算子作用时，速度更新与基本鸽群优化算法有两个显著差异。

　　(1) 在基本鸽群优化算法中，只有全局最优的解决方案被用来指导鸽子的飞行。改进后鸽子不仅可学习全局最优解，而且还可学习不同鸽子在不同维度上的最优解。这一特征使鸽子有更多的学习样本和更大的潜在飞行空间，从而使离散鸽群优化算法更有效地利用群体中的信息，频繁地生成质量更好的解决方案。

　　(2) 与基本鸽群优化算法不同，改进后的算法不使用原始速度。相反，如果两个运算符相同，则减运算符将从下一个访问城市列表随机生成一个新的速度。对于地图和指南针算子，将使用完整策略创建下一个访问城市列表。该方案背后的理念有两个方面：① 在大多数情况下，原始速度的边已在当前位置，在这种情况下，以原始速度将边添加到当前位置是没有意义的；② 从所有可访问的城市中产生新的速度，可增强多样性。

　　在地标算子作用时，有两个显著差异。

(1) 中心导向的含义是不同的。在离散鸽群优化算法中,模范个体是从当前种群中随机选择的个体。这是一种合作学习,既能保证每只鸽子都有机会被选为模范,又能保持适当的种群多样性。

(2) 在离散鸽群优化算法中,利用启发式信息提高了算法的集约化能力。

2. Metropolis 接受准则

为了在多元化和集约化之间取得更好的平衡,离散鸽群优化算法利用模拟退火算法中的 Metropolis 接受准则来决定是否接受较差的方案作为新的现有方案。假设 x 是代价为 $f(x)$ 的当前解,y 是新生成的代价为 $f(y)$ 的解。$f(y) \leqslant f(x)$ 表示生成的解 y 并不比当前解 x 差,则接受 y 为新的当前解。反之,当 $f(y) > f(x)$ 时,则离散鸽群优化算法将采用 Metropolis 接受准则的概率机制来决定是否接受 y,接受概率可描述如下:

$$p = \begin{cases} 1, & f(y) \leqslant f(x) \\ e^{-(f(y)-f(x))/t}, & 其他 \end{cases} \tag{4.2.6}$$

其中,$t > 0$ 为参数温度。

为了应用模拟退火算法的 Metropolis 接受准则,离散鸽群优化算法必须为参数 t 指定一个冷却策略。为了简化离散鸽群优化算法的实现,这里采用了基于列表的模拟退火算法中提出的基于列表的冷却方案思想[10]。在基于列表的冷却方案中,该算法自动确定初始温度和冷却温度。具体而言,首先创建一个温度列表,然后在每次迭代中,将列表中的最大值 $t_{\max}$ 作为当前温度 t,在公式 (4.2.6) 中使用。根据问题求解空间的拓扑结构和搜索过程 (如表 4.2 算法和表 4.3 算法所示),自适应地更新温度列表,使用表 4.1 算法创建初始温度列表,使用代价差的绝对值作为初始温度,删除一些极端值以减少噪声的干扰。

表 4.1　初始温度表创建算法

输入:len 初始温度表的长度,X 解集
输出:温度的优先级列表

1:　创建空的优先级列表 lst
2:　while lst 长度 $< 2 \times$ len, do
3:　　从 X 中随机选择一个解 X_i
4:　　使用逆算子、插入算子或交换算子生成候选解 y
5:　　将 $\|f(y) > f(X_i)\|$ 插入 lst
6:　　if y 比 X_i 更好, then
7:　　　$X_i = y$
8:　　end if
9:　end while
10:　从 lst 中移除 len/2 顶部元素
11:　从 lst 中移除 len/2 底部元素
12:　返回 lst

3. 离散鸽群优化算法的实现

表 4.2 算法描述了鸽子在每次迭代中的飞行算子, 表 4.3 算法描述了离散鸽群优化算法的伪代码。在表 4.2 算法中, 温度表用变量 total 和变量 counter 产生新的温度。如果接受较差的位置, 第 18 行计算相应的温度 t, 然后在第 19 行将其加到 total 中, 在第 20 行将相应的计数器 counter 加 1。在表 4.3 算法后期, 用 t 的平均值来更新第 23 行温度列表。在表 4.3 算法中, 输入参数 M、MG、R_0、L 分别表示鸽群的规模、最大生成量、第一阶段比率以及温度表长度。变量 fs 表示第一阶段的迭代次数, 变量 dg 用来存储下一次种群规模减小的群体, 变量 ss 用来存储剩余成功鸽子的种群大小。在离散鸽群优化算法的第二阶段, 表 4.3 算法的第 9 行和第 10 行将剩余的成功鸽群分为成功组和不成功组, 成功组至少包括 2 只鸽子。这种划分将在剩下的一半种群中保持不变, 第 11 行用于计算下一个群体规模减少的过程, 保持成功团队的最小规模为 2 的机制是保证群体中学习的榜样。在第 17 行, 鸽子在剩余的成功鸽群使用表 4.2 算法来寻找新的解决方案。在第 19 行, 不成功的鸽群会随机跟随成功的鸽群去寻找新的解。

表 4.2 飞行算法

```
1:  For 每个维度 lst 在 (1, 2, 3, · · · , n), do
2:    If 鸽子 X_i 处于第一阶段, then
3:      随机选择另一只鸽子 k
4:      v_j ⇐ p_{k,j} ⊖ x_{i,j}
5:    else
6:      c_j ⇐ ⊎_{k=1}^m x_{k,j}
7:      v_j ⇐ c_j ⊖ x_{i,j}
8:    end if
9:    y ⇐ X_i ⊕ v_j
10:   p ⇐ 接受概率用公式 (4.2.6) 计算
11:   r ⇐ 范围为 [0,1) 的随机数
12:   If r ≤ p, then
13:     X_i ⇐ y
14:     If f(X_i) < f(P_i), then
15:       P_i ⇐ X_i 储存新的个体最佳位置
16:     end if
17:     If f(y) − f(X_i) > 0, then
18:       t ⇐ −() f(y) − f(X_i) / ln r
19:       total ⇐ total + t
20:       counter ⇐ counter + 1
21:     end if
22:   end if
23: end if
```

表 4.3 离散鸽群优化算法

输入：	M 鸽群大小，MG 最大生成量，R_0 第一阶段比率，L 温度表长度
输出：	最优方案

1:	$fs \Leftarrow R \times MG$
2:	$dg \Leftarrow fs + 1$
3:	$ss \Leftarrow M$
4:	初始化每个鸽子 i 的 X_i，V_i 和 P_i
5:	$\boldsymbol{g} \Leftarrow$ 最好的鸽子 P
6:	调用算法 1 创建长度为 L 的初始温度列表 lst
7:	For cg 从 1 到 MG，do
8:	If $cg = dg$, then
9:	把鸽子从最好到最差分类；
10:	$ss \Leftarrow ss/2 + 1$
11:	$dg \Leftarrow (dg + MG)/2$
12:	end if
13:	$t_{\max} \Leftarrow$ lst 中的最大值
14:	total $\Leftarrow 0$, counter $\Leftarrow 0$
15:	For i 从 1 到 M，do
16:	if $i \leqslant ss$, then
17:	使用 X_i 调用算法 2
18:	else
19:	随机选择一只成功的鸽子调用算法 2
20:	end if
21:	end for
22:	If conter > 0, then
23:	将 lst 的最大值替换为 total/counter
24:	end if
25:	$\boldsymbol{g} \Leftarrow$ 最好的鸽子 P
26:	end for
27:	Return $\boldsymbol{g}$

离散鸽群优化算法的时间复杂度分析：在四种基本运算符中，减运算符 $\ominus$ 和选择运算符 $\uplus$ 与城市号 n 无关，加运算符 $\oplus$ 可以通过两步实现。第一步是求逆、插入、交换邻居，计算的时间复杂度为 $O(1)$。第二步是创造最好的邻居，如果使用列表表示一个解，则插入算子和交换算子的时间复杂度为 $O(1)$，而逆算子的时间复杂度为 $O(n)$。因此，加运算符的最坏情况时间复杂度为 $O(n)$。由于飞行算子使用加运算符 n 次，飞行算子的时间复杂度为 $O(n^2)$。表 4.2 算法的功能是实现飞行算子，因此时间复杂度为 $O(n^2)$。表 4.3 算法的主要结构是一个嵌套循环，外环的迭代次数为最大生成量 MG，内环的迭代次数为种群大小 M。在每次内循环迭代中，调用时间复杂度为 $O(n^2)$ 的表 4.2 算法来生成邻居解。因此，离散鸽群优化算法的时间复杂度为 $O(MG \times M \times n^2)$。

4.2.2 仿真实验

为了验证离散鸽群优化算法的竞争力，这里将本算法与其他算法在 TSPLIB

的多个大规模 TSP 实例上进行了测试。在测试中，温度表的长度 L 设置为 150，第一阶段比率 R_0 为 0.4，最大迭代次数为 1000。为每个实例选择合适的种群大小，使离散鸽群优化算法具有良好的鲁棒性。种群大小 M 采用公式 (4.2.7) 进行设置，每个实例独立运行 25 次。采用平均解误差率 (percentage error of average solution, PEav) 来比较不同算法的性能，采用显著水平为 0.05 的 Wilcoxon 符号秩检验比较离散鸽群优化算法和其他算法的 PEav。结果在不同的实例集上进行了比较，并在不同的平台上对比较算法的仿真实验进行了测试。

$$M = \begin{cases} 30, & 0 < n < 2000 \\ 20, & 2000 \leqslant n < 4000 \\ 10, & 4000 \leqslant n < 50000 \\ 6, & \text{其他} \end{cases} \quad (4.2.7)$$

其中，n 为 TSP 实例所在的城市号。

在 17 个具有浮点距离的基准实例上，将 DPIO 算法与 SOS-SA[11]、HDABC[12]、D-CLPSO[13] 进行了比较。表 4.4 给出了仿真结果，其中最优结果以粗体表示。SOS-SA、HDABC、D-CLPSO 和 DPIO 算法的 PEav 平均值分别为 1.896、1.255、1.204 和 1.006。17 个实例中，DPIO 算法在 12 个实例中获得最佳 PEav，SOS-SA 算法在 3 个实例中获得最佳 PEav，HDABC 算法在 2 个实例中获得最佳 PEav。采用 Wilcoxon 符号秩检验比较 DPIO 与 SOS-SA、HDABC、D-CLPSO 算法的 PEav，DPIO 算法和 SOS-SA 算法计算得到的 R^+、R^-、p 值分别为 120、16、0.004，DPIO 算法和 HDABC 算法计算得到的 R^+、R^-、p 值分别为 120、16、0.004，DPIO 算法和 D-CLPSO 算法计算得到的 R^+、R^-、p 值分别为 119、17 和 0.005。结果表明，DPIO 算法明显优于 SOS-SA、HDABC 和 D-CLPSO 算法，DPIO 算法相对于 HDABC 算法和 D-CLPSO 算法的优势可以解释如下：与 HDABC 算法相比，第一阶段采用综合学习策略的 DPIO 算法具有更好的开发能力；与 D-CLPSO 算法相比，第一阶段使用完整列表，第二阶段使用随机选择的鸽子作为样本的 DPIO 算法具有更好的探索能力。因此，DPIO 算法可在探索和开发之间获得更好的平衡。

表 4.4　在 17 个具有浮动距离的基准实例上比较 DPIO 与 SOS-SA、HDABC 和 D-CLPSO

次数	例子	最优值	SOS-SA		HDABC	D-CLPSO	DPIO	
			PEav	时间/s	PEav	PEav	PEav	时间/s
1	Pr1002	259045	1.06	11.33	0.71	0.8	**0.533**	14.3
2	Pcb1173	56892	1.19	7.72	0.77	0.89	**0.617**	17.8
3	D1291	50801	**0.96**	10.68	1.64	1.33	1.296	19.4
4	Rl1323	270199	0.56	9.75	0.5	0.42	**0.387**	22.2
5	Fl1400	20127	**0.52**	13.04	1.29	1.19	1.069	24.6

续表

次数	例子	最优值	SOS-SA		HDABC	D-CLPSO	DPIO	
			PEav	时间/s	PEav	PEav	PEav	时间/s
6	D1655	62128	3.19	14.32	1.28	1.42	**1.031**	27.5
7	Vm1748	336556	**0.05**	16.16	0.72	0.65	0.464	34.3
8	U2319	234256	0.46	16.02	**0.26**	0.4	0.812	34.2
9	Pcb3038	137694	1.46	22.7	1.03	1.08	**0.719**	43.5
10	Fnl4461	182566	1.63	28.95	1.3	1.37	**1.092**	44.2
11	Rl5934	556045	1.83	44.21	1.79	1.23	**1.049**	48.7
12	Pla7397	23260728	2.32	87.31	**1.47**	1.55	1.481	110.5
13	Usa13509	19982859	7.09	276.91	1.57	1.46	**1.174**	271.7
14	Brd14051	468385	1.8	328.00	1.45	1.46	**1.151**	304.6
15	D18512	645238	2.2	532.26	1.51	1.48	**1.143**	495
16	Pla33810	66048945	3.07	1680.3	1.81	2.1	**1.721**	1260.7
17	Pla85900	142382641	2.84	6714.0	2.23	1.64	**1.371**	5100.3
	平均值		1.896	577.27	1.255	1.204	**1.006**	463.15

在整数距离的基准实例上,将 DPIO 算法与 ESACO[14]、MAS[15] 和 SOM[16]
算法进行了比较。表 4.5 给出了仿真对比结果,采用 Wilcoxon 符号秩检验比较
DPIO 算法与 ESACO、MAS 和 SOM 算法的 PEav 值。

表 4.5 在 33 个具有整数距离的基准实例上比较 DPIO 与 ESACO、
MAS 和 SOM

次数	例子	最优值	ESACO		MAS		SOM		DPIO	
			PEav	时间/s	PEav	时间/s	PEav	时间/s	PEav	时间/s
1	Dsj1000	18659688	—	—	1.928	139.21	6.46	38.32	**0.388**	16.6
2	Pr1002	259045	0.179	22.39	**0.062**	158.21	4.78	34.85	0.51	14.1
3	U1060	224094	—	—	0.554	170.14	5.12	42.46	**0.374**	15.3
4	Vm1084	239297	—	—	0.657	146.35	5.86	42.83	**0.327**	17.4
5	Pcb1173	56892	—	—	**0.242**	179.29	7.5	44.08	0.392	17.8
6	D1291	50801	—	—	0.679	296.67	9.66	50.99	**0.668**	19.3
7	Rl1304	252948	—	—	**0.047**	187.9	10	49.15	0.313	21.5
8	Rl1323	270199	—	—	0.52	149.88	9.45	51.58	**0.408**	22
9	Nrw1379	56638	—	—	1.234	200.86	4.61	50.26	**0.519**	23.2
10	Fl1400	20127	—	—	1.019	175.78	4.32	146.59	**0.419**	24.5
11	U1432	152970	—	—	**0.335**	263.17	5.02	60.49	0.388	23.9
12	Fl1577	22249	0.197	29.03	0.358	344.58	17.46	67.21	**0.178**	25.3
13	D1655	62128	—	—	**0.356**	236.61	9.6	62.13	0.369	27.2
14	Vm1748	336556	—	—	0.647	286.03	6.68	83.04	**0.454**	33.8
15	U1817	57201	—	—	1.304	326.94	9.68	78.14	**0.561**	30.3
16	Rl1889	316536	—	—	**0.154**	241.81	9.54	80.64	0.688	36.6
17	D2103	80450	—	—	0.514	286.63	19.15	82.81	**0.145**	23.8
18	U2152	64253	—	—	**0.799**	500.88	10.43	90.35	0.838	25.9
19	U2319	234256	—	—	**0.381**	336.51	1.72	119.61	0.838	34.1
20	Pr2392	378032	—	—	**0.319**	377.95	7.04	100.96	0.612	29.7
21	Pcb3038	137694	—	—	—	—	7.88	122.04	**0.624**	43.7
22	Fl3795	28772	**0.388**	74.58	—	—	16.13	243.26	1.52	67.3
23	Fnl4461	182566	**0.482**	120.39	—	—	5.62	206.4	0.961	44.1
24	Rl5915	565530	**0.602**	135.58	—	—	12.94	290.99	1.005	63.1
25	Rl5934	556045	—	—	0.257		13.02	298.97	1.041	68.7
26	Pla7397	23260728	**0.553**	133.71	2.099	—	10.19	426.44	1.441	113.6
27	Rl11849	923288	**0.764**	359.88	4.724	—	11.49	771.38	1.062	299.4
28	Usa13509	19982859	**1.062**	571.38	4.675	—	7.62	987.06	1.168	318.3

续表

次数	例子	最优值	ESACO		MAS		SOM		DPIO	
			PEav	时间/s	PEav	时间/s	PEav	时间/s	PEav	时间/s
29	Brd14051	469388	1.217	426.56	—	—	6.18	912.13	**1.051**	347.7
30	D15112	1573084	1.03	485.46	4.049	—	5.95	1126.5	**0.984**	522.1
31	D18512	645244	1.227	427.78	—	—	6	1302.5	**1.049**	569.2
32	Pla33810	66050535	—	—	—	—	13.23	2992.88	**1.726**	1385.1
33	Pla85900	142383704	—	—	—	—	10.94	15646.25	**1.378**	5279.1
	平均值		0.700	253.3	1.117	250.3	8.826	809.2	0.739	291.0

在表 4.5 中 11 个基准实例上，DPIO 算法和 ESACO 算法的 PEav 平均值分别为 0.993 和 0.700，DPIO 算法和 ESACO 算法的平均运行时间分别为 216.7s 和 253.3s。DPIO 算法在 4 个实例中获得更好的 PEav，ESACO 算法在 7 个实例中获得更好的 PEav。对于 DPIO 算法和 ESACO 算法，计算得到的 R^+、R^-、p 值分别为 43、12、0.06，表明 ESACO 算法与 DPIO 算法之间没有显著差异。其中 DPIO 算法在三个最大的实例上获得了更优的结果，这意味着 DPIO 算法比 ESACO 算法具有更好的可伸缩性。

在 25 个基准实例上比较了 DPIO 算法与 MAS 算法的性能。DPIO 算法和 MAS 算法的平均 PEav 分别为 0.603 和 1.117，平均运行时间分别为 24.1s 和 250.3s。DPIO 算法能够在 15 个实例中获得更好的 PEav 值，MAS 算法在 10 个实例中获得更好的 PEav 值。虽然 DPIO 算法和 MAS 算法在 PEav 上没有显著差异，但 DPIO 算法的运行时间远少于 MAS 算法。

在 33 个测试实例上，对 DPIO 算法与 SOM 算法进行了比较。DPIO 算法和 SOM 算法的平均 PEav 分别为 0.739 和 8.826，平均运行时间分别为 291.0s 和 809.2s。在所有实例中，DPIO 算法均比 SOM 算法好。对于 DPIO 算法和 SOM 算法，计算得到的 R^+、R^-、p 值分别为 528、0 和 5.4×10^{-7}，表明 DPIO 算法明显优于 SOM 算法。

在 10000 多个城市的旅行商问题算例上测试了 10 种新型元启发式算法，并与 DPIO 算法进行了比较。这些元启发式算法包括 GA-EAX (GA using edge assembly crossover)[17]，HBMO (honey bees mating optimization)[18]，ASA-GS(adaptive SA with greedy search)[19]，MSA-IBS (multiagent SA with instance-based sampling)[20]，LBSA (list-based SA)[10]，EHS (evolutionary harmony search)[21]，AHSA-TS (adaptive hybrid SA-tabu search)[22]，SSA (swarm SA)[23]，TSHACO (two-stage hybrid swarm intelligence optimization)[24]，PCGA (permutation-coded genetic algorithm)[25]。表 4.6 给出了 DPIO 算法与元启发式算法的对比结果，其中，T 列表示城市之间的距离类型，I 和 F 分别表示整型和浮点型，N 列表示总的实例数，Dims 列表示最小和最大实例的城市编号，PEav 列和 PEav1 列分别表示比较算法和 DPIO 算法的 PEavs，Time 列和 Time1 列分别表示比较算法和

DPIO 算法的运行时间。Wilcoxon 符号秩检验结果表明，除 GA-EAX 和 HBMO 外，DPIO 算法显著优于其他 8 种元启发式算法。另外使用 Wilcoxon 符号秩检验比较 GA-EAX 和 HBMO 的性能，计算得到的 R^+、R^-、p 值分别为 395、133 和 0.04。表明 GA-EAX 明显优于 HBMO，但在三个最大的旅行商问题算例上，GA-EAX 的运行时间成本比 HBMO 高得多。GA-EAX 算子和 HBMO 算子都通过旅行商问题算例的特征得到了极大的增强，这表明将旅行商问题算例的特征嵌入算子中是提高元启发式求解旅行商问题性能的有效途径。

表 4.6 DPIO 算法与 10 种新型算法进行比较

次数	算法	T	N	Dims	PEav	Time/s	PEav1	Time1/s	R^+	R^-	p 值
1	GA-EAX	I	33	[1000, 85900]	0.052	4961.9	0.739	291.0	513	15	2.10×10^{-6}
2	HBMO	I	33	[1000, 85900]	0.076	251.4	0.739	291.0	528	0	5.40×10^{-7}
3	ASA-GS	F	17	[1002, 85900]	3.317	1321.6	1.006	463.2	136	0	2.93×10^{-4}
4	MSA-IBS	I	17	[1002, 85900]	1.412	580.3	0.853	491.9	125	11	1.93×10^{-3}
5	LBSA	I	17	[1002, 85900]	1.467	577.9	0.853	491.9	135	1	3.52×10^{-4}
6	EHS	I	17	[1002, 85900]	1.732	239.7	0.853	491.9	131	5	7.13×10^{-4}
7	AHSA-TS	I	20	[1002, 18512]	1.402	431.8	0.666	91.7	186	4	1.63×10^{-4}
8	SSA	I	12	[318, 33810]	1.083	145.5	0.521	159.0	66	0	2.22×10^{-3}
9	TSHACO	I	12	[318, 33810]	3.871	—	0.521	159.0	66	0	2.22×10^{-3}
10	PCGA	I	13	[318, 18512]	4.588	2345.8	0.577	151.6	78	0	1.47×10^{-3}

4.3 二进制鸽群优化

多维背包问题 (multi-dimensional knapsack problem, MKP) 是一类复杂的经典优化问题，在工程和科学领域有许多实际应用。针对 0-1 多维背包问题，本节介绍一种改进二进制鸽群优化 (modified binary pigeon-inspired optimization, 改进 BPIO) 算法[26]。在 BPIO 算法基础上，将地标算子与交叉算子相结合，提高了解空间的多样性。利用 operations research(OR) 库中的 MKP 基准对改进二进制鸽群优化算法的性能进行测试。

4.3.1 算法设计

多维背包问题由 m 个背包和 m 个容量 $c = \{c_i | i = 0, \cdots, m-1\}$ 以及 n 个实体的集合 $e = \{e_i | i = 0, \cdots, n-1\}$ 组成。二进制变量 $\boldsymbol{X}_i (i = 0, 1, \cdots, n-1)$ 与选择的物品相对应，从而携带在 m 个背包里。如果实体 i 在背包中，则 $\boldsymbol{X}_i$ 的值为 1，否则为 0。每个项目 e_i 具有一个相关利润 $P_i \geqslant 0$ 和每个背包 j 的重量 $W_{ij} \geqslant 0$。其优化目标是通过最大化利润 P_i 乘以二元变量 $\boldsymbol{X}_i$ 的总和，找到 n 个实体的最佳组合，具体表示如下：

$$\max \left(\sum_{i=0}^{n-1} P_i \times \boldsymbol{X}_i \right) \tag{4.3.1}$$

每个背包的容量约束为 $C_j \geqslant 0$。因此，$\boldsymbol{X}_i$ 的值乘以 W_{ij} 的总和必须小于等于 $C_j^{[27]}$，即

$$\sum_{i=0}^{m-1}\left(W_{ij} \times \boldsymbol{X}_i\right) \leqslant C_j \tag{4.3.2}$$

Step 1 初始化参数

改进 BPIO 算法的初始化参数包括种群大小、地图和指南针算子、最大迭代次数等[28]，多维背包问题初始化参数包括背包数量、容量、项目集和约束条件等。在改进 BPIO 算法的搜索过程中，利用公式 (4.3.1) 和公式 (4.3.2) 中的代价函数对每只鸽子位置进行评估。

Step 2 初始化鸽子内存

鸽子内存 (pigeons memory, PM) 被称为内存空间大小的分配，其中每行包含一个解向量，表示多维背包问题解决方案，具体如下式：

$$\mathrm{PM}=\left[\begin{array}{cccc} x_1(1) & x_1(2) & \cdots & x_1(N) \\ x_2(1) & x_2(2) & \cdots & x_2(N) \\ \vdots & \vdots & \ddots & \vdots \\ x_{PN}(1) & x_{PN}(2) & \cdots & x_{PN}(N) \end{array}\right]\left[\begin{array}{c} f(\boldsymbol{X}_1) \\ f(\boldsymbol{X}_2) \\ \vdots \\ f(\boldsymbol{X}_{PN}) \end{array}\right] \tag{4.3.3}$$

鸽子内存中的鸽子使用 0-1 二进制进行表示，因此待优化问题的解可采用 n 位二进制字符串表示，其中 n 为多维背包问题中变量的个数，第 i 条路径的值为 0 或 1 分别表示多维背包问题解中是 0 或 1。图 4.1 显示了搜索空间中每只鸽子 (即解) 的二进制表示。

i	0	1	2	3	4	$\cdots$	$n-1$
Y_i	0	1	0	1	1	$\cdots$	0

图 4.1　多维背包问题解二进制表示

在某些情况下，基于上述步骤生成的解决方案可能是不可行的。因此，为避免使用这一类型解，此处采用了惩罚函数，适应度函数可设计为

$$\mathrm{fitness}(S)=\sum_{i=1}^{n} p_i s[i] \times \mathrm{Pen}[i] \tag{4.3.4}$$

其中，Pen 为不可行解的惩罚代价。

通过鸽子种群 (即解决方案种群) 的路径和速度随机初始化，对每只鸽子的适应度值进行评估，并根据适应度值 (即 $f(\boldsymbol{X}_1) \geqslant f(\boldsymbol{X}_2) \geqslant \cdots \geqslant f(\boldsymbol{X}_{PN})$) 在鸽子内存中升序排列，得到全局最优路径。

Step 3　激活地图和指南针算子

每只鸽子根据个体最佳位置改变其飞行方向，或向全局最佳路径方向移动来搜索解空间。重复探索解空间的过程，直到达到地图和指南针算子的最大迭代次数。

Step 4　激活地标算子

根据鸽子的代价函数值进行排序，进而确定鸽群中心位置，代价函数值低的鸽子将向代价函数值最高的鸽子移动。此处利用进化计算中的交叉概念使解空间多样化，从而防止过早收敛。整合交叉概念的过程如下所述。

交叉算子是进化计算的一个典型组成部分，通过在种群中产生新个体来引入多样性元素。交叉的主要操作是把两个个体的性状进行结合，以产生一个或两个新的个体。在改进 BPIO 算法中，交叉算子在鸽子中心确定后立即嵌入地标算子中。在这个步骤中，从代价函数值高的鸽子和代价函数值最低的鸽子中随机挑选两只鸽子。然后，从优良鸽子中随机选取元素，与代价函数值最低的鸽子进行相应元素互换，并在第二只鸽子中以相同的顺序放置。如果任何一个背包由于增加了从另一个父鸽添加的新元素而超过容量，该元素的值变为零。如果新鸽子的适应度成本优于或等于适应度成本最低的鸽子，则新鸽子被接纳入群，从而使搜索多样化，然后存储最佳路径和适应度值。重复此阶段的搜索过程，直到达到地标算子的最大迭代次数。

Step 5　记录种群中最优鸽子

记录最佳鸽子的位置、速度和最佳适应度值。重复 Step 2～ Step 4，直到满足停止标准，即达到最大迭代次数。

如表 4.7 所示，改进 BPIO 算法的时间复杂度为 $O(\text{MIN} \times C_R \times MC_R \times d)$，算法中对时间复杂度要求较高的为 Step 3，计算时间较长。

表 4.7　改进 BPIO 算法时间复杂度

	步骤	时间复杂度
1	Step 2: 初始化 BPIO 的种群	$O(d \times P_N)$
2	Step 3: 激活地图和指南针算子	$O(P_N \times MC_R \times N_{c1_{\max}})$
3	Step 4: 使用交叉算子激活地标算子	$O(C_R \times P_N \times N_{c2_{\max}})$
4	Step 5: 记住最优的鸽子位置	$O(P_N)$
5	停止条件	$O(\text{MIN} \times C_R \times MC_R \times d)$

4.3.2　仿真实验

从 OR 库中获得的多维背包问题基准用于评估改进 BPIO 算法，包含一个小数据集和两个大数据集，即 MKNAP 1、MKNAPCB 1 和 MKNAPCB 4，其特征如表 4.8 和表 4.9 所示。在表 4.8 中，第一列为问题索引，第二列为问题规模，即对象的数量，第三列为背包维度数量。表 4.9 提供了问题实例 MKNAPCB 1 和

MKNAPCB 4 的特征，其中第 1 列和第 2 列分别表示 MKNAPCB 1 的问题实例
名和问题规模，第 3 列和第 4 列分别表示 MKNAPCB 4 的实例名和问题规模。

表 4.8　MKNAP 1 问题实例特征

实例 S_p	n	M
1	6	10
2	10	10
3	15	10
4	20	10
5	28	10
6	39	5
7	50	5

表 4.9　MKNAPCB 1 和 MKNAPCB 4 实例的特征

问题实例	问题规模	问题实例	问题规模
MKNAPCB 1	5.100.01	MKNNAPCB 4	10.100.01
	5.100.02		10.100.02
	5.100.03		10.100.03
	5.100.04		10.100.04
	5.100.05		10.100.05
	5.100.06		10.100.06
	5.100.07		10.100.07
	5.100.08		10.100.08
	5.100.09		10.100.09
	5.100.10		10.100.10

　　将改进 BPIO 算法产生的结果与在相同多维背包问题基准上工作的其他算法进
行比较，包括二进制杜鹃 (布谷鸟) 搜索 (binary cuckoo search, BCS) 算法[29]、带有
惩罚函数的标准二进制粒子群优化 (standard binary particle swarm optimization
with penalty function, PSO-P) 算法[30]、量子启发杜鹃搜索 (quantum inspired
cuckoo search algorithm, QICSA)[31] 和二进制鸽群优化 (BPIO) 算法[32]。在多维
背包问题基准测试的实例中，改进 BPIO 算法的性能与其他算法相当 (表 4.10)。

表 4.10　改进 BPIO 和其他比较方法取得的最佳结果

数据集	实例	已知最佳结果	BCS	PSO-P	QICSA	BPIO	改进 BPIO
MKNAP 1	1	3800	3800	3800	3800	3800	3800
	2	8706.1	8706.1	8706.1	8706.1	8706.1	8706.1
	3	4015	4015	4015	4015	4015	4015
	4	6120	6120	6120	6120	6120	6120
	5	12400	12400	12400	12400	12400	12400
	6	10618	10618	10618	10618	10604	10604
	7	16537	16537	16537	16537	16508	16518

此外，表 4.11 给出了改进 BPIO 算法与其他对比算法的比较结果。显然，改进 BPIO 算法对两个数据集的所有问题实例都能得到可行的解决方案。此外，与之前的方法相比，该方法在 MKNPACB 1 数据集的 10 个实例中有 9 个获得了最佳结果。在另外一个实例中 (即 MKNAPCB 1 5.100.10)，BPIO 算法获得了最优的结果。同样，在 MKNAPCB 4 数据集的 10 个实例中，改进 BPIO 算法在 7 个实例中排名第一。这表明，改进 BPIO 算法的地标算子有助于算法更好地在解空间中进行导航以获得优异解。

表 4.11 改进 BPIO 与其他对比算法取得的最佳结果

数据集	实例	已知最佳结果	BCS	PSO-P	QICSA	BPIO	改进 BPIO
	5.100.01	24381	23510	22525	23416	23494	23624
	5.100.02	24274	22938	22244	22880	23227	23642
	5.100.03	23551	22518	21822	22525	22942	23128
	5.100.04	23534	22677	22057	22727	22895	23312
MKNAPCP 1	5.100.05	23991	23232	22167	22854	23502	23512
	5.100.06	24613	—	—	—	23725	24026
	5.100.07	25591	—	—	—	24746	25016
	5.100.08	23410	—	—	—	22717	22915
	5.100.09	24216	—	—	—	23566	23648
	5.100.10	24411	—	—	—	24082	24031
	10.100.01	23064	21841	20895	21796	22237	22728
	10.100.02	22801	21708	20663	21348	22203	22040
	10.100.03	22131	20945	20058	20961	21614	21436
	10.100.04	22772	21395	20908	21377	22236	22325
MKNAPCP 4	10.100.05	22751	21453	20488	21251	22157	21973
	10.100.06	22777	—	—	—	21304	22046
	10.100.07	21875	—	—	—	21813	21465
	10.100.08	22635	—	—	—	21644	21915
	10.100.09	22511	—	—	—	22061	22239
	10.100.10	22702	—	—	—	21806	22125

4.4 广义鸽群优化

"探索" 和 "开发" 能力是影响仿生群体智能优化算法性能的两个主要因素 [33]，基本鸽群优化算法在搜索过程的收敛速度较快，但其小于零的适应度值没有定义。本节介绍一种广义鸽群优化 (generalized pigeon-inspired optimization, GPIO) 算法模型，以进一步提高基本鸽群优化算法的开发能力 [34]。

4.4.1 算法设计

广义鸽群优化算法提出了三个修正算子来提高基本鸽群优化算法的优化能力，修正算子包括广义拓扑结构、广义映射函数和简化地标算子。

1. 广义拓扑结构

在基本鸽群优化算法的地图和指南针算子中，群体具有全局星形结构，即所有个体都被引导到全局最优。具有全局星形结构的算法具有较快的收敛速度，但个体很容易在局部最优状态中"卡住"。在地图和指南针算子中，前次迭代中的速度对下次迭代的影响随着 R 的增加而减小。为了平衡搜索算法的探索和开发能力，在广义鸽群优化算法中嵌入了不同的拓扑结构。第一种是所有个体相互连接的全局星形结构；第二种是局部环结构，其中每个个体在种群中仅有两个邻居。利用不同的拓扑结构，将位置更新方程修正为

$$V_i^t = V_i^{t-1} \cdot \mathrm{e}^{-R \times t} + \mathrm{rand} \cdot \left(X_{\mathrm{n}} - X_i^{t-1} \right) \tag{4.4.1}$$

其中，X_{n} 为当前鸽子邻居的最优位置。

2. 广义映射函数

映射函数可以将适应度值 $f(X_i)$ 映射到基本鸽群优化算法中地标算子的权重 $F(X_i)$。基本鸽群优化算法只定义了 $f(X_i) \geqslant 0$ 的情况，对群体中的所有个体来说，若 $\forall f\left(X_i^{t-1}\right) \geqslant 0$，那么 $F\left(X_i^{t-1}\right)$ 定义为

$$F\left(X_i^{t-1}\right) = \frac{1}{f\left(X_i^{t-1}\right) + \varepsilon} \quad \text{（最小化问题）} \tag{4.4.2}$$

$$F\left(X_i^{t-1}\right) = f\left(X_i^{t-1}\right) \quad \text{（最大化问题）} \tag{4.4.3}$$

定义一个广义映射函数来提高鸽群优化算法的泛化能力，若 $\exists f\left(X_i^{t-1}\right) < 0$，那么 $F\left(X_i^{t-1}\right)$ 定义为

$$F\left(X_i^{t-1}\right) = \frac{1}{\mathrm{fit}\left(X_i^{t-1}\right) + \left|\mathrm{fit}\left(X_{\mathrm{min}}^{t-1}\right)\right| + \varepsilon} \quad \text{（最小化问题）} \tag{4.4.4}$$

$$F\left(X_i^{t-1}\right) = f\left(X_i^{t-1}\right) + \left|f\left(X_{\mathrm{min}}^{t-1}\right)\right| \quad \text{（最大化问题）} \tag{4.4.5}$$

其中，$\left|f\left(X_{\mathrm{min}}^{t-1}\right)\right|$ 为当前群体在第 $t-1$ 次迭代中的最小适应度值。

3. 简化地标算子

在基本鸽群优化算法中，每次迭代都会动态减少种群的数量。为了简化地标算子，它可设置为搜索过程中的固定值，这个值被定义为群体规模的一半，如下所示：

$$N_{\mathrm{p}}^t = \frac{N_{\mathrm{p}}}{2} \tag{4.4.6}$$

与基本鸽群优化算法相比，剩余个体的数量在公式 (4.4.6) 中仅计算一次。

4.4.2 仿真实验

采用三种鸽群优化算法变型求解 11 个单目标优化基准问题和 8 个多模态优化基准函数,包括基本鸽群优化算法、地图和指南针算子中具有局部环形结构的广义鸽群优化 (GPIO with ring structure, PIOr) 算法和具有环形结构并简化地标算子的广义鸽群优化 (GPIO with ring structure and simplified landmark operator, PIOrs) 算法。

1. 单目标优化

1) 参数设置和基准函数

实验选择六个单峰基准函数和五个多峰基准函数 (表 4.12),所有测试函数的维数均为 20, $f_{\min}$ 表示函数的最小值。为了确保统计结果的合理性,三种鸽群优化算法的迭代次数和参数设置均相同,所有函数均运行 50 次以比较不同方法性能。在所有实验中,鸽群规模为 100,算子 $R = 0.2$,地图和指南针算子的最大迭代次数 $N_{c1_{\max}} = 900$,地标算子的最大迭代次数 $N_{c2_{\max}} = 100$。

表 4.12　11 个基准函数

函数名称	测试函数	维度 n	搜索空间	$f_{\min}$
Sphere	$f_1(x) = \sum\limits_{i=1}^{n} x_i^2 + \text{bias}_1$	20	$[-100, 100]^n$	-450.0
Schwefel's P2.22	$f_2(x) = \sum\limits_{i=1}^{n} |x_i| + \prod\limits_{i=1}^{n} |x_i|$	20	$[-10, 10]^n$	-330.0
Schwefel's P1.2	$f_3(x) = \sum\limits_{i=1}^{n} \left(\sum\limits_{k=1}^{i} x_k \right)^2$	20	$[-100, 100]^n$	-450.0
Step	$f_4(x) = \sum\limits_{i=1}^{n} (|x_i + 0.5|)^2$	20	$[-100, 100]^n$	330.0
Quadric Noise	$f_5(x) = \sum\limits_{i=1}^{n} i x_i^4 + \text{random}[0, 1)$	20	$[-1.28, 1.28]^n$	-450.0
Rosenbrock	$f_6(x) = \sum\limits_{i=1}^{n} \left[100 \left(x_{i+1} - x_i^2 \right)^2 + (x_i - 1)^2 \right]$	20	$[-10, 10]^n$	-330.0
Rastrigin	$f_7(x) = \sum\limits_{i=1}^{n} \left[x_i^2 - 10\cos(2\pi x_i) + 10 \right]$	20	$[-5.12, 5.12]^n$	120.0
Noncontinuous Rastrigin	$f_8(x) = \sum\limits_{i=1}^{n} \left[y_i^2 - 10\cos(2\pi y_i) + 10 \right]$ $y_i = \begin{cases} x_i, & |x_i| < \dfrac{1}{2} \\ \dfrac{\text{round}(2x_i)}{2}, & |x_i| \geqslant \dfrac{1}{2} \end{cases}$	20	$[-5.12, 5.12]^n$	330.0
Ackley	$f_9(x) = -20\mathrm{e}^{-0.2\sqrt{\frac{1}{n}\sum\limits_{i=1}^{n} x_i^2}} -\mathrm{e}^{-\frac{1}{n}\sum\limits_{i=1}^{n} \cos(2\pi x_i)} + 20 + e$	20	$[-32, 32]^n$	-330.0
Griewank	$f_{10}(x) = \dfrac{1}{4000} \sum\limits_{i=1}^{n} x_i^2 - \prod\limits_{i=1}^{n} \cos\left(\dfrac{x_i}{\sqrt{i}} \right) + 1$	20	$[-600, 600]^n$	-450.0

函数名称	测试函数	维度 n	搜索空间	$f_{\min}$
Generalized Penalized	$\begin{aligned} f_{11}(x) &= \frac{\pi}{n}\Big\{ 10\sin^2(\pi y_1) + \sum_{i=1}^{n-1}(y_i-1)^2 \\ &\quad \times\big[1+10\sin^2(\pi y_{i+1})\big] + (y_n-1)^2 \Big\} \\ &\quad + \sum_{i=1}^{n} u(x_i,10,100,4) \\ y_i &= 1+\frac{1}{4}(x_i+1) \\ u(x_i,a,k,m) &= \begin{cases} k(x_i-a)^m, & x_i>a \\ 0, & -a<x_i<a \\ k(-x_i-a)^m, & x_i<-a \end{cases} \end{aligned}$	20	$[-50,50]^n$	180.0

2) 实验结果与分析

表 4.13 给出了三种鸽群优化算法变型针对 11 个单目标优化问题的结果比较。其中, PIOrs 算法性能最优, 这种现象的出现主要是由于在这些测试函数中最优解位于搜索空间的中间。为了消除 "中心效应", 在实验中利用了决策空间具有移位的问题。对于所有测试函数, 最优值在每个维度上随机移动。表 4.14 给出了三种鸽群优化算法变型在具有移位优化问题上的结果比较。对于同一问题的每个算法, 表 4.14 中的仿真结果比表 4.13 中的仿真结果差。随着决策空间的转移, 寻优问题的难度增加。由表 4.14 可见, PIOrs 算法获得最优解的优化问题数目仍然是最多的。此外, 除函数 f_7 外, 它对所有问题的标准偏差最小, 这表明 PIOrs 算法在求解问题上具有稳定性。基本鸽群优化算法在多个测试问题上都取得了较好的效果, 但对于同一问题, 在不同的运行阶段, 其解并不稳定。因此, 环结构和简化地标算子增强了鸽群优化算法的开发能力, 算法更易实施。因此, 广义鸽群优化算法, 即 PIOrs 算法比基本鸽群优化算法具有更好的综合求解性能。

表 4.13　目标空间中有移位的 11 个单目标优化问题结果比较

函数	min	PIO 算法			PIOr 算法			PIOrs 算法		
		最优	平均	标准偏差	最优	平均	标准偏差	最优	平均	标准偏差
f_1	-450.0	-449.9545	-129.8536	154.598	-449.9975	-338.0024	56.1273	-450	$\mathbf{-450}$	0
f_2	-330.0	-329.9734	-322.8629	2.5067	-329.9716	-327.9311	0.6183	-330	$\mathbf{-330}$	0
f_3	-450.0	-449.5960	1597.0869	1029.19	-449.9550	-291.8497	75.6135	-450	$\mathbf{-450}$	0
f_4	330.0	332	671.04	167.3488	330	458.52	56.6440	330	$\mathbf{330}$	0
f_5	-450.0	-449.9999	-449.9436	0.03578	-449.9997	-449.9882	0.00990	-449.9999	$\mathbf{-449.9999}$	0.0001
f_6	-330.0	-329.6544	378.6816	435.908	-329.9396	9.7354	254.538	-330	$\mathbf{-330}$	0
f_7	120.0	126.2499	173.8971	14.0680	128.5750	168.7941	12.6749	120	$\mathbf{120}$	0
f_8	330.0	336.3286	373.4176	15.9409	347.1279	364.7003	12.1574	330	$\mathbf{330}$	0
f_9	-330.0	-329.9133	-324.3104	1.2418	-329.9694	-326.1617	0.9297	-330	$\mathbf{-330}$	0
f_{10}	-450.0	-449.9912	-446.0030	1.7833	-449.9658	-447.9332	0.5870	-450	$\mathbf{-450}$	0
f_{11}	180.0	181.1209	185.5914	3.6204	180.8585	182.6084	1.1359	180.2486	$\mathbf{181.008}$	0.4325

表 4.14 决策空间和目标空间中有移位的 11 个单目标优化问题结果比较

函数	min	PIO 算法			PIOr 算法			PIOrs 算法		
		最优	平均	标准偏差	最优	平均	标准偏差	最优	平均	标准偏差
f_1	−450.0	−406.6161	−82.7614	175.1069	−386.6978	**−245.5877**	87.0741	−386.8429	−235.6471	91.8911
f_2	−330.0	−326.1658	−322.4870	2.2212	−328.6017	**−327.2909**	0.8453	−328.4839	−326.9341	0.7521
f_3	−450.0	185.292	1678.981	917.004	−385.2693	−203.5297	128.7335	−389.0915	**−218.0989**	97.160
f_4	330.0	411	690.48	161.671	379	508.66	69.6211	371	**484.36**	62.9726
f_5	−450.0	−449.9892	−449.9317	0.05137	−449.9944	−449.9829	0.01096	−449.9904	**−449.9858**	0.00167
f_6	−330.0	−195.5868	337.5790	414.6021	−172.78354	73.6510	228.8222	−189.4281	**23.9319**	177.8420
f_7	120.0	145.1287	178.0790	15.5009	151.9303	168.4252	8.9956	142.7233	**168.2880**	10.1484
f_8	330.0	350.2371	371.9953	14.2346	346.6376	364.2946	10.4029	345.98563	**62.4029**	10.1492
f_9	−330.0	−326.3079	−324.1183	0.9196	−327.3391	**−325.2198**	0.78257	−326.3491	−325.1235	0.6541
f_{10}	−450.0	−448.0579	−445.6862	2.1494	−448.5219	−447.4485	0.6290	−448.4442	**−447.5527**	0.4957
f_{11}	180.0	181.5406	186.1719	3.8381	180.4898	184.1995	2.2526	180.9450	**183.4089**	1.7372

2. 多模态优化

1) 多模态优化问题

大多数为单目标优化问题设计的传统优化算法,旨在为已解决的问题找到一个全局最优解。多模态优化的目的是为解决的问题定位多个全局/局部最优值,等最大值函数可用于说明具有等全局最优值的多模态优化问题,定义为

$$f(x) = \sin^6(5\pi x) \tag{4.4.7}$$

其中,$x \in [0,1]$。公式 (4.4.7) 的解决方案如图 4.2(a) 所示,具有五个相等的全局最优解。公式 (4.4.8) 为具有一个全局最优值和多个局部最优值的多模态优化问题 (图 4.2(b))。

$$f(x) = e^{-2\log(2)\left(\frac{x-0.08}{0.854}\right)^2} \sin^6\left(5\pi\left(x^{0.75}-0.05\right)\right) \tag{4.4.8}$$

其中,$x \in [0,1]$。

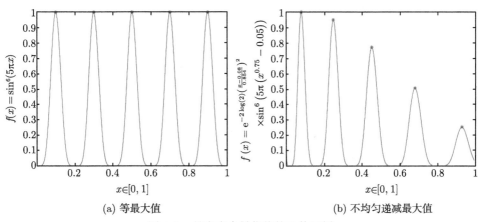

(a) 等最大值   (b) 不均匀递减最大值

图 4.2 具有多个最优值的函数示例

解决多模态优化问题通常使用两种方法：一种是具有多样性维护机制或其他特殊策略来处理问题的算法，例如物种保护策略[35]、基于局部搜索方法的生态位策略[36]、自适应精英种群[37]、邻域变异[38]和动态适应度共享策略[39]；另一种方法是将多模态优化问题转换为其他类型的优化问题，例如多目标优化问题[40-44]。

2) 算法性能标准

采用两个标准用于多模态优化中各种鸽群优化算法的性能评估[45]，即 NPF 和 PR，分别表示在多次运行中找到的全局最优的总数和在所有运行中发现的所有已知全局最优值的平均百分比，PR 的计算公式为

$$PR = \frac{\sum_{run=1}^{NR} NPF_i}{NKP \times NR} = \frac{NPF}{NKP \times NR} \tag{4.4.9}$$

其中，NPF_i 为第 i 次运行结束时找到的全局最优数；NR 为运行次数；NKP 是求解问题的已知全局最优数。

3) 参数设置和基准函数

表 4.15 中列出了 8 个多模态优化基准函数和每个测试基准函数的属性，基本鸽群优化算法和两个 GPIO 变型算法用于解决不同的多模态优化问题。在实验中采用的优化精度等级为 $\varepsilon = 1.0 \times 10^{-1}$，种群规模 $N_p = 100$，地图和指南针算子 $R = 0.2$，最大迭代次数 $N_{c1_{max}} = 450$，$N_{c2_{max}} = 50$。

表 4.15   8 个具有不同属性的基准问题

函数	函数名字	最优值 (全局/局部)	生态位半径 r	极大值	全局最优数目
f_1 (1D)	Five-Uneven-Peak Trap	2/3	0.01	200.0	2
f_2 (1D)	Equal Maxima	5/0	0.01	1.0	5
f_3 (1D)	Uneven Decreasing Maxima	1/4	0.01	1.0	1
f_4 (2D)	Himmelblau	4/0	0.01	200.0	4
f_5 (2D)	Six-Hump Camel Back	2/4	0.5	4.126513	2
f_6 (2D)	Shubert	$D \cdot 3^D$/many	0.5	186.73090	18
f_6 (3D)			0.5	2709.09350	81
f_7 (2D)	Vincent	6^D/0	0.2	1.0	36
f_7 (3D)			0.2	1.0	216
f_8 (2D)	Modified Rastrigin	$\prod_{i=1}^{D} k_i$/0	0.01	−2.0	12
f_8 (8D)	All Global Optima		0.01	−8.0	12

表 4.16 给出了三种鸽群优化算法在 8 个基准函数上的实验结果，表 4.17 给出了 8 个多模态优化问题的结果比较。根据仿真实验结果可知：基本鸽群优化算法在全局搜索能力上表现较好，但在解决方案保持能力上表现不佳。基本鸽群优化算法和广义鸽群优化算法均应增强种群多样性保持能力。为了提高广义鸽群优

化算法在解决多模态优化问题中的性能，则将广义鸽群优化算法与一些适应度共享或拥挤策略相结合是解决这个问题的创新方法。

表 4.16 8 个基准问题的峰值比结果

函数	$NKP \times NR$	PIO 算法		PIOr 算法		PIOrs 算法	
		NPF	PR	NPF	PR	NPF	PR
f_1 (1D)	100	47	0.47	96	0.96	**98**	0.98
f_2 (1D)	250	**50**	0.2	**250**	1.0	248	0.992
f_3 (1D)	50	50	1.0	**50**	1.0	**50**	1.0
f_4 (2D)	200	50	0.25	113	0.565	**123**	0.615
f_5 (2D)	100	50	0.5	79	0.79	87	0.87
f_6 (2D)	900	96	0.1067	108	0.12	**122**	0.1356
f_6 (3D)	4050	**56**	0.0138	4	0.0010	6	0.0015
f_7 (2D)	1800	50	0.0278	124	0.0689	**131**	0.0728
f_7 (3D)	10800	50	0.0046	133	0.0123	**137**	0.0127
f_8 (2D)	600	50	0.0833	**115**	0.1917	106	0.1767
f_8 (8D)	600	**25**	0.0417	6	0.01	11	0.0183

表 4.17 8 个多模态优化问题的搜索精度比较

函数	max	PIO 算法			PIOr 算法			PIOrs 算法		
		最优	平均	标准偏差	最优	平均	标准偏差	最优	平均	标准偏差
f_1 (1D)	200.0	200	197.6	9.49947	200	198.4	7.83836	200	**200**	3.63×10^{-14}
f_2 (1D)	1.0	1	1	0	1	1	0	1	1	0
f_3 (1D)	1.0	0.99999	0.99486	0.01539	0.99999	0.96464	0.02333	0.99999	**0.99993**	0.00019
f_4 (2D)	200.0	200	**199.9998**	0.00102	200	199.9994	0.001985	200	199.98760	0.06616
f_5 (2D)	4.126513	4.126513	**4.126513**	2.13×10^{-15}	4.126513	4.126495	6.57×10^{-5}	4.126513	4.126439	0.00031
f_6 (2D)	186.73090	186.73090	185.12934	9.10672	186.73090	186.66972	0.23153	**186.7309018**	6.71945	0.02876
f_6 (3D)	2709.09350	2709.09350	2292.49724	662.259	2709.08549	**2648.6407**	128.3939	2709.07613	2581.29956	256.23517
f_7 (2D)	1.0	1	**0.999999**	1.81×10^{-9}	0.999999	0.999997	1.29×10^{-5}	0.999999	0.999988	7.29×10^{-5}
f_7 (3D)	1.0	1	**0.999767**	0.001521	0.999999	0.999350	0.001283	0.999999	0.999140	0.0023559
f_8 (2D)	−2.0	−2	**−2**	2.51×10^{-16}	−2.000000	−2.000210	0.001215	−2.000000	−2.000042	0.0001644
f_8 (8D)	−8.0	−8.002924	**−8.204213**	0.24527	−8.016978	−8.281458	0.219197	−8.043111	−8.211523	0.131660

4.5 进化博弈鸽群优化

大多数鸽群优化算法的改进模型仅限于对两个独立迭代周期的单独操作，必须根据经验确定每个阶段的迭代次数[46]。另外，通过使用过渡因子合并两个独立计算过程的改进，使得两个过程之间的线性转换是以刚性模式进行的，这就引发了一个问题，即转换过程没有考虑算子和系数之间的协调分配。此外，由于算法通常用于特定的模型，内部参数依赖于待优化的问题，导致适应性差。

进化博弈论 (evolutionary game theory, EGT) 最初应用于生物领域，采用博弈数学理论描述进化现象，以解释动物冲突和策略[47-49]。EGT 向其他领域的扩展不仅是因为游戏中的规范和策略会随着时间的推移而变化，还因为群体内的互动是动态建模的，并收敛到一个稳定平衡点，即进化稳定策略 (evolutionarily stable strategy, ESS)[50]。EGT 的原理考虑了参与者和其他人的策略性能，因此将 EGT 引入动态搜索问题很可能会获得良好的结果。

这里将 EGT 引入鸽群优化算法中，利用其特性给出了鸽群双策略进化博弈，称为进化博弈鸽群优化算法 (pigeon-inspired optimization algorithm based on evolutionary game theory, EGTPIO)[51]。它通过增强算子和参数之间的协调和分配来提高基本鸽群优化算法的适应性及搜索效率，可根据具体问题自动选择鸽群优化算法的加权系数，而不是在经验区间内进行选择。

4.5.1　算法设计

在 EGTPIO 算法中，动态过程引导鸽子采取更为成功的策略，并最终达到一个稳定的状态。为了阐明这一机制，下文在 EGT 和 PIO 之间建立了类比关系：

(1) 鸽群优化算法中的鸽子个体映射为动态博弈中的博弈者；

(2) 鸽群优化算法中的地图和指南针算子、地标算子映射为博弈策略；

(3) 执行特定算子的平均成本值组合构成了收益矩阵。

设 $K = \left\{ y_i : \sum y_i = 1, i = 1, 2, y_i \geqslant 0 \right\}$ 为博弈中的状态空间，作为一个博弈者，每只鸽子有两种可能的策略。其方程为

$$\dot{y}_i = y_i(a_i y - y^{\mathrm{T}} A y) \tag{4.5.1}$$

其中，a_i 为 A 的第 i 行，收益矩阵 A 包括种群的所有适应度信息，可表示为

$$A = \begin{pmatrix} a(s_1) & \dfrac{a(s_2) + a(s_1)}{2} \\ \dfrac{a(s_1) + a(s_2)}{2} & a(s_2) \end{pmatrix} \tag{4.5.2}$$

式中，$a(s_i)$, $i \in \{1, 2\}$ 为鸽子使用策略 i 的收益。对于玩家而言，收益由成本和策略的比率组成。在迭代过程中，策略 i 的收益 $a(s_i)$ 为

$$a(s_i) = \frac{1}{t} \sum_{j=1}^{t} Y_i^j \cdot f(X^j) \tag{4.5.3}$$

其中，t 为迭代次数；Y_i^j 为进化稳定策略 (ESS)，表示引导鸽子采取不同策略的比例。

设 X_c 为中心位置，N 为鸽子数目。对于代价函数 $F(\cdot)$，更新规则可定义为

$$N(t) = N(t-1) - N_{\mathrm{dec}}$$

$$\boldsymbol{X}_{\mathrm{c}}(t) = \frac{\sum \boldsymbol{X}_i(t) \cdot F(\boldsymbol{X}_i(t))}{N \cdot \sum F(\boldsymbol{X}_i(t))}$$

其中，N_{dec} 为每次迭代中被舍弃鸽子的数量；$\boldsymbol{X}_i$ 为鸽子的位置。因此，鸽子通过如下改进公式更新速度和位置：

$$\boldsymbol{V}_i(t) = \boldsymbol{V}_i(t-1) \cdot \mathrm{e}^{-Rt} + \mathrm{rand} \cdot \mathrm{tr} \cdot y_1 \cdot (\boldsymbol{X}_{\mathrm{gbest}} - \boldsymbol{X}_i(t-1))$$

$$+ \mathrm{rand} \cdot \mathrm{tr} \cdot y_2 \cdot (\boldsymbol{X}_{\mathrm{c}}(t) - \boldsymbol{X}_i(t-1))$$

$$\boldsymbol{X}_i(t) = \boldsymbol{X}_i(t-1) + \boldsymbol{V}_i(t)$$

其中，R 为地图和指南针算子；tr 为过渡因子；$\boldsymbol{X}_{\mathrm{gbest}}$ 为当前全局最佳位置；rand 为 [0,1] 范围内的随机数；y_1 和 y_2 为动态方程 (4.5.1) 得到的一对解，根据策略的概率，在大多数情况下满足 $y_1 + y_2 \approx 1$。

EGTPIO 算法具体步骤如下：

Step 1 初始化 EGTPIO 中的参数，包括空间维数 D、鸽群规模 N、最大迭代次数 $T_{\max}$ 和鸽子的状态 (位置和速度)。

Step 2 分别采用地图和指南针算子以及地标算子进行迭代。

Step 3 通过公式 (4.5.3) 计算每只鸽子使用不同策略的收益，用于组成公式 (4.5.2) 中的收益矩阵。

Step 4 通过公式 (4.5.1) 得到进化稳定策略。

Step 5 使用 Step 4 中获得的 ESS 执行 EGTPIO 的迭代。

Step 6 如果满足收敛条件，则输出解；否则，转到 Step 1。

4.5.2 仿真实验

为了验证 EGTPIO 算法的有效性，这里采用了 IEEE CEC-2013 会议发布的 28 个最小化基准函数。为了进行比较分析，这里将鸽群优化算法的四个变型 (即 PIO、CPIO、CMPIO 和 SCPIO 算法) 与 EGTPIO 算法进行了比较 [52-54]。仿真对比实验结果表明，EGT 机制提高了算法的适应性，有助于 EGTPIO 算法跳出局部最优解。对于大多数测试函数，EGTPIO 算法能够快速获得更好的性能。从图 4.3 中 Schwefel 函数 (f_{14}) 最小值的仿真结果可以看出，EGTPIO 算法与其他方法的结果相比，保持了良好的收敛速度并收敛到全局最优。EGTPIO 算法中策略比例的初始值等于 [0.5,0.5]，随着搜索的进行，鸽子会倾向于选择一个成功的策略，鸽子会适应环境从而提升策略得到最优解。在大约 50 次迭代之后，该值变得平衡并稳定在 [0.4107,0.6095] 左右。因此一旦 ESS 存在，就没有变异策略能够干扰种群现有的动态，除非该突变策略更优。

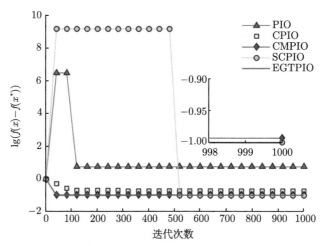

图 4.3　Schwefel 函数 (f_{14}) 平均误差收敛性比较 ($D = 10$)

　　将进化博弈理论应用于改进基本鸽群优化模型,旨在提高基本鸽群优化算法的搜索精度和效率。这种混合方法利用动态进化过程中的选择机制优化鸽群优化算法中算子的分配,使鸽子能够跟随成功个体作出智能决策。因此,EGTPIO 算法的优点主要体现在算法的强适应性上。

4.6　莱维飞行鸽群优化

　　通过群体智能优化算法进行参数调整,是控制系统参数最优化的一种有效实用的方法。莱维飞行以法国数学家保罗·皮埃尔·莱维 (Paul Pierre Lévy) 命名,指的是步长的概率分布为重尾分布的随机行走,在对随机和伪随机自然现象的测量和模拟中有广泛应用[55]。本节给出一种莱维飞行鸽群优化 (Lévy flight pigeon-inspired optimization, LFPIO) 算法,其已成功应用于舰载机自主着陆系统的控制参数优化问题[56]。

4.6.1　系统设计

1. 无人机纵向动态模型

　　以地面坐标系为惯性坐标系,以固定翼无人机为例,考虑六自由度运动模型,无人机为刚性飞行器,其质量和重心不随时间变化。根据刚体六自由度运动理论,建立无人机空间方程为

$$\left\{ \begin{array}{c} \dot{x} \\ \dot{y} \\ \dot{z} \end{array} \right\}$$

$$
= \begin{bmatrix} \cos\theta\cos\psi & \sin\theta\cos\psi\sin\phi - \sin\psi\cos\phi & \sin\theta\cos\psi\cos\phi + \sin\psi\sin\phi \\ \cos\theta\sin\psi & \sin\theta\sin\psi\sin\phi + \cos\psi\cos\phi & \sin\theta\sin\psi\cos\phi - \cos\psi\sin\phi \\ -\sin\theta & \cos\theta\sin\phi & \cos\theta\cos\phi \end{bmatrix}
$$

$$
\times \begin{Bmatrix} u \\ v \\ w \end{Bmatrix} \tag{4.6.1}
$$

无人机的运动方程为

$$
\begin{Bmatrix} \dot{\phi} \\ \dot{\theta} \\ \dot{\psi} \end{Bmatrix} = \begin{bmatrix} 1 & \sin\phi\tan\theta & \cos\phi\tan\theta \\ 0 & \cos\phi & -\sin\phi \\ 0 & \sin\phi\sec\theta & \cos\phi\sec\theta \end{bmatrix} \begin{Bmatrix} p \\ q \\ r \end{Bmatrix} \tag{4.6.2}
$$

除机体轴的重力分量外，其余三种力表示为

$$
\begin{Bmatrix} \dot{u} \\ \dot{v} \\ \dot{w} \end{Bmatrix} = g \begin{Bmatrix} -\sin\theta \\ \sin\phi\cos\theta \\ \cos\phi\cos\theta \end{Bmatrix} + \begin{bmatrix} 0 & r & -q \\ -r & 0 & p \\ q & -p & 0 \end{bmatrix} \begin{Bmatrix} u \\ v \\ w \end{Bmatrix} + \frac{1}{m} \begin{Bmatrix} F_x \\ F_y \\ F_z \end{Bmatrix} \tag{4.6.3}
$$

运动方程可表示为

$$
\begin{Bmatrix} \dot{p} \\ \dot{q} \\ \dot{r} \end{Bmatrix} = \begin{bmatrix} (c_1 r + c_2 p)q \\ c_5 pr - c_6(p^2 - r^2) \\ (c_8 p - c_2 r)q \end{bmatrix} + \begin{bmatrix} c_3\bar{L} + c_4 N \\ c_7 M \\ c_4\bar{L} + c_9 N \end{bmatrix} \tag{4.6.4}
$$

其中，$c_1 \sim c_9$ 为惯性常数：

$$
c_1 = \frac{(I_y - I_z)I_z - I_{xz}^2}{\Sigma}, \quad c_2 = \frac{(I_x - I_y + I_z)I_{xz}}{\Sigma}, \quad c_3 = \frac{I_z}{\Sigma},
$$

$$
c_4 = \frac{I_{xz}}{\Sigma}, \quad c_5 = \frac{I_z - I_x}{I_y}, \quad c_6 = \frac{I_{xz}}{I_y}, \quad c_7 = \frac{1}{I_y},
$$

$$
c_8 = \frac{I_x(I_x - I_y) + I_{xz}^2}{\Sigma}, \quad c_9 = \frac{I_x}{\Sigma}, \quad \Sigma = I_x I_z - I_{xz}^2
$$

考虑传统控制面的无人机模型，通过计算气动导数，可得到模型中的气动力和力矩，计算公式为

$$
\begin{Bmatrix} D \\ Y \\ L \end{Bmatrix} = \frac{1}{2}\rho V^2 S \begin{Bmatrix} C_{D0} + C_{D\alpha}\alpha \\ C_{Y\beta}\beta \\ C_{L0} + C_{L\alpha}\alpha + C_{L\delta_e}\delta_e \end{Bmatrix} \tag{4.6.5}
$$

$$
\left\{\begin{array}{c} \bar{L} \\ M \\ N \end{array}\right\} = \frac{1}{2}\rho V^2 S \left\{\begin{array}{c} b(C_{l\beta}\beta + C_{lp}\cdot b/2V\cdot p + C_{lr}\cdot b/2V\cdot r + C_{l\delta_{\mathrm{a}}}\delta_{\mathrm{a}} + C_{l\delta_{\mathrm{r}}}\delta_{\mathrm{r}}) \\ c(C_{m0} + C_{m\alpha}\alpha + C_{mq}\cdot c/2V\cdot q + C_{m\delta_{\mathrm{e}}}\delta_{\mathrm{e}}) \\ b(C_{n\beta}\beta + C_{lp}\cdot b/2V\cdot p + C_{lr}\cdot b/2V\cdot r + C_{n\delta_{\mathrm{a}}}\delta_{\mathrm{a}} + C_{n\delta_{\mathrm{r}}}\delta_{\mathrm{r}}) \end{array}\right\}
$$

$$(4.6.6)$$

其中，x, y, z 为位置变量；p, q, r 为角速度；u, v, w 为线速度；ϕ, θ, ψ 分别为滚转角、俯仰角、偏航角；$\bar{L}, M, N$ 分别为滚转力矩、俯仰力矩、偏航力矩；D, Y, L 分别为阻力、侧向力和升力；$\delta_{\mathrm{e}}, \delta_{\mathrm{a}}$ 和 δ_{r} 分别为升降舵偏角、副翼偏角、方向舵偏角。

2. 参考自动驾驶仪垂直速率

根据上述无人机模型，自动着舰引导系统 (automatic carrier landing system, ACLS) 的设计包含三部分：内环、进场功率补偿系统 (approach power compensation system, APCS) 和 H-Dot 自动驾驶仪。此处的自动着舰引导系统控制器与传统的比例-积分-微分 (proportional integral derivative, PID) 控制器相似，自动驾驶仪和进场功率补偿系统使用姿态角指令来控制无人机的航迹角，以消除高度误差。图 4.4 给出了自动着舰引导系统内环控制结构，通过控制俯仰角速率以实现快速动态响应。在反馈回路中引入结构滤波器和滞后导通滤波器来减小高频噪声，避免无人机的机体结构共振。

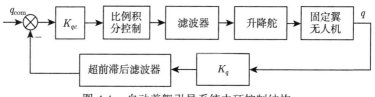

图 4.4　自动着舰引导系统内环控制结构

一般而言，无人机的速度在航母着陆时几乎保持不变。垂直速率可描述为 $\dot{h} = V\sin\gamma$，其中，V 为速度，γ 为航迹角。为了使无人机沿着降落路径飞行，对航迹角的控制可转变为对垂直速率的控制。因此，H-Dot 自动驾驶仪利用垂直速率信号作为反馈信号。为了提高阻尼比，在反馈回路中引入了垂直加速信号。由于对垂直速率的控制等价于对航迹角的控制，并且垂直速率的差值可与正常过载成正比，所以，可利用航迹角和法向过载作为对垂直速率自动驾驶仪的反馈，进而减少由直接差频引起的噪声。

3. 恒攻角进场功率补偿系统

采用进场功率补偿系统来保证无人机在一定攻角和速度下沿着舰航迹飞行。常用的进场功率补偿系统包括保持恒速结构和恒攻角结构，在恒定攻角的进场功率补偿系统控制下，航迹角能快速、准确地跟踪俯仰角。本节采用一种具有恒攻角结构的进场功率补偿系统，将四种信号作为反馈信号，即迎角、法向过载、俯仰角速率和升降舵指令。攻角设计为恒定的指令角，法向过载用于提高速度响应，俯仰角速率用于提高阻尼比，升降舵指令用于减少升降舵偏差。

4.6.2 算法设计

这里设计了两个算子来代替基本鸽群优化算法中的算子，即莱维飞行地图和指南针算子与 logsig 函数地标算子。

1. 基于莱维飞行模型的地图和指南针算子

莱维飞行已被证明是一种最好的随机游走模型，为马尔可夫过程 [57]。在游走过程中，步长呈重尾莱维分布。简化后的莱维飞行可描述为

$$L(s) \sim |s|^{-1-\delta} \tag{4.6.7}$$

其中，s 为随机步长，索引 δ 满足 $0 < \delta \leqslant 2$。当搜索未知的大范围空间时，由于莱维飞行的方差增加得更快，莱维飞行比布朗 (Brown) 运动更有效。两种方差如下：

$$\sigma_{\text{Brown}}^2(s) \sim s \tag{4.6.8}$$

$$\sigma_{\text{Levy}}^2(s) \sim s^{3-\delta}, \quad 1 < \delta \leqslant 2 \tag{4.6.9}$$

在莱维飞行中，一些解决方案执行局部搜索，而另一些则执行全局搜索，该机制可平衡多样性和收敛速度之间的关系。同时，莱维飞行可模拟一些动物的搜索行为，如鱼群、鸽群和狼群。这里，莱维飞行可用 Mantegna 算法 [58] 来实现，表示为

$$\boldsymbol{X}^t = \boldsymbol{X}_p^{t-1} + \text{step} \circ \boldsymbol{randn} \tag{4.6.10}$$

$$\text{step} = s \oplus \left(\boldsymbol{X}^{t-1} - \boldsymbol{X}_g\right) \tag{4.6.11}$$

$$s = \frac{\mu}{|v|^{1/\delta}}, \quad \delta = 1.5 \tag{4.6.12}$$

$$\mu \sim \text{N}\left(0, \sigma_\mu^2\right), \quad v \sim \text{N}\left(0, \sigma_v^2\right) \tag{4.6.13}$$

$$\sigma_\mu = \left\{ \frac{\Gamma(1+\delta)\sin(\pi\delta/2)}{\Gamma[(1+\delta)/2]\,\delta \cdot 2^{(\delta-1)/2}} \right\}^{1/\delta}, \quad \sigma_v = 1 \tag{4.6.14}$$

其中，N 为正态分布；s 为随机步长；$\boldsymbol{X}$ 为向量；$\oplus$ 表示 Hadamard 乘积；$\boldsymbol{randn}$ 为向量，其中每个元素都是服从正态分布的随机数。此外，利用精英选择策略来提高算法的局部搜索的能力，具体如下式：

$$\begin{cases} \boldsymbol{X}_p^t = \boldsymbol{X}^t, & \text{fitness}(\boldsymbol{X}^t) < \text{fitness}\left(\boldsymbol{X}_p^{t-1}\right) \\ \boldsymbol{X}_p^t = \boldsymbol{X}_p^{t-1}, & \text{fitness}\left(\boldsymbol{X}^t\right) \geqslant \text{fitness}\left(\boldsymbol{X}_p^{t-1}\right) \end{cases} \tag{4.6.15}$$

2. logsig 函数地标算子

在鸽群优化算法中，地标算子可加快算法的收敛速度。然而，该算子容易导致算法解过早收敛陷入局部最优。为了避免此问题，可采用自适应 logsig 函数[59]来调整算法的搜索步长，可定义为

$$\boldsymbol{X}_j^t = \boldsymbol{X}_{\mathrm{p},j}^{t-1} + \mathrm{Length} \cdot \boldsymbol{randn} \oplus \left(\boldsymbol{X}_{\mathrm{g}} - \boldsymbol{X}_j^{t-1}\right) \tag{4.6.16}$$

$$\mathrm{Length} = \log \mathrm{sig}\left(\frac{N_c \cdot \zeta - I}{k}\right) \tag{4.6.17}$$

其中，j 为解的维度；ζ 和 k 为 $\log \mathrm{sig}$ 函数的自适应参数；参数 ζ 决定搜索何时收敛。

垂直速率参考制导系统和进场功率补偿系统的控制增益整定可视为典型的连续空间优化问题，其目的是使自动着舰引导系统能够保持攻角不变，且垂直速率自动驾驶仪能够准确、快速地响应。从 H-dot 自动驾驶仪和进场功率补偿系统中选择 6 个需要优化的控制参数 (图 4.5 和图 4.6) 为 $X = [K_1, K_2, K_3, K_4, K_5, K_6]$。

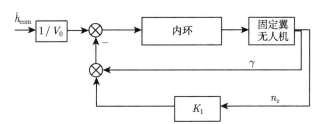

图 4.5　自动着舰引导系统外环控制结构

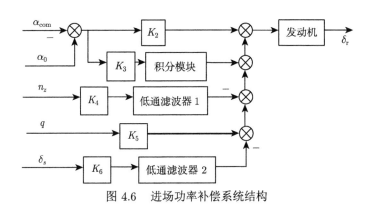

图 4.6　进场功率补偿系统结构

由于进场功率补偿系统控制系统与 H-dot 自动驾驶仪是耦合的，所以有必要同时实现两个系统的优化。根据两个系统的功能，需要在快速准确地保持垂直速

率响应的同时，消除攻角与参考指令之间的误差。基于此，此处设计了该多目标优化问题的代价函数。

第一个代价函数的目的是消除攻角和参考攻角指令之间的误差。通过计算误差绝对值的积分来实现这一目标，可定义为

$$f_1 = \int |\alpha(t) - \alpha_{\text{com}}| \, \mathrm{d}t \tag{4.6.18}$$

第二个代价函数为了使得垂直速率具有好响应。将这个问题转化为减少垂直速率和垂直速率指令之间的误差问题，可定义为

$$f_2 = \int \left| \dot{h}(t) - \dot{h}_{\text{com}} \right| \, \mathrm{d}t \tag{4.6.19}$$

由于控制参数优化是一个多目标优化问题，则采用加权法来解决这一问题。将上述两个目标函数采用不同的权重因子组合为一个代价函数：

$$f = \omega_1 f_1 + \omega_2 f_2 \tag{4.6.20}$$

其中，ω_1 和 ω_2 分别为两个适应度函数的权重因子。

基于 LFPIO 算法的自动着舰引导系统参数优化具体步骤如下：

Step 1 初始化 LFPIO 算法参数，包括空间维度 D，种群规模 N_p，最大迭代次数 $N_{c_{\max}}$，logsig 函数中的控制参数 k。此外，初始化一组随机鸽子个体。

Step 2 计算鸽子的适应度函数。每个个体的参数已在 Step 1 中进行了初始化，利用公式 (4.6.20) 计算鸽子的适应度值。

Step 3 根据公式 (4.6.10) 和公式 (4.6.11)，由莱维飞行算子生成新的鸽子。

Step 4 根据公式 (4.6.15) 更新精英个体。

Step 5 根据公式 (4.6.16) 和公式 (4.6.17)，由地标算子产生新的鸽子。

Step 6 若 N_p 只鸽子已生成，执行 Step 7；否则，执行 Step 3。

Step 7 输出当前迭代次数 t 达到 $N_{c_{\max}}$ 时的结果；否则，执行 Step 3。

4.6.3 仿真实验

许多经典的优化算法已被应用于控制参数优化领域，如差分进化 (DE) 算法和 PSO 算法。为了研究 LFPIO 算法优化自动着舰系统参数的可行性和有效性，这里在 LFPIO、DE、PSO 和基本鸽群优化算法之间开展了对比实验。种群大小、最大迭代次数均设置为 30，参数搜索范围为 0.01~3。适应度函数对比结果如图 4.7 所示，最终优化结果及适应度函数最小值如表 4.18 所示。在相同的初始适应度函数值下，LFPIO 算法的适应度函数值在对比算法中较低，PIO 算法的最终适

应度函数值高于 LFPIO 算法。结果表明，在莱维飞行模型和新 logsig 函数的作用下，PIO 算法的适应度函数值有所改善。虽然 PIO 算法和 PSO 算法在前 10 次迭代中收敛较快，但当迭代次数达到 20 次左右时，其余对比算法均陷入了局部最优解，而 LFPIO 算法可以进一步搜索，最终达到更优的适应度值。综上所述，LFPIO 算法具有更快的收敛速度和更好的全局优化能力。

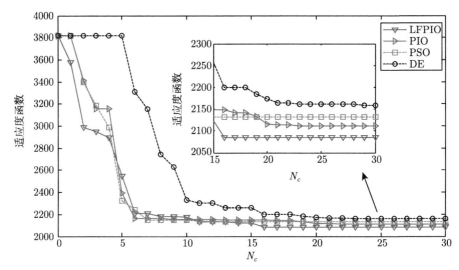

图 4.7　LFPIO 与其他优化算法代价函数结果对比

表 4.18　LFPIO 与其他优化算法优化结果对比

算法	控制参数						适应度值
	K_1	K_2	K_3	K_4	K_5	K_6	
LFPIO	0.01	1.9886	0.0393	1.4172	0.0684	1.4458	2085.88
PIO	0.01	3.00	0.01	1.7131	0.3590	0.01	2111
PSO	0.01	3.00	0.01	1.7561	0.01	0.5712	2132.7
DE	0.0162	2.1322	0.0127	1.6739	0.9499	0.1571	2158.9

4.7　多目标鸽群优化

基本鸽群优化算法的提出仅适用于单目标优化问题，为了解决更复杂的实际问题，段海滨等提出了多目标鸽群优化算法[43,60]，使其适合于求解多目标优化问题。随着目标函数数量和维度的增加，多目标鸽群优化算法的适用性将有所降低。为了克服这一局限性，本节介绍一种新型多目标鸽群优化 (pigeon-inspired optimization for multi-objective optimization problems, MPIO) 算法[61]。

4.7.1 算法设计

首先，建立一个外部存储库来存储在种群进化过程中不断生成的最佳解决方案[62]。为了克服多目标优化中帕累托排序和分解的局限性，这里采用了选择机制平衡适应度估计 (balanceable fitness estimation, BFE) 方法[63]。BFE 方法结合了每个个体的收敛距离和多样性距离，其目的是增强接近多目标优化问题 (multi-objective optimization problem, MOP) 的真实帕累托前沿 (Pareto-optimal front, PF) 的选择压力。对原始 MPIO 算法的速度更新方程进行改进，使算法适用于求解 MOP。新的速度更新方程可以提供另一个搜索方向 (如从指向鸽子的中心位置到全局最优位置的进化方向)，并产生更大的干扰。速度和位置更新如下所示：

$$
\begin{aligned}
\boldsymbol{V}_i^t =& \boldsymbol{V}_i^{t-1} \cdot \mathrm{e}^{-Rt} + r_1 \cdot r_2 \cdot \mathrm{tr} \cdot (1 - \log_T^t) \cdot (\boldsymbol{X}_\mathrm{g} - \boldsymbol{X}_i^t) \\
&+ r_3 \cdot r_4 \cdot \mathrm{tr} \cdot \log_T^t \cdot (\boldsymbol{X}_\mathrm{c} - \boldsymbol{X}_i^t) + r_5 \cdot r_6 \cdot (\boldsymbol{X}_\mathrm{g} - \boldsymbol{X}_\mathrm{c}) \\
\boldsymbol{X}_i^t =& \boldsymbol{X}_i^{t-1} + \boldsymbol{V}_i^t
\end{aligned}
\tag{4.7.1}
$$

其中，t 为当前迭代次数；T 为最大迭代次数；R 为地图和指南针算子；tr 为过渡因子；$\boldsymbol{X}_\mathrm{g}$ 为全局最佳鸽子的位置信息。全局最佳位置是通过 BFE 值从外部存储库的前 10% 中随机选取的。在 0~1 的闭区间内，设 r_1、r_3、r_5 为三个均匀分布的随机数。定义三个学习更新因子 r_2、r_4 和 r_6，具体为

$$
r_i = \begin{cases} 0, & 0 < \mathrm{rand}(\cdot) \leqslant \dfrac{1}{M} \\[2mm] 1, & \dfrac{1}{M} < \mathrm{rand}(\cdot) \leqslant 1 \end{cases}
\tag{4.7.2}
$$

其中，$\mathrm{rand}(\cdot)$ 为 [0,1] 区间中的随机数；M 为目标函数的个数。当任何学习更新因子的值为 0 时，即 $r_i = 0$，第 i 个个体的位置 $\boldsymbol{X}_i^t$ 将不会学习，因此不会更新。当 $r_i = 1$ 时，第 i 个个体的位置 $\boldsymbol{X}_i^t$ 学习并通过引入参数 M 进行更新，动态调整选择概率。

假设每只鸽子都能直接飞到目的地，$\boldsymbol{X}_\mathrm{c}$ 为一群鸽子在第 t 次迭代时位置的中心，则计算公式如下：

$$
\boldsymbol{X}_\mathrm{c} = \frac{\displaystyle\sum_{j=1}^{n_1^{\boldsymbol{X}}} S_{1j}^{\boldsymbol{X}}}{n_1^{\boldsymbol{X}}}
\tag{4.7.3}
$$

其中，根据帕累托排序方案，$S_{1j}^{\boldsymbol{X}}$ 是第一级存储库 $S_1^{\boldsymbol{X}}$ 中的第 j 个个体；$n_1^{\boldsymbol{X}}$ 是第一级存储库的存储容量。

为了进一步提高存储库中的解决方案质量，MPIO 算法采用了进化搜索策略，包括模拟二进制交叉 (simulated binary crossover, SBX) 和多项式变异 (polynomial mutation, PM)。SBX 和 PM 的使用使 MPIO 算法能够进一步完善非主导解决方案，从而使用 BFE 方法将其中一些解决方案保存在存储库中。同时，为了在存储库中保留最佳解决方案，需要更新存储库，以便能够有效地引导搜索方向，使其接近真实的概率分布。更新策略如下：生成的新解决方案将与存储库中的原始解决方案进行比较，如果新解优于原解，新解将被视为非支配解；如果原解优于新解，则将原解作为非主导解处理。按 BFE 值排序，被支配的解决方案将从存储库中删除。

4.7.2 仿真实验

为了验证 MPIO 算法的性能，这里选择了五种性能优异的算法，即 NSGA-Ⅲ[64]，GrEA[65]，HypE[66]，KnEA[67] 和 MOEA/D[68]。将这五种算法与 MPIO 算法在具有 4~10 个优化目标的 DTLZ 和 WFG 测试函数上进行比较。对于每个测试函数，每个算法进行 20 次实验。对于 MPIO 算法，过渡因子设置为 1，地图和指南针算子均设置为 0.3。

为了直观地理解优化解的分布，图 4.8 给出了分别由 MPIO 算法和其他五个 MOEA 获得的具有 8 个优化目标的 DTLZ2 实例的帕累托前沿。由 NSGA-Ⅲ、

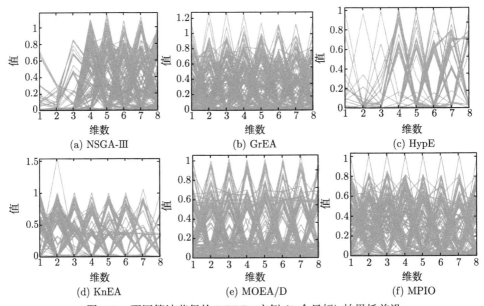

图 4.8   不同算法获得的 DTLZ2 实例 (8 个目标) 帕累托前沿

MOEA/D 和 MPIO 获得的帕累托前沿分布较好，而由 GrEA、HypE 和 KnEA 获得的帕累托前沿显示出较差的分布。而 MPIO 得到的帕累托前沿分布在两者之间，表明 NSGA-Ⅲ 和 MOEA/D 更注重多样性，而 GrEA、HypE、KnEA 更注重收敛性。因此，MPIO 算法展示了多样性和收敛性的良好平衡。

4.8 本 章 小 结

本章介绍了基本鸽群优化算法的六种典型改进模型。首先给出了基于 Metropolis 接受准则的离散鸽群优化算法模型，将基本鸽群优化算法的应用域从连续扩展到离散，然后介绍了求解多维背包问题的二进制鸽群优化算法，并给出了可提高鸽群优化算法泛化能力的广义鸽群优化算法，在多模态优化问题中表现优异。面向大规模优化问题，研究了基于进化博弈理论和基于莱维飞行的鸽群优化算法，前者能够有效提高基本鸽群优化算法的搜索精度和效率，后者能够平衡多样性和收敛速度之间的关系，最后将基本鸽群优化算法扩展到了多目标鸽群优化算法。

鸽群优化算法的改进策略很多，本章内容抛砖引玉，可为进一步改进鸽群优化算法模型、推广应用鸽群优化算法解决工程问题提供重要的灵感启发。

参 考 文 献

[1] 段海滨, 张祥银, 徐春芳. 仿生智能计算 [M]. 北京: 科学出版社, 2011.

[2] 段海滨. 蚁群算法原理及其应用 [M]. 北京: 科学出版社, 2005.

[3] 姜霞, 曾宪琳, 孙健, 等. 多飞行器的分布式优化研究现状与展望 [J]. 航空学报, 2021, 42(4): 90-105.

[4] 陈杰, 辛斌. 有人/无人系统自主协同的关键科学问题 [J]. 中国科学: 信息科学, 2018, 48(9): 1270-1274.

[5] Liu X Z, Han Y, Chen J. Discrete pigeon-inspired optimization-simulated annealing algorithm and optimal reciprocal collision avoidance scheme for fixed-wing UAV formation assembly[J]. Unmanned Systems, 2021, 9(3): 211-225.

[6] 单鑫, 王艳, 纪志成. 基于参数知识鸽群算法的离散车间能效优化 [J]. 飞行力学, 2017, 29(9): 2140-2149.

[7] Duan H B, Zhao J X, Deng Y M, et al. Dynamic discrete pigeon-inspired optimization for multi-UAV cooperative search-attack mission planning[J]. IEEE Transactions on Aerospace and Electronic Systems, 2021, 57(1): 706-720.

[8] Sun Y B, Liu Z J, Zou Y. Active disturbance rejection controllers optimized via adaptive granularity learning distributed pigeon-inspired optimization for autonomous aerial refueling hose-drogue system[J]. Aerospace Science and Technology, 2022, 124: 107528-1-16.

[9]　Zhong Y W, Wang L J, Lin M, et al. Discrete pigeon-inspired optimization algorithm with Metropolis acceptance criterion for large-scale traveling salesman problem[J]. Swarm and Evolutionary Computation, 2019, 48: 134-144.

[10]　Zhan S H, Lin J, Zhang Z J, et al. List-based simulated annealing algorithm for traveling salesman problem[J]. Computational Intelligence and Neuroscience, 2016, 1712630: 1-12.

[11]　Ezugwu A E S, Adewumi A O, Frîncu M E. Simulated annealing based symbiotic organisms search optimization algorithm for traveling salesman problem[J]. Expert Systems with Applications, 2017, 77: 189-210.

[12]　Zhong Y W, Lin J, Wang L J, et al. Hybrid discrete artificial bee colony algorithm with threshold acceptance criterion for traveling salesman problem[J]. Information Sciences, 2017, 421: 70-84.

[13]　Zhong Y W, Lin J, Wang L J, et al. Discrete comprehensive learning particle swarm optimization algorithm with metropolis acceptance criterion for traveling salesman problem[J]. Swarm and Evolutionary Computation, 2018, 42: 77-88.

[14]　Ismkhan H. Effective heuristics for ant colony optimization to handle large-scale problems[J]. Swarm and Evolutionary Computation, 2017, 32: 140-149.

[15]　Yan Y, Sohn H S, Reyes G. A modified ant system to achieve better balance between intensification and diversification for the traveling salesman problem[J]. Applied Soft Computing, 2017, 60: 256-267.

[16]　Wang H J, Zhang N Y, Créput J C. A massively parallel neural network approach to large-scale euclidean traveling salesman problems[J]. Neurocomputing, 2017, 240: 137-151.

[17]　Nagata Y, Kobayashi S. A powerful genetic algorithm using edge assembly crossover for the traveling salesman problem[J]. INFORMS Journal on Computing, 2013, 25(2): 346-363.

[18]　Marinakis Y, Marinaki M, Dounias G. Honey bees mating optimization algorithm for the Euclidean traveling salesman problem[J]. Information Sciences, 2011, 181(20): 4684-4698.

[19]　Geng X T, Chen Z H, Yang W, et al. Solving the traveling salesman problem based on an adaptive simulated annealing algorithm with greedy search[J]. Applied Soft Computing, 2011, 11(4): 3680-3689.

[20]　Wang C Y, Lin M, Zhong Y W, et al. Solving travelling salesman problem using multiagent simulated annealing algorithm with instance-based sampling[J]. International Journal of Computing Science and Mathematics, 2015, 6(4): 336-353.

[21]　Wang C Y, Lin J, Lin M, et al. Evolutionary harmony search algorithm with Metropolis acceptance criterion for travelling salesman problem[J]. International Journal of Wireless and Mobile Computing, 2016, 10(2): 166-173.

[22] Lin Y, Bian Z, Liu X. Developing a dynamic neighborhood structure for an adaptive hybrid simulated annealing-tabu search algorithm to solve the symmetrical traveling salesman problem[J]. Applied Soft Computing, 2016, 49: 937-952.

[23] Wang C Y, Lin M, Zhong Y W, et al. Swarm simulated annealing algorithm with knowledge-based sampling for travelling salesman problem[J]. International Journal of Intelligent Systems Technologies and Applications, 2016, 15(1): 74-94.

[24] Deng W, Chen R, He B, et al. A novel two-stage hybrid swarm intelligence optimization algorithm and application[J]. Soft Computing, 2012, 16(10): 1707-1722.

[25] Paul P V, Moganarangan N, Kumar S S, et al. Performance analyses over population seeding techniques of the permutation-coded genetic algorithm: an empirical study based on traveling salesman problems[J]. Applied Soft Computing, 2015, 32: 383-402.

[26] Bolaji A L, Okwonu F Z, Shola P B, et al. A modified binary pigeon-inspired algorithm for solving the multi-dimensional knapsack problem[J]. Journal of Intelligent Systems, 2021, 30: 1-14.

[27] André L, Parpinelli R S. A binary differential evolution with adaptive parameters applied to the multiple knapsack problem[C].Proceedings of Mexican International Conference on Artificial Intelligence, Tuxtla Gutiérrez, Mexico, 2014: 61-71.

[28] Shen Y K. Bionic communication network and binary pigeon-inspired optimization for multiagent cooperative task allocation[J]. IEEE Transactions on Aerospace and Electronic Systems, 2022, 58(5): 3946-3961.

[29] Gherboudj A, Layeb A, Chikhi S. Solving 0-1 knapsack problems by a discrete binary version of cuckoo search algorithm[J]. International Journal of Bio-Inspired Computation, 2012, 4(4): 229-236.

[30] Kong M, Tian P. Apply the particle swarm optimization to the multidimensional knapsack problem[C]. Proceedings of International Conference on Artificial Intelligence and Soft Computing, Zakopane, Poland, 2006: 1140-1149.

[31] Layeb A. A novel quantum inspired cuckoo search for knapsack problems[J]. International Journal of Bio-Inspired Computation, 2011, 3(5): 297-305.

[32] Bolaji A L, Babatunde B S, Shola P B. Adaptation of binary pigeon-inspired algorithm for solving multidimensional knapsack problem[C].Proceedings of International Conference on Soft Computing: Theories and Applications, Jalandhar, Punjab, India, 2018: 743-751.

[33] Duan H B, Lei Y Q, Xia J, et al. Autonomous maneuver decision for unmanned aerial vehicle via improved pigeon-inspired optimization[J]. IEEE Transactions on Aerospace and Electronic Systems, 2022, 3221691.

[34] Cheng S, Lei X J, Lu H, et al. Generalized pigeon-inspired optimization algorithms[J]. Science China Information Sciences, 2019, 62: 070211-1-3.

[35] Li J P, Balazs M E, Parks G T, et al. A species conserving genetic algorithm for multi-modal function optimization[J]. Evolutionary Computation, 2002, 10(3): 207-234.

[36] Qu B Y, Liang J J, Suganthan P N. Niching particle swarm optimization with local search for multi-modal optimization[J]. Information Sciences, 2012, 197: 131-143.

[37] Leung K S, Liang Y. Adaptive elitist-population based genetic algorithm for multi-modal function optimization[C].Proceedings of Genetic and Evolutionary Computation Conference, Chicago, IL, USA, 2003: 1160-1171.

[38] Qu B Y, Suganthan P N, Liang J J. Differential evolution with neighborhood mutation for multimodal optimization[J]. IEEE Transactions on Evolutionary Computation, 2012, 16(5): 601-614.

[39] Cioppa A D, Stefano C D, Marcelli A. Where are the niches? Dynamic fitness sharing[J]. IEEE Transactions on Evolutionary Computation, 2007, 11(4): 453-465.

[40] Song W, Wang Y, Li H X, et al. Locating multiple optimal solutions of nonlinear equation systems based on multiobjective optimization[J]. IEEE Transactions on Evolutionary Computation, 2015, 19(3): 414-431.

[41] 闫李, 李超, 柴旭朝, 等. 基于多学习多目标鸽群优化的动态环境经济调度 [J]. 郑州大学学报 (工学版), 2019, 40(4): 8-14.

[42] Wang Y, Li H X, Yen G G, et al. MOMMOP: Multiobjective optimization for locating multiple optimal solutions of multimodal optimization problems[J]. IEEE Transactions on Cybernetics, 2015, 45(4): 830-843.

[43] Huo M Z, Duan H B. An adaptive mutant multi-objective pigeon-inspired optimization for unmanned aerial vehicle target search problem[J]. Control Theory and Applications, 2020, 37(3): 584-591.

[44] Hu C F, Qu G, Zhang Y T. Pigeon-inspired fuzzy multi-objective task allocation of unmanned aerial vehicles for multi-target tracking[J]. Applied Soft Computing, 2022, 126: 109310.

[45] Li X D, Engelbrecht A, Epitropakis M G. Benchmark functions for CEC'2013 special session and competition on niching methods for multimodal function optimization[R]. Evolutionary Computation and Machine Learning Group, RMIT University, Melbourne, Australia, Tech. Rep., 2013.

[46] Huo M Z, Duan H B, Luo D L, et al. Parameter estimation for a VTOL UAV using mutant pigeon inspired optimization algorithm with dynamic OBL strategy[C].Proceedings of IEEE 15th International Conference on Control and Automation, Edinburgh, Scotland, 2019: 669-674.

[47] Smith J M, Price G R. The logic of animal conflict[J]. Nature, 1973, 246: 15-18.

[48] Smith J M. The theory of games and the evolution of animal conflicts[J]. Journal of Theoretical Biology, 1974, 47: 209-221.

[49] Yuan Y, Deng Y M, Luo S D, et al. Distributed game strategy for unmanned aerial vehicle formation with external disturbances and obstacles[J]. Frontiers of Information Technology and Electronic Engineering, 2022, 23(7): 1020-1031.

[50] Smith J M. Evolution and the Theory of Games[M]. Cambridge: Cambridge University Press, 1982.

[51] Hai X S, Wang Z L, Feng Q, et al. A novel adaptive pigeon-inspired optimization algorithm based on evolutionary game theory[J]. Science China Information Sciences, 2021, 64: 139203-1-2.

[52] 段海滨, 邱华鑫, 范彦铭. 基于捕食逃逸鸽群优化的无人机紧密编队协同控制 [J]. 中国科学: 技术科学, 2015, 45: 559-572.

[53] Yang Z Y, Duan H B, Fan Y M, et al. Automatic carrier landing system multilayer parameter design based on Cauchy mutation pigeon-inspired optimization[J]. Aerospace Science and Technology, 2018, 79: 518-530.

[54] Zhang D F, Duan H B. Social-class pigeon-inspired optimization and time stamp segmentation for multi-UAV cooperative path planning[J]. Neurocomputing, 2018, 313: 229-246.

[55] 杨之元, 段海滨, 范彦铭. 基于莱维飞行鸽群优化的仿雁群无人机编队控制器设计 [J]. 中国科学: 技术科学, 2018, 48(2): 161-169.

[56] Dou R, Duan H B. Lévy flight based pigeon-inspired optimization for control parameters optimization in automatic carrier landing system[J]. Aerospace Science and Technology, 2017, 61: 11-20.

[57] Balsamo S, Marin A. Separable solutions for Markov processes in random environments[J]. European Journal of Operational Research, 2013, 229(2): 391-403.

[58] Mantegna R. Fast, accurate algorithm for numerical simulation of Lévy stable stochastic processes[J]. Physical Review E, 1994, 49(5): 4677-4683.

[59] Zhan Z, Zhang J, Shi Y, et al. A modified brain storm optimization[C].Proceedings of IEEE World Congress on Computational Intelligence, Brisbane, Australia, 2012: 1-8.

[60] Qiu H X, Duan H B. Multi-objective pigeon-inspired optimization for brushless direct current motor parameter design[J]. Science China Technological Sciences, 2015, 58(11): 1915-1923.

[61] Cui Z H, Zhang J J, Wang Y C, et al. A pigeon-inspired optimization algorithm for many-objective optimization problems[J]. Science China Information Sciences, 2019, 62: 70212(1-3).

[62] Duan H B, Huo M Z, Shi Y H. Limit-cycle-based mutant multi-objective pigeon-inspired optimization[J]. IEEE Transactions on Evolutionary Computation, 2020, 24(5): 948-959.

[63] Lin Q Z, Liu S B, Zhu Q L, et al. Particle swarm optimization with a balanceable fitness estimation for many-objective optimization problems[J]. IEEE Transactions on Evolutionary Computation, 2018, 22(1): 32-46.

[64] Deb K, Jain H. An evolutionary many-objective optimization algorithm using reference-point-based nondominated sorting approach. Part I: solving problems with box constraints[J]. IEEE Transactions on Evolutionary Computation, 2014, 18(4): 577-601.

[65] Yang S, Li M, Liu X, et al. A grid-based evolutionary algorithm for many-objective optimization[J]. IEEE Transactions on Evolutionary Computation, 2013, 17(5): 721-736.

[66] Bader J, Zitzler E. HypE: An algorithm for fast hypervolume-based many-objective optimization[J]. Evolutionary Computation, 2011, 19(1): 45-76.

[67] Zhang X, Tian Y, Jin Y. A knee point-driven evolutionary algorithm for many-objective optimization[J]. IEEE Transactions on Evolutionary Computation, 2015, 19(6): 761-776.

[68] Zhang Q F, Li H. MOEA/D: A multiobjective evolutionary algorithm based on decomposition[J]. IEEE Transactions on Evolutionary Computation, 2007, 11(6): 712-731.

第 5 章 基于鸽群优化的任务规划

5.1 引 言

任务规划 (mission planning) 是根据系统需要完成的具体任务、系统单元数量及分工类型，对系统制定相应的任务路线，并考虑多约束进行任务分配的过程。运动体任务规划的主要目标是依据环境地理信息和执行任务的环境态势信息，综合考虑运动体的综合性能、到达时间、实际耗能、环境威胁及任务区域等多种约束条件，规划出一条或多条自出发点到目标点的最优或次优路径，保证系统单元高效、精准完成规定任务。典型运动体的任务规划场景如图 5.1 所示。

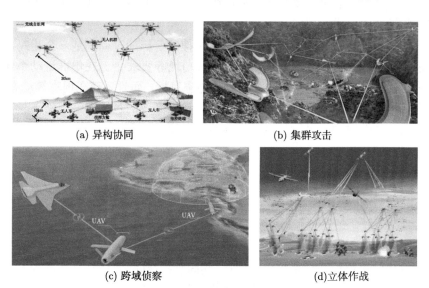

(a) 异构协同   (b) 集群攻击

(c) 跨域侦察   (d)立体作战

图 5.1 典型运动体任务规划典型场景

本章重点介绍运动体任务规划中的集群编队、避障飞行、航路规划及协同搜索等规划任务模式，并给出鸽群优化算法在典型任务模式中的应用。集群编队和避障飞行是运动体任务规划的基本能力保障，航路规划是运动体任务规划的核心功能，协同搜索是运动体任务规划的典型应用场景。

集群编队通常指智能个体自主集群编队运动的过程。多个具有自主能力的智能体按照一定结构形式进行三维空间排列，且在运动过程中可保持稳定构型，并能根据外部情况和任务需求进行队形动态调整, 以体现整个集群的协调一致性 [1]。编队过程中的个体模型需考虑惯性、内部噪声、传感器更新延迟、数据处理时延、通信局域性以及一般环境噪声等。

当运动体在复杂环境中执行任务时, 如何通过协调决策以编队形式穿越障碍环境, 是一个亟待解决的关键技术难题。传统避障方法多为集中式, 虽简单易行, 但当中心运算节点出现故障时, 该方法难以继续执行, 鲁棒性较差。分布式避障算法可克服集中式避障算法在鲁棒性上的不足, 但大多数现有分布式避障算法并未考虑集群内部个体的能力差异。集群避障目标可总体概括为: 检测到障碍后快速避开障碍, 与其他个体形成预设构型, 与障碍保持安全距离, 与其他运动体保持安全距离 [2-4]。

航路规划是以实现地形跟随、地形回避和威胁回避运动为目的的技术, 是任务规划系统的关键组成部分, 其目的是在适当的时间内为运动个体计算出最优或次优航路, 该航路能使运动个体突破敌方威胁环境, 并在完成任务目标的同时自我生存 [5]。航路规划时需要考虑地形环境、威胁信息、耗油约束、时间约束等, 并根据这些综合约束进行建模。

协同搜索是集群运动个体在复杂环境中搜索目标的过程, 是一个相对复杂的多约束优化问题, 搜索过程具有高效率和低功耗等要求 [6]。在集群运动个体搜索的不确定性环境中, 不仅存在敌方基地等静态目标, 而且还存在坦克等动态目标。需建立相应的环境模型和目标概率模型, 设计出高效的目标搜索策略, 从而提高集群运动个体针对静止目标和运动目标的协同搜索效率。

5.2　集 群 编 队

5.2.1　自适应鸽群优化集群编队

航天器编队飞行是利用多个飞行中的航天器构成一定形状的系统, 各航天器之间通过星间通信相互联系并协同工作, 共同承担空间信号的采集、处理及承载有效载荷等任务, 整个航天器群构成一个满足任务需要且规模较大的虚拟传感器或探测器。卫星集群等航天器集群自主编队飞行已被确定为未来太空任务的关键技术, 航天器集群编队对于成百上千颗航天器组成的群体, 其控制和管理尤其重要。

这里以某航天器为例, 介绍一种自适应鸽群优化 (adaptive pigeon-inspired optimization, APIO) 算法 [7]。航天器在每个离散路径点的速度变化之和被视为燃料消耗指标, 在每个离散点的碰撞概率通过无穷级数的和来计算。改进后的自适应鸽群优化算法, 在编队重构中引入了碰撞概率, 以达到比仅使用安全距离时更有效的避碰效果。

1. 任务描述

1) 航天器编队动力学建模

假设航天器在 C-W(Clohessy-Wiltshire) 系统中的初始位置由 $\boldsymbol{r}_0 = [x_0, y_0, z_0]$ 给出，C-W 系统中的速度由 $\boldsymbol{v}_0 = [u_0, v_0, w_0]$ 给出。当只考虑重力的影响时，C-W 系统中的相对位置和速度可简化为如下矩阵表达式：

$$
\begin{aligned}
\boldsymbol{r}(t) &= \phi_{rr}(t)\,\boldsymbol{r}_0 + \phi_{rv}(t)\,\boldsymbol{v}_0 \\
\boldsymbol{v}(t) &= \phi_{vr}(t)\,\boldsymbol{r}_0 + \phi_{vv}(t)\,\boldsymbol{v}_0
\end{aligned}
\tag{5.2.1}
$$

其中，C-W 矩阵为

$$
\phi_{rr}(t) = \begin{bmatrix} 4 - 3\cos nt & 0 & 0 \\ 6(\sin nt - nt) & 1 & 0 \\ 0 & 0 & \cos nt \end{bmatrix}
$$

$$
\phi_{rv}(t) = \begin{bmatrix} \dfrac{1}{n}\sin nt & \dfrac{2}{n}(1 - \cos nt) & 0 \\ \dfrac{2}{n}(\cos nt - 1) & \dfrac{1}{n}(4\sin nt - 3nt) & 0 \\ 0 & 0 & \dfrac{1}{n}\sin nt \end{bmatrix}
$$

$$
\phi_{vr}(t) = \begin{bmatrix} 3n\sin nt & 0 & 0 \\ 6n(\cos nt - 1) & 0 & 0 \\ 0 & 0 & -n\sin nt \end{bmatrix}
$$

$$
\phi_{vv}(t) = \begin{bmatrix} \cos nt & 2\sin nt & 0 \\ -2\sin nt & 4\cos nt - 3 & 0 \\ 0 & 0 & \cos nt \end{bmatrix}
$$

2) 适应度函数建模

假定航天器编队的规模为 p，每个航天器飞行路径离散后均由 D 个点 $[x_1, x_2, \cdots, x_D]$ 组成，相邻点之间飞行时间均为 T，则第 i 个航天器在第 k 个点处的相对速度增量为

$$
\Delta \boldsymbol{v}_i^k = \boldsymbol{v}_i^{k\mathrm{f}} - \boldsymbol{v}_i^{k\mathrm{i}}
\tag{5.2.2}
$$

其中，$\boldsymbol{v}_i^{k\mathrm{f}}$ 为第 i 个航天器在第 k 个点处的末状态相对速度；$\boldsymbol{v}_i^{k\mathrm{i}}$ 为第 i 个航天器在第 k 个点处的初状态相对速度。因此，以整个过程相对速度的增量作为燃料消耗的指标，则整个编队飞行路径的总燃料消耗可表示为

$$J(\boldsymbol{X}) = \sum_{i=1}^{p} \sum_{k=1}^{n} \left| \Delta \boldsymbol{v}_i^k \right| \tag{5.2.3}$$

利用无穷级数简化的碰撞概率计算方法, 可得两航天器某一时刻的碰撞概率为

$$P = \mathrm{e}^{-(v+u)} \sum_{k=0}^{\infty} \frac{v^k}{k!} \left(\mathrm{e}^u - \sum_{j=0}^{k} \frac{u^j}{j!} \right) \tag{5.2.4a}$$

仅考虑前三项进行近似计算, 截断误差忽略不计 [8], u 和 v 为无量纲参数。航天器编队飞行的总碰撞概率可定义为

$$P(\boldsymbol{X}) = \sum_{i=1}^{p-1} \sum_{j=i+1}^{p} \sum_{k=1}^{n} P_{ijk}(\boldsymbol{X}) \tag{5.2.4b}$$

其中, P_{ijk} 为第 i 个航天器与第 j 个航天器在飞行路径上第 k 个点处的碰撞概率。

自适应鸽群优化算法引入航天器编队近距离相对运动的燃料消耗和碰撞概率约束计算, 并利用惩罚函数方法构建相应的适应度函数。当碰撞概率大于允许值 $P_{\max}$ 时, 引入惩罚因子 σ, 从而将受碰撞概率的约束问题转化为无约束求极小值的问题。构造惩罚函数为

$$\tilde{P}(\boldsymbol{X}) = \sigma \left[\min \left(0, \log \frac{P_{\max}}{P(\boldsymbol{X})} \right) \right]^2 \tag{5.2.5}$$

其中, $P(\boldsymbol{X})$ 为航天器编队飞行总碰撞概率; $P_{\max}$ 为最大允许碰撞概率。增广适应度函数为

$$\mathrm{fitness}(\boldsymbol{X}) = J(\boldsymbol{X}) + \tilde{P}(\boldsymbol{X}) \tag{5.2.6}$$

为了降低问题的维度复杂度, 通过坐标转换, 以每一个航天器的起始点和终止点的连线作为新坐标系的 x 轴, 飞行路径在新坐标系的 x 坐标为 $(0, d, 2d, \cdots, (n-1)d)$, 其中 d 为单位定长, 其值只与离散的点数有关, 从而将问题转化为迭代求解 y 轴与 z 轴的两维坐标。

从 C-W 坐标系转换到新坐标系的坐标转换矩阵可表示为

$$M = \begin{bmatrix} \cos a \cos b & \sin a \cos b & \sin b & -x_0' \\ -\sin a & \cos a & 0 & -y_0' \\ -\cos a \sin b & -\sin a \sin b & \cos b & -z_0' \\ 0 & 0 & 0 & 1 \end{bmatrix} \tag{5.2.7}$$

转换矩阵为 4×4 的矩阵。由左上角 3×3 的旋转矩阵和右边 3×1 的平移矩阵组成, 其中 x_0', y_0', z_0' 表示初始点坐标经过旋转矩阵变换后的坐标。假设起始点坐标

为 $I(x_0, y_0, z_0)$，终止点坐标为 $L(x_n, y_n, z_n)$，两点之间的距离为 $D = |I - L|$，则

$$
\begin{aligned}
\cos a &= \frac{x_n - x_0}{\sqrt{(x_n - x_0)^2 + (y_n - y_0)^2}} \\
\sin a &= \frac{y_n - y_0}{\sqrt{(x_n - x_0)^2 + (y_n - y_0)^2}} \\
\cos b &= \frac{\sqrt{(x_n - x_0)^2 + (y_n - y_0)^2}}{D} \\
\sin b &= \frac{z_n - z_1}{D}
\end{aligned}
\tag{5.2.8}
$$

2. 算法设计

基本鸽群优化算法种群中，每只鸽子代表一种可行解，每个解根据适应度函数对应一个适应度值，作为评估此解优劣的依据。通过在解空间中随机生成的一系列初始解用于优化迭代，最终得到优化的最终解。在此问题中，每一个可能解 $\boldsymbol{X}$ 为编队中所有航天器经离散后的飞行路径点，其中 $\boldsymbol{X}_i$ 表示第 i 个航天器的飞行路径离散点。

$$
\boldsymbol{X}^t = \begin{bmatrix} \boldsymbol{X}_1^t \\ \boldsymbol{X}_2^t \\ \cdots \\ \boldsymbol{X}_i^t \end{bmatrix} = \begin{bmatrix} x_{1,1}^t, x_{1,2}^t, \cdots, x_{1,D}^t \\ x_{2,1}^t, x_{2,2}^t, \cdots, x_{2,D}^t \\ \cdots \\ x_{p,1}^t, x_{p,2}^t, \cdots, x_{p,D}^t \end{bmatrix}
\tag{5.2.9}
$$

利用鸽群优化算法的地图和指南针算子计算时，鸽群中每只鸽子通过学习当前种群中的最优个体对自身的位置和速度进行更新，定义为

$$
\begin{cases}
\boldsymbol{V}^t = \boldsymbol{V}^{t-1} \mathrm{e}^{-Rt} + \mathrm{rand} \cdot \left(\boldsymbol{X}_\mathrm{g}^{t-1} - \boldsymbol{X}^{t-1} \right) \\
\boldsymbol{X}^{t+1} = \boldsymbol{X}^t + \boldsymbol{V}^t
\end{cases}
\tag{5.2.10}
$$

其中，R 为地图和指南针算子；t 为迭代次数；$\boldsymbol{X}_\mathrm{g}$ 为种群中全局最优解；rand 为 $[0,1]$ 区间内的随机数组成的矩阵。

当经过一定的迭代次数后，种群个体会抵达最优解的附近，此时再利用地标算子，选取种群中心点作为地标，对种群个体的位置和速度进行更新，从而更快地收敛到最优解。更新过程如下式：

$$
\begin{cases}
\boldsymbol{X}_\mathrm{c}^t = \dfrac{\sum\limits_{i=1}^{p} \boldsymbol{X}_i^t f\left(\boldsymbol{X}_i^t \right)}{\sum\limits_{i=1}^{p} f\left(\boldsymbol{X}_i^t \right)} \\
\boldsymbol{X}^t = \boldsymbol{X}^{t-1} + \mathrm{rand} \cdot \left(\boldsymbol{X}_\mathrm{c}^t - \boldsymbol{X}^{t-1} \right)
\end{cases}
\tag{5.2.11}
$$

其中，$f(\cdot)$ 为适应度函数，在此问题中由飞行燃料消耗和碰撞概率组成；$\boldsymbol{X}_c^t$ 为第 t 次迭代时，种群加权中心点的位置。每一次迭代后种群数量将下降一半，从而保证鸽群优化算法的收敛速度与效率。

自适应鸽群优化算法的改进在于地图和指南针算子为常数，其选择具有一定的自主性，但其决定了算法的性能好坏。若取值较大，算法的全局搜索能力将提高；取值较小，将会提高算法局部搜索能力。因此自适应鸽群优化算法可将地图和指南针算子改进为随迭代次数线性变化的变量，以平衡算法在局部搜索和全局寻优的能力。改进后的自适应地图和指南针算子可表示为

$$R = R_{\max} - \left[\frac{t}{N_{\max}}\right]^{\alpha_r} (R_{\max} - R_{\min}) \qquad (5.2.12)$$

其中，$R_{\max}$ 和 $R_{\min}$ 分别为地图和指南针算子设置的最大值和最小值；t 为算法的迭代次数；$N_{\max}$ 为算法最大迭代次数；α_r 为参数 R 的变化因子。

3. 仿真实验

这里以圆轨航天器编队飞行为例，给定航天器编队初始位置与末端位置，通过改进鸽群优化算法计算迭代优化后的飞行路径及每次迭代后对应的适应度函数值。仿真实验参数设置如表 5.1 所示，n 为航天器圆轨道的平均角速度，其与轨道高度相关，此处轨道高度设为 800km。σ_{u1}、σ_{u2}、σ_{u3} 分别为航天器在其星基坐标系下三个坐标轴的位置误差标准差，$P_{\max}$ 为两航天器避免碰撞所允许的最大碰撞概率，σ 为惩罚因子系数，其值选为 1000。表 5.2 给出了航天器编队在仿真实验中设定的 C-W 坐标系下初始构型和终末构型坐标。

表 5.1　仿真模拟的初始设定参数

R	$n/(\mathrm{rad/s})$	σ_{u1}/km	σ_{u2}/km	σ_{u3}/km	$P_{\max}$	σ
0.1~1	0.001	0.5	0.05	0.05	10^{-6}	1000

表 5.2　航天器编队初始构型与终末构型坐标

航天器	起始坐标/km	终止坐标/km
1	$(0, 1.0, 0)$	$(1.0, -1.0, 2.0)$
2	$(0, -1.0, 0)$	$(1.0, 1.0, 2.0)$
3	$(-1.0, 0, 0)$	$(1.0, 0, 2.0)$

图 5.2(a) 给出了考虑避碰因素后得到的路径，图 5.2(b) 给出了使用不同智能优化算法的结果对比。如图所示，自适应鸽群优化算法比其他算法具有更好的全局搜索能力和更快的收敛速度。当任务总飞行时间设置为 400s 时，不同离散点数下的仿真实验结果如表 5.3 所示，实验结果表明，选择的离散点的数量会直接影响算法的性能。

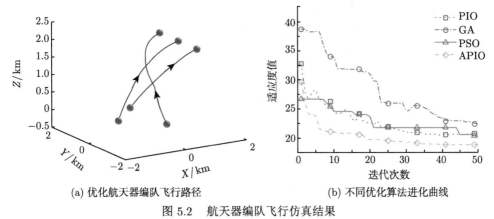

(a) 优化航天器编队飞行路径   (b) 不同优化算法进化曲线

图 5.2 航天器编队飞行仿真结果

表 5.3 不同优化条件下的编队飞行燃料消耗

总离散点数	各离散点编队燃料消耗 /(m/s)						总燃料消耗/(m/s)
	1	2	3	4	5	6	
3	10	1.7	9.9	—	—	—	21.6
4	7.1	3.6	2.1	5.3	—	—	18.1
5	5.3	3.3	5.4	3.5	4.8	—	22.3
6	4.4	5.7	6.7	4.3	5.2	4.2	30.5

5.2.2 量子鸽群优化紧密编队

随着军事、民用需求的提高和相关领域的技术推动，无人机编队协同，特别是紧密编队技术已成为当今无人机领域逐渐关注的焦点和热点[9-12]。无人机紧密编队是指无人机间侧向距离在 1~2 倍翼展内的编队，因其可有效改善编队中无人机的气动性能而备受瞩目[13,14]。本节基于无人机紧密编队条件下的气动耦合效应，建立三维空间下的状态空间方程，以描述双机相对运动，并推导紧密编队条件下的双机最优编队构型，将人工势场法和编队控制相结合作为控制系统中的间接控制环，并利用量子行为规则对基本鸽群优化算法进行改进，将改进后的鸽群优化算法和无人机控制量结合作为控制系统中的直接控制环，实现紧密编队的有效控制[15]。

1. 任务描述

1) 编队飞行系统建模

这里主要考虑长僚机在三维空间内相对位置关系，对无人机控制以及运动学进行数学建模。

(1) 无人机自动驾驶仪模型。

根据 Proud 等的研究，每架无人机都应带有一个无人机自动驾驶仪，包括速度控制仪、航向控制仪以及高度控制仪 [16]，可定义为

$$\dot{V} = -\frac{1}{\tau_V}V + \frac{1}{\tau_V}V_{\mathrm{c}} \tag{5.2.13}$$

$$\dot{\psi} = -\frac{1}{\tau_\psi}\psi + \frac{1}{\tau_\psi}\psi_{\mathrm{c}} \tag{5.2.14}$$

$$\ddot{h} = -\left(\frac{1}{\tau_{h_a}} + \frac{1}{\tau_{h_b}}\right)\dot{h} - \frac{1}{\tau_{h_a}}\frac{1}{\tau_{h_b}}h + \frac{1}{\tau_{h_a}}\frac{1}{\tau_{h_b}}h_{\mathrm{c}} \tag{5.2.15}$$

其中，V_{c}、ψ_{c} 以及 h_{c} 为输入控制量；τ_V、τ_ψ、τ_{h_a} 和 τ_{h_b} 为相关时间常数。根据上述方程解的结构可知，该无人机自动驾驶仪模型可以保证无人机的速度、航向以及高度逐渐趋近于给定的输入控制量，收敛速度与时间常数相关。

(2) 无人机编队运动学模型。

长、僚机间瞬时平面相对位置关系如图 5.3 所示，采用领导–跟随 (leader-follower) 编队控制方法。$\boldsymbol{V}_{\mathrm{L}}$ 与 $\boldsymbol{V}_{\mathrm{W}}$ 分别表示长、僚机的瞬时速度向量，ψ_{L} 与 ψ_{W} 分别表示长、僚机的瞬时航向角，x 为长、僚机间的纵向间距，y 为长、僚机间的横向距离。由图 5.3 可得

$$\frac{\mathrm{d}x}{\mathrm{d}t} = V_{\mathrm{L}}\cos\psi_{\mathrm{E}} + \dot{\psi}_{\mathrm{W}}y - V_{\mathrm{W}} \tag{5.2.16}$$

$$\frac{\mathrm{d}y}{\mathrm{d}t} = V_{\mathrm{L}}\sin\psi_{\mathrm{E}} + \dot{\psi}_{\mathrm{W}}x \tag{5.2.17}$$

其中，航向角误差 $\psi_{\mathrm{E}} = \psi_{\mathrm{L}} - \psi_{\mathrm{W}}$。

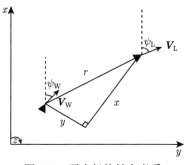

图 5.3　无人机旋转参考系

2) 无人机气动耦合效应

对于固定翼无人机而言,其飞行速度可达数十千米每小时,高速飞行会在其机翼翼尖产生极为复杂的空气涡流,对跟随其后的无人机产生强烈扰动。因此,为了准确设计无人机紧密编队控制器,需对气动耦合影响的数学模型进行建立和分析。

(1) 无人机涡流数学模型。

无人机机翼上的涡流模型类似于两条平行的涡流带,无人机在飞行时空气气流会流过机翼从而产生压力差,但该压力差在机翼翼尖处会导致气流向内翻转产生涡流,从而对其后无人机造成一定影响 (图 5.4)。该涡流涡线间的距离与无人机翼展相关 [17],如下式所示:

$$b' = \frac{\pi}{4}b \tag{5.2.18}$$

其中,b 为无人机翼展。假如无人机之间的横向距离大于或等于两倍无人机翼展,即 $x \geqslant 2b$ 时可近似认为涡线的长度为无限,此时根据毕奥–萨伐尔定律,由涡流引起的速度可类比由电流元所激发的磁场,因此长机涡流在距离为 r_{c} 的僚机某点所产生的附加速度可改写为如下形式:

$$\boldsymbol{W} = \frac{\hat{\boldsymbol{\Phi}} \Gamma}{2\pi r_{\mathrm{c}}} \tag{5.2.19}$$

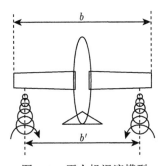

图 5.4 无人机涡流模型

根据无人机实际形状,该速度可正交分解为一个上洗速度与一个侧洗速度 (图 5.5 和图 5.6)。

由图 5.6 分析,可得僚机的平均上洗速度和平均侧洗速度分别为

$$\boldsymbol{V}_{\mathrm{UW_{avg}}} = \frac{\Gamma_L}{4\pi b}\left[\ln\frac{y'^2 + z'^2 + \mu^2}{\left(y' - \frac{\pi}{4}\right)^2 + z'^2 + \mu^2} - \ln\frac{\left(y' + \frac{\pi}{4}\right)^2 + z'^2 + \mu^2}{y'^2 + z'^2 + \mu^2}\right]\left(-\widehat{z}\right)$$

$$\tag{5.2.20}$$

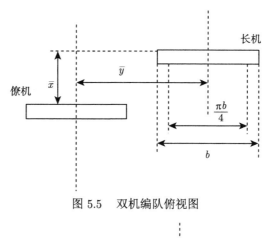

图 5.5　双机编队俯视图

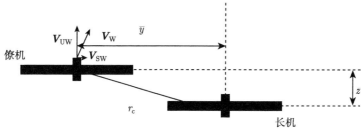

图 5.6　双机编队主视图

$$\boldsymbol{V}_{\mathrm{SW}_{\mathrm{avg}}}$$

$$=\frac{\Gamma_L}{4\pi h_z}\left[\ln\frac{\left(y'-\dfrac{\pi}{8}\right)^2+z'^2+\mu^2}{\left(y'-\dfrac{\pi}{8}\right)^2+\left(z'+\dfrac{h_z}{b}\right)^2+\mu^2}-\ln\frac{\left(y'+\dfrac{\pi}{8}\right)^2+z'^2+\mu^2}{\left(y'+\dfrac{\pi}{8}\right)^2+\left(z'+\dfrac{h_z}{b}\right)^2+\mu^2}\right]\widehat{y}$$

$$(5.2.21)$$

由此带给僚机升力、阻力以及侧向力变化，升力增量系数为

$$\Delta C_{L_{\mathrm{W}}}=\frac{a_{\mathrm{W}}}{\pi A_R}C_{L_{\mathrm{L}}}\frac{2}{\pi^2}\left[\ln\frac{y'^2+z'^2+\mu^2}{\left(y'-\dfrac{\pi}{4}\right)^2+z'^2+\mu^2}-\ln\frac{\left(y'+\dfrac{\pi}{4}\right)^2+z'^2+\mu^2}{y'^2+z'^2+\mu^2}\right]$$

阻力增量系数为

$$\Delta C_{D_{\mathrm{W}}}=\frac{1}{\pi A_R}C_{L_{\mathrm{L}}}C_{L_{\mathrm{W}}}\frac{2}{\pi^2}\left[\ln\frac{y'^2+z'^2+\mu^2}{\left(y'-\dfrac{\pi}{4}\right)^2+z'^2+\mu^2}-\ln\frac{\left(y'+\dfrac{\pi}{4}\right)^2+z'^2+\mu^2}{y'^2+z'^2+\mu^2}\right]$$

侧向力增量系数为

$$\Delta C_Y = \eta \frac{S_{\rm vt}}{S} \frac{a_{\rm vt}}{V} \frac{\Gamma_L}{4\pi h_z}$$

$$\times \left[\ln \frac{\left(y' - \frac{\pi}{8}\right)^2 + z'^2 + \mu^2}{\left(y' - \frac{\pi}{8}\right)^2 + \left(z' + \frac{h_z}{b}\right)^2 + \mu^2} - \ln \frac{\left(y' + \frac{\pi}{8}\right)^2 + z'^2 + \mu^2}{\left(y' + \frac{\pi}{8}\right)^2 + \left(z' + \frac{h_z}{b}\right)^2 + \mu^2} \right]$$

以及无量纲函数为

$$\sigma_{\rm UW}\left(y', z'\right) = \frac{2}{\pi^2} \left[\ln \frac{y'^2 + z'^2 + \mu^2}{\left(y' - \frac{\pi}{4}\right)^2 + z'^2 + \mu^2} - \ln \frac{\left(y' + \frac{\pi}{4}\right)^2 + z'^2 + \mu^2}{y'^2 + z'^2 + \mu^2} \right]$$

$$\sigma_{\rm SW}\left(y', z'\right)$$

$$= \frac{2}{\pi} \left[\ln \frac{\left(y' - \frac{\pi}{8}\right)^2 + z'^2 + \mu^2}{\left(y' - \frac{\pi}{8}\right)^2 + \left(z' + \frac{h_z}{b}\right)^2 + \mu^2} - \ln \frac{\left(y' + \frac{\pi}{8}\right)^2 + z'^2 + \mu^2}{\left(y' + \frac{\pi}{8}\right)^2 + \left(z' + \frac{h_z}{b}\right)^2 + \mu^2} \right]$$

通过 MATLAB 软件绘制上述两函数的三维曲面图如图 5.7 所示，在 $y' = \pi/4$、$z' = 0$ 时可获得最大的上洗无量纲系数，此时侧洗无量纲系数有一个较小值。对其在该点分别求三个方向上的偏导，可知当无人机的侧向间距 $y = \pi b/4$ 且纵向间距 $z = 0$ 时，无人机可获最大升力增量系数、最小阻力增量系数以及一个较小的侧向力增量系数。根据图 5.8 受力变化可知，无人机所获得的升力达到最大，阻力达到最小，处于最优的编队队形。

(2) 加入气动耦合效应无人机紧密编队数学模型。

无人机紧密编队中僚机三维空间状态方程可表示为

$$\frac{\rm d}{{\rm d}t} \begin{bmatrix} x \\ V_{\rm W} \\ y \\ \psi_{\rm W} \\ z \\ \zeta \end{bmatrix} = \boldsymbol{A} \begin{bmatrix} x \\ V_{\rm W} \\ y \\ \psi_{\rm W} \\ z \\ \zeta \end{bmatrix} + \boldsymbol{B} \begin{bmatrix} V_{\rm W_c} \\ \psi_{\rm W_c} \\ h_{\rm W_c} \end{bmatrix} + \boldsymbol{C} \begin{bmatrix} V_{\rm L} \\ \psi_{\rm L} \\ h_{\rm L_c} \end{bmatrix} \tag{5.2.22}$$

其中，

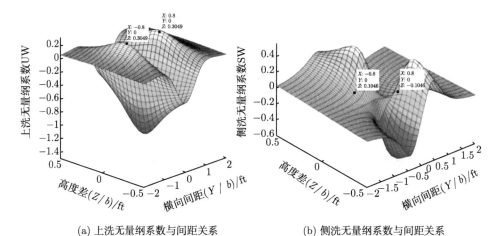

(a) 上洗无量纲系数与间距关系   (b) 侧洗无量纲系数与间距关系

图 5.7 系数变化示意图

$1\mathrm{ft}=3.048\times10^{-1}\mathrm{m}$

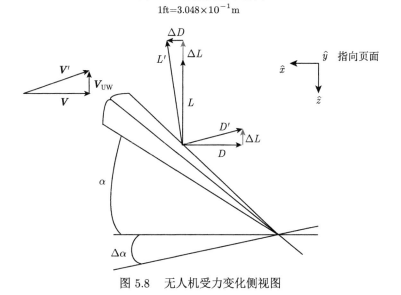

图 5.8 无人机受力变化侧视图

$$A = \left[\begin{array}{ccc} A_{11} & A_{12} & A_{13} \\ A_{21} & A_{22} & A_{23} \end{array} \right], \quad A_{11} = \left[\begin{array}{cc} 0 & -1 \\ 0 & -\dfrac{1}{\tau_{V_{\mathrm{W}}}} \end{array} \right],$$

$$A_{12} = \left[\begin{array}{cc} \dfrac{\bar{q}S}{mV}\Delta C_{Y_{\mathrm{W}_y}}\bar{y} & -\dfrac{\bar{y}}{\tau_{V_{\mathrm{W}}}}G \\ \dfrac{\bar{q}S}{m}\Delta C_{D_{\mathrm{W}_y}} & 0 \end{array} \right],$$

$$\boldsymbol{A}_{13} = \begin{bmatrix} \dfrac{\bar{q}S}{mV}\Delta C_{Y_{W_z}}\bar{y} & 0 \\ 0 & 0 \end{bmatrix}, \quad \boldsymbol{A}_{21} = \begin{bmatrix} 0 & 0 \\ 0 & 0 \\ 0 & 0 \\ 0 & 0 \end{bmatrix},$$

$$\boldsymbol{A}_{22} = \begin{bmatrix} \dfrac{\bar{q}S}{mV}\Delta C_{Y_{W_y}}\bar{x} & \left(\dfrac{\bar{x}}{\tau_{\psi_W}} - \bar{V}_L\right)G \\ \dfrac{\bar{q}S}{mV}\Delta C_{Y_{W_y}}1/G & -\dfrac{1}{\tau_{\psi_W}} \\ 0 & 0 \\ \dfrac{\bar{q}S}{m}\Delta C_{L_{W_y}} & 0 \end{bmatrix},$$

$$\boldsymbol{A}_{23} = \begin{bmatrix} -\dfrac{\bar{q}S}{mV}\Delta C_{Y_{W_z}}\bar{x} & 0 \\ \dfrac{\bar{q}S}{mV}\Delta C_{Y_{W_z}}1/G & 0 \\ 0 & 1 \\ -\dfrac{1}{\tau_{h_a}\tau_{h_b}} & -\left(\dfrac{1}{\tau_{h_a}} + \dfrac{1}{\tau_{h_b}}\right) \end{bmatrix}, \quad \boldsymbol{B} = \begin{bmatrix} 1 & 0 & 0 \\ 0 & 0 & 0 \\ 0 & \bar{V}_L G & 0 \\ 0 & 0 & 0 \\ 0 & 0 & 0 \\ 0 & 0 & -\dfrac{1}{\tau_{h_a}\tau_{h_b}} \end{bmatrix},$$

$$\boldsymbol{C} = \begin{bmatrix} 0 & \dfrac{\bar{y}}{\tau_{\psi_W}}G & 0 \\ \dfrac{1}{\tau_{V_W}} & 0 & 0 \\ 0 & -\dfrac{\bar{x}}{\tau_{\psi_W}}G & 0 \\ 0 & \dfrac{1}{\tau_{\psi_W}} & 0 \\ 0 & 0 & 0 \\ 0 & 0 & \dfrac{1}{\tau_{h_a}\tau_{h_b}} \end{bmatrix}$$

取僚机与长机之间三个方向上的间距以及僚机的正向速度、航向角与纵向速度差作为状态向量 $\boldsymbol{X} = \begin{bmatrix} x & V_W & y & \psi_W & z & \zeta \end{bmatrix}^{\mathrm{T}}$,取控制器输出的速度控制量、航向控制量以及高度控制量作为控制向量 $\boldsymbol{Y} = \begin{bmatrix} V_{W_c} & \psi_{W_c} & h_{W_c} \end{bmatrix}^{\mathrm{T}}$,取长机的正向速度、航向角以及长机高度控制量作为耦合量 $\boldsymbol{Z} = \begin{bmatrix} V_L & \psi_L & h_{L_c} \end{bmatrix}^{\mathrm{T}}$,其具体参数名称及数值设置如表 5.4 所示。

表 5.4 无人机参数表

参数	数值大小
平均气动压 $\bar{q}/(\mathrm{N/m})$	2272.2
机翼面积 S/m^2	27.9
翼展 b/m	9.1
展弦比 A_R	3
升力曲线斜率 a	5.3
垂尾面积 $S_{\mathrm{vt}}/\mathrm{m}^2$	5.1
垂尾高度 h_z/m	36.6
垂尾升力曲线斜率 $a_{\mathrm{vt}}/(\circ)^{-1}$	0.09
启动效率因子 η	0.95
速度时间常数 τ_v/s	5
航向时间常数 τ_ψ/s	0.75
高度时间常数 τ_{h_a}/s	0.3075
高度时间常数 τ_{h_b}/s	3.85
总重量 W/N	111139
总质量 m/kg	11340.7
空气流速 (无人机航速) $V/(\mathrm{m/s})$	251.5

2. 算法设计

1) 人工势场控制器

在不考虑无人机体积时，无人机的动力学模型可简化为

$$\begin{cases} \dot{x}^i = v^i \\ m_i \dot{v}^i = u^i - k_i v^i \end{cases} \quad i=1,2,\cdots,N \tag{5.2.23}$$

其中，x^i 为无人机位置；v^i 为无人机速度；m_i 为无人机质量；u^i 为输入控制量。对于每架无人机，编队控制的控制量包括其速度、相邻间距 [18]，故其控制量可表示为

$$u^i = -K_v \sum_{j \in N_i} \left(v^i - v^j\right) - K_p \sum_{j \in N_i} \nabla_{x^i} V^{ij} - m_i \left(v^i - v_{\mathrm{end}}\right) + k_i v^i \tag{5.2.24}$$

其中，N_i 为无人机的邻接向量；v_{end} 为无人机编队稳定速度；V^{ij} 为相邻无人机的势场函数，可得

$$V^{ij}\left(\left\|x^{ij}\right\|\right) = \ln \left\|x^{ij}\right\|^2 + \frac{d_{ij}^2}{\left\|x^{ij}\right\|^2} \tag{5.2.25}$$

式中，x^{ij} 为无人机实际间距；d_{ij} 为无人机期望间距，利用此控制律可使无人机编队按照设定的编队构型和速度实时运动。

2) 算法设计

此处在基本鸽群优化算法中引入量子行为更新规则[19]：删去鸽群优化算法中原有的粒子速度量，采用量子规则中的波函数表示粒子位置。即地图和指南针算子可更新为

$$a = \frac{(1 - 0.5) \cdot (t - T_1)}{T_1} + 0.5 \tag{5.2.26}$$

$$P = \frac{\mathrm{rand}_1 \cdot \boldsymbol{X}_{p_i}^{t-1} + \mathrm{rand}_2 \cdot \boldsymbol{X}_p^{t-1}}{\mathrm{rand}_1 + \mathrm{rand}_2} \tag{5.2.27}$$

$$X_i^t = P \pm \alpha \left| \boldsymbol{X}_{\mathrm{mean}}^{t-1} - \boldsymbol{X}_i^{t-1} \right| \ln \left(\frac{1}{\mathrm{rand}} \right) \tag{5.2.28}$$

其中，T_1 为地图和指南针算子迭代次数；$\boldsymbol{X}_{\mathrm{mean}}$ 为所有粒子的位置平均值。

将学习因子引入地标算子，利用最优解加快寻优速度：

$$\beta = \mathrm{round}\,(1 + \mathrm{rand}) \tag{5.2.29}$$

$$\boldsymbol{X}_{\mathrm{new}_i} = \boldsymbol{X}_i^{t-1} + \mathrm{rand} \cdot \left(\boldsymbol{X}_{\mathrm{g}}^{t-1} - \beta \cdot \boldsymbol{X}_{\mathrm{mean}}^{t-1} \right) \tag{5.2.30}$$

$$\boldsymbol{X}_i^t = \begin{cases} \boldsymbol{X}_{\mathrm{new}_i}, & f\left(\boldsymbol{X}_{\mathrm{new}_i}\right) < f\left(\boldsymbol{X}_i^{t-1}\right) \\ \boldsymbol{X}_i^{t-1}, & f\left(\boldsymbol{X}_{\mathrm{new}_i}\right) > f\left(\boldsymbol{X}_i^{t-1}\right) \end{cases} \tag{5.2.31}$$

3) 无人机紧密编队控制

这里设计了一种无人机紧密编队控制系统 (图 5.9)。

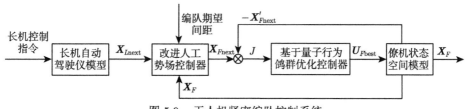

图 5.9　无人机紧密编队控制系统

基于改进鸽群优化人工势场控制器的无人机紧密编队控制的具体步骤如下：

Step 1　根据输入的长机控制量以及当前时刻长机的状态量求出下一时刻长机的状态量，再将编队期望间距、下一时刻长机状态量以及当前时刻僚机状态量代入改进人工势场控制器中，求出下一时刻的理想僚机状态量。

Step 2　将下一时刻的僚机理想状态量 $\boldsymbol{X}_{F\mathrm{next}}$ 代入量子鸽群优化 (QPIO) 算法中，个体位置向量选取为

$$\boldsymbol{X} = \begin{bmatrix} V_{W_c} & \psi_{W_c} & h_{W_c} \end{bmatrix}^T \tag{5.2.32}$$

即僚机下一时刻的控制向量 $\boldsymbol{U}_F$，这样选取优化算法变量即可将 QPIO 算法和无人机紧密编队模型相结合，将该向量代入僚机模型公式 (5.2.22)，可求出在此控制量控制下的下一时刻僚机状态量 $\boldsymbol{X}'_{F\text{next}}$，并代入适应度函数中：

$$J = (\boldsymbol{X}_{F\text{next}} - \boldsymbol{X}'_{F\text{next}})^T (\boldsymbol{X}_{F\text{next}} - \boldsymbol{X}'_{F\text{next}}) \tag{5.2.33}$$

按照公式 (5.2.26) ~ 公式 (5.2.31) 所述更新规则，即 QPIO 算法中的地图和指南针算子以及地标算子不断迭代寻优更新个体位置向量 $\boldsymbol{X}$，即可找出使适应度函数 J 最小的僚机控制量 $\boldsymbol{U}_{F\text{best}}$。

Step 3 将此时的基于量子行为鸽群优化控制器输出控制量 $\boldsymbol{U}_{F\text{best}}$ 代入僚机状态空间模型，可求出下一时刻与理想僚机状态量差距最小的僚机输出状态量。

Step 4 重复执行前三步，直至设定的仿真时长结束，即完成了无人机紧密编队控制。

3. 仿真实验

这里，将 QPIO 算法与现有三种 PIO 算法进行对比，以验证 QPIO 算法的有效性。

(1) PIO 算法；

(2) 加入混沌、反向以及柯西扰动的自适应鸽群优化 (improved pigeon-inspired optimization, IPIO) 算法 [20]；

(3) 加入收缩因子的自适应鸽群优化 (constriction factor pigeon-inspired optimization, CFPIO) 算法 [21]；

(4) QPIO 算法，其参数设置如表 5.5 所示。

表 5.5　算法参数设置

参数名称	数值大小
粒子维数 D	10
种群个数 N_p	$5D$
收缩–扩张系数 α	$0.5 \sim 1$(均匀递减)
指南针算子迭代次数 T_1	800
指南针算子迭代次数 T_2	200

选取六个常用测试函数，如表 5.6 所示。

取 30 次仿真运算结果的最优解 (Min)、最次解 (Max)、平均解 (Mean) 及标准差 (STD) 作比较，并计算每种算法运行 30 次所用的平均时间 (T_{mean})，取其中一次的优化数据绘制收敛曲线，仿真结果如表 5.7 所示。由系列仿真结果可知，在不同函数条件下，QPIO 算法在四个评价指标中基本上均为最优，说明该算法

表 5.6   测试函数

函数	函数名	函数表达式
F1	Sphere	$f(X) = \sum_{i=1}^{n} x_i$
F2	Schwefel	$f(X) = 418.9829 \cdot n + \sum_{i=1}^{n} \left[-x_i \sin\left(\sqrt{|x_i|}\right) \right]$
F3	Rastrigin	$f(X) = 10 \cdot n + \sum_{i=1}^{n} \left[x_i^2 - 10\cos\left(2\pi x_i\right) \right]$
F4	Griewangk	$f(X) = \frac{1}{4000} \sum_{i=1}^{n} x_i^2 + \prod_{i=1}^{n} \cos\left(\frac{x_i}{\sqrt{i}}\right) + 1$
F5	Schwefel2.22	$f(X) = \sum_{i=1}^{n} |x_i| + \prod_{i=1}^{n} |x_i|$
F6	Schwefel2.21	$f(X) = \max_i \{|x_i|, 1 \leqslant i \leqslant n\}$

表 5.7   优化算法结果

函数/时间		PIO	IPIO	CFPIO	QPIO
F1	Mean	0.4869	0.1285	0.0419	**0**
	STD	0.7461	0.4613	0.1360	**0**
	Min	**0**	**0**	**0**	**0**
	Max	3.2405	2.4232	0.5417	**0**
时间	T_{mean}	1.0635	**0.9297**	0.9964	1.7328
F2	Mean	2.2367	0.7107	1.0648	**0.0672**
	STD	4.7887	1.5828	2.6889	**0.1417**
	Min	**1.2728×10^{-5}**	**1.2728×10^{-5}**	**1.2728×10^{-5}**	**1.2728×10^{-5}**
	Max	24.9220	7.4306	14.1533	**0.6475**
时间	T_{mean}	**0.9651**	1.0318	1.0229	2.0073
F3	Mean	0.1956	0.0145	0.0043	0
	STD	0.3926	0.0674	0.0159	0
	Min	0	0	0	0
	Max	0.3926	0.0674	0.0159	0
时间	T_{mean}	0.9380	1.0161	1.0818	1.8141
F4	Mean	0.0803	0.0576	0.0049	0.0042
	STD	0.1218	0.1225	0.0059	0.0042
	Min	0.0025	0.0025	0.0025	0.0025
	Max	0.5576	0.5865	0.0322	0.0240
时间	T_{mean}	0.9948	1.0005	1.0354	1.9682
F5	Mean	1.8115×10^{-42}	7.8200×10^{-27}	8.5375×10^{-53}	3.3646×10^{-34}
	STD	9.7855×10^{-42}	4.2832×10^{-26}	3.6479×10^{-52}	1.7480×10^{-33}
	Min	0	0	1.2945×10^{-98}	1.6473×10^{-64}
	Max	0	0	1.2945×10^{-98}	1.6473×10^{-64}
时间	T_{mean}	1.0078	1.0422	1.1354	1.9260
F6	Mean	0.5807	0.2123	0.1802	1.2849×10^{-32}
	STD	0.7556	0.4158	0.5696	7.0376×10^{-32}
	Min	0	0	1.8797×10^{-99}	0
	Max	2.9382	1.5845	2.9255	3.8547×10^{-31}
时间	T_{mean}	1.0568	1.1042	1.1932	1.8609

寻优性能较其他算法有较大提升，且其寻优稳定性较好。在仿真实验所用平均时间这一项上，PIO 算法较其他算法表现更好，但基本相差不大，说明目前的 IPIO 算法基本上是以牺牲一定的收敛时长来显著提升其收敛性能。这也表明，如何在保证收敛时长基本不变的条件下提升算法的寻优性能，是此优化算法值得进一步深入研究的方向。

5.3 避 障 飞 行

5.3.1 分层学习多目标鸽群优化编队避障

考虑避障功能的无人机集群控制可归结为多目标优化问题 [22]。本节介绍一种无人机集群分布式优化控制架构，能将多目标优化问题转化为单个无人机求解的多目标优化问题 [23]。针对不同目标，给出飞行安全必须满足的硬约束和需要优化的软约束。这里考虑到飞机上计算资源的限制，基于鸽群的层级飞行机制，对多目标鸽群优化算法进行改进；在此基础上，设计一种基于改进多目标鸽群优化算法的无人机分布式集群控制算法，以协调无人机在复杂环境下实现稳定编队飞行。

1. 任务描述

1) 无人机模型

假设在三维空间中无人机集群的规模为 n，每架无人机 i 在惯性坐标系下的坐标为 $P^i = (x^i, y^i, h^i)$，水平空速为 V^i_{XY}，偏航角为 ψ^i，高度变化率为 λ^i。这里采用的完整无人机模型由马赫数保持自动驾驶仪模型、航向保持自动驾驶仪模型和高度保持自动驾驶仪模型组成，无人机 i 的模型可定义为

$$\begin{cases} \dot{x}^i = V^i_{xy} \cos \psi^i \\ \dot{y}^i = V^i_{xy} \sin \psi^i \\ \dot{h}^i = \lambda^i \\ \dot{V}^i_{xy} = \dfrac{1}{\tau_v} \left(V^i_{xy\_c} - V^i \right) \\ \dot{\psi}^i = \dfrac{1}{\tau_\psi} \left(\psi^i_c - \psi^i \right) \\ \dot{\lambda}^i = \dfrac{1}{\tau_h} \left(h^i_c - h^i \right) - \dfrac{1}{\tau_\lambda} \lambda^i \end{cases} \tag{5.3.1}$$

其中，$V^i_{xy\_c}$ 为无人机 i 马赫数保持自动驾驶仪的控制输入；ψ^i_c 为航向保持自动驾驶仪的控制输入；h^i_c 为高度保持自动驾驶仪的控制输入；$\tau_v, \tau_\psi, (\tau_h, \tau_\lambda)$ 分别是三个自动驾驶仪的时间常数。这里考虑的无人机运动和自动驾驶仪饱和值可定义为

$$\begin{cases} V_{xy\_\min} \leqslant V_{xy}^i \leqslant V_{xy\_\max} \\ \left| \dot{\psi}^i \right| \leqslant n_{\max} g / V_{xy}^i \\ \lambda_{\min} \leqslant \lambda^i \leqslant \lambda_{\max} \end{cases} \tag{5.3.2}$$

其中，$V_{xy\_\max}$ 和 $\lambda_{\max}$ 分别为水平空速和高度速率的上限；$V_{xy\_\min}$ 和 $\lambda_{\min}$ 分别为水平空速和高度速率的下限；$n_{\max}$ 为最大横向过载；$g = 10 \text{m/s}^2$ 为重力加速度。

2) 自组织集群运动模型

无人机集群飞行时，每架无人机 i 的期望集群速度 vf^i 是无人机 j 位置 P^j 和速度 $v^j = \left(V_{xy}^j \cos \psi^j, V_{xy}^j \sin \psi^j, \lambda^j \right)$ 的函数，其中 $j = 1, 2, \cdots, n$。期望无人机集群速度 vf^i 被分解为水平和垂直方向的方程，具体如下式：

$$vf_k^i = \begin{cases} f_{\mathrm{f}} + f_{\mathrm{c}} + f_{\mathrm{a\_vn}}, & k = 1, 2 \\ K_{\mathrm{a\_}h_e} \left(h_e - P_k^i \right) + K_{v_e} \left(ve_k - v_k^i \right), & k = 3 \end{cases} \tag{5.3.3}$$

水平方向包括集群几何形状控制部分 f_{f}、机间避障控制部分 f_{c} 和对齐控制部分 $f_{\mathrm{a\_vn}}$，它们共同作用保证了稳定和无碰撞的集群运动。垂直方向旨在控制无人机集群在期望的高度飞行，其中，$K_{\mathrm{a\_}h_e}$ 表示与期望高度 h_e 的对齐强度；K_{v_e} 表示与期望垂直速度对齐的强度；ve 为群体飞行的期望速度。

无人机集群几何形状控制 f_{f} 可定义为

$$f_{\mathrm{f}} = K_{\mathrm{f}} \left(\sum_{j \in \{ di_i \leqslant R_{\mathrm{comn}}^1 \}} w_i^j \left(P_k^j - P_k^i \right) \left(1 - \left(\frac{R_{\mathrm{desire}}}{d^{ij}} \right)^2 \right) \right) \tag{5.3.4}$$

其中，K_{f} 为集群控制强度；$d^{ij} = \sqrt{\left(x^i - x^j \right)^2 + \left(y^i - y^j \right)^2}$ 为无人机 i 和无人机 j 之间的水平距离；R_{comn}^1 为水平通信范围；w_i^j 为无人机 j 对无人机 i 的影响权重；R_{desire} 为期望的机间距离。

避障控制 f_{c} 定义为

$$f_{\mathrm{c}} = K_{\mathrm{c}} \sum_{j \in \left\{ d^{ij} \leqslant R_{\mathrm{lim}}^1 \right\}} \left(\frac{1}{\left| P_k^i - P_k^j \right|} - \frac{1}{R_{\mathrm{lim}}^1} \right)^2 \frac{P_k^i - P_k^j}{\left| P_k^i - P_k^j \right|} \tag{5.3.5}$$

其中，K_{c} 为机间避障控制强度；R_{lim}^1 为机间避障的最大范围。

对齐控制 $f_{\mathrm{a\_vn}}$ 定义为

$$f_{\mathrm{a\_vn}} = K_{\mathrm{a\_vn}} \left(\sum_{j \in \{ d^{ij} \leqslant R_{\mathrm{comm}}^1 \}} w_i^j \left(v_l^j - v_l^i \right) \right) \tag{5.3.6}$$

其中，K_{a_vn} 表示与邻居的速度对齐的强度。

3) 避障模型

这里可将无人机避障控制视为一系列瞄准间隙行为。对于每个时间步长，每架无人机都试图通过障碍物之间的最大间隙，具体步骤如下：

Step 1   确定最近的障碍物。如图 5.10 所示，无人机 i 的水平注意区域 Z_a^i 是半径为 R_{comm}^2、角度为 $2\theta_{lim}$ 的扇形，R_{comm}^2 为水平感知范围，θ_{lim} 为视线角，期望的水平速度方向在水平注意区 Z_a^i 的对称中心线上，其中水平速度方向和惯性坐标系 x 轴之间的角度为偏航角。若障碍物 j 的外部包络面上有一点在水平注意区域 Z_a^i 内，无人机 i 可以检测到障碍物 j，障碍物 j 的下标被存储到无人机 i 的障碍物集合 A_0^i，$j = 1, 2, \cdots, n_0$，这里 n_0 是障碍物的数量。障碍物外部包络面和障碍物 j 之间的距离为 R_{lim}^2，同时 R_{lim}^2 是无人机和障碍物之间的最小允许距离，无人机 i 检测到的最近障碍物的标号由下式确定：

$$\mathrm{Ind}_i^1 = \underset{j \in A_0^i}{\arg\min} \left(d_0^{ij} \right) \tag{5.3.7}$$

其中，d_0^{ij} 为无人机 i 和障碍物 j 之间的最小距离。

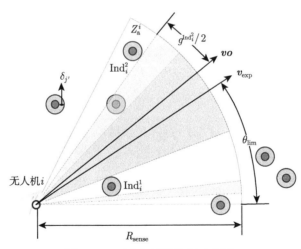

图 5.10   无人机避障控制示意图

Step 2   确定最大的视觉间隙。为了最大化间隙，无人机 i 计算障碍物 Ind_i^1 和水平注意区内其他障碍物 j 之间的间隙 g^j，障碍物 Ind_i^1 存在最大视觉间隙所对应的障碍物标号，如下式：

$$\mathrm{Ind}_i^2 = \arg\max \left(g^j \right) \tag{5.3.8}$$

Step 3 计算避障所需的速度。无人机 i 会选择最大视距间隙 $g^{\text{Ind}_i^2}$ 的中心线作为转向目标角 θ_m，如果注意区内只有一个障碍物，则转向目标角 $\theta_m = \arctan\left(\dfrac{\text{obs}_2^{\text{Ind}_i^1} - y^i}{\text{obs}_1^{\text{Ind}_i^1} - x^i}\right)$，$\text{obs}^{\text{Ind}_i^1}$ 是障碍物 Ind_i^1 外包络面上最靠近无人机 i 的一点的位置，实际上是包络线在预期水平速度垂直方向上的投影。若注意区内没有障碍物，转向目标 θ_m 就是预期的偏航角 $\psi_m = \arctan\left(\dfrac{\boldsymbol{ve}_2}{\boldsymbol{ve}_1}\right)$，无人机 i 的期望避障速度 $\boldsymbol{vo}^i$ 为

$$\boldsymbol{vo}_k^i = \begin{cases} w_i^i \|\boldsymbol{ve}_{1,2}\| \cos\theta_m, & k=1 \\ w_i^i \|\boldsymbol{ve}_{1,2}\| \sin\theta_m, & k=2 \end{cases} \tag{5.3.9}$$

其中，w_i^i 为避障判断的影响权重。

4) 性能准则

这里，定义四个目标函数作为障碍环境下无人机群集控制的评价准则。针对注意区内是否存在障碍物，定义第一个目标函数 Cost_i^1 为

$$\text{Cost}_i^1 = \begin{cases} -\dfrac{p_{1,2}^i \cdot ve_{1,2}}{\|ve_{1,2}\|}, & A_0^i \neq \varnothing \\ |ve_1 - \dot{x}^i| + |ve_2 - \dot{y}^i|, & A_0^i = \varnothing \end{cases} \tag{5.3.10}$$

第二个目标函数 Cost_i^2 描述了无人机集群和与邻居速度的对齐程度，可表示为

$$\text{Cost}_i^2 = \sum_{j \in \{d^{ij} \leqslant R_{\text{comm}}^1\}} \left(f_1 \left| R_{\text{desire}} - d^{ij} \right| + f_2 \left(|\dot{x}^j - \dot{x}^i| + |\dot{y}^j - \dot{y}^i| \right) \right) \tag{5.3.11}$$

其中，f_1 和 f_2 分别为编队位置评价权重以及编队速度评价权重。

上述两个目标均为待优化的代价函数 fitness，下面两个目标函数均为无人机必须满足的约束。第三个目标函数 Cost_i^3 描述避障效果，定义为

$$\text{Cost}_i^3 = \begin{cases} 1, & \text{如果} \ \exists d_0^{ij} \leqslant R_{\text{lim}}^2 \\ 0, & \text{如果} \ \forall d_0^{ij} > R_{\text{lim}}^2 \end{cases} \tag{5.3.12}$$

其中，$j = 1, 2, \cdots, n_0$。

第四个目标函数 Cost_i^4 描述避撞效果，定义为

$$\text{Cost}_i^4 = \begin{cases} 1, & \exists d^{ij} \leqslant R_{\text{lim}}^1 \\ 0, & \forall d^{ij} > R_{\text{lim}}^1 \end{cases} \tag{5.3.13}$$

其中，$j = 1, 2, \cdots, n$。

综上所述，无人编队避障可归结为一个多目标优化问题[24]，即优化作用权重向量 w_i 以使机群满足如下条件：

(1) 最小化代价函数

$$\min \text{fitness} = [\text{Cost}_i^1, \text{Cost}_i^2] \tag{5.3.14}$$

(2) 满足约束

$$\begin{cases} \text{Cost}_i^3 = 0 \\ \text{Cost}_i^4 = 0 \end{cases} \tag{5.3.15}$$

2. 算法设计

为了解决公式 (5.3.14) 和公式 (5.3.15) 所描述障碍环境下无人机集群控制问题，这里设计一种改进多目标鸽群优化算法，通过引入分层学习行为来提高所改进算法的性能。通过分析微型全球定位系统在鸽子集群飞行中收集的飞行数据，在鸽子的飞行领导–跟随关系中存在一个分层网络[25,26]。在鸽群飞行过程中，鸽子会试图跟随上层的鸽子，并引导下层的鸽子[2,27]，领导阶层被假设为学习和能力之间反馈的结果[28]。

在基本鸽群优化算法中，所有的鸽子将根据当前太阳和磁场描述的全局最佳位置 $\boldsymbol{X}_\text{g}$ 和由加权平均值确定的地标信息 $\boldsymbol{X}_\text{c}$ 来校正其位置 $\boldsymbol{X}_i^t$。在改进多目标鸽群优化算法中，鸽子被分成两个角色：一个是总领导者 (鸽子 i_1，如图 5.11 所示)，另一个是普通追随者 (鸽子 i_2，如图 5.11 所示)。通过帕累托排序方案中的非支配排序，将所有鸽子分为不同的集合：第一前沿 S_1，第二前沿 S_2，等等。拥挤比较运算符将继续对每组中的鸽子进行排序，通过帕累托排序方案将产生按降序排列的鸽子序列，鸽子 i 的排序 N_0^i 是它在层级结构中的等级。序号为 $N_0^i \leqslant [p_1 \cdot N]$ 的鸽子将被视为一般领导者，它们基于地图和指南针算子以及地标算子飞行，并通过当前全局最佳位置 $\boldsymbol{X}_\text{g}$ 和加权平均位置 $\boldsymbol{X}_\text{c}$ 更新它们的状态，其中 p_1 是鸽群中一般领导者的百分比。其他鸽子将被视为普通追随者，鸽群通过复制上层鸽子的位置进行学习 (如图 5.11 所示的鸽子 i_3 和 i_4)。

具体步骤如下：

Step 1　随机生成 N 个个体满足位置上限 $\boldsymbol{X}_\text{U}$、位置下限 $\boldsymbol{X}_\text{L}$、速度上限 $\boldsymbol{V}_\text{U}$ 及速度下限 $\boldsymbol{V}_\text{L}$ 的 D 维初始位置 $\boldsymbol{X}^1$ 和初始速度 $\boldsymbol{V}^1$，计算所有个体的目标函数值 Cost，设定当前迭代次数 $t = 1$。

Step 2　对鸽群位置 $\boldsymbol{X}^t$ 进行帕累托排序，进而得到帕累托前沿 S_1 和个体

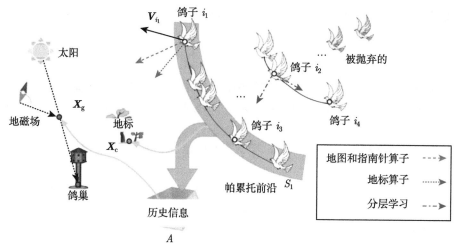

图 5.11　多目标鸽群优化

排位 N_0^i。地标中心位置 $\boldsymbol{X}_c^t$ 按下式计算：

$$\boldsymbol{X}_c^t = \frac{\sum\limits_{i=1}^{n_X} \boldsymbol{X}_i}{n_X} \tag{5.3.16}$$

其中，n_X 为帕累托前沿 S_1 中个体的总数。

Step 3　将帕累托前沿 S_1 存入历史信息集合 A，对 A 进行帕累托排序，得到帕累托前沿 S_1^A，随机选择 S_1^A 中任一位置作为全局最优 $\boldsymbol{X}_g$。

Step 4　当前迭代次数 $t = t + 1$。

Step 5　如果鸽子 i 的排序 $N_0^i \leqslant [p_1 \cdot N]$，速度 $\boldsymbol{V}_i^{N_c}$ 的更新公式如下：

$$\boldsymbol{V}_i^t = \mathrm{e}^{-R \cdot t} \cdot \boldsymbol{V}_i^{t-1} + \mathrm{rand}_1 \cdot f_t \left(1 - \lg_{N_{c3\max}}^t\right) \left(\boldsymbol{X}_g - \boldsymbol{X}_i^{t-1}\right)$$
$$+ \mathrm{rand}_2 \cdot f_t \cdot \lg_{N_{c3\max}}^t \left(\boldsymbol{X}_c^{t-1} - \boldsymbol{X}_i^{t-1}\right) \tag{5.3.17}$$

其中，R 为地图和指南针算子；rand_1 和 rand_2 为 $[0, 1]$ 区间内的随机数；f_t 为从地图和指南针算子到地标算子的过渡因子。这里，可由下式更新个体位置 $\boldsymbol{X}_i^t$：

$$\boldsymbol{X}_i^{N_c} = \boldsymbol{X}_i^{N_c-1} + \begin{cases} \boldsymbol{V}_U^i, & \boldsymbol{V}_i^{N_c} > \boldsymbol{V}_U^i \\ \boldsymbol{V}_i^{N_c}, & \boldsymbol{V}_L^i \leqslant \boldsymbol{V}_i^{N_c} \leqslant \boldsymbol{V}_U^i \\ \boldsymbol{V}_L^i, & \boldsymbol{V}_i^{N_c} < \boldsymbol{V}_L^i \end{cases} \tag{5.3.18}$$

随后，可由位置上限 $\boldsymbol{X}_U$ 和位置下限 $\boldsymbol{X}_L$ 对个体位置 $\boldsymbol{X}_i^t$ 进行修正。

如果鸽子 i 的排序 $N_0^i > [p_1 \cdot N]$，可通过如下等式向排名靠前的鸽子学习：

$$\boldsymbol{X}_i^t \left(d^*\right) = \boldsymbol{X}_j^{t-1} \left(d^*\right) + e \cdot \text{rand} \tag{5.3.19}$$

其中，$d^* = [\text{rand} \cdot D]$ 为学习的维度指标；j 为鸽子 i 学习的鸽子的下标，满足 $N_0^j = \left[\text{rand} \cdot \left(N_0^i - 1\right)\right]$；$e$ 为学习误差。上述学习过程会重复 S_1 次，其中 S_1 为学习强度。

Step 6　计算目标函数 Cost_i。若 $\boldsymbol{X}_i^{t-1}$ 相比 $\boldsymbol{X}_i^t$ 占优（即 $\boldsymbol{X}_i^{t-1} \prec \boldsymbol{X}_i^t$），则 $\boldsymbol{X}_i^t = \boldsymbol{X}_i^{t-1}$。

Step 7　若当前迭代次数 $t \leqslant N_{c3\max}$，删去满足排位 $N_0^i \in [N - N_d + 1, N]$ 的个体，个体数目 $N = N - N_d$，并转到 Step 2；否则对鸽群位置 $\boldsymbol{X}^t$ 进行帕累托排序，并输出帕累托前沿 S_1。

改进多目标鸽群优化算法的时间复杂度主要在于分层学习操作，而不考虑帕累托排序操作。每一代中，分层学习操作的时间复杂度为 $O(s_1 N)$，帕累托排序操作是 $O(mN^2)$，其中 m 为目标函数的个数，因为 $s_1 < mN$，多目标鸽群优化时间复杂度 T 计算如下：

$$
\begin{aligned}
T &= \sum_{t=1}^{N_{c3\max}} O\left(mN^2\right) = \sum_{t=1}^{N_{c3\max}} O\left(m\left(N - N_d\left(t-1\right)\right)^2\right) \\
&= O\left(m\left(N_{c3\max}N^2 + \frac{N_{c3\max}\left(N_{c3\max}-1\right)\left(2N_{c3\max}-1\right)\left(N_d\right)^2}{6}\right.\right. \\
&\quad \left.\left. - N_{c3\max}\left(N_{c3\max}-1\right)N_d N\right)\right) \\
&= O\left(nN_{c3\max}\left(N^2 + \frac{\left(N_{c3\max}\right)^2\left(N_d\right)^2}{3} - N_{c3\max}N_d N\right)\right)
\end{aligned}
\tag{5.3.20}
$$

由于 $N - N_d\left(N_{c3\max} - 1\right) > 0$ 且 $N_d > 0$，则上式可写为

$$
\begin{aligned}
T &< O\left(mN_{c3\max}\left(N^2 + \frac{\left(N_{c3\max}\right)^2\left(\dfrac{N}{N_{c3\max}-1}\right)^2}{3}\right)\right) \\
&= O\left(mN_{c3\max}\left(N^2 + \frac{N^2}{3}\right)\right) \\
&= O\left(nN_{c3\max}N^2\right)
\end{aligned}
\tag{5.3.21}
$$

NSGA-Ⅱ 算法的时间复杂度为 $O\left(n\mathrm{Itr}_{\max}\mathrm{Num}^2\right)$，其中 $\mathrm{Itr}_{\max}$ 和 Num 分别为最大迭代次数和种群数量。在相同初始条件下，即 $N_{c3_{\max}} = \mathrm{Itr}_{\max}$，$N = \mathrm{Num}$，多目标鸽群优化的时间复杂度严格小于 NSGA-Ⅱ 算法。

如图 5.12 所示，可将多无人机编队协调避障控制解耦为水平和垂直两个通道。在垂直通道，无人机控制算法可描述为与期望高度和高度变化率的对齐控制；在水平通道，无人机控制算法包含两个部分：一个是基于局部邻居交互信息的自主编队控制，另一个是基于实时障碍感知信息的避障控制。自主编队控制和避障控制的输出通过解算器生成马赫数保持自动驾驶仪以及航向保持自动驾驶仪的输入。多目标鸽群优化主要用于使每架无人机寻找满足公式 (5.3.14) 和公式 (5.3.15) 的合适作用权重向量 $\tilde{\boldsymbol{w}}_i$，从而保证无人机在障碍环境下稳定且无碰撞地编队飞行。具体步骤如下：

Step 1　生成 n 架无人机的初始状态，包括空间位置 $\boldsymbol{P}^i = \left(x^i, y^i, h^i\right)$、水平速度 V_{XY}^i、水平航向 ψ^i、高度变化率 λ_i 以及作用权重向量 $\boldsymbol{w}_i$，其中无人机编号 $i = 1, 2, \cdots, n$，当前仿真时间 $t = 0$。

Step 2　初始化 $i = 1$。

Step 3　由自组织集群模型，计算期望编队速度 $\boldsymbol{vf}^i$，由避障模型计算期望避障速度 $\boldsymbol{vo}^i$。

Step 4　随机生成 N 个鸽子 N 维初始位置 $\boldsymbol{X}^1$ 和初始速度 $\boldsymbol{V}^1$，位置每一维上限 $\boldsymbol{X}_U^{i'}$ 和下限 $\boldsymbol{X}_L^{i'}$ 分别为 1 和 0。由公式 (5.3.10)～ 公式 (5.3.13) 计算所有个体的目标函数值 Cost，设定当前迭代次数 $t = 1$。

Step 5　执行 Step 1~Step 3。当进行帕累托排序中拥挤距离比较时，仅使用与代价函数相关的目标函数，即 Cost^1 和 Cost^2。

Step 6　初始化 $i' = 1$。

Step 7　执行 Step 4。计算个体 i' 的目标函数 $\mathrm{Cost}_{i'}$。若个体位置 $\boldsymbol{X}_{i'}^t$ 不满足约束，即 $\mathrm{Cost}_{i'}^3 = 1$ 或者 $\mathrm{Cost}_{i'}^4 = 1$，则在搜索空间内重新生成 $\boldsymbol{X}_{i'}^t$。若 $\boldsymbol{X}_{i'}^{t-1}$ 相比 $\boldsymbol{X}_{i'}^t$ 占优 (即 $\boldsymbol{X}_{i'}^{t-1} \prec \boldsymbol{X}_{i'}^t$)，则 $\boldsymbol{X}_{i'}^t = \boldsymbol{X}_{i'}^{t-1}$。

Step 8　若 $i' = N$，转至 Step 9，否则 $i' = i' + 1$，并转至 Step 7。

Step 9　若当前迭代次数 $t \leqslant N_{c3_{\max}}$，删去满足排位 $N_0^i \in [N - N_\mathrm{d} + 1, N]$ 的个体，个体数目 $N = N - N_\mathrm{d}$，并转至 Step 5，否则对鸽群位置 $\boldsymbol{X}^t$ 进行帕累托排序。

Step 10　作用权重向量 $\boldsymbol{w}_i = \boldsymbol{X}_{i^*}^t$，其中 i^* 满足如下方程：

$$i^* = \underset{j}{\arg\min}\left(\mathrm{Cost}_j^2\right) \tag{5.3.22}$$

其中，j 为帕累托前沿 S_1 中包含的个体编号。

Step 11　由下式计算控制输入 $\boldsymbol{u}^i$：

$$\boldsymbol{u}_l^i = \begin{cases} \boldsymbol{v}\dot{\boldsymbol{f}}_1^i + (\boldsymbol{vo}_1^i - \boldsymbol{v}_1^i) \\ \boldsymbol{v}\dot{\boldsymbol{f}}_2^i + (\boldsymbol{vo}_2^i - \boldsymbol{v}_2^i) \\ \boldsymbol{v}\dot{\boldsymbol{f}}_3^i \end{cases} \tag{5.3.23}$$

若控制输入 $\left|\boldsymbol{u}_l^i\right| < u_{\lim}$，则 $\boldsymbol{u}_l^i = 0$，其中 $l = 1, 2, 3$。$u_{\lim}$ 是控制输入的死区阈值。无人机 i 的自动驾驶仪的控制输入 $\left(V_{xy\_c}^i, \psi_c^i, h_c^i\right)$ 可定义为

$$\begin{cases} V_{xy\_c}^i = \tau_v \left(\boldsymbol{u}_1^i \cos \psi^i + \boldsymbol{u}_2^i \sin \psi^i\right) + V_{xy}^i \\ \psi_c^i = \dfrac{\tau_\psi}{V_h^i} \left(\boldsymbol{u}_2^i \cos \psi^i - \boldsymbol{u}_1^i \sin \psi^i\right) + \psi^i \\ h_c^i = h^i + \dfrac{\tau_h}{\tau_\lambda} \lambda + \tau_h \boldsymbol{u}_3^i \end{cases} \tag{5.3.24}$$

若 $\left|V_{xy\_c}^i - \|ve_{1,2}\|\right| < V_{xy\_c}^{\lim}$，$V_{xy\_c}^i = \|ve_{1,2}\|$。若 $\left|\psi_c^i - \psi_{\mathrm{m}}\right| < \psi_c^{\lim}$，$\psi_c^i = \psi_{\mathrm{m}}$，其中 $V_{xy\_c}^{\lim}$ 和 $\psi_c^{\lim}$ 为允许的控制误差。通过公式 (5.3.1) 计算下次无人机状态。

Step 12 如果 $i = n$，转至 Step 13，否则 $i = i + 1$，并转至 Step 3。

Step 13 若仿真时间 time $< T_{\max}$，仿真时间 time $=$ time $+ t_{\mathrm{s}}$，并转至 Step 2，其中 t_{s} 为采样时间，$T_{\max}$ 为最大模拟时间。

Step 14 输出 N 架无人机状态。

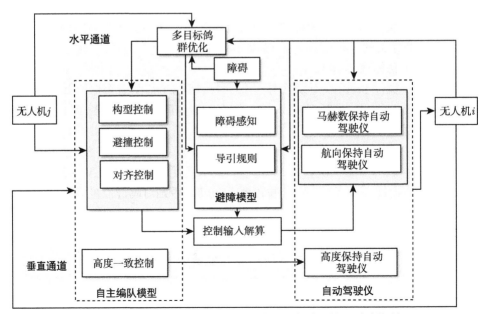

图 5.12 基于多目标鸽群优化的多无人机编队协调避障控制

3. 仿真实验

为了验证基于改进多目标鸽群优化的无人机分布式集群避障控制算法的可行性和有效性，这里设计了 5 架小型无人机 (固定翼或旋翼) 在复杂障碍物环境中的编队飞行实验。

无人机的初始位置如表 5.8 所示，机群其他初始状态定义为：水平速度 $V_{XY}^i = 10\text{m/s}$，水平航向 $\psi^i = 0°$，高度变化率 $\lambda_i = 0\text{m/s}$。在机群前进方向上，设有 6 个 100m 高的柱形障碍，障碍参数设置如表 5.8 所示，其中 (x_0^j, y_0^j) 和 R_0^j 分别为障碍 j 的中心 (即圆心) 位置和半径。无人机模型参数设置如下：马赫数保持自动驾驶仪时间常数 τ_V 为 1s，航向保持自动驾驶仪时间常数 τ_ψ 为 0.75s，高度保持自动驾驶仪时间常数 τ_b、τ_λ 分别为 1s 和 3s。水平速度上限 $V_{xy\_\max} = 15\text{m/s}$，水平速度下限 $V_{xy\_\min} = 5\text{m/s}$，高度变化率上限 $\lambda_{\max} = 5\text{m/s}$，高度变化率下限 $\lambda_{\min} = -5\text{m/s}$，横向过载 $n_{\max}$ 的上限是 $10g$。

表 5.8 机群和障碍初始位置

	i	x^i/m	y^i/m	h^i/m
	1	14.6929	107.3676	68.1682
	2	21.2809	116.6406	34.8423
无人机	3	20.3911	113.6529	24.6351
	4	3.5699	108.9509	96.377
	5	10.2116	111.558	30.1431
	j	x_0^i/m	y_0^i/m	R_0^i/m
	1	120	120	5
	2	240	75	5
障碍	3	350	40	5
	4	240	155	5
	5	360	110	5
	6	350	180	5

最大仿真时间 $T_{\max} = 49.5\text{s}$，采样时间 $t_s = 0.5\text{s}$，初始权重向量 $\boldsymbol{w}_i = [1, 1, 1, 1, 1]$。自组织集群运动模型的具体参数设置如下：期望高度 $h_e = 50\text{m}$，期望速度向量 $\boldsymbol{ve} = [10\text{m/s}, 0\text{m/s}, 0\text{m/s}]$，水平最大通信距离 $R_{\text{comm}}^1 = 20\text{m}$，无人机间最小容许距离 $R_{\lim}^1 = 2\text{m}$，个体间期望距离 $R_{\text{desire}} = 10\text{m}$，对齐控制增益 $K_{a\_h_e}$、K_{v_e}、K_f 和 K_{a_vn} 分别为 30，10，0.1 和 0.1，避撞控制增益 $K_c = 100000$。避障模型的参数设置如下：水平障碍探测距离 $R_{\text{comm}}^2 = 105\text{m}$，无人机视场角 $\theta_{\lim} = \dfrac{\pi}{2}$，避障控制阈值 $R_{\lim}^2 = 10\text{m}$；编队位置评价权重 $f_1 = 1$，编队速度评价权重 $f_2 = 1$，控制输入死区阈值 $u_{\lim} = 0.25\text{m/s}^2$，速度控制容许误差 $V_{xy\_c}^{\lim} = 0.25\text{m/s}$，航向控制容许误差 $\psi_c^{\lim} = 0.1\text{rad}$。改进后多目标鸽群优化算法的具体参数设置如表 5.9 所示。

表 5.9   改进 MPIO、MPIO 和 NSGA-Ⅱ 参数设置

算法	符号	名称	数值
改进 MPIO、MPIO	N	个体数目	58
	$N_{c3\max}$	最大迭代次数	20
	N_d	个体递减数目	2
	$\boldsymbol{V}_U^i$	速度上限	0.05m/s
	$\boldsymbol{V}_L^i$	速度下限	-0.05m/s
	R	地图和指南针算子	0.3
	f_t	过渡因子	2
	p_l	一般领导者比例	0.9
	e	学习误差	0.01
	s_l	学习强度	2
NSGA-Ⅱ	Num	种群数量	20
	$\text{Itr}_{\max}$	最大迭代次数	20
	S_{pool}	交配池规模	25
	S_{tour}	竞赛规模	2
	η_c	交叉分布指数	20
	η_m	变异分布指数	20

图 5.13 给出了 5 架无人机在障碍环境下分布式集群飞行的详细结果，图 5.13(a)~(g) 分别给出了机群三维飞行轨迹、二维平面飞行轨迹图，以及感知障碍数量、高度、水平速度、水平航向、高度变化率迭代曲线。由图 5.13(a) 和 (b) 可见，机群可以稳定编队安全穿越障碍环境且无碰撞。如图 5.13(b) 所示，可将飞行空间依据感知障碍数量划分为 9 个区域，在区域 Ⅰ 至区域 Ⅸ 中，无人机可

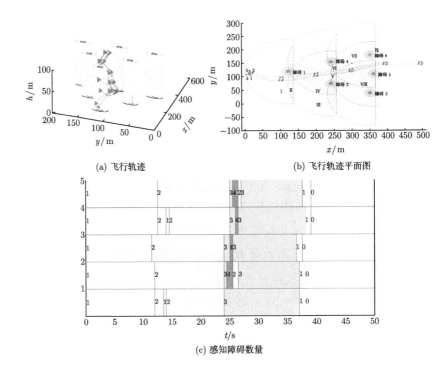

(a) 飞行轨迹   (b) 飞行轨迹平面图

(c) 感知障碍数量

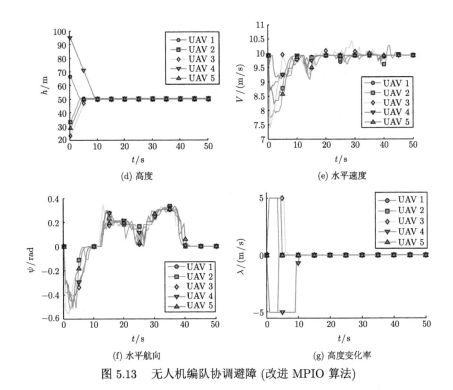

图 5.13　无人机编队协调避障 (改进 MPIO 算法)

感知障碍数量分别为 1、2、1、2、3、4、2、3 和 1, 且障碍编号分别为 1、{1, 2}、2、{2, 4}、{2, 4, 5}、{2, 4, 5, 6}、{5, 6}、{3, 5, 6} 和 5。如图 5.13(c) 所示, 机群主要活动区域为区域 I、区域 IV 和区域 VIII。在约 14.5s 时, 机群进入区域 IV, 并试图穿越 2 号障碍和 4 号障碍间的缝隙。在约 27s 时, 机群进入区域 VIII, 并试图穿越 5 号障碍和 6 号障碍间的缝隙。在约 39s 时, 机群安全通过障碍区域。如图 5.13(d) 和 (g) 所示, 在约 10s 时, 机群高度趋于期望高度 h_e, 高度变化率趋于 0。如图 5.13(e) 和 (f) 所示, 经过安全范围内的波动后, 水平空速和偏航角分别在 46s 和 41.5s 收敛到相应的预期状态。

　　为了进一步验证改进 MPIO 算法的优越性, 这里在相同的初始条件和参数配置下, 进行了基于 MPIO 算法[29] 和 NSGA-II 算法[30] 的无人机集群仿真。MPIO 算法和 NSGA-II 算法的参数如表 5.9 所示。为了保证比较的公平性和有效性, 需保证计算目标函数次数相同, 且最终可行解数目相同, 如下式所示:

$$\begin{cases} N \cdot N_{c3_{\max}} - \dfrac{N_{c3_{\max}}(N_{c3_{\max}} - 1)}{2}N_d = \mathrm{Num} \cdot \mathrm{Itr}_{\max} \\ N - N_d(N_{c3_{\max}} - 1) = \mathrm{Num} \end{cases} \quad (5.3.25)$$

　　图 5.14 给出了采用 MPIO 算法和 NSGA-II 算法的无人机分布式集群飞行仿真结果, 如图 5.14(a) 和 (e) 所示, 当通过区域 I 后, 只有障碍 1 被检测, 基于

改进 MPIO 算法的机群始终位于另两种优化算法的机群前方。如图 5.14(b) 所示，基于 MPIO 算法的机群约 16s 时进入区域 IV，约 28.5s 时进入区域 VIII，约 40.5s 时安全通过障碍区域。如图 5.14(f) 所示，基于 NSGA-II 算法的机群约 15s 时进入区域 IV，约 28.5s 时进入区域 VIII，约 40s 时安全通过障碍区域。基于 MPIO 算法的 1 号无人机在 27~27.5s 内可检测到 2~6 号障碍物，这导致图 5.14(b) 中的短带表示 1 号无人机检测到的障碍物数量为 5 个。如图 5.14(c) 和 (g) 所示，基于 MPIO 算法的无人机水平空速不收敛，基于 NSGA-II 算法的无人机水平空速收敛时间为 48s，比改进 MPIO 算法长。如图 5.14(d) 和 (h) 所示，基于 MPIO 算法和 NSGA-II 算法的无人机偏航角，其收敛时间分别为 46s 和 41.5s。改进 MPIO 算法比 MPIO 算法性能更好，与 NSGA-II 算法相比也有更强的竞争力。改进 MPIO 算法的优越性也在软约束对应的代价函数曲线中得到验证，机群第一个目标函数和 $\sum_{i=1}^{N} \mathrm{Cost}_i^1$ 最低点所对应的时间为机群内第一架无人机通过障碍区域的时间，机群第一个目标函数和 $\sum_{i=1}^{N} \mathrm{Cost}_i^1$ 停止上升的时间为机群全部通过障碍区域的时间。

在编队效果大致相当的情况下 (图 5.15(b))，基于改进 MPIO 算法的机群可最快通过障碍区域 (图 5.15(a))。当机群通过障碍区域后，基于改进 MPIO 算法的机群编队质量略优于基于 MPIO 算法和 NSGA-II 算法的机群。

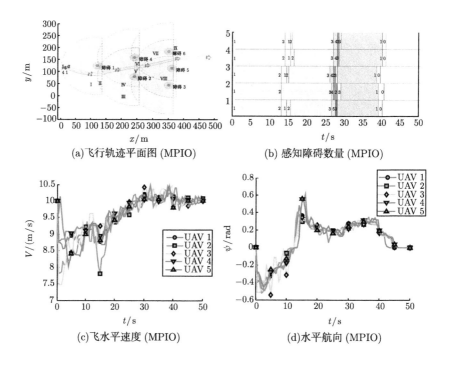

(a) 飞行轨迹平面图 (MPIO)　　　　　　(b) 感知障碍数量 (MPIO)

(c) 飞水平速度 (MPIO)　　　　　　　(d) 水平航向 (MPIO)

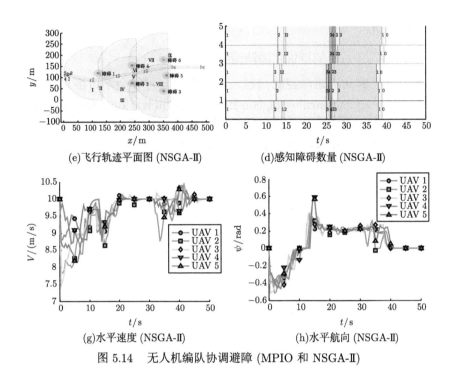

(e) 飞行轨迹平面图 (NSGA-II)   (d) 感知障碍数量 (NSGA-II)

(g) 水平速度 (NSGA-II)   (h) 水平航向 (NSGA-II)

图 5.14 无人机编队协调避障 (MPIO 和 NSGA-II)

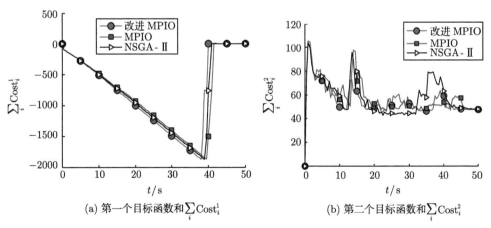

(a) 第一个目标函数和 $\sum_i \text{Cost}_i^1$ (b) 第二个目标函数和 $\sum_i \text{Cost}_i^2$

图 5.15 目标函数对比 (改进 MPIO, MPIO 和 NSGA-II)

综上所述,在基于改进多目标鸽群优化的无人机编队协调避障方法作用下,机群可以稳定地编队穿越复杂障碍且无碰撞。与基本多目标鸽群优化算法和 NSGA-II 算法相比,改进多目标鸽群优化算法可在少量个体数目和较小迭代次数条件下获得较好的帕累托前沿,适用于解决对算法运行速度有一定要求的无人机在线实时规划。

5.3.2　社会学习多目标鸽群优化编队避障

针对无人机编队的避障控制问题，本节介绍一种社会学习多目标鸽群优化 (multi-objective social learning pigeon-inspired optimization, MSLPIO) 算法 [31]。改进算法的每只鸽子在更新过程中不是向全局最优的鸽子学习，而是向比自己占优的任意鸽子学习。在地图和指南针算子以及地标算子中引入了社会学习因子，为了避免参数设置的盲目性，采用了与维数相关的参数设置方法。

1. 任务描述

1) 无人机模型

将无人机模型简化为一阶马赫数保持自驾仪、一阶航向保持自驾仪和二阶高度保持自驾仪，具体模型可表述为

$$
\begin{cases}
\dot{X}_i = V_i \cos \varphi_i \\
\dot{Y}_i = V_i \sin \varphi_i \\
\dot{H}_i = \eta_i \\
\dot{V}_i = -\dfrac{1}{\tau_v}(V_i - V_{\mathrm{c}}^i) \\
\dot{\varphi}_i = -\dfrac{1}{\tau_\varphi}(\varphi_i - \varphi_{\mathrm{c}}^i) \\
\dot{\eta}_i = -\left(\dfrac{1}{\tau_a} + \dfrac{1}{\tau_b}\right)\eta_i - \dfrac{1}{\tau_a \tau_b}H_i + \dfrac{1}{\tau_a \tau_b}H_{\mathrm{c}}^i
\end{cases}
\tag{5.3.26}
$$

其中，X_i、Y_i、H_i 分别为无人机 i 在 X、Y 和 Z 方向上的坐标；V_i、φ_i、η_i 为速度、航向角和高度变化速率；τ_v、τ_φ、τ_a、τ_b 为时间常数；V_{c}^i、φ_{c}^i、H_{c}^i 为无人机 i 的自动驾驶仪的输入，定义为

$$
\begin{cases}
V_{\mathrm{c}}^i = \tau_v(u_i^1 \cos \varphi_i + u_i^2 \sin \varphi_i) + V_i \\
\varphi_{\mathrm{c}}^i = \tau_v/V_i(u_i^2 \cos \varphi_i - u_i^1 \sin \varphi_i) + \varphi_i \\
H_{\mathrm{c}}^i = H_i + (\tau_a + \tau_b)\eta_i + \tau_a \tau_b u_i^3
\end{cases}
\tag{5.3.27}
$$

式中，u_i^1、u_i^2 和 u_i^3 分别表示 X、Y 和 Z 轴方向的控制分量，满足如下约束：

$$
\begin{cases}
V_{\min} \leqslant V_i \leqslant V_{\max} \\
|\dot{\varphi}_i| \leqslant \dfrac{n_{\max}g}{V_i} \\
\eta_{\min} \leqslant \eta_i \leqslant \eta_{\max}
\end{cases}
\tag{5.3.28}
$$

这里，$n_{\max}$ 为最大横向过载；$g = 10\mathrm{m/s}^2$ 为重力加速度。

2) 集群控制策略

在无人机集群避障过程中，应保证以下运动规则：保持无人机之间的安全距离，所有无人机保持相同的速度，所有无人机保持在所需的高度，避免无人机和障碍物碰撞。因此，所设计的无人机集群控制模型包括以下分量：编队控制分量、无人机之间避碰控制分量、无人机和障碍物之间避障控制分量、无人机速度一致控制分量、期望速度控制分量和高度控制分量，具体可表示为

$$u_i^k = \begin{cases} u_\mathrm{f} + u_\mathrm{c} + u_\mathrm{o} + u_\mathrm{nv}, & k = 1, 2 \\ u_\mathrm{ev} + u_\mathrm{eh}, & k = 3 \end{cases} \tag{5.3.29}$$

其中，u_i^k 为总控制量，$k = 1, 2, 3$ 分别表示在 X、Y 和 Z 三个方向上的分量。各控制分量的定义如下所述。

(1) 编队控制分量 u_f：

$$u_\mathrm{f} = C_\mathrm{f} \sum_{j \in \{d_{ij} \leqslant D_\mathrm{c}\}} \alpha(P_j^k - P_i^k) \ln(d_{ij}/D_\mathrm{d}) \tag{5.3.30}$$

其中，C_f 为编队控制系数，此处设置为 0.2；$d_{ij} = \sqrt{\sum_{k=1}^{2}(P_i^k - P_j^k)^2}$ 为无人机 i 和无人机 j 之间的水平距离；$D_\mathrm{c} = 10\mathrm{m}$ 为通信距离；α 为影响因子；P_i 和 P_j 分别为无人机 i 和无人机 j 的位置；$D_\mathrm{d} = 10\mathrm{m}$ 为无人机之间期望的水平距离。

(2) 无人机之间的避碰控制分量 u_c：

$$u_\mathrm{c} = C_\mathrm{c} \sum_{j \in \{d_{ij} \leqslant D_\mathrm{s}\}} (1/d_{ij} - 1/D_\mathrm{s})^2 \frac{P_i^k - P_j^k}{\|P_i^k - P_j^k\|} \tag{5.3.31}$$

其中，$C_\mathrm{c} = 105$ 为无人机之间的碰撞控制系数；$D_\mathrm{s} = 2\mathrm{m}$ 为无人机之间防止碰撞的最小距离。

(3) 避障控制分量 u_o：

$$u_\mathrm{o} = \begin{cases} C_\mathrm{o}\alpha_\mathrm{o}(V_\mathrm{e}\cos\delta_a - v_i^k), & k = 1 \\ C_\mathrm{o}\alpha_\mathrm{o}(V_\mathrm{e}\sin\delta_a - v_i^k), & k = 2 \end{cases} \tag{5.5.32}$$

其中，$C_\mathrm{o} = 2$ 为避障控制系数；$V_\mathrm{e} = 10\mathrm{m/s}$ 为期望速度；v_i^k 为无人机 i 的速度；δ_a 为期望的避障航向角。此外，无人机的视野为 180°，障碍感知距离为 120m。

(4) 无人机速度一致控制分量 u_nv：

$$u_{\text{nv}} = C_{\text{nv}} \sum_{j \in \{d_{ij} \leqslant D_c\}} \alpha(v_j^k - v_i^k) \qquad (5.3.33)$$

其中，$C_{\text{nv}} = 0.2$ 为与邻居飞机保持一致速度的系数。

(5) 期望速度控制分量 u_{ev}：

$$u_{\text{ev}} = C_{\text{ev}}(0 - v_i^k) \qquad (5.3.34)$$

其中，$C_{\text{ev}} = 8$ 为与期望速度保持一致的系数。

(6) 高度控制分量 u_{eh}：

$$u_{\text{eh}} = C_{\text{eh}}(h_e - h_i) \qquad (5.3.35)$$

其中，$C_{\text{eh}} = 20$ 为与预期高度保持一致的系数；$h_e = 50\text{m}$ 为期望高度。

3) 代价函数设计

为了确保多个无人机在众多障碍物中顺利通过，这里需要考虑许多控制分量。这里根据编队控制效应和速度一致性设计了两个代价函数。第一个代价函数分为如下两个部分：

(1) 当无人机 i 的探测范围内有障碍物时，代价函数表示通过障碍区域的程度，其值是无人机 i 的水平位置在所需水平速度方向的投影。

(2) 当第 i 架无人机的探测范围内没有障碍物时，代价函数表示与期望水平速度的一致性程度。

第一个代价函数可定义为

$$\text{Cost}_1 = \begin{cases} -\dfrac{(P_i^1, P_i^2) \cdot (v_e^1, v_e^2)}{V_e}, & \text{如果} P_{\text{obstacle}} \neq \varnothing \\ \displaystyle\sum_{k=1}^{2} \left| v_e - v_i^k \right|, & \text{其他} \end{cases} \qquad (5.3.36)$$

其中，$k = 1, 2$；v_e 为期望速度；v_i 为无人机 i 的速度；P_{obstacle} 为无人机 i 检测到的障碍。

第二个代价函数表示无人机集群性能和与邻域速度的一致性程度，定义为

$$\text{Cost}_2 = \sum_{j \in \{d_{ij} \leqslant D_c\}} l \left[(D_d - d_{ij}) + \sum_{k=1}^{2} \left| v_i^k - v_j^k \right| \right] \qquad (5.3.37)$$

其中，$l = 1$ 为影响因子。

此外,需要满足两个限制条件:无人机与障碍物之间的距离在安全阈值内,无人机之间的距离在安全阈值内。因此,多无人机避障控制策略可以转化为多目标优化问题,基于上述两个代价函数,可得待优化参数为权重因子 α_{o}。

2. 算法设计

社会学习机制是指个体向比自己优秀的榜样学习的行为,这里将社会学习机制引入多目标鸽群优化算法。种群大小是鸽群优化算法和多目标鸽群优化算法的重要参数,这里给出了一种根据搜索维度确定种群大小的方法,如下式:

$$N_{\mathrm{p}} = M + \mathrm{floor}(D/5) \tag{5.3.38}$$

其中,N_{p} 为种群大小;$M = 50$ 为基数;D 为搜索维度。

在地图和指南针算子中,随机生成鸽子的初始位置和速度,分别表示为 $\boldsymbol{X}_i = [x_{i1}, x_{i2}, \cdots, x_{iD}]$ 和 $\boldsymbol{V}_i = [v_{i1}, v_{i2}, \cdots, v_{iD}]$,$i = 1, 2, \cdots, N$。位置 $\boldsymbol{X}_i$ 和速度 $\boldsymbol{V}_i$ 的更新公式分别为

$$\begin{aligned} \boldsymbol{V}_i^t &= \boldsymbol{V}_i^{t-1} \cdot \mathrm{e}^{-Rt} + \mathrm{rand} \cdot c_1 \cdot (\boldsymbol{X}_{\mathrm{model}} - \boldsymbol{X}_i^{t-1}) \\ \boldsymbol{X}_i^t &= \boldsymbol{X}_i^{t-1} + \boldsymbol{V}_i^t \end{aligned} \tag{5.3.39}$$

其中,R 为地图和指南针算子;t 为当前迭代次数;c_1 为学习因子 ($c_1 = 1 - \ln([D/M])$);$\boldsymbol{X}_{\mathrm{model}}$ 为优于当前鸽子的示范者,每只鸽子都向其示范者学习,图 5.16 给出了 $\boldsymbol{X}_{\mathrm{model}}$ 的选择过程。

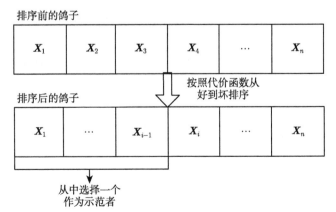

图 5.16 社会学习机制:如何选择 $\boldsymbol{X}_{\mathrm{model}}$

在地标算子阶段,远离中心的鸽子将被移除,其他鸽子飞向中心,其更新过

程如下:

$$\boldsymbol{X}_{\text{center}}^{t-1} = \frac{\sum\limits_{i=1}^{N^{t-1}} \boldsymbol{X}_i^{t-1}}{N^{t-1}}$$

$$N^t = N^{t-1} - N_{\text{removed}}$$ 　　　　　(5.3.40)

$$\boldsymbol{X}_i^t = \boldsymbol{X}_i^{t-1} + \text{rand} \cdot c_2 \cdot \left(\boldsymbol{X}_{\text{c}}^{t-1} - \boldsymbol{X}_i^{t-1}\right)$$

其中, c_2 为社会影响因子; N_{removed} 为每次迭代过程中被移除的鸽子数量; t 达到最大迭代次数时, 地标算子阶段则停止。

对于多目标优化问题, 需要平衡多个代价函数并选择最优解。帕累托排序机制已应用于改进其他诸多多目标优化算法中, 这里将帕累托排序机制应用于社会学习多目标鸽群优化算法中, 主要包括非占优排序和拥挤距离比较两个步骤。

(1) 非占优排序过程。

当满足以下两个条件时, 第 i 个鸽子的位置 $\boldsymbol{X}_i$ 优于第 j 个鸽子的位置 $\boldsymbol{X}_j$:

$$\begin{cases} \text{Cost}_k(\boldsymbol{X}_i) \leqslant \text{Cost}_k(\boldsymbol{X}_j), & k = 1, 2, \cdots, n \\ \text{Cost}_{\overline{k}}(\boldsymbol{X}_i) < \text{Cost}_{\overline{k}}(\boldsymbol{X}_j), & \text{至少存在一个 } \overline{k} \in \{1, 2, \cdots, n\} \end{cases}$$ 　　(5.3.41)

其中, Cost_k 为第 k 个代价函数。此处针对最小化问题, 若对于最大化问题, 应选择更大的 Cost_k。

通过非占优排序过程, 鸽子位置将被分成不同的集合, 分别表示为 $S_1^{\boldsymbol{X}}$, $S_2^{\boldsymbol{X}}, \cdots, S_m^{\boldsymbol{X}}$, 由最佳非占优集 $S_1^{\boldsymbol{X}}$ 中的解形成的曲面称为帕累托边界。

(2) 拥挤距离比较。

在非占优排序过程之后, 每组鸽子的位置根据拥挤距离从大到小降序排列。在集合 $S_j^{\boldsymbol{X}}$ 中第 i 个鸽子的拥挤距离定义为如下形式:

$$\text{Dis}(\boldsymbol{X}_i) = \frac{\text{Cost}_k(\boldsymbol{X}_{i+1}) - \text{Cost}_k(\boldsymbol{X}_{i-1})}{\text{Cost}_k^{\max} - \text{Cost}_k^{\min}}$$ 　　(5.3.42)

其中, $i \in \{2, 3, \cdots, n_j^{\boldsymbol{X}} - 1\}$, 这里 $n_j^{\boldsymbol{X}}$ 为集合 $S_j^{\boldsymbol{X}}$ 中的鸽子数量; $\text{Cost}_k^{\max}$ 和 $\text{Cost}_k^{\min}$ 分别为第 k 个目标函数的最大值和最小值; $\text{Dis}(\boldsymbol{X}_1)$ 和 $\text{Dis}\left(\boldsymbol{X}_{n_j^{\boldsymbol{X}}}\right)$ 设置为无穷大。为了确保解的多样性, 拥挤距离越大越好。

为了提高算法的灵活性, 这里将地图和指南针算子与地标算子相结合, 其具

体过程可表示为

$$
\begin{cases}
N^t = N^{t-1} - N_{\mathrm{removed}} \\
\boldsymbol{V}_i^t = \boldsymbol{V}_i^{t-1} \cdot \mathrm{e}^{-Rt} + \mathrm{rand} \cdot c_1 \cdot \left(\boldsymbol{X}_{\mathrm{model}} - \boldsymbol{X}_i^{t-1}\right) + \mathrm{rand} \cdot c_2 \cdot \left(\boldsymbol{X}_{\mathrm{c}}^{t-1} - \boldsymbol{X}_i^{t-1}\right) \\
\boldsymbol{X}_i^t = \boldsymbol{X}_i^{t-1} + \boldsymbol{V}_i^t
\end{cases}
$$

$$(5.3.43)$$

其中, $\boldsymbol{X}_{\mathrm{model}}$ 和 $\boldsymbol{X}_{\mathrm{c}}^{t-1}$ 从帕累托前沿集合中计算得出。

综上所述, 社会学习多目标鸽群优化算法的具体步骤如下:

Step 1 根据搜索维度 D 确定种群大小 N, 并设置最大迭代次数 N_{max}。

Step 2 随机初始化鸽子的位置和速度。设置位置 $\boldsymbol{X}$ 和速度 $\boldsymbol{V}$ 的上限和下限, 若超出范围, 则取极限值。

Step 3 计算每只鸽子的代价函数, 并执行帕累托排序过程。计算 $\boldsymbol{X}_{\mathrm{c}}^{t-1}$ 并将帕累托前沿的鸽子位置存入集合 A(A 是历史信息库, 用于存储帕累托前沿)。

Step 4 再次对集合 A 中的鸽子执行帕累托排序机制, 并将新的帕累托前沿存储到集合 A 中, 表示为 $A = S_1^A$, $\boldsymbol{X}_{\mathrm{model}}$ 为 A 中任选一个。

Step 5 根据公式 (5.3.43) 更新速度 $\boldsymbol{V}$ 和位置 $\boldsymbol{X}$ 帕累托解。

Step 6 $t = t + 1$, 更新迭代次数 t。

Step 7 继续执行 Step 3, 直到达到最大迭代次数; 否则, 根据帕累托前沿输出最优解。

根据上述无人机模型和集群控制策略, 这里利用社会学习多目标鸽群优化算法确定相应的参数, 最终实现多无人机在多个障碍物中的编队避障通过。

基于社会学习多目标鸽群优化的多无人机避障控制流程的伪代码如表 5.10 所示。

表 5.10 避障控制流程的伪代码

算法 5.1: 控制策略步骤
1:     参数初始化:
2:     **for** $t = 1, \cdots, T_{\mathrm{max}}$ **do**
3:         **for** $n = 1, \cdots, N$ **do**
4:             按照公式 (5.3.30)~ 公式 (5.3.35) 计算控制分量
5:             通过基于社会学习的多目标鸽群优化算法获取权重因子 α
6:             通过公式 (5.3.27)~ 公式 (5.3.29) 获取最终控制变量和无人机 i 的控制输入
7:             通过公式 (5.3.26) 获取无人机 i 的状态
8:             $i = i + 1$
9:         **end for**
10:    $t = t + 1$
11:    **end**
12:    所有无人机状态 s

3. 仿真实验

仿真环境设置为 5 架无人机在 7 个障碍物中飞行通过,无人机模型参数如下:
$\tau_v = 1\text{s}$, $\tau_\varphi = 0.75\text{s}$, $\tau_a = 1/3\text{s}$, $\tau_b = 3\text{s}$。最大和最小水平速度分别为 15m/s 和
5m/s,最大和最小的高度变化率分别为 6m/s 和 -6m/s,障碍物为半径不同的圆,
采样时间为 0.5s,最大运行时间为 42s。仿真实验结果如图 5.17 所示,其中圆表
示障碍物,三角形表示无人机,曲线表示多个无人机的飞行路径。如图 5.17(a) 所
示,障碍物相对密集,多架无人机可以形成紧密的编队,在多个障碍之间平滑飞
行,顺利通过障碍区域。速度控制分量包括与期望速度一致的分量,期望速度位
于水平方向,因此无人机倾向于沿水平方向穿过障碍物,这证明控制策略是可行
的。由图 5.17(b) 和 (c) 可见,在障碍区速度有一定程度的波动,偏航角也相应变
化。当多个无人机穿过障碍物区域时,速度和偏航角很快保持一致。

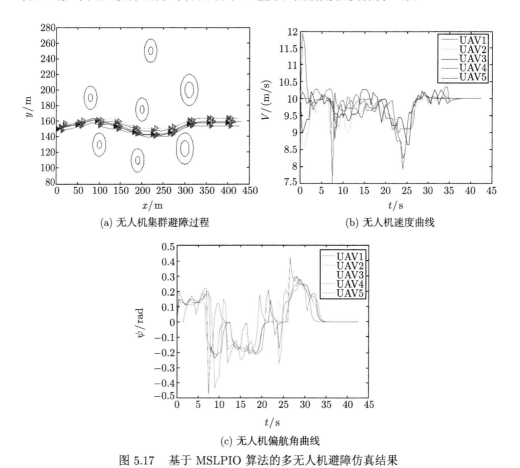

(a) 无人机集群避障过程   (b) 无人机速度曲线

(c) 无人机偏航角曲线

图 5.17   基于 MSLPIO 算法的多无人机避障仿真结果

为了突出 MSLPIO 算法的优势，将其与改进 MPIO 算法和 NSGA-Ⅱ 算法进行对比，仿真结果如图 5.18 和图 5.19 所示。由图 5.18(a) 可见，无人机可以通过障碍区，但当无人机群穿梭在障碍物之间时，一些无人机偏离了期望航向，在 200~250m 发生了明显的转弯。如图 5.18(b) 所示，所有无人机的速度最终没有收敛，始终存在波动。在图 5.18(c) 中，5 架无人机的偏航角最终收敛。由图 5.19 可见，无人机群能够通过障碍物区域，偏航角可以收敛到期望水平，但速度收敛性较差，当跨越两个障碍之间的第一个间隙时，无人机之间比较拥挤，速度始终没有收敛，总体控制效果不如 MSLPIO 算法。

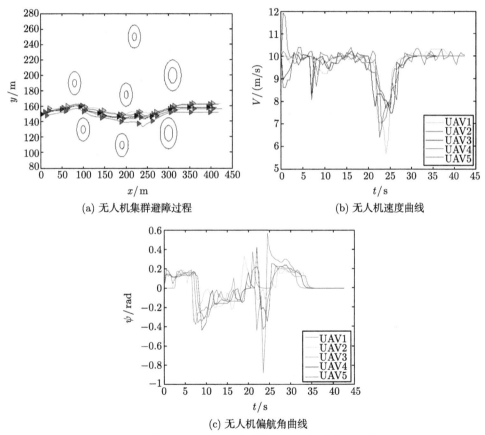

(a) 无人机集群避障过程   (b) 无人机速度曲线

(c) 无人机偏航角曲线

图 5.18 基于改进 MPIO 算法的多无人机避障仿真结果

表 5.11 给出了三种算法的速度和偏航角收敛时间，MPIO 算法和 NSGA-Ⅱ 算法的速度均没收敛到期望水平，而对于 MSLPIO 算法，5 架无人机的速度收敛时间为 37s。MSLPIO 算法偏航角收敛速度最快，MPIO 算法收敛速度次之，NSGA-Ⅱ 算法收敛速度最慢。通过以上比较分析，虽然由 MPIO 算法和 NSGA-Ⅱ

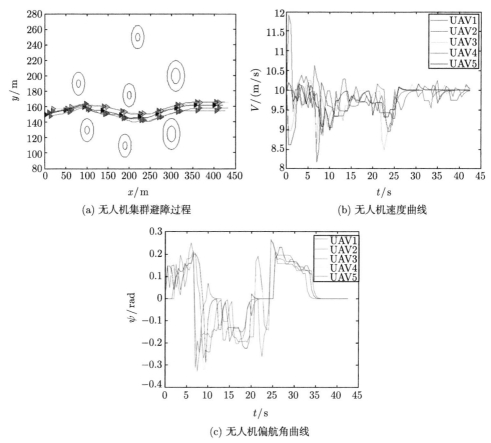

(a) 无人机集群避障过程　　　　　　　　(b) 无人机速度曲线

(c) 无人机偏航角曲线

图 5.19　基于 NSGA-Ⅱ 算法的多无人机避障仿真结果

算法优化的无人机机群也可以通过障碍区，但一致性较差，速度最终无法收敛，难以满足稳定性要求。MSLPIO 算法优化控制参数具有较好的收敛性，多架无人机可以顺利通过复杂的障碍区域。

表 5.11　三种算法的统计结果

算法	速度收敛时间	偏航角收敛时间
MSLPIO	37s	33.75s
MPIO	$>T_{\max}$	35.15s
NSGA-Ⅱ	$>T_{\max}$	36.22s

5.4　航　路　规　划

5.4.1　自适应量子鸽群优化航路规划

本节介绍一种自适应量子鸽群优化 (adaptive operator quantum-behaved

pigeon-inspired optimization, AOQPIO) 算法 [32]。首先给出一种基于逻辑映射方法的初始化过程来生成鸽群的初始种群，为了提高地图和指南针算子的搜索性能，在每次迭代中自适应地更新因子参数，从而平衡全局和局部搜索能力。在第二阶段的地标算子中，引入鸽群数量逐渐减少的更新策略，以防止过早收敛和陷入局部最优。最后，将改进算法应用于无人机航路规划问题。

1. 任务描述

无人机需要规划一条从起始位置到目标位置的安全、快捷的飞行路径。然而，复杂环境中具有诸多障碍和禁飞区，如城市、室内或森林地区。必须考虑非线性动力学和非结构化环境约束，以及飞行速度和高度的变化 [33,34]。将上述规划问题建模为带有无人机动态和威胁约束的混合目标优化问题，并假设无人机满足如下动力学特性：

$$\begin{bmatrix} \dot{\theta} \\ \dot{\phi} \\ \dot{\psi} \end{bmatrix} = \begin{bmatrix} q\cos\phi - r\sin\phi \\ p + (r + \cos\phi + q\sin\phi)\tan\theta \\ (r\cos\phi + q\sin\phi)/\cos\theta \end{bmatrix} \tag{5.4.1}$$

$$\begin{bmatrix} \dot{x} \\ \dot{y} \\ \dot{z} \end{bmatrix}$$

$$= \begin{bmatrix} u\cos\theta\cos\psi + v(\sin\phi\sin\theta\cos\psi - \cos\phi\sin\psi) + w(\sin\phi\sin\psi + \cos\phi\sin\theta\cos\psi) \\ u\cos\theta\cos\psi + v(\sin\phi\sin\theta\sin\psi + \cos\phi\sin\psi) + w(-\sin\phi\sin\psi + \cos\phi\sin\theta\sin\psi) \\ u\sin\theta - v\sin\theta\cos\theta - w\cos\phi\cos\theta \end{bmatrix} \tag{5.4.2}$$

其中，$\eta = \begin{bmatrix} \theta & \phi & \psi \end{bmatrix}$ 为欧拉角；$\Omega = \begin{bmatrix} p & q & r \end{bmatrix}$ 为角速度；$X = \begin{bmatrix} x & y & z \end{bmatrix}$ 和 $V = \begin{bmatrix} u & v & w \end{bmatrix}$ 分别为北东地惯性坐标系下的位置和线速度。

将环境中的威胁简化为柱面，由不同的向量表示，包括位置坐标 (x_k, y_k, z_k)、半径 r_k 和相应的威胁等级 t_k，威胁等级 t_k 用来表示威胁对无人机航路的影响程度。

考虑飞行时间、路径长度和安全性要求，可将无人机航路规划问题表述为

$$\min J = c_1 J_l + c_2 J_t + c_3 J_a \quad c_1 + c_2 + c_3 = 1 \tag{5.4.3}$$

代价函数 J 由 J_l、J_a 和 J_t 组成，分别代表路径长度代价、高度代价和威胁代价。航路长度代价和高度代价可分别由下式计算：

$$J_l = \sum_{i=1}^{n} l_i^2 \tag{5.4.4}$$

$$J_a = \sum_{i=1}^{n} h_i \tag{5.4.5}$$

其中，n 为路径分段数量；l_i 和 h_i 分别为第 i 条路径段的长度和平均海拔。为了简化总威胁代价模型，对精确解采用了一种有效的近似方法。在本模型中，每条边的 5 个点可以得到威胁代价，它连接了沿边缘的两个离散点，威胁代价定义如下：

$$J_t = \frac{L_{ij}}{5} \sum_{k=1}^{N_t} t_k \left(\frac{1}{d_{0.1,k}^4} + \frac{1}{d_{0.3,k}^4} + \frac{1}{d_{0.5,k}^4} + \frac{1}{d_{0.7,k}^4} + \frac{1}{d_{0.9,k}^4} \right) \tag{5.4.6}$$

其中，$d_{0.1,k}$ 为 1/10 点到第 k 个威胁中心之间的长度。将两个离散点 $(x_{i-1}, y_{i-1}, z_{i-1})$ 和 (x_i, y_i, z_i) 之间的线段分成 5 个相同长度的线段，两个离散点之间线段的威胁代价约等于所选 5 个点的总代价，威胁代价计算模型如图 5.20 所示。

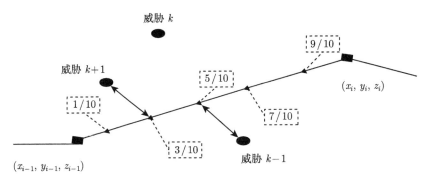

图 5.20 威胁代价计算模型

2. 算法设计

量子鸽群优化 (QPIO) 算法是鸽群优化算法的一个新变型，它由基于量子行为的地图和指南针算子以及地标算子两个算子组成。在本节量子策略改进中，通过在鸽群优化算法中引入量子行为，增加了局部搜索容量和位置的随机性，使基于量子行为的鸽群优化算法的优化效率得到提高，避免过早收敛问题。

1) 具有量子行为的地图和指南针算子

每只鸽子具有位置 $\boldsymbol{X}_i = \begin{bmatrix} \boldsymbol{X}_{i,1} & \boldsymbol{X}_{i,2} & \cdots & \boldsymbol{X}_{i,D} \end{bmatrix}$ 和速度 $\boldsymbol{V}_i = \begin{bmatrix} \boldsymbol{V}_{i,1} & \boldsymbol{V}_{i,2} & \cdots & \boldsymbol{V}_{i,D} \end{bmatrix}$，其中 $i = 1, 2, \cdots, N_p$，N_p 和 D 分别代表可行解的个数和维度。在 D 维解空间中，个体的位置和速度通过如下公式更新：

$$\boldsymbol{V}_i^t = \boldsymbol{V}_i^t \cdot \mathrm{e}^{-Rt} + \mathrm{rand} \cdot \left(\boldsymbol{X}_g^t - \boldsymbol{X}_i^{t-1} \right) \tag{5.4.7}$$

$$\boldsymbol{X}_i^t = \boldsymbol{X}_i^{t-1} + \boldsymbol{V}_i^t \tag{5.4.8}$$

其中，$\boldsymbol{V}_i^t$ 和 $\boldsymbol{X}_i^t$ 为第 t 次迭代鸽子 i 的速度和位置；$\boldsymbol{X}_g^t$ 为整个鸽群通过第 $t-1$ 次迭代所得到的最佳位置；rand $\in (0,1)$ 为随机数；$R \in (0,1)$ 为地图和指南针算子。R 越小，e^{-Rt} 值越大，鸽子的继承速度越快，有利于促进更快的全局搜索；相反，R 值增大会促进局部搜索。

为了提高搜索优化效率，避免过早收敛问题，本节在基本鸽群优化算法公式 (5.4.7)∼ 公式 (5.4.8) 的基础上增加了量子策略[35,36]，具体如下：

$$\boldsymbol{X}_i^t = \begin{cases} \boldsymbol{P}_i^t + \varepsilon_{\mathrm{e}} \cdot \left| \boldsymbol{X}_{\mathrm{mean},i}^t - \boldsymbol{X}_i^{t-1} \right| \cdot \ln(1/m) \cdot \mathrm{e}^{-Rt}, & \varphi > 0.5 \\ \boldsymbol{P}_i^t - \varepsilon_{\mathrm{e}} \cdot \left| \boldsymbol{X}_{\mathrm{mean},i}^t - \boldsymbol{X}_i^{t-1} \right| \cdot \ln(1/m) \cdot \mathrm{e}^{-Rt}, & \varphi \leqslant 0.5 \end{cases} \tag{5.4.9}$$

$$\boldsymbol{P}_i^t = \varphi \cdot \boldsymbol{X}_{\mathrm{p}i}^t + (1-\varphi) \cdot \boldsymbol{X}_g^t \tag{5.4.10}$$

$$\boldsymbol{X}_{\mathrm{mean},i}^t = \frac{1}{N} \sum_{i=1}^N \boldsymbol{X}_{\mathrm{p}i}^t \tag{5.4.11}$$

其中，$\boldsymbol{X}_{\mathrm{mean},i}^t$ 为鸽子最佳位置的平均值；$\boldsymbol{X}_{\mathrm{p}i}^t$ 为第 t 次迭代前鸽子 i 得到的最佳解；ε_{e} 为膨胀收缩系数，定义如下：

$$\varepsilon_{\mathrm{e}} = 1 - q \cdot (t/N_{c1_{\max}}) \tag{5.4.12}$$

式中，q 为实验定义参数；$N_{c1_{\max}}$ 为最大迭代次数；φ 和 m 为给定区间 $[0,1]$ 中的随机数。

2) 地标算子

在每次迭代循环中，地标算子将对当前个体的适应度值进行排序，剔除质量较差的个体后，舍弃一半个体，剩余鸽子加权中心的位置 $\boldsymbol{X}_c^t$ 作为地标和飞行的参考方向，具体更新公式如下：

$$N_{\mathrm{p}}^t = N_{\mathrm{p}}^{t-1}/2 \tag{5.4.13}$$

$$\boldsymbol{X}_c^t = \frac{\sum \boldsymbol{X}_i^t \cdot f\left(\boldsymbol{X}_i^t\right)}{N_{\mathrm{p}}^t \sum f\left(\boldsymbol{X}_i^t\right)} \tag{5.4.14}$$

$$\boldsymbol{X}_i^t = \boldsymbol{X}_i^t + \mathrm{rand} \cdot \left(\boldsymbol{X}_c^t - \boldsymbol{X}_i^t\right) \tag{5.4.15}$$

在公式 (5.4.13) 和公式 (5.4.14) 中，N_{p}^t 为鸽子数量，$f\left(\boldsymbol{X}_i^t\right)$ 是根据公式 (5.4.3)∼ 公式 (5.4.6) 用以评价鸽子个体品质的代价函数。对于航路规划等最小优

化问题，可选择 $f\left(\boldsymbol{X}_i^t\right) = \dfrac{1}{J + \mathrm{eps}}$，其中 J 为公式 (5.4.3) 中描述的优化函数，eps 为浮点数的相对精度。

这里通过逻辑斯谛映射优化量子鸽群优化算法种群初始化过程，并修改地图和指南针算子 R，平衡全局和局部搜索能力。在地标算子中，给出了新的种群数量更新和鸽子位置 $\boldsymbol{X}_i$ 更新策略。

(1) 初始化过程。

由于鸽群初始化大多采用随机分布的方法，无法保证鸽子的性能品质。因此，通过在算法中引入混沌策略来生成初始解，以覆盖更大的解空间。在初始化过程中，利用逻辑映射策略使鸽子的位置具有随机性和可遍历性。D 维向量 $u_1 = (u_{1,1}, u_{1,2}, \cdots, u_{1,D}) \in [0,1]^D$ 为随机生成，根据下式递推得到一个包含 N 个向量 $u_1, u_2, \cdots, u_N$ 的混沌序列 U：

$$
\begin{aligned}
& u_{n+1} = \mu \cdot u_n \left(1 - u_n\right) \\
& n = 0, 1, 2, \cdots, N-1, \quad 0 < u_1 < 1
\end{aligned}
\tag{5.4.16}
$$

经过混沌处理后，将混沌序列 U 转换为问题的解空间 $[\boldsymbol{X}_{\min}, \boldsymbol{X}_{\max}]^D$。对应的个体初始化公式为

$$
\boldsymbol{X}_{i,j} = \boldsymbol{X}_{\min,j} + u_n \cdot \left(\boldsymbol{X}_{\max,j} - \boldsymbol{X}_{\min,j}\right), \quad j = 1, 2, \cdots, D
\tag{5.4.17}
$$

利用混沌序列进行鸽子的初始化是在生成初始值的基础上，从初始值中选择最优种群来确定初始种群。混沌过程虽没有改变自适应量子鸽群优化算法初始化的随机性，但通过应用混沌理论改善了种群的多样性和鸽子搜索的遍历性。

参数的选择对结果有较大的影响，传统的适当参数选择方法大致可分为参数调整和参数控制两大类。参数调整用于开始前预设的参数，以及算法执行过程中保持不变的参数。参数控制意味着参数在算法开始时以初始值运行，然后根据算法的执行进行自适应更新。由于量子鸽群优化算法的参数类别有限，实现起来较为简单。但是，对量子鸽群优化算法中的参数进行调整仍是一个很大的挑战。当 R 设置为某一常数值时，算法在优化过程中无法同步协调全局和局部搜索。因此，要找到一个具有以下理想特性的函数：R 的初始值较小，且会实时变化；随着自变量的增加，迅速达到预设值 [37]，其定义为

$$
R(\tau) = \frac{1}{a + b \cdot \mathrm{e}^{-\tau}}
\tag{5.4.18}
$$

$$
\tau = -10 + \frac{N_c \cdot 20}{N_{c1_{\max}}}
\tag{5.4.19}
$$

显然，$R(\tau) \in [0, 1/a]$，$\tau \in [-10, 10]$ 由迭代次数及其最大值决定，N_c 为迭代次数，参数 b 可调整上升速度。即当 a 的值设为 1 时，R 值与传统的量子鸽群优化算法一致。采用动态参数优化策略的公式 (5.4.18) 和公式 (5.4.19)，R 值开始很小，在全局搜索后逐渐增大。相应地，可更好完成局部搜索。考虑到 R 的取值范围和全局与局部搜索的均衡性，这里设 $a = 1$ 和 $b = 100$。

(2) 自适应压缩因子策略。

在量子鸽群优化算法中，鸽群的数量在每次迭代后减少一半。如果鸽子数量减少过快，则最终只有一只鸽子在少量迭代后存活，这不利于算法的全局搜索。此外，量子鸽群优化算法中的地标算子没有考虑航点的分布，会影响航路路径的平滑性。为此，在地标算子中设计了一种新的鸽群数量更新策略，即自适应压缩因子策略，定义为

$$N_p^t = w \cdot N_{p\,\max} - N_{\mathrm{dec}} \tag{5.4.20}$$

其中，$w \in [0, 1]$ 为常数；N_{dec} 为初始化的常量参数。地标算子中的鸽子位置更新公式如下：

$$w_a = s + (1 - s) \cdot \cos\left(t \cdot \pi / N_{c2_{\max}}\right) \tag{5.4.21}$$

$$X_i^t = X_i^t + \mathrm{rand} \cdot w_a \cdot \left(X_{\mathrm{center}}^t - X_i^t\right) \tag{5.4.22}$$

其中，$s \in (0, 1)$ 为常数；$N_{c2_{\max}}$ 为令地标算子结束的最大迭代次数。

自适应量子鸽群优化算法的完整过程如表 5.12 所示。

3. 仿真实验

定义无人机航路控制点数为 D，则航路规划器需要确定 $D_1 = 3 \cdot D$ 个坐标参数，即 $X_1, X_2, \cdots, X_{D_1}$，其中 (X_i, X_{D+i}, X_{2D+i})，$i = 1, 2, \cdots, D$ 表示解空间中的三维坐标 [38]。解空间中的点 (x_i, x_{D+i}, x_{2D+i}) 可通过如下变换方程转化为实际飞行空间中的点 $(x(i), y(i), z(i))$：

$$\begin{bmatrix} x(i) \\ y(i) \\ z(i) \end{bmatrix} = \begin{bmatrix} \cos\zeta & \sin\zeta & 0 \\ -\sin\zeta & \cos\zeta & 0 \\ 0 & 0 & 1 \end{bmatrix} \begin{bmatrix} x_i \\ x_{D+i} \\ x_{2D+i} \end{bmatrix} + \begin{bmatrix} x_{\mathrm{start}} \\ y_{\mathrm{start}} \\ z_{\mathrm{start}} \end{bmatrix} \tag{5.4.23}$$

其中，$(x_{\mathrm{start}}, y_{\mathrm{start}}, z_{\mathrm{start}})$ 为给定起始点在飞行空间中的坐标；ζ 为解空间中 x 轴逆时针旋转到平行段起始点和目标点的角度。自适应量子鸽群优化算法应用于无人机航路规划的具体步骤如下：

Step 1 环境建模，初始化地形和威胁信息，包括威胁中心坐标、半径和威胁等级。

表 5.12   自适应量子鸽群优化算法

算法 5.2: AOQPIO 算法

/* 初始化 */

1   设置 D，N_p，$N_{c1_{\max}}$，$N_{c2_{\max}}$，q，w_a，N_{dec} 的初始值；

2   根据公式 (5.4.16) 生成混沌序列 U；

3   根据公式 (5.4.17) 设置鸽子的路径 $\boldsymbol{X}_i$ 和速度 $\boldsymbol{V}_i$ 的初始值；

4   计算不同鸽子个体的适应度值，设置 $\boldsymbol{X}_{\text{pi}} = \boldsymbol{X}_i$，$\boldsymbol{X}_g = \arg\min\,[\text{calculate}\_f\,(\boldsymbol{X}_{\text{pi}})]$；

/* 基于量子行为的地图和指南针算子 */

5   for $t = 1 : N_{c1_{\max}}$

6   生成参数 $\varphi, \varepsilon_e, m$；

7   根据公式 (5.4.18) 和公式 (5.4.19) 更新参数 R；

8   对每个 i 的 $\boldsymbol{X}_{\text{pi}}^t$ 求和；

9   根据公式 (5.4.11) 计算 $\boldsymbol{X}_{\text{mean}}$；

10   for $i = 1 : N_p$

11   根据公式 (5.4.10) 计算 P_i^t；

12   根据公式 (5.4.7) 更新 $\boldsymbol{V}_i^t$；

13   根据公式 (5.4.9) 利用量子行为更新 $\boldsymbol{X}_i^t$；

14       $f_{\text{new}} = f\,(\boldsymbol{X}_i^t)$

15   if $f_{\text{new}} < F\,(i)$

16         $F\,(i) = f_{\text{new}}$；$\boldsymbol{X}_{\text{pi}}^t = \boldsymbol{X}_i^t$

17   end if

18       $\boldsymbol{X}_g = \arg\min\,[f\,(\boldsymbol{X}_{\text{pi}}^t)]$

19   end for

20   end for

/* 地标算子 */

21   for $t = N_{c1_{\max}} + 1 : N_{c2_{\max}}$

22   依据适应度值对所有鸽子个体进行排序；

23   根据公式 (5.4.20) 更新鸽子数量 N_p^t；

24   根据公式 (5.4.14) 计算鸽群中心 $\boldsymbol{X}_c^t$；

25   for $i = 1 : N_p$

26   根据公式 (5.4.22) 更新 $\boldsymbol{X}_i^t$；

27   估计 $\boldsymbol{X}_i^t$，更新 $\boldsymbol{X}_{\text{pi}}^t$ 和 $\boldsymbol{X}_g$；

28   end for

29   end for

/* 输出 */

30   输出 $\boldsymbol{X}_g$ 作为适应度函数的全局最优解

Step 2　根据环境模型和公式 (5.4.3)～ 公式 (5.4.6)，建立路径规划优化函数，初始化路径规划任务的详细信息。

Step 3　初始化种群信息和算法参数，包括种群大小 N_p、路径段数 D、解维数 D_1、算子参数、两个算子的迭代次数 $N_{c1_{\max}}$ 和 $N_{c2_{\max}}$，且 $N_{c2_{\max}} > N_{c1_{\max}}$。

Step 4　根据公式 (5.4.16) 和公式 (5.4.17)，用混沌序列法初始化个体的速度和位置信息。比较每只鸽子根据优化函数定义的适应度值 $f\,(\cdot)$，找出鸽群当前最佳位置。

Step 5　操作地图和指南针算子。首先，根据公式 (5.4.18) 和公式 (5.4.19)

更新参数 R，基于量子行为更新每只鸽子的速度和位置。然后，比较所有鸽子的适应度值，更新全局最优位置 $\boldsymbol{X}_p^t$。

Step 6 如果迭代次数 $t > N_{c1_{\max}}$，迭代从地图和指南针算子切换到地标算子，否则返回到 Step 5。

Step 7 操作地标算子。根据适应值，由公式 (5.4.20) 更新鸽子的数量，然后根据公式 (5.4.14) 计算鸽子的中心，根据公式 (5.4.21) 和公式 (5.4.22)，采用自适应压缩因子策略，调整每只鸽子的位置，使其飞到鸽子的中心位置。

Step 8 如果迭代次数为 $t > N_{c2_{\max}}$，则迭代结束，输出结果，否则返回 Step 7。

Step 9 根据公式 (5.4.24) 将最优解转化为实际飞行空间的航路点。

为了验证自适应量子鸽群优化算法在无人机航路规划问题上的有效性，给出了三维空间环境下的优化结果。图 5.21 中包含复杂起伏地形的三维环境，具体表达式如下：

$$z\left(x,y\right) = \left| \sin\left(x/5+1\right) + \sin\left(y/5\right) + \cos\left(\alpha \cdot \sqrt{x^2+y^2}\right) + \sin\left(\beta \cdot \sqrt{x^2+y^2}\right) \right| \tag{5.4.24}$$

其中，α 和 β 为常数参数；z 为某点的高度。

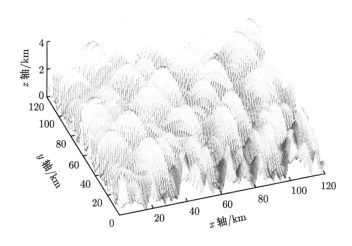

图 5.21 三维起伏地形环境图

这里将自适应量子鸽群优化算法与已有的仿生群体智能算法 (PIO 算法、QPIO 算法、PSO 算法) 进行对比，利用航路距离、代价和海拔变化来评估上述算法的性能，算法参数设置如表 5.13 所示。

表 5.13   不同算法实验中使用的参数

参数	AOQPIO	PIO	QPIO	PSO
N_p	150	150	150	150
D	30	30	30	30
N_{c1max}	150	150	150	200
N_{c2max}	200	200	200	—
w	0.8	—	—	—
s	0.5	—	—	—
a	1	—	—	—
b	100	—	—	—
q	0.5	—	0.5	—

航路规划的起始坐标为 $(18, 20, 2)$，目标坐标为 $(90, 105, 2)$，三种地图下代价函数值的收敛曲线如图 5.22 所示。由地图 1 的代价函数值的迭代曲线可见，本

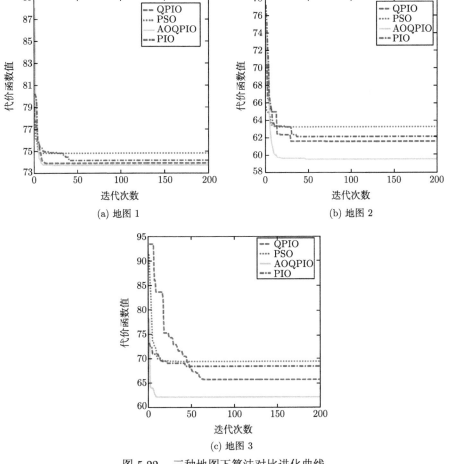

(a) 地图 1

(b) 地图 2

(c) 地图 3

图 5.22   三种地图下算法对比进化曲线

节改进的算法在第 8 次迭代时收敛，收敛值为 73.8954，低于其他算法的收敛值。在上述三种测试场景下得到的相似实验结果验证了 AOQPIO 算法性能不受作战环境变化的影响，在搜索能力、稳定性和鲁棒性上均优于 QPIO 算法、PSO 算法和 PIO 算法。

5.4.2 动态离散鸽群优化路径规划

对于执行空中搜索攻击任务的无人机集群，在有效约束条件下，需在最大化总收益和最小化消耗之间权衡。针对无人机协同搜索攻击任务规划问题，本节介绍一种动态离散鸽群优化算法[39]，该算法综合了集中式任务分配和分布式路径生成。为了设计合理的目标函数，这里利用贝叶斯公式构造并更新概率图来指导后续搜索运动，并在执行攻击时采用响应阈值 sigmoid 模型进行目标分配。

1. 任务描述

协同任务规划问题的关键是，如何通过无人机对环境的了解以及彼此之间信息的交互来协作，以执行任务，并在内部和外部发生变化时自动调整每架无人机的行为，以确保稳定飞行。在整个任务期间，无人机可根据来自各个传感器和相邻无人机的信息进行决策，完成自主协调运动并交替执行搜索与攻击的任务，从而实现最佳配置。

任务规划的基本元素可由一个四元组 $\{U, T, E, C\}$ 表述，其中 $U = \{U_1, U_2, \cdots, U_{N_u}\}$ 表示 N_u 架相同的无人机，$T = \{T_1, T_2, \cdots, T_{Nt}\}$ 表示含 N_t 个目标，$E = \{E_1, E_2, \cdots, E_{Nr}\}$ 表示战场环境变量集，C 表示多架无人机协同搜索攻击任务规划的约束条件，主要包括飞行约束、任务约束和环境约束。

飞行约束 C_F：无人机在飞行时应该满足三种约束，包括机动约束 C_F^m、避撞约束 C_F^c 和机载资源约束 C_F^r。$\{\theta_i(t), \varphi_i(t)\}$ 为 t 时刻无人机 i 的俯仰角和航向角，飞行时应满足如下约束：

$$\theta_i(t) \in [\theta_{min}, \theta_{max}] \tag{5.4.25}$$

$$|\varphi_i(t)| \leqslant \varphi_{max} \tag{5.4.26}$$

$$V_i(t) \in [V_{min}, V_{max}] \tag{5.4.27}$$

其中，θ_{min} 和 θ_{max} 分别为俯仰角的最小和最大限制值；φ_{max} 为最大转角值；V_{min} 和 V_{max} 分别为最小和最大速度值。此外，为了安全飞行，需要避免碰撞：

$$d_{ij}(t) \geqslant d_{safe} \quad (i, j = 1, 2, \cdots, N_u; i \neq j) \tag{5.4.28}$$

其中，$d_{ij}(t)$ 为 t 时刻无人机 i 和无人机 j 之间的距离；d_{safe} 为安全距离。无人机机载资源 (例如武器) 影响任务的执行：

$$w_i(t) \leqslant w_{max} \quad (i = 1, 2, \cdots, N_u) \tag{5.4.29}$$

其中，$w_{\max}$ 为无人机的最大资源负荷。

任务约束 C_T：对于需要多重攻击的目标，需要多架无人机同时执行攻击操作。因此，终端冲击角、完成时间和适当的资源分配是影响攻击效果的关键因素。在任务方面应满足三个约束，包括相对于目标的方向角 C_T^h，资源分配约束 C_T^r 和抵达时间约束 C_T^t。$\kappa_{ij}(t)$ 表示 t 时刻无人机 i 相对于目标 j 的方向角。约束 C_T^h 定义如下：

$$|\kappa_{ij}(t)| \in [\kappa_{\min}, \kappa_{\max}], \quad i \in \{1, 2, \cdots, N_u\}, \quad j \in \{1, 2, \cdots, N_t\} \tag{5.4.30}$$

其中，$\kappa_{\min}$ 和 $\kappa_{\max}$ 分别为最小和最大的方向角限制值。被分配去共同攻击同一目标的无人机满足如下资源需求：

$$\sum_{i=1}^{N_j} w_i - w_{\text{req}}^j \geqslant 0 \tag{5.4.31}$$

其中，N_j 和 w_{req}^j 分别为目标 j 所需的无人机数量和资源。假设无人机 i 与目标 j 间距离为 L_{ij}，则时间范围为

$$t_i \in [t_i^{\min}, t_i^{\max}] = \left[\frac{L_{ij}}{V_{\max}}, \frac{L_{ij}}{V_{\min}}\right] \tag{5.4.32}$$

因此，时间约束可表示为

$$\bigcap_{i \in TR_j} [t_i^{\min}, t_i^{\max}] \neq \varnothing \tag{5.4.33}$$

其中，集合 TR_j 为被分配给目标 j 的 N_j 架无人机；符号 $\varnothing$ 表示空集。

环境约束：从安全飞行的角度出发，有必要避免危险环境中的威胁和障碍。约束条件定义如下：

$$\boldsymbol{x}_i(t) \cap \boldsymbol{\Xi} = \varnothing \tag{5.4.34}$$

其中，$\boldsymbol{x}_i(t)$ 为 t 时刻无人机 i 的位置；$\boldsymbol{\Xi}$ 为威胁和障碍物所占据的空间。由于威胁通常被建模为半球形，因此将其定义为

$$\begin{aligned} \|\boldsymbol{x}_i(t) - \boldsymbol{x}_j^{\text{threat}}\| &\geqslant R_j \\ (i = 1, 2, \cdots, N_u; j &= 1, 2, \cdots, N_t) \end{aligned} \tag{5.4.35}$$

其中，$\boldsymbol{x}_j^{\text{threat}}$ 为威胁 j 的位置；R_j 为威胁 j 的影响范围。

多无人机协同搜索攻击任务规划是一个复杂优化问题，其目的是在各种约束条件下尽可能多地发现和摧毁目标[40]。如上所述，针对一组固定翼无人机在战场

环境中执行搜索和攻击任务的想定，假设：① 障碍和威胁的位置是已知的；② 每架无人机可以同时执行搜索和攻击任务；③ 目标在任务区域内缓慢移动，可看作静态目标。

如图 5.23 所示，将多个无人机部署到长度为 L 和 W 的离散矩形区域中，其中每个无人机都可对初始位置未知的静止或运动目标执行搜索和攻击任务。无人机可发现出现在探测范围 R 内的目标。在执行侦察任务时，搜寻任务的目的是使任务区域的不确定性最小化，以便尽快发现大多数目标。在执行攻击任务时，无人机会以有组织的方式工作，以摧毁任务决策层分配的目标。

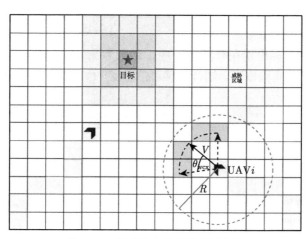

图 5.23 搜索攻击任务规划示意图

假设每架无人机都单独执行搜索攻击任务的决策，目标函数定义如下：

$$J_i = \omega_i \cdot J_i^s + (1 - \omega_i) \cdot J_i^a \tag{5.4.36}$$

其中，ω_i 为布尔变量，$\omega_i = 1$ 为无人机 i 正在执行搜索任务，否则，无人机 i 正在执行攻击任务。

全局目标函数 J 表示为

$$J = \sum_{i=1}^{N_u} [\omega_i \cdot J_i^s + (1 - \omega_i) \cdot J_i^a] \tag{5.4.37}$$
$$\text{subject } C$$

1) 概率图的构建和更新

传统的目标搜索方法 (例如螺旋线和扫描线方法) 均较为简单，效率很低，且在动态环境中可能表现不佳甚至失效。为了获得更好的性能和效率，这里设计了基于一致性的概率图方法。战场环境可描述为基于网格的概率单元，对应于具有关联概率目标的离散搜索区域。为了构建不确定甚至未知区域的概率图，多架无人机通过协作检测收集信息，通过与邻居交互以融合信息。使用贝叶斯规则一致地估计目标分布，通过结合邻居的当前检测信息和基于共识算法的历史估计来建立与不确定性相关的概率图。

个体概率图更新：使用贝叶斯规则更新每个无人机的个体概率图。无人机 i 根据在时间 t 的单元格 c 中的观察值 $Z_i^c(t)$ 构造其个体概率图，概率更新规则定义为

$$P(\tau_c = 1 \mid Z_i^c(t)) = \frac{P(Z_i^c(t) \mid \tau_c = 1)P(\tau_c = 1)}{P(Z_i^c(t))} \qquad (5.4.38)$$

其中，$\tau_c = 1$ 为目标出现在单元格 c 中，否则为 $\tau_c = 0$；$P(\tau_c = 1)$ 为单元格 c 中目标状态所需的先验概率，结合传感器信息 $Z_i^c(t)$ 和先验概率 $P_i^c(t-1)$，概率 $P_i^c(t)$ 定义为

$$P_i^c(t) = \frac{P(Z_i^c(t) \mid \tau_g = 1)P_i^c(t-1)}{P(Z_i^c(t))} \qquad (5.4.39)$$

使用全概率公式，可表示为

$$P(Z_i^c(t)) = P(Z_i^c(t) \mid \tau_c = 1)P(\tau_c = 1) + P(Z_i^c(t)\tau_c = 0)P(\tau_c = 0) \qquad (5.4.40)$$

其中，$P(Z_i^c(t) \mid \tau_c = 1)$ 和 $P(Z_i^c(t) \mid \tau_c = 0)$ 为目标在当前情况下观察结果出现的概率。检测概率 $p_c = P(Z_i^c(t) = 1 \mid \tau_c = 1)$ 和虚警概率 $p_f = P(Z_i^c(t) = 1 \mid \tau_c = 0)$ 是传感器的两个特征性能参数，其中 $0 < p_c < 1$ 和 $0 < p_f < 1$。因此，个体概率为

$$
\begin{aligned}
P_i^c(t) = P(\tau_c = 1 \mid Z_i^c(t)) &= \frac{P(Z_i^c(t) \mid \tau_c = 1)P_i^c(t-1)}{P(Z_i^c(t) \mid \tau_c = 1)P(\tau_c = 1) + P(Z_i^c(t) \mid \tau_c = 0)P(\tau_c = 0)} \\
&= \begin{cases} \dfrac{p_c P_i^c(t-1)}{p_c P_i^c(t-1) + p_f(1 - P_i^c(t-1))}, & Z_i^c(t) = 1 \\ \dfrac{(1 - p_c)P_i^c(t-1)}{(1 - p_c)P_i^c(t-1) + (1 - p_f)(1 - P_i^c(t-1))}, & Z_i^c(t) = 0 \\ P_i^c(t-1), & \text{其他} \end{cases}
\end{aligned}
$$

$$(5.4.41)$$

协同概率图更新：无人机可以通过信息共享来更新其概率图，以提高搜索效率。无人机通过合并自身的信息和从邻居接收到的信息来融合概率图，定义为

$$Q_i^c(t) = \sum_{j=1}^{N_u} \lambda_j P_j^c(t) \qquad (5.4.42)$$

其中, λ_j 为权重因子。因此, 环境的不确定性可表示为目标存在概率的香农 (Shannon) 协同关系:

$$\chi_i^c(t) = H(Q_i^c(t)) = -Q_i^c(t)\log_2 Q_i^c(t) - (1 - Q_i^c(t))\log_2(1 - Q_i^c(t)) \quad (5.4.43)$$

在不确定性 χ 的作用下, 无人机倾向于飞向不确定性较高的位置, 这反过来又通过更新传感器观测值来降低不确定性。无人机重复此过程, 直到任务区域中的不确定性分布降至预定阈值以下。

搜索任务的目标是减少任务区域的不确定性, 从而最大化目标发生检测概率。令 $x_i^{\max}$ 为无人机 i 的最大不确定性位置。因此, 搜索成本为

$$J_i^s(t) = \frac{1}{L}\|x_i^{\max}(t) - x_i^c(t)\| \quad (5.4.44)$$

其中, x_i^c 为时刻 t 的无人机 i 的候选小区; L 为任务区域的长度。

2) 基于响应阈值 sigmoid 模型的目标分配

当无人机检测到一个或多个目标时, 目标分配模块可提供最佳解决方案, 即分配合适的无人机来执行攻击任务, 攻击任务及其目标信息将被广播, 包括类型、位置、弹药需求等[41]。为检查接收攻击任务信息的每架无人机的可行性, 这里采用了响应阈值模型 (response threshold model, RTM) 计算每架无人机的攻击概率[42]。在 RTM 中, 无人机的攻击任务受外部刺激和响应阈值的影响。如果无人机能够在外部刺激下利用当前的弹药资源拥有适当的攻击能力, 则将攻击任务的外部刺激确定为相应目标的值即可。然而, 基于基本响应阈值模型, 无人机在动态环境中可能无法及时响应以实现有效的目标分配。因此, 引入 sigmoid 函数以使无人机快速响应变化。无人机 i 攻击目标 j 的响应阈值 $\theta_{ij}(t)$ 可定义为

$$\theta_{ij}(t) = \alpha \cdot \Delta t_j + \beta \cdot L_{ij} \quad (5.4.45)$$

其中, Δt_j 为分配给攻击目标 j 的多无人机之间的最大到达时间延迟; L_{ij} 为无人机 i 与目标 j 的距离; α 和 β 为相应的权重系数。

基于响应阈值 sigmoid 模型 (response threshold sigmoid model, RTSM) 的状态转移概率为

$$\tilde{P}_{ij}^f = \begin{cases} \dfrac{1}{1 + \mathrm{e}^{n(\theta_{ij} - S_i(t))}}, & S(t) > S_0 \\ 0, & \text{其他} \end{cases} \quad (5.4.46)$$

其中, $\tilde{P}_{ij}^f$ 为状态转移概率, 它确定无人机 i 是否开始攻击目标 j; n 为概率函数的斜率, 一个 n 值较大的无人机对环境变化更敏感, 并可对刺激和阈值作出快速响应。

状态转移概率表示选择目标 j 的无人机 i 的优先程度，无人机 i 选择目标 j 的概率可由该归一化状态转移概率给出：

$$P_{ij}^f(t) = \frac{\tilde{P}_{ij}^f(t)}{\sum\limits_{k \in CG(i)} \tilde{P}_{ik}^f(t)} \tag{5.4.47}$$

由于攻击任务的目的是使攻击偏好概率最大化，所以在最小化问题中可表示为

$$J_i^a(t) = \frac{1}{P_{ij}^f(t) + \varepsilon} \tag{5.4.48}$$

2. 算法设计

为了弥补基本鸽群优化算法的不足，这里给出了一种动态离散鸽群优化 (dynamic discrete pigeon-inspired optimization，D²PIO) 算法。全局最优位置的局部最优检测器 LODg 和中心位置的 LODc 被分别用于鸽群优化算法的两个阶段，这两个检测器在不影响全局最佳和中心位置的情况下对连续迭代的次数进行计数。因此，如果鸽子处于饱和状态，则可通过外部推力将其推向未开发的空间，通过这种方式避免寻优停滞和下降问题。

定义 5.1　动态　从给定的参数 (S_g, S_c) 中获取其动态方面。当针对定义的阈值未优化全局最优 $\boldsymbol{X}_g$ 时，即 LODg $= S_g$，$\boldsymbol{X}_g$ 将被重构为 $\hat{\boldsymbol{X}}_g$。对于地标算子中的中心位置 $\boldsymbol{X}_c$，即 LODc $= S_c$，将 $\boldsymbol{X}_c$ 重构为 $\hat{\boldsymbol{X}}_c$。

$$\hat{\boldsymbol{X}}_g = \min\left(\boldsymbol{X}_{n_1} + \frac{n_1}{n_1 + m_1} \cdot (\boldsymbol{X}_{g-h,m_1} - \boldsymbol{X}_g), \boldsymbol{X}_g\right) \tag{5.4.49}$$

$$\hat{\boldsymbol{X}}_c = \min\left(\boldsymbol{X}_{n_2} + \frac{n_2}{n_2 + m_2} \cdot (\boldsymbol{X}_{c-h,m_2} - \boldsymbol{X}_c), \boldsymbol{X}_c\right) \tag{5.4.50}$$

其中，n_1 和 n_2 为从 1 到种群大小的随机数；$\boldsymbol{X}_{g\_h}$ 和 $\boldsymbol{X}_{c\_h}$ 分别为全局最优值 $\boldsymbol{X}_g$ 和中心位置 $\boldsymbol{X}_c$ 的历史值；m_1 和 m_2 为满足大小范围的随机数；$c = \min(a, b)$ 表示 c 等于 a 和 b 的最小值。

定义 5.2　离散[43]　由于种群中的值为整数，可通过删除小数部分将这些数字四舍五入为最接近的任务编号。若将鸽子位置计算为 $\{1.2, -2.1, 6.4, 0.2, 1.6\}$，则将其离散为 $\{1, 0, 6, 1, 2\}$。对所有个体进行调整，并更新个体位置和寻找全局最优个体。

定义 5.3　解接受策略　在高动态环境中，搜索攻击任务规划对环境变化敏感，可能导致频繁的任务切换而无法有效地完成任务，这里给出了一种解接受策

略，该策略引入了动态阈值 f_T。仅当执行此计划的成本低于当前动态阈值 f_T 时，才能接受新的最优解；否则无人机将继续执行之前的任务。

图 5.24 给出了 D^2PIO 算法的具体实现流程。两个阶段的迭代阈值分别为 $N_{c1_{max}}$ 和 $N_{c2_{max}}$，t 表示当前迭代次数。此外，根据公式 (5.4.49) 和公式 (5.4.50) 分别计算 g_{best_temp} 和 $\boldsymbol{X}_{c\_temp}$。

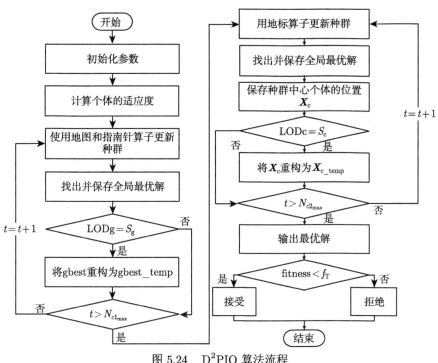

图 5.24 D^2PIO 算法流程

3. 仿真实验

1) 可视化仿真平台构建

可视化仿真平台面向多无人机协同搜索攻击任务规划的需求，基于 Visual Studio 2017 中微软基础类库 (microsoft foundation classes, MFC) 工具自定义人机交互界面、用户数据报协议 (UDP) 通信方法和三维可视化软件。首先，在 Visual Studio 2017 中创建名为 "VRScene" 的 MFC Application 项目，在项目中添加不同的控件并编写相应的响应代码，以生成如图 5.25 所示的界面。在交互界面中应用的重要控件包括按钮控件、编辑控件、组合框和 TeeChart 图表控件。典型的按钮包括复选框、单选按钮和按钮，此按钮控件用于响应用户的鼠标单击并通过消息映射 ON_BN_CLICKED 进行相应处理。编辑控件和组合框提供了用于设置文本格式的编程界面，与编辑控件不同，组合框具有更丰富的功能，它由与静态控件或编辑控件组合的列表框组成，可分别通过函数 GetDlgItem(·) 和 SetItem(·) 获得或设置文本。此外，曲线可通过 TeeChart 制图控件绘制，该控件提供了一组通用组件套件，可以满足各种制图要求。

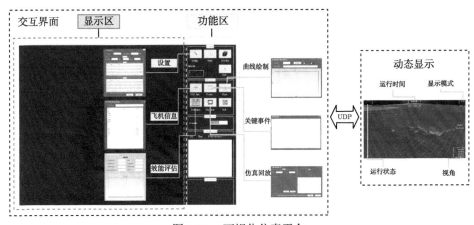

图 5.25　可视化仿真平台

交互界面可为用户提供操作仿真系统的便捷方式，使得用户不仅可以看到多无人机任务规划的动态三维效果，还可以看到各种形式的特定数据。主界面由两部分组成：功能区域和二维显示区域 (图 5.25)。功能区域能够控制数据计算的运行和停止，初始化任务计划中使用的参数，显示特定数据以各种形式评估任务执行的效能等。两台计算机联网从而实现多无人机飞行和任务执行过程同步的可视化仿真，例如三维动画和二维曲线动态绘制。采用 UDP 在两台计算机之间传输数据，发送的字符串需要特定的信息格式，基本数据传输格式主要包括坐标信息、姿态信息和事件信息。

2) 优化算法比较分析

为了在 D^2PIO 算法的后续应用中选择合适的参数值，这里分析了参数变化对 D^2PIO 算法的影响 (图 5.26)，即种群大小 N_p、地图和指南针算子 R、动态阈值 S_g 和动态阈值 S_c。四种情况的初始设置如表 5.14 所示，仿真结果均为执行 100 次的适应度平均值。

在图 5.26(a) 中，种群数量的增加丰富了解空间的多样性，从而提高了寻优性能，但太大的种群规模可能导致计算资源成本增加。由图 5.26(b)~(d) 可见，仅当参数值适中时算法性能更好，参数过大或过小都可能会使算法表现不佳。

为了证明 D^2PIO 算法的有效性和优越性，这里将优化结果与其他现有方法进行比较，包括 PSO 算法 (BPSO 算法)、PIO 算法 (BPIO 算法)、DPSO 算法[44] 和 MPSO 算法[45]，算法的初始参数设置如表 5.15 所示。

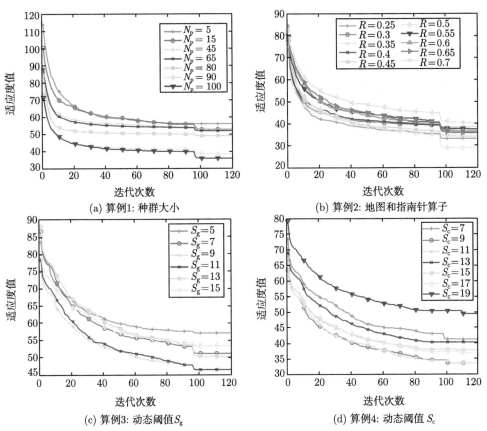

(a) 算例1: 种群大小

(b) 算例2: 地图和指南针算子

(c) 算例3: 动态阈值 S_g

(d) 算例4: 动态阈值 S_c

图 5.26   参数对 D²PIO 算法的影响

表 5.14   算法的参数设置

参数	算例 1	算例 2	算例 3	算例 4
N_p	5~100	100	100	100
R	0.5	0.25~0.7	0.5	0.5
S_g	5	5	5~15	9
S_c	7	7	7	7~19

图 5.27 给出了 D²PIO 算法以及其他 4 种优化算法的适应度函数与迭代次数之间的关系，适应度值表示 10 架无人机的搜索攻击任务计划的总消耗，该值越小则表明执行这些任务的多架无人机的性能越好。显然，D²PIO 算法是性能最佳的优化算法，而其他 4 种算法可能陷入了局部最优而没有取得良好的效果，尤其是 BPIO 算法和 BPSO 算法。

表 5.15　算法的参数设置

BPIO 和 D²PIO 的参数					
$N_{c1\max}$	80	N_p	100	S_g	9
$N_{c2\max}$	40	R	0.5	S_c	11
BPSO、DPSO 和 MPSO 的参数					
$N_{c\max}$	120	ω	0.9	c_2	2
c_1	2	N_p	100	S_g	9
MFD*	7				

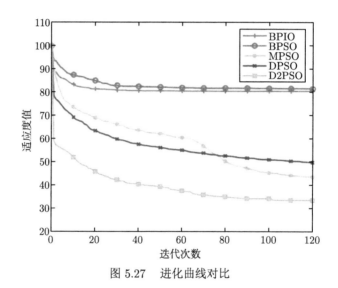

图 5.27　进化曲线对比

3) 任务执行分析

将任务区域 10km×10km 离散为 250×250 的网格，该区域分布了 6 个目标和 6 处威胁范围，其初始位置如表 5.16 所示。但目标信息对无人机而言是不确定的，甚至是未知的。多架无人机被部署在任务区域中，所有无人机初始均位于位置 (−4500m,3000m,400m) 附近。无人机的最大转向角上限值为 60°，移动速度为 $V \in [45\text{m/s}, 60\text{m/s}]$，检测半径 $R_s = 800\text{m}$，攻击半径 $R_a = 400\text{m}$。探测概率 $P_c \in [0.8, 1)$ 和虚警概率 $P_f \in [0.05, 0.1]$，由于其机载资源有限，每架无人机都被严格限制可执行三次攻击任务。此外，仿真步长设定为 5s。

为了验证所提任务规划方法的可行性和有效性，这里针对以下 4 种情况进行了仿真分析。算例 1 和算例 2 分别设计为无威胁场景和有威胁场景，并设定无人机上的机载资源足以完成任务；算例 3 设计为资源不足的情况，以分析极端情况下该算法的适用性；算例 4 作为算例 1 的比较，说明了解接受策略的合理性和有效性。

表 5.16   目标和威胁信息

目标	位置坐标/m	价值	威胁	中心坐标/m
1	(2285,6,0)	0.4647	1	(−5000,10,0)
2	(1670,−2991,0)	0.5245	2	(−3000,3500,0)
3	(−1919,−2026,0)	0.5141	3	(−1000, 1800,0)
4	(4110,2945,0)	0.5667	4	(2000,3000,0)
5	(−986.87,303.06,0)	0.5748	5	(3000,−2500,0)
6	(346.59,2279.46,0)	0.4821	6	(800,−1800,0)

算例 1   在任务区中部署了 15 架无人机 (UAV)，地面分布 6 个未知目标 (用 T 表示)，没有障碍或威胁，多无人机协同搜索攻击任务规划情况如图 5.28(a)∼(c) 所示。图 5.28(a) 中的黑色星号 (目标 2) 表示该目标已被成功销毁。同时，已搜索发现目标 1 和目标 6(红色星号)，并在 70s 时分配了两组无人机分别进行攻击。在 165s 时分配了三组无人机进行攻击，如图 5.28(b) 所示。在 250s 时分配 UAV5、UAV7 和 UAV15 执行攻击目标 5 的任务，如图 5.28(c) 所示。最终在 255s 完成搜索攻击任务。图 5.28(d) 为整个搜索攻击任务规划期间部分无人机的任务负载情况。在本算例中，多无人机可以快速有效地完成在无威胁不确定环境中的协同搜索攻击任务，表明了所提出方法的可行性和有效性。

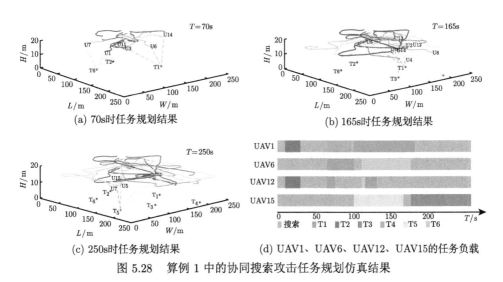

(a) 70s时任务规划结果   (b) 165s时任务规划结果

(c) 250s时任务规划结果   (d) UAV1、UAV6、UAV12、UAV15的任务负载

图 5.28   算例 1 中的协同搜索攻击任务规划仿真结果

算例 2   在任务区中部署了 15 架无人机，地面分布 6 个未知目标 (用 T 表示) 和 6 处已知威胁区域。威胁的存在极大地限制了无人机的行动，增加了任务规划的复杂性。多无人机在有威胁环境下的协同搜索攻击任务规划情况如图 5.29(a)∼(c) 所示。在 70s 时，目标 2 已被销毁，如图 5.29(a) 所示，两组无人机分别靠近目标 1 和目标 6 以执行攻击任务。在 165s 时分配了两组无人机来攻击搜索探测到

的目标 4 和目标 5, 如图 5.29(b) 所示, 一组由 UAV1、UAV4 和 UAV5 组成, 另一组由 UAV2、UAV3 和 UAV13 组成。飞行 330s 后, UAV3、UAV7 和 UAV13 共同摧毁了图 5.29(c) 所示的最后一个目标。图 5.29(d) 为整个搜索攻击任务计划期间部分无人机的任务负载情况。在本算例中, 多无人机在完成协同搜索攻击任务的同时避开了威胁影响区域, 表明了所提方法在复杂环境中的实用性。

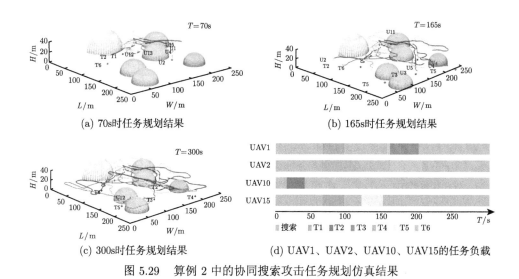

(a) 70s时任务规划结果　　　　　　　　　　(b) 165s时任务规划结果

(c) 300s时任务规划结果　　　　　　(d) UAV1、UAV2、UAV10、UAV15的任务负载

图 5.29　算例 2 中的协同搜索攻击任务规划仿真结果

算例 3　在任务区中部署了 5 架无人机, 地面分布 6 个未知目标 (用 T 表示) 和 6 处已知威胁区域。由于无人机数量较少, 缺乏执行所有任务的资源。同时, 由于威胁区域的存在, 需要更多的资源和时间来确保安全。多无人机在该极端情况下的协同搜索攻击任务规划情况如图 5.30(a)~(c) 所示。由于需要多个无人机同时攻击目标, 但受限于机载资源, 搜索攻击任务无法在有限的时间内完成。如图 5.30(c) 所示, 目标 1 和目标 3 已被发现并分配给无人机, 但由于机载资源不满足攻击任务约束, 该目标无法被攻击摧毁。此外, 在 325s 时目标 4 仍未被搜索发现。图 5.30(d) 为整个搜索攻击任务计划期间所有无人机的任务负载情况, 由于资源不足, 每个无人机的任务负载都很重。即使在该较为极端的情况下, 无人机仍可以充分利用较少的资源数量完成较多的任务, 表明了所提出方法的适应性。

算例 4　在任务区中部署了 15 架无人机, 地面分布 6 个未知目标 (用 T 表示), 没有障碍或威胁。由于环境是动态变化的, 因此任务规划方案也应相应地调整。当 D^2PIO 算法中不采用解接受策略时, 过于频繁地切换任务会导致性能下降甚至无法完成任务。多架无人机在短时间内 (10s 以内) 的任务执行情况如图 5.31(a)~(c) 所示, 与前三种算例相比, 在没有应用解接受策略的情况下任务切换过于频繁。如图 5.31(d) 所示，每架无人机的任务负荷直观地表现出了这一问题。因此，采用解接受策略是合理且必要的，可确保任务调整不会对环境变化过于敏感，并有效地提高了任务的完成率。

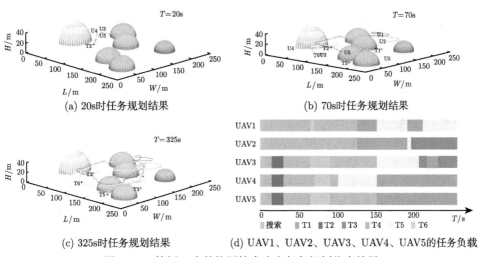

(a) 20s时任务规划结果   (b) 70s时任务规划结果

(c) 325s时任务规划结果   (d) UAV1、UAV2、UAV3、UAV4、UAV5的任务负载

图 5.30   算例 3 中的协同搜索攻击任务规划仿真结果

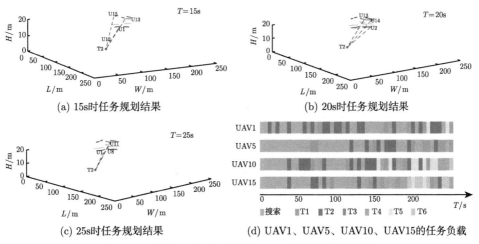

(a) 15s时任务规划结果   (b) 20s时任务规划结果

(c) 25s时任务规划结果   (d) UAV1、UAV5、UAV10、UAV15的任务负载

图 5.31   算例 4 中的协同搜索攻击任务规划仿真结果

这里对上述 4 种算例下的 4 个指标进行了对比，即完成度、完工时间、飞行距离和平均任务负载，结果如表 5.17 所示。在前 3 种算例中，无人机的数量和威胁的存在与否会影响完成度和完工时间，而在算例 4 中频繁的任务切换导致无人机的任务执行混乱，任务负载过重，无法在有限的时间内完成任务。

表 5.17　任务表现对比

算例	算例 1	算例 2	算例 3	算例 4
完成度	100%	100%	50%	0%
完工时间/s	255	300	—	—
飞行距离/km	13.81	13.99	23.02	13.02
平均任务负载	1.53	1.67	3.60	4.67

　　在 Windows 10 操作系统中运行仿真模拟平台,两台计算机分别用于显示人机交互界面和动态演示界面。通过计算机 1 上的交互操作,可以获得在交互界面上的相应数据显示。同时,可视化集群飞行演示在计算机 2 上实现,仿真模拟平台的操作流程如图 5.32 所示。

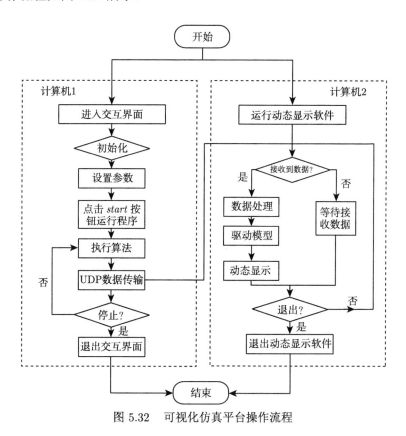

图 5.32　可视化仿真平台操作流程

　　可视化仿真平台的动态仿真结果如图 5.33 所示,其中半球表示威胁源的范围,曲线为无人机的轨迹。在可视化仿真平台上,可看到该系统以三维动态的形式给出了多无人机协同搜索攻击任务规划的动态过程,这使得仿真结果更加清晰,更易观察任务过程。

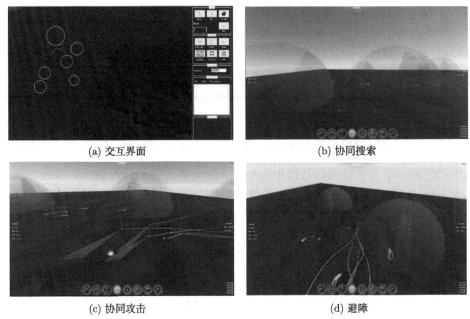

(a) 交互界面   (b) 协同搜索

(c) 协同攻击   (d) 避障

图 5.33　可视化仿真平台

5.5　协　同　搜　索

5.5.1　协同进化鸽群优化区域搜索

针对无人机协同区域搜索问题，本节介绍一种满足距离约束和方向约束的动态两阶段闭合搜索 (dynamic two-stage closed search, DTSCS) 方法。闭合轨道由搜索阶段和返回阶段组成，搜索阶段结束时的位置和方向是返回阶段的起始单元格和方向。在第一阶段，设计一种协同进化鸽群优化 (CPIO) 算法。在返回阶段，受区域搜索和轨迹跟踪的启发，设计一种搜索跟踪方法，以获得方向约束下的最低成本路径[46]。

1. 任务描述

将搜索区域进行网格划分，目标存在概率是指每个网格中目标的存在概率，环境不确定度是指无人机对环境的认知程度，两者都是指先验信息。无人机通过与环境进行信息交互而完成搜索任务，主要包括三部分：环境建模、无人机动力学方程和无人机闭合搜索分析。

1) 搜索区域建模

首先对搜索区域进行栅格化处理，结合先验概率信息对环境建模。同时利用贝叶斯规则更新整个搜索环境中的目标存在概率，根据无人机的搜索数量更新每个网格的环境不确定性。

(1) **环境建模**：假设 M 架无人机在搜索区域上空飞行搜索 N_t 个目标，将搜索区域 R 划分为 $L_x \cdot L_y$ 个均匀的单元格：

$$R = \{C(m, n) \mid m = 1, 2, \cdots, L_x; n = 1, 2, \cdots, L_y\} \tag{5.5.1}$$

其中，$C(m, n)$ 为单元格的几何中心坐标，每个单元格的边长为单位长度。离散化无人机 $\mathrm{UAV}_i (i = 1, 2, \cdots, M)$ 的搜索时间，无人机在一个时间步长内搜索一个单元格。因此，无人机 UAV_i 的实时位置可以用其搜索的单元格几何中心表示。

(2) **概率地图更新**：选取目标存在概率 $P_e^{m,n}(k) \in [0, 1]$ 和环境不确定度 $\chi_e^{m,n}(k) \in [0, 1]$ 为先验信息。若 $0 \leqslant P_e^{m,n}(k) \leqslant 0.3$，$0 \leqslant \chi_e^{m,n}(k) \leqslant 0.3$，则认为单元格 (m, n) 是已知区域；若 $0.3 < P_e^{m,n}(k) \leqslant 0.7$，$0.3 < \chi_e^{m,n}(k) \leqslant 0.7$，则认为单元格 (m, n) 为非重点区域；若 $0.7 < P_e^{m,n}(k) \leqslant 1$，$0.7 < \chi_e^{m,n}(k) \leqslant 1$，则认为单元格 (m, n) 是重点区域。贝叶斯规则用于更新单元格是否存在目标，目标存在但未探测到以及目标不存在但被探测到的更新公式分别表示为

$$P_e^{m,n}(k+1) = \frac{P_e^{m,n}(k) P_e^{m,n}(k)}{(P_e^{m,n}(k) - P_f^{m,n}(k)) P_e^{m,n}(k) + P_f^{m,n}(k)} \tag{5.5.2}$$

$$P_e^{m,n}(k+1) = \frac{P_e^{m,n}(k)(1 - P_e^{m,n}(k))}{(P_f^{m,n}(k) - P_e^{m,n}(k)) P_e^{m,n}(k) + 1 - P_f^{m,n}(k)} \tag{5.5.3}$$

其中，$P_e^{m,n}(k) \in [0, 1]$ 为机载传感器对目标的探测概率；$P_f^{m,n}(k) \in [0, 1]$ 为传感器的虚警率，表示单元 (m, n) 内不存在目标而被检测到存在的概率。$\chi_e^{m,n}(k)$ 随着无人机访问单元 (m, n) 的次数增加而减少，满足

$$\chi_e^{m,n}(k+1) = \frac{1}{2^{N_f(m,n)}} \chi_e^{m,n}(k) \tag{5.5.4}$$

其中，$N_f(m, n) \in \mathbb{N}$ 为无人机在单元格 (m, n) 处的搜索次数。

2) 无人机运动学模型

速度大小恒定的无人机运动学方程可表示为

$$\begin{cases} \dot{x}_i(t) = v_i(t) \cos \theta_i(t) \\ \dot{y}_i(t) = v_i(t) \sin \theta_i(t) \\ \dot{z}_i(t) = 0 \\ \dot{\theta}_i(t) \leqslant \varepsilon_i \\ \dot{v}_i(t) = 0 \end{cases} \tag{5.5.5}$$

其中, $(x_i(t), y_i(t), z_i(t))$、v_i、θ_i、ε_i 分别为无人机的位置、速度、航向及其约束。在单元格地图中, 每一时间步长内无人机 UAV_i 只能向周围 8 个邻居单元格中移动, 所对应的航向表示为 $D_i(k) = \{0,1,2,3,4,5,6,7\}$。

定义 5.4　方向约束　在网格图中, 下一时刻无人机被允许运动的航向自由度定义为 D。

一个运动缓慢的移动机器人的航向自由度一般为 8 个或 4 个, 如图 5.34(a) 和 (b) 所示。然而对于快速飞行中的无人机, 其无法在飞行过程中直接后退或垂直于运动方向迅速转弯, 因此其航向自由度为 3 个, 即向前 ($0°$)、向左 ($45°$) 和向右 ($-45°$), 如图 5.34(c) 所示。下一时刻无人机 UAV_i 的航向满足

$$D_i(k+1) = \{(D_i(k)-1) \bmod 8, D_i(k) \bmod 8, (D_i(k)+1) \bmod 8\} \quad (5.5.6)$$

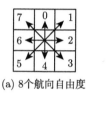

(a) 8个航向自由度

(b) 4个航向自由度

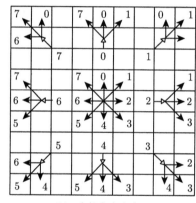

(c) 3个航向自由度

图 5.34　方向约束

3) 问题描述分析

在多无人机区域协同目标搜索中, 假设无人机燃料充足, 每架无人机从机场出发, 在完成任务后返回机场, 则无人机飞行路径为闭合跟踪。这里, 无人机协同目标搜索可分为两个阶段: 搜索阶段和返航阶段。

定义 5.5　闭合路径　借鉴有向图中回路的定义, 闭合路径指的是一架无人机从一个基地出发, 执行完搜索任务后返回基地的运动轨迹。

这里所指的闭合搜索, 不同于旅行商问题寻找满足从起点到终点的所有可达节点旅行代价, 而是指在单元格地图上完成搜索任务后返回起飞时的机场。单元格化搜索区域与离散的搜索时间是一致的, 因此无人机范围约束等于搜索时间约束。无人机闭合路径包括两个阶段: 搜索阶段和返航阶段。

　　无人机通过环境感知和信息交互完成搜索任务, 整个搜索过程满足以下原则:
搜索目标存在概率最大的单元, 获得最大环境不确定度的减少量, 减少对同一单
元的重复搜索, 避免无人机之间发生碰撞, 尽可能地飞向远离基地的单元以搜索
更多的未知区域, 避免搜索局部收益较大的单元格序列。在返航阶段不再考虑搜
索阶段的策略, 目的是在满足航向约束的条件下, 找到一条安全和避障的最小代
价的路径, 该路径的起点是当前单元格, 终点是基地。闭合搜索主要目的是解决
三个问题: 设置无人机的步长使其返回基地; 在搜索阶段收益最大化; 在返航阶
段的目的是获得满足航向约束的最短路径。

4) 设计收益函数

　　将多无人机协同目标搜索过程建模为多目标非线性规划问题, 航程限制、机
动限制、禁飞区限制和无碰撞为约束函数, 定义如下:

$$J_1 = \omega_1 \sum_{q=1}^{N_p} P_e^{m,n}(k+q) + \omega_2 \sum_{q=1}^{N_p} \Delta\chi_e^{m,n}(k+q)$$
$$+ \omega_3 \sum_{q=1}^{N_p} F_r(k+q) + \omega_4 \sum_{q=1}^{N_p} F_a(k+q) \tag{5.5.7}$$

$$\text{s.t.} \begin{cases} R_c \in R \\ D_i(k+1) = \{(D_i(k)-1) \bmod 8, D_i(k) \bmod 8, (D_i(k)+1) \bmod 8\} \\ T_{i,1}(k+1) < T_i \\ d_{ij}(k), \cdots, d_{ij}(k+N_p) > 0 \end{cases} \tag{5.5.8}$$

其中, ω_1、ω_2、ω_3、ω_4 为 UAV_i 的权重因子, $\omega_1, \omega_2, \omega_3, \omega_4 \in (0,1)$ 且 $\omega_1 + \omega_2 + \omega_3 + \omega_4 = 1$; R_c 表示搜索区域; $T_{i,1}(k)$ 表示搜索时间; $d_{ij}(k) = \sqrt{(x_i(k) - x_j(k))^2} + \sqrt{(y_i(k) - y_j(k))^2}$ 为无人机 UAV_i 和无人机 UAV_j 之间的欧几里得距离; $N_p \geqslant 1$ 为正整数; $\sum_{q=1}^{N_p} P_e^{m,n}(k+q)$ 和 $\sum_{q=1}^{N_p} \Delta\chi_e^{m,n}(k+q)$ 为最大搜索收益, 对应于搜索阶段的前两个原则。单元 (m,n) 的环境不确定度增量为

$$\Delta\chi_e^{m,n}(k) = \chi_e^{m,n}(k+1) - \chi_e^{m,n}(k) \tag{5.5.9}$$

收益函数 J_1 的第三项 $\sum_{q=1}^{N_p} F_r(k+q)$ 与搜索原则 4 相对应, 可避免无人机之

间的碰撞:

$$F_r(k) = \begin{cases} -100, & d_{\min}(k) \leqslant \sqrt{2} \\ e^{-\frac{1}{d_{\min}(k)}}, & d_{\min}(k) > \sqrt{2} \end{cases} \tag{5.5.10}$$

其中，$d_{\min}(k)$ 为 k 时刻 $d_{ij}(k)$ 中的最小元素。当任意两架无人机之间的距离小于等于单位长度 $\sqrt{2}$ 时，这一项的收益为 -100，无人机只能选择远离其他无人机的单元格进行搜索。收益函数 J_1 的第四项表明，无人机离机场越远，其收益越大 (原则 5)，如下所示:

$$F_a(k) = e^{-\frac{1}{d_\Sigma(k)}} \tag{5.5.11}$$

其中，$d_\Sigma(k)$ 为所有元素 $d_{ih}(k)$ 的求和项。

定义 5.6 N_p **步预测 (N_pSAP)** 受滚动优化模型的预测控制思想的启发，公式 (5.5.7) 的收益函数 J_1 不仅是下一时刻的收益，同时包括接下来 N_p 步的收益。

无人机 UAV$_i$ 基于当前时刻 k 的位置 $L_i(k)$,可获得从 $(k+1)$ 时刻至 $(k+N_p)$ 时刻的一系列连续可达航点序列 $\varepsilon_i(k) = \{\mathcal{L}_i(k+1), \cdots, \mathcal{L}_i(k+q), \cdots, \mathcal{L}_i(k+N_p)\}(q = 1, \cdots, N_p)$。尽管每一时刻预测 n 步，无人机只向前运动一步，3 步预测获得的可达单元格构建的扩展树如图 5.35(a) 所示。由此可见，由 N_p 步预测生成的扩展树包括 3^{N_p} 条可选路径，第 l 条路径可表示为

$$p_i^l(k) = \{L_i^l(k+1), \cdots, L_i^l(k+q), \cdots, L_i^l(k+N_p)\} \tag{5.5.12}$$

其中，$L_i^l(k+q) \in \mathcal{L}_i(k+q)$。

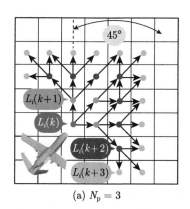

(a) $N_p = 3$

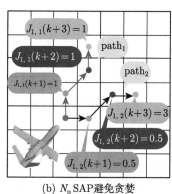

(b) N_pSAP避免贪婪

图 5.35 N_p 步预测框架

如图 5.35(b) 所示，对比 path$_1$ 和 path$_2$ 的收益，如果 $N_p = 1$, $J_{1,1}(k+1) > J_{1,2}(k+1)$,选择 path$_1$ 为当前时刻路径；如果 $N_p = 3$, $J_{1,1}(k+1) + J_{1,1}(k+2) +$

$J_{1,1}(k+3) > J_{1,2}(k+1) + J_{1,2}(k+2) + J_{1,2}(k+3)$，选择 path_2 为当前路径。对于特殊情况，如果 $N_{\mathrm{p}} = T_{i,1}$，在序列 $\varepsilon_i(k)$ 中收益最大的路径作为全局搜索路径。随着 N_{p} 的增加，路径数量呈指数型增加，因此，可采用鸽群优化算法搜索最优解。

2. 算法设计

1) 改进鸽群优化算法

受自然界中生物群落之间的合作–竞争关系启发，这里采用基于合作–竞争的协同进化鸽群优化算法解决多无人机协同目标搜索问题。生物群体中，一个种群可能分为若干子种群。在面对自然威胁时，子种群之间通过协作抵抗威胁。尽管如此，个体之间在感兴趣的食物、配偶、领地等方面也会存在竞争，协作和竞争有助于群体更好地生存和演化。为模拟自然界的这些行为，无人机通过信息交互和相互协作以完成搜索任务，同时相互竞争以完成特定单元格的搜索。这里所给出的基于合作–竞争的协同进化鸽群优化算法作为多无人机协同目标搜索算法 (图 5.36)，每个子种群可被认为是一架无人机，鸽群之间的合作–竞争关系反映了无人机之间的协作关系。

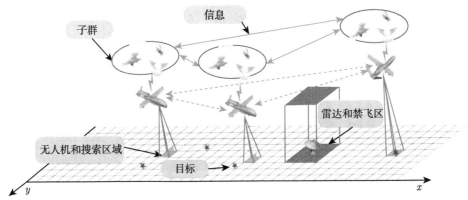

图 5.36 基于协同进化鸽群优化算法的多无人机协同目标搜索

基于协同进化鸽群优化算法的多无人机协同目标搜索由三个部分组成：协同进化鸽群优化算法、无人机集群和环境模型。在协同进化鸽群优化算法模型中，初始环境信息、无人机已探测环境信息以及实时姿态信息作为模型的先验信息。子群将合作–竞争机制获得的最优解转化为离散的无人机信号，同时这些信号将在每个时间步长内传递给无人机 UAV_i。因此，合作–竞争机制可以描述如下。

合作机制

(1) 获取最大的 $P_{\mathrm{e}}^{m,n}(k)$ 和 $\Delta\chi_{\mathrm{e}}^{m,n}(k)$。

(2) 远离基地以搜索更多的未知区域。

(3) 避免搜索局部收益较大的单元序列。

竞争机制

(1) 禁止无人机搜索同一单元。

(2) 避免无人机重复搜索同一单元。

(3) 远离其他无人机以搜索更多的未知区域。

满足上述约束条件收益最大的子种群将会获胜。合作和竞争机制并不是相互独立的,获胜的子群将搜索冲突区域单元格,其他子群将在其他单元格展开竞争,竞争机制的结果与合作机制的初衷是一致的。

令 $\text{fitness}(\cdot) = J_1$,地标算子可由下式计算:

$$L_{\text{center}}^v = \frac{\displaystyle\sum_{a=1}^{C_2^{v-1}} L_k^{v-1} \cdot J_1\left(L_a^{v-1}\right)}{C_2^{v-1} \cdot \displaystyle\sum_{a=1}^{C_2^{v-1}} J_1\left(L_a^{v-1}\right)} \tag{5.5.13}$$

在搜索区域中,L_a^u, L_a^v 分别表示 L_a^{u-1}, L_a^{v-1} 的邻居单元,在公式 (5.5.6) 的限制下,其位置和方向定义为

$$L_a^u = \left\{\left(L_a^{u-1} - 1\right) \bmod 8, L_a^{u-1} \bmod 8, \left(L_a^{u-1} + 1\right) \bmod 8\right\} \tag{5.5.14}$$

$$L_a^v = \left\{\left(L_a^{u-1} - 1\right) \bmod 8, L_a^{u-1} \bmod 8, \left(L_a^{u-1} + 1\right) \bmod 8\right\}$$

$$= L_a^{u-1} + \text{rand} \cdot \left(L_{\text{center}}^{u-1} - L_a^{u-1}\right) \tag{5.5.15}$$

基于改进鸽群优化算法的多无人机协同目标搜索过程如表 5.18 所示。

表 5.18 基于协同进化鸽群优化算法的多无人机协同目标搜索

算法 5.3: 基于合作–竞争机制鸽群优化算法的多机协同目标搜索
输入: 初始化环境信息和无人机 UAV_i 的位置信息
输出: 每架无人机的搜索轨迹及搜索时间 $T_{i,1}(k)$
1: begin:
2: for $k = 1, \cdots, T_i$ do
3: 提前探测 N 步内栅格并得到所有可行路径
4: 删除所有不符合限制条件的路径
5: 使用剩余路径中 CPIO 算法适应度值最大对应的路径
6: while 无人机 UAV_i 收到返航指令后并保存时间 $T_{i,1}(k)$
7: end while
8: end for
9: end

2) 搜索跟踪算法

无航向约束的最短路径 path_a 映射为路径跟踪，同时经过的单元建模为重点区域，其他空白单元为非重点区域，障碍物设计为禁飞区，输入信号为方向序列以最大化无人机 UAV_i 的搜索收益。由于搜索跟踪算法仅适用于单无人机，因此无须考虑无人机之间的协同搜索关系。基于鸽群优化算法的搜索跟踪算法包括如下四个基本操作。

基本操作 1：获取路径 path_a

使用 A^* 算法得到路径 path_a[47]，其中 A^* 算法可简化为如下步骤。

Step 1　指定无人机的约束方向。

Step 2　定义代价函数 $f(m,n) = g(m,n) + h(m,n)$，其中 $g(m,n)$ 为移动代价，对应于将当前位置 (m,n) 移动到邻居中的其他单元格的代价；$h(m,n)$ 为启发式代价，对应于从当前单元移动到目标单元的成本。当 $g(m,n) = 0$ 时，A^* 算法退化为迪杰斯特拉 (Dijkstra) 算法；当 $h(m,n) = 0$ 时，该算法转化为贪婪最佳优先搜索算法。

Step 3　估计总开支 $h(m,n)$，并选择具有最低成本的单元。

Step 4　重复 Step 3 直到到达目标单元。

Step 5　当搜索到目标后，选择代价最小的路径。

基本操作 2：标记重点单元

借鉴搜索区域目标存在概率的概念，空单元设为非重点区域，即 $P_{\text{e},i}^{m,n}(k) = 0$，无人机 UAV_i 路径 path_a 经过的区域标记为关键区域，该区域 $P_{\text{e},i}^{m,n}(k)$ 可定义为

$$P_{\text{e},i}^{m,n}(k) = \begin{cases} \dfrac{1}{5}, & 1 < s_i < N_{m,i}, \quad N_{\text{f},i} = 0 \\ 1, & s_i = N_{m,i}, \quad N_{\text{f},i} = 0 \\ 0, & N_{\text{f},i} \geqslant 1 \\ 0, & \text{对于其他}\text{UAV}_j\,(i \neq j) \end{cases} \tag{5.5.16}$$

其中，$s_i = 1, 2, \cdots, N_{m,i}$ 表示路径 $\text{path}_{a,i}$ 从起点单元到目标单元的标记点的数量，$s_i = N_{m,i}$ 表示目标点。当对关键单元搜索 $N_{\text{f},i} = 0$ 次时，目标单元的存在概率设为 1，其他关键单元的概率设为 0.2。当 $N_{\text{f},i} \geqslant 0$ 时，对应关键单元的概率变成 0。

基本操作 3：设计适应度函数

搜索跟踪方法的收益函数仅与操作 2 中每个单元格的目标存在概率相关：

$$J_1 = \sum_{q=1}^{N_\text{p}} P_\text{e}^{m,n}(k+q) \tag{5.5.17}$$

基本操作 4：跟踪路径 path$_a$

路径跟踪过程与算法 5.3 类似，具体步骤如下所述。

Step 1 初始化搜索区域信息和无人机的姿态。

Step 2 执行 N_p 步预测，计算预测状态序列 $\varepsilon_i(k)$。

Step 3 令 fitness$(\cdot) = J_2$，利用鸽群优化算法得到序列 $\varepsilon_i(k)$ 中适应度值最大的路径 $p_i^l(k)$。

Step 4 无人机 UAV$_i$ 向前飞行一个步长。

Step 5 重复 Step 2～Step 4 直到到达目标网格。

Step 6 当到达目标网格后，选择代价最小的路径和方向约束，以及从起点到终点的总的时间步长 $T_{i,2}(k)$。

将跟踪误差最小化转化为搜索回报最大化，定义为

$$\max J_2 = \max \text{fitness}\,(\varepsilon_i(k)) = \text{fitness}\,(p_i^*(k)) = \min \|L_r(k) - L_c(k)\|_2$$

$$= \min \left(\sum_{q=1}^{N_p} \sqrt{(x_r(k+q) - x_c(k+q))^2 + (y_r(k+q) - y_c(k+q))^2} \right)$$

$$(5.5.18)$$

其中，$p_i^*(k)$ 表示在序列 $\varepsilon_i(k)$ 中代价值最大的路径；$L_r(k) = (x_r(k), y_r(k))$ 表示协同跟踪关键网格的坐标；$L_c(k) = (x_c(k), y_c(k))$ 表示当前跟踪坐标，表 5.19 给出了搜索跟踪算法的实施过程。

表 5.19　搜索跟踪算法

算法 5.4：搜索跟踪算法	
输入：	无方向约束最短路径 path$_{a,i}$
输出：	有方向约束最短路径 path$_{a,i}$ 和跟踪时间步长 $T_{i,2}(k)$
1:	begin:
2:	采用 A* 算法获得路径 path$_{a,i}$
3:	for $m = 1, \cdots, L_x$
4:	for $n = 1, \cdots, L_y$ do
5:	根据公式 (5.5.19) 设计不同的 $P_{e,i}^{m,n}(k)$
6:	end for
	end for
7:	Let fitness$(\cdot) = J_2$
8:	for $k = 1, \cdots, T_i'(k)$
9:	方向约束情况下，利用标准鸽群优化算法跟踪路径 path$_{a,i}$
10:	while 到达目标网格
11:	记录返回路径 path$_{a,i}$ 和时间 $T_{i,2}(k)$
12:	end while
13:	end for
14:	end

3) 多无人机动态两阶段闭合搜索

在闭合搜索的第一阶段,采用协同进化鸽群优化算法作为多无人机协同搜索算法。在返回阶段,采用搜索跟踪方法,以求得带有方向约束的返回机场最短路径。搜索阶段结束时的姿态为返回阶段的起始姿态,返回阶段的起始姿态决定了无人机返回起始机场所需的时间步长。

在搜索阶段,需要实时计算 UAV_i 剩余距离和返回机场所需的时间步长。假设 UAV_i 的航程约束为 T_i,$T_{i,1}(k)$ 表示搜索阶段的总时间步长,$T_{i,2}(k)$ 是回归阶段的总时间步长。假设 UAV_i 搜索了 k 个时间步长,并且 UAV_i 仍然可以安全返回机场。在执行下一步搜索之前,UAV_i 首先需要计算下一步要到达的位置,以及从当前单元格返回机场需要多长时间。如果下一步计算出的燃油仍然可以保证无人机安全返回机场,则无人机搜索向前走一个时间步。否则,无人机 UAV_i 停止搜索直接返回机场。因此,无人机 UAV_i 安全返回机场的时间关系为

$$T_{i,1}(k) + T_{i,1}(k) \leqslant T_i \tag{5.5.19}$$

$$T_{i,1}(k+1) + T_{i,1}(k+1) > T_i \tag{5.5.20}$$

上述公式 (5.5.19) 表示任意步长的时间 $T_{i,1}(k)$ 和 $T_{i,2}(k)$ 之和,公式 (5.5.20) 表示无人机 UAV_i 的返回时间。动态两阶段搜索不仅可保证无人机获得最大搜索收益,同时满足了最大范围约束。此外,在任务执行期间可指定第一阶段的搜索时间,也可在搜索过程中随时发出返回指令。

定义 5.7　范围利用　无人机飞行时间占 T_i 比例可定义为

$$\eta_i = \frac{T_{i,1}(k) + T_{i,2}(k)}{T_i} \times 100\% \tag{5.5.21}$$

设置 UAV_i 的范围约束为 100 步,以图 5.37 为例,剩余范围假定为 6 步。如果 UAV_i 继续搜索,那么至少需要 9 个步骤才能在下一步返回机场 (如细箭头所示)。根据公式 (5.5.19) 和公式 (5.5.20),此时 UAV_i 应返回机场 (如粗箭头所示)。在本算例中,$\eta_i = 95\%$,表 5.20 中算法 5.5 给出了具体实现流程。

3. 仿真实验

1) 基于协同进化鸽群优化算法的无人机协同搜索

搜索区域单元格为 50×50,每个单元格的中心作为可行航路点,包括机场起点坐标,四架无人机的起点和方向如下。UAV_1:[(1,20),2],其中 (1,20) 为坐标,2 为方向;UAV_2:[(20,50),4];UAV_3:[(27,1),0];UAV_4:[(50,26),6]。禁飞区大小:$5 \leqslant x \leqslant 20$,$30 \leqslant y \leqslant 40$ 和 $30 \leqslant x \leqslant 40$,$5 \leqslant y \leqslant 15$。已知区域大小:$30 \leqslant x \leqslant 45$,$20 \leqslant y \leqslant 28$,其中 $P_e^{m,n}(k) = 0$,$\chi_e^{m,n}(k) = 0$。在关键区

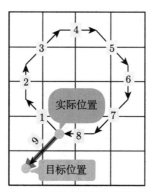

图 5.37 剩余范围路程描述

表 5.20 动态两阶段闭合搜索框架

算法 5.5: 动态两阶段闭合搜索框架
输入: 初始化环境信息，无人机 UAV_i 的姿态信息和 T_i
输出: $T_{i,1}(k), T_{i,2}(k)$, 闭合路径和 η_i
1: begin:
2:    for $k=1,\cdots,T_i$ do
3:      if $T_{i,1}(k)+T_{i,1}(k) \leqslant T_i$ 且 $T_{i,1}(k+1)+T_{i,1}(k+1) \leqslant T_i$
4:       do 搜索阶段 (算法 5.3)
5:      else if $T_{i,1}(k)+T_{i,1}(k) \leqslant T_i$ 且 $T_{i,1}(k+1)+T_{i,1}(k+1) > T_i$
6:       do 返航阶段 (算法 5.4)
7:    while 到达机场
8:      end while
9:   end for
10: end

域生成随机分布的 5 个目标, 用粉色三角表示: $5 \leqslant x \leqslant 24, 10 \leqslant y \leqslant 25$ 和 $25 \leqslant x \leqslant 45, 30 \leqslant y \leqslant 35$, 其中 $P_e^{m,n}(k) = 0.9, \chi_e^{m,n}(k) = 0.9$。其他为非关键区域, 其中 $P_e^{m,n}(k) = 0.5, \chi_e^{m,n}(k) = 0.5$, 仿真参数设置如表 5.21 所示。

表 5.21 无人机协同搜索参数

参数	描述	值
$P_c^{m,n}(k)$	无人机传感器探测概率	0.9
$P_f^{m,n}(k)$	无人机传感器虚警率	0.1
$\omega_1, \omega_2, \omega_3, \omega_4$	适应度函数 J_1 权重	0.3, 0.3, 0.3, 0.1
M	无人机数	4
C_1	初始鸽群子群规模	40
R_p	地图和指南针算子因子	0.5
N_{c_1}, N_{c_2}	CPIO 算法两个阶段迭代次数	25, 20

为了验证 CPIO 算法的搜索性能, 这里进行了不同初始条件的仿真对比实验。将 CPIO 算法与 PIO 算法、PSO 算法、GA 进行了对比, 如图 5.38(a) 所示, CPIO

算法的收敛速度要快于其他对比方法。如图 5.38(b) 所示，由 100 次的独立测试可知，搜索步长为 100 时，CPIO 算法搜索到的平均目标数为 9.6 个，要多于其他方法的搜索结果。

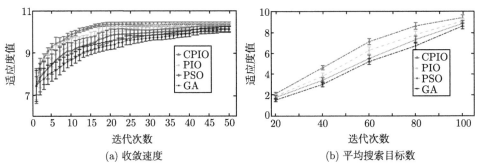

(a) 收敛速度　　　　　　　　　　　　　　(b) 平均搜索目标数

图 5.38　CPIO 算法、PIO 算法、PSO 算法以及 GA 的搜索性能对比

2) 搜索跟踪算法性能

定义 5.8　跟踪效率 ϕ　利用搜索跟踪算法得到的关键单元格点的比例定义为跟踪效率。

A^* 算法经过的单元格作为关键区域，如图 5.39(a) 所标注的结果所示。在 3 个、4 个以及 8 个方向约束 (OC) 下，利用基本鸽群优化算法跟踪这些关键单元格，如图 5.39(b) 所示。在区域 1 和区域 2，A^* 算法和 Dijkstra 算法无法满足三个方向的约束。

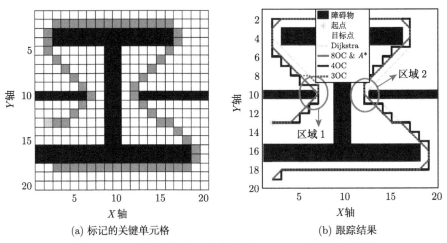

(a) 标记的关键单元格　　　　　　　　　　(b) 跟踪结果

图 5.39　跟踪搜索算法、A^* 算法和 Dijkstra 算法的效果图

3) 闭合跟踪

根据动态两阶段闭合搜索框架进行了一系列仿真。令 $T_{i,1}(k) = 100$，闭合路径跟踪如图 5.40 所示，其中虚线表示搜索路径，实线表示返航路径。图 5.41 给出了每架无人机的步长与搜索效率的关系。在三个约束方向下，无人机平均航程利用率为 97%，若切换到 8 个方向约束，无人机的航程利用率会增加。

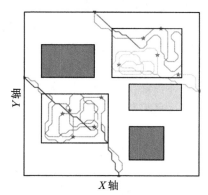

图 5.40　无人机闭合跟踪轨迹

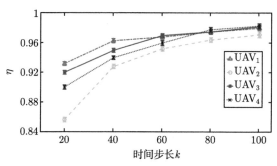

图 5.41　无人机航程利用率

5.5.2　多机制融合鸽群优化协同搜索

针对多无人机协同搜索移动目标的问题，这里通过借鉴数字信息素在搜索环境图中 "释放–传播–挥发" 的特性，引导无人机向未搜索过的环境区域飞行，并通过设置回访时间阈值，提高长时间未搜索过环境区域的回访搜索率。根据移动目标的初始位置信息，建立了环境区域中目标存在概率图和搜索环境的确定性信息图[48]。基于改进的鸽群优化算法，将无人机的探测飞行航向增量视为算法中的鸽子信息，通过地图和指南针算子以及地标算子，在每一次无人机搜索飞行决策中，选出搜索收益最大的飞行路径，以提高移动目标的全局搜索效率[49]。

1. 任务描述

在无人机搜索飞行的不确定性环境中，不仅存在敌方基地等静态目标，还存在运动坦克等移动目标。通过建立相应的环境模型和目标概率模型，设计了一个高效的目标搜索策略，可提高无人机针对运动目标的协同搜索效率。当无人机在任务区域中进行搜索飞行时，环境中的时敏性目标将会进行移动，并会出现在已经搜索过的区域。通过为栅格任务环境设置一个恰当的搜索时间阈值，提高无人机的回访搜索概率，引导无人机能够在已搜索过的区域成功捕获到目标。根据获取的目标初始位置信息，为栅格搜索环境建立一个目标存在的概率信息图。随着无人机的搜索飞行，基于贝叶斯 (Bayesian) 准则更新概率信息图。

自然界中蚂蚁等昆虫在寻找食物时，通过分泌一种化学信息素来实现群体之间的信息交流，受此启发，这里将数字信息素机制引入无人机的飞行决策中[50]，为栅格化处理的任务区域建立一个数字信息素图，每个栅格区域都释放一定含量的吸引信息素和排斥信息素。在无人机的搜索过程中，基于信息素的传播和蒸发来更新栅格中的信息素含量。吸引信息素用来引导无人机对该环境进行搜索飞行，排斥信息素用来避免无人机对该环境进行再次搜索飞行，通过两者结合来提高多无人机的整体搜索效率。由于运动目标会出现在已搜索过的任务区域，为了提高无人机对长时间未再次搜索飞行的任务区域中目标的搜索效率，为搜索环境设置一个环境信息确定度信息图，通过调节更新环境中目标信息的确定度值，提高无人机的回访效率。最后，基于改进后的鸽群优化算法，决策无人机的搜索飞行路线。在多无人机协同搜索运动目标的决策中，须满足：提高整个搜索环境中的目标信息确定度，避免无人机在较短时间内对同一栅格区域进行多次重复搜索，引导无人机对已搜索过区域进行回访搜索，避免多无人机在协同飞行时发生碰撞。

1) 环境信息图模型

无人机在执行搜索任务时，根据环境中随机分布的目标初始位置信息，构建任务区域的目标存在概率信息图[6]。这里假设运动目标的初始位置已知，但运动方向和移动速度大小未知，在搜索环境中运动目标的初始状态位置为一个随机值，各目标之间相互独立存在。由于目标的运动方向和移动速度未知，其在栅格环境中的 X 轴和 Y 轴方向的位置变量 (x_t, y_t) 同样也是相互独立的，故分别服从二维高斯分布：$X \sim N\left(x_t, \sigma_0^2\right)$，$Y \sim N\left(y_t, \sigma_0^2\right)$，其中 σ_0 为常数，表示高斯分布方差。整个搜索环境中，概率分布信息值为 N_t 个相互独立的目标概率分布值的累加和，可通过采用多峰值正态分布进行目标概率图初始化：

$$P_{mn}^{x,y}(t_0) = \sum_{i=1}^{N_t} \frac{1}{\sigma_0 \sqrt{2\pi}} e^{-\frac{(x-x_t)^2 + (y-y_t)^2}{2\sigma_0^2}} \tag{5.5.22}$$

随着无人机进入搜索区域展开搜索任务，目标将会以初始位置为中心，向四周随机方向移动，其位置信息为独立增量。可采用维纳随机过程来描述时敏性目标的随机移动特性[51]，定义如下：

$$P_{mn}^{x,y}(t_0) = \sum_{i=1}^{N_t} \frac{1}{(\sigma_0 + \sigma_e t)\sqrt{2\pi}} e^{-\frac{(x-x_t)^2 + (y-y_t)^2}{2(\sigma_0^2 + \sigma_e^2 t)}}$$ (5.5.23)

其中，σ_e 为常数，表示维纳随机过程的方差。

为了尽快降低搜索环境中目标存在的不确定度，引导无人机向不确定度降低梯度较大的方向搜索飞行，这里采用确定度信息图[52]描述无人机对环境搜索的确定性信息：

$$X_{mn}^{x,y}(t) = \begin{cases} \eta X_{mn}^{x,y}(t-1), & (x,y) \text{ 未被探测} \\ X_{mn}^{x,y}(t-1) + \eta\left(1 - X_{mn}^{x,y}(t-1)\right), & (x,y) \text{ 已被探测} \end{cases}$$ (5.5.24)

其中，η 为环境中信息确定度的衰减因子，随着无人机对栅格环境 (x,y) 的探测，其目标存在的确定度将会增大。

为了提高无人机对长期未被再次探测的栅格区域的回访率，通过设置时间阈值，适当降低已搜索过区域的确定度值，引导无人机向该区域进行再次搜索飞行，更新过程可定义为

$$X_{mn}^{x,y}(t) = \eta X_{mn}^{x,y}(t-1), \quad \Delta t > \delta_T$$ (5.5.25)

其中，Δt 为栅格单元 (x,y) 两次探测访问的时间间隔，δ_T 为回访时间阈值。

2) 数字信息素模型

数字信息素是基于无人机的搜索栅格地图，为整个搜索区域赋予一定的信息素含量，根据栅格环境中信息素含量的不同，协同多无人机搜索飞行，决策得到最优的搜索飞行路径。数字信息素主要有 3 个特性。

(1) 释放：每一个环境栅格单元，在无人机的每一个搜索周期后，会释放一定量的数字信息素。

(2) 传播：在栅格单元释放了数字信息素后，信息素会向周围的栅格单元进行扩散传播，从而实现对周围栅格单元的决策影响。

(3) 挥发：由于信息素的特性，栅格单元中的数字信息素会产生挥发，从而降低该单元的信息素含量，直至数字信息素的含量为零。数字信息素图主要由两种信息素组成，即吸引信息素和排斥信息素。基于吸引信息素，吸引无人机向未探测过的区域进行搜索，基于排斥信息素，排斥其他无人机向已经搜索过的区域再次重复搜索。无人机探测飞行后，对信息素图产生作用，影响其信息素含量的更新。根据感知环境中的这两种信息素的含量，协同多架无人机协同搜索飞行。

定义吸引数字信息素为 S_a，其在搜索周期中的更新方式如下：

$$S_a^{x,y}(t) = (1 - E_a)\left[(1 - G_a)\left(S_a^{x,y}(t-1) + K_s^{x,y}(t) \cdot D_a\right) + g_a^{x,y}(t)\right] \quad (5.5.26)$$

式中，$S_a^{x,y}(t)$ 表示在 t 时刻栅格环境 (x,y) 中的吸引信息素的含量；$E_a \in (0,1)$ 表示吸引信息素的挥发系数；$G_a \in (0,1)$ 表示吸引信息素向周围栅格单元的传播系数；D_a 表示吸引信息素的自主释放含量；$g_a^{x,y}(t)$ 表示搜索周期 $t-1$ 到 t 时间内，周围栅格单元的吸引信息素传播到 (x,y) 单元的信息素含量；K_s 为一个元素为 $\{0,1\}$ 的矩阵：

$$K_s = \begin{bmatrix} K_s^{1,1} & K_s^{1,2} & \cdots & K_s^{1,N} \\ K_s^{2,1} & K_s^{2,2} & \cdots & K_s^{2,N} \\ \cdots & \cdots & \cdots & \cdots \\ K_s^{M,1} & K_s^{M,2} & \cdots & K_s^{M,N} \end{bmatrix} \quad (5.5.27)$$

其中，$K_s^{x,y}(t)$ 表示在当前搜索周期 t 时栅格环境 (x,y) 的吸引信息素释放的开关系数，通过设置开关阀门，提高无人机的回访率，其值的更新规则可定义如下：

$$K_s^{x,y}(t) = \begin{cases} 0, & \Delta t \leqslant \delta_T \\ 1, & \Delta t > \delta_T \end{cases} \quad (5.5.28)$$

式中，Δt 为栅格单元 (x,y) 两次探测访问的时间间隔；δ_T 为回访时间阈值。当同一栅格单元两次的搜索时间间隔到达阈值时，则开启该单元的吸引信息素的释放开关，提高该单元的数字信息素含量，引导无人机向该单元进行回访探测。

定义信息素的传播影响范围为该单元栅格周围一圈的 8 个相邻单元，如图 5.42 中的中间区域所示。

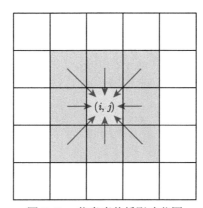

图 5.42　信息素传播影响范围

吸引信息素传播的计算公式为

$$g_{\mathrm{a}}^{x,y}(t) = \frac{1}{N} \sum_{i=1}^{N_{\mathrm{s}}} G_{\mathrm{a}} \left(S_{\mathrm{a}}^{x,y}(t-1) + K_{\mathrm{s}}^{x,y}(t) \cdot D_{\mathrm{a}} \right) \qquad (5.5.29)$$

其中，N_{s} 为周围传播栅格的总个数，一般对于非边界的栅格单元，其传播影响的相邻栅格个数为 $N_{\mathrm{s}} = 8$。

在数字信息素图中，还有一种排斥信息素 S_{r}，与吸引信息素作用不同的是，若无人机在近期搜索过某一任务区域，则该区域将会释放一定的排斥信息素，以提高排斥信息素的含量。根据排斥信息素含量，避免多架无人机在较短的时间内，对同一区域进行探测搜索，从而提高无人机的整体搜索效率，定义如下：

$$S_{\mathrm{r}}^{x,y}(t) = (1 - E_{\mathrm{r}}) \left\{ (1 - G_{\mathrm{r}}) \left[S_{\mathrm{r}}^{x,y}(t-1) + (1 - K_{\mathrm{s}}^{x,y}(t)) \cdot D_{\mathrm{r}} \right] + g_{\mathrm{r}}^{x,y}(t) \right\}$$
$$(5.5.30)$$

其中，$S_{\mathrm{r}}^{x,y}(t)$ 表示栅格环境中的排斥信息素的含量；$E_{\mathrm{r}} \in (0,1)$ 表示排斥信息素的挥发系数；$G_{\mathrm{r}} \in (0,1)$ 表示排斥信息素的传播系数；D_{r} 表示排斥信息素的释放含量；$g_{\mathrm{r}}^{x,y}(t)$ 为周围栅格单元排斥信息素的传播量，其计算公式为

$$g_{\mathrm{r}}^{x,y}(t) = \frac{1}{N} \sum_{i=1}^{N_{\mathrm{s}}} G_{\mathrm{r}} \left[S_{\mathrm{r}}^{x,y}(t-1) + (1 - K_{\mathrm{s}}^{x,y}(t)) \cdot D_{\mathrm{r}} \right] \qquad (5.5.31)$$

3) 多无人机协同搜索目标函数

无人机在探测搜索过程中，需要综合考虑飞行过程的搜索效益，通过计算整体的搜索收益，决策下一步的飞行路线。多无人机协同搜索目标函数为无人机探测飞行 L_{f} 步的飞行总收益值，可定义如下：

$$J(t) = \sum_{i=1}^{L_{\mathrm{f}}} \left(w_{\mathrm{t}} J_{\mathrm{t}}(t) + w_{\mathrm{e}} J_{\mathrm{e}}(t) + w_{\mathrm{s}} J_{\mathrm{s}}(t) \right) \qquad (5.5.32)$$

其中，w_{t}、w_{e}、w_{s} 分别为收益函数的权重因子，且满足 $w_{\mathrm{t}} + w_{\mathrm{e}} + w_{\mathrm{s}} = 1$。

无人机搜索移动目标的总收益函数主要由三部分组成：目标搜索收益 J_{t}、环境搜索收益 J_{e} 和协同搜索收益 J_{s}。由于时敏性目标移动具有随机性，为了能更准确搜索到移动目标，给无人机搜索飞行设置一个探测范围，计算飞行路线中，探测区域中所有的目标存在概率和作为无人机的目标搜索收益。通过扩大探测范围，从而提高无人机的目标搜索效率。设置无人机的探测半径为 R_{f}，目标搜索收益函数为

$$J(t) = \sum_{i=1}^{N_{\mathrm{r}}} (p_{\mathrm{d}} - p_{\mathrm{f}}) P_{mn}^{x,y}(t) + p_{\mathrm{f}} \qquad (5.5.33)$$

其中，N_r 为飞行路径中探测范围栅格数量，如图 5.43 中无人机所在区域栅格。

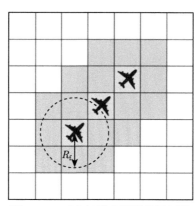

图 5.43　无人机搜索探测范围区域

任务区域中的确定度信息会随着无人机的搜索飞行而进行更新，栅格环境被无人机搜索的次数越多，其目标存在概率确定度越大，而未被搜索的区域，环境信息的确定度会降低。为了尽快降低搜索环境中目标存在的不确定度，引导无人机向未搜索区域进行探测，探测区域中栅格单元中的信息确定度增加量可表示为无人机的环境搜索收益：

$$J_e(t) = \sum_{i=1}^{N_r} X_{mn}^{x,y}(t) - X_{mn}^{x,y}(t-1) \tag{5.5.34}$$

为了协同多架无人机共同搜索飞行，这里采用数字信息素图参与搜索决策控制。基于构建的吸引信息素图和排斥信息素图，这里建立了搜索环境的信息素势场图，计算无人机探测区域中信息素的势场梯度值，作为多无人机协同搜索收益函数，其定义如下：

$$J_s(t) = \sum_{i=1}^{N_r} S_a^{x,y}(t) - S_r^{x,y}(t) \tag{5.5.35}$$

2. 算法设计

1) 改进鸽群优化算法

在鸽群优化算法第一阶段的地图和指南针算子的迭代中，鸽群的飞行速度值在更新的过程中，存在过于离散化的现象，即最大值和最小值可能相差太大，导致迭代求解中，算法的收敛速度太慢。通过改进设计，在鸽子速度更新计算中，加入最大值 V_{max} 和最小值 V_{min} 机制，从而限制更新的速度值离散程度。在鸽子速度更新后加入如下大小判断机制：

$$\boldsymbol{V}_{\mathrm{p}}^{i}(t) = \begin{cases} V_{\min}, & \boldsymbol{V}_{\mathrm{p}}^{i}(t) < V_{\min} \\ V_{\max}, & \boldsymbol{V}_{\mathrm{p}}^{i}(t) > V_{\min} \\ \boldsymbol{V}_{\mathrm{p}}^{i}(t), & \text{其他} \end{cases} \tag{5.5.36}$$

为了加快鸽群优化算法在迭代求解中的收敛速度，在每次循环迭代的过程中，将种群中最优的 $N_{\mathrm{p,e}} = w_{\mathrm{p}}N_{\mathrm{p}}$ 个鸽子作为该迭代周期的精英代，其中 $w_{\mathrm{p}} \in [0.2, 0.5]$。在新的鸽群中加入精英代进行种群重组，这样就能保证每代鸽群中，都存在当前的最优解，加快最优解的收敛速度。

改进鸽群优化算法的流程如表 5.22 中算法 5.6 所示，图 5.44 为基于 PIO 算法的改进效果对比仿真图。仿真实验的目标函数为 $f(x,y) = x^2 - 10\cos(2\pi y) + 10$，求解目标函数的最小值，其中 $x, y \in [-5.12, 5.12]$。图中横坐标为算法的迭代次数，纵坐标为求解最优结果值。图中折线 PIO$_1$ 为 PIO 算法的仿真效果，PIO$_2$

表 5.22　改进鸽群优化算法流程

算法 5.6：改进鸽群优化算法
输入：初始化鸽群的位置 $\boldsymbol{X}_{\mathrm{g}}$ 和速度 $\boldsymbol{V}_{\mathrm{p}}$ 信息，地图和指南针算子迭代次数 T_{p1} 和地标算子迭代次数 T_{p2} 等信息
输出：鸽群中适应度最优的鸽子信息
1:　　begin:
2:　　　for $t = 2, 3, \cdots, T_{\mathrm{p1}}$ do
3:　　　　for $i = 1, 2, \cdots, N_{\mathrm{p}}$ do
4:　　　　　计算更新鸽子的速度 $\boldsymbol{V}_{\mathrm{p}}^{i}$
5:　　　　　根据速度的大小限制 $V_{\max}, V_{\min}$，修正更新后的速度值大小
6:　　　　　根据修正后的速度值，计算鸽子的更新位置信息 $\boldsymbol{X}_{\mathrm{p}}^{i}$
7:　　　　　计算每只鸽子的适应度值 $\mathrm{Fit}\left(\boldsymbol{X}_{\mathrm{p}}^{i}\right)$
8:　　　　end for
9:　　　　将鸽群中鸽子的适应度从大到小进行排序 　　　　　然后取出前 $N_{\mathrm{p,e}}$ 个鸽子作为精英代保留
10:　　　　取出上一代保留的精英代与更新的鸽群进行重组，鸽群大小保持为 N_{p}
11:　　　end for
12:　　　for $t = 2, 3, \cdots, T_{\mathrm{p2}}$ do
计算鸽群中鸽子的适应度值
13:　　　　然后根据对应的适应度值从大到小的顺序重新排列鸽子的位置 　　　　　淘汰迷失方向的鸽子，计算更新 N_{p} 的值
14:　　　　for $i = 1, 2, \cdots, N_{\mathrm{p}}$ do
15:　　　　　累加鸽子的适应度值
16:　　　　end for
17:　　　　计算出中心鸽子的位置信息 $\boldsymbol{X}_{\mathrm{p,c}}$
18:　　　　for $i = 1, 2, \cdots, N_{\mathrm{p}}$ do
19:　　　　　根据中心鸽子的位置信息，更新计算未淘汰鸽子位置信息 $\boldsymbol{X}_{\mathrm{p},i}$
20:　　　　end for
21:　　　end for
22:　　end

为加入精英代的仿真效果，PIO_3 为加入鸽群速度约束机制的仿真效果，PIO_4 为同时加入速度约束和精英代的改进鸽群优化算法的仿真效果。这里的仿真效果为每个算法仿真 100 次实验所取的平均值，实验结果表明，改进鸽群优化算法在求解问题时，计算结果离散度更小，收敛速度更快。

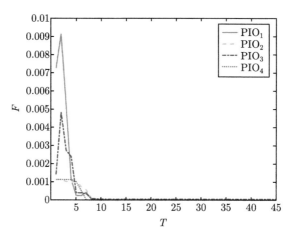

图 5.44　改进鸽群优化算法仿真对比实验

2) 协同飞行防撞策略

多架无人机共同执行搜索任务时，在距离较近的任务区域，由于周围区域的目标存在概率值相似，容易导致两架无人机向相同栅格单元飞去，从而发生飞行碰撞事故。为了避免碰撞发生，这里基于人工势场法使每架无人机产生一定的排斥力，无人机的相隔距离越近，其产生的排斥力越大，从而让无人机向相互远离的方向搜索飞行。无人机 UAV_i 受其他无人机产生的共同作用力大小可表示为

$$\boldsymbol{F}_i(t) = \sum_{j=1, j \neq i}^{N_\mathrm{u}} \boldsymbol{F}_{ij}(t) \tag{5.5.37}$$

$$\boldsymbol{F}_{ij} = \begin{cases} k_f \mathrm{e}^{-w_f D_{if}} \boldsymbol{E}_{ji}, & D_{ij} < D_{\max}, \quad |\varphi_{ij}| \leqslant \varphi_{\max} \\ 0, & \text{其他} \end{cases} \tag{5.5.38}$$

其中，$\boldsymbol{F}_i(t)$ 为 UAV_i 受到 UAV_j 的累加作用力向量；$\boldsymbol{F}_{ij}(t)$ 为无人机之间产生的排斥力向量；k_f 为作用力系数；w_f 为常数作用力因子；D_{ij} 为无人机之间在飞行航向方向的垂直最短距离值，$\boldsymbol{E}_{ji}$ 为 UAV_j 向 UAV_i 所产生作用力方向的单位向量，作用力大小随着无人机之间距离的变小而增大。图 5.45 给出了无人机在搜索飞行过程相互产生作用力的示意图，其中 UAV_1、UAV_2、UAV_3 与 UAV_0 的飞行位置距离 $D_{0i} < D_{\max}$，满足作用力产生的距离条件，而 UAV_4 与 UAV_0 的距

离相隔太大, 对 UAV_0 不产生作用力。UAV_3 的位置位于 UAV_0 的后方, 不在其探测感应范围内, 故无须考虑。UAV_1 与 UAV_0 的航向夹角 $\varphi_{01} > \varphi_{\max}$, 不满足作用力产生条件。在上述作用力产生的条件中, 只有 UAV_2 满足条件, 对 UAV_0 产生排斥力向量 $\boldsymbol{F}_{20}$。

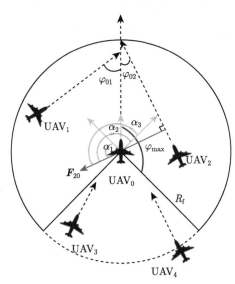

图 5.45　无人机之间作用力示意图

这里, 可将无人机之间产生的作用力在后期参与无人机的飞行路径决策。在目标函数决策出无人机的下一步飞行路径后, 判断并计算出每架无人机受到其他无人机的排斥作用力向量 $\boldsymbol{F}$, 然后计算出该向量与无人机的三个可飞行航向的夹角 α_1、α_2 和 α_3, 然后选择最小夹角 $\min(\alpha_1, \alpha_2, \alpha_3)$ 的航向作为该无人机最终的决策飞行方向, 以促使无人机远离附近威胁无人机的目的, 从而可避免无人机因飞行至同一栅格单元而发生碰撞。

3) 协同搜索法步骤

无人机下一步搜索飞行的位置和航向决策, 通过基于改进鸽群优化算法的预测飞行策略获得, 将无人机的飞行航向增量值视为鸽群中的鸽子, 通过改进鸽群优化算法的迭代优化, 求解出最优的搜索飞行路线。采用人工势场法计算出无人机之间的相互作用力向量, 选择对应的安全飞行路径进行搜索飞行。多无人机协同搜索运动目标的具体步骤如下:

Step 1 将任务区域栅格化处理, 根据环境信息图模型初始化环境确定性信息图, 根据目标的初始位置计算初始目标存在概率信息图, 根据数字信息素模型建立搜索环境的吸引和排斥信息素图, 初始化无人机的最初搜索位置和飞行航向。

Step 2　将无人机的飞行航向增量视为鸽群优化算法中的鸽子信息进行编码，并初始化鸽群优化算法的种群大小。

Step 3　根据目标函数，计算搜索飞行的目标搜索收益、环境搜索收益和协同搜索收益。根据改进鸽群优化算法的算法步骤，经过地图和指南针算子以及地标算子的迭代优化，求解出无人机的最优搜索飞行路径。

Step 4　采用飞行防碰撞模型，选择避免发生碰撞的飞行路径作为无人机最终决策的搜索飞行路线。

Step 5　判断无人机搜索任务是否结束，若否，则转至 Step 3。

Step 6　多无人机协同运动目标搜索任务结束。

3. 仿真实验

为了验证多无人机协同搜索运动目标策略的可行性和有效性，这里分别采用 GA、PSO 算法、随机搜索算法与改进鸽群优化算法进行仿真对比实验。仿真实验参数设置为：搜索区域 $30km \times 30km$，栅格化处理为 30×30 个单元，每个单元大小为 1km；采用 $N_t = 4$ 架无人机从任务区域的四个角进入环境搜索飞行，其坐标位置分别为 $(4,4)$，$(26,4)$，$(26,26)$，$(4,26)$；任务区域中，随机分布 $N_u = 10$ 个移动目标；无人机的预测飞行步长为 $L_f = 3$，其探测半径大小为 $R_f = 1km$；环境区域确定度信息图初始值为 $X_{mn}(t_0) = 1$，无人机的探测概率为 $p_d = 0.8$，虚警率为 $p_f = 0.2$；吸引信息素的传播系数 $G_a = 0.3$，挥发系数 $E_a = 0.4$，释放含量 $D_a = 1$；排斥信息素的传播系数 $G_r = 0.3$，挥发系数 $E_r = 0.4$，释放含量 $D_r = 1$。无人机的飞行速度为 200m/s，目标飞行速度为 [20m/s, 100m/s] 范围内的随机值，仿真实验采样频率为 5s 一次，在每个采样周期中，无人机移动一个搜索步长 $k = 1km$，即一个栅格单元。

图 5.46 给出了无人机的搜索飞行步长 $k = 300$ 的四种算法搜索仿真结果，其中实心三角形标记为无人机的起始搜索飞行位置，实线为搜索飞行航迹；空心三角形标记为运动目标的初始位置，圆形标记为其终点位置，虚线为目标的运动轨迹。为了进一步对比分析不同算法应用于运动目标搜索决策的效率，这里针对不同的搜索飞行步长 k，采用 50 次仿真实验，取结果的平均值。仿真实验结果数据如图 5.47 所示，其中，圆形标记直线为改进鸽群优化算法，正方形标记直线为 GA，菱形标记直线为 PSO 算法，星形标记直线为随机搜索算法。仿真实验结果如图 5.46 和图 5.47 所示，在设置不同的搜索步长下，相比于 GA、PSO 算法和随机搜索算法，改进鸽群优化算法的平均搜索目标个数更多，其搜索效率更高。仿真实验数据表明，改进鸽群优化算法能够有效地解决多无人机协同搜索移动目标问题。

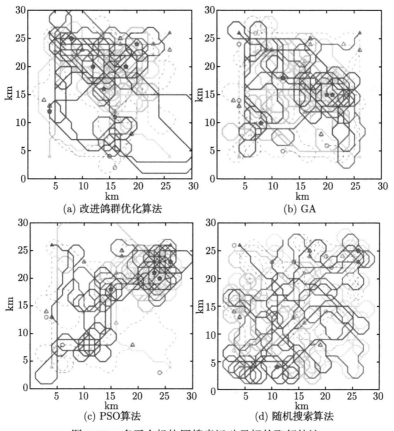

(a) 改进鸽群优化算法   (b) GA

(c) PSO算法   (d) 随机搜索算法

图 5.46 多无人机协同搜索运动目标的飞行轨迹

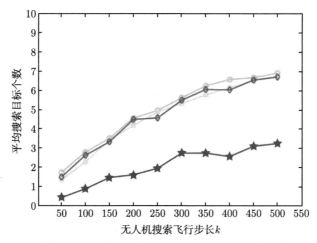

图 5.47 协同搜索运动目标的仿真对比实验数据

5.6　本章小结

　　本章主要对鸽群优化算法解决集群编队、避障飞行、航路规划和协同搜索等任务规划问题进行了系统介绍。不仅给出了任务规划具体模式的问题描述，而且特别对面向具体问题的鸽群优化算法模型改进策略进行了深入探讨，并结合具体算例给出了鸽群优化算法不同模型在运动体任务规划中的典型应用。本章所介绍的鸽群优化算法模型对解决其他任务规划及动态规划问题，也具有抛砖引玉的指导意义。

参 考 文 献

[1] 邱华鑫, 段海滨. 从鸟群群集飞行到无人机自主集群编队 [J]. 工程科学学报, 2017, 39(3): 317-322.

[2] 邱华鑫. 仿鸟群行为的多无人机编队协调自主控制 [D]. 北京：北京航空航天大学, 2019.

[3] 霍梦真. 仿鸟群智能的有人/无人机集群自主控制及验证 [D]. 北京：北京航空航天大学, 2022.

[4] Huo M Z, Duan H B, Yang Q, et al. Live-fly experimentation for pigeon-inspired obstacle avoidance of quadrotor unmanned aerial vehicles[J]. Science China Information Sciences, 2019, 62: 052201-1-8.

[5] 李沛, 段海滨. 基于改进万有引力搜索算法的无人机航路规划 [J]. 中国科学: 技术科学, 2012, 42(10): 1130-1136.

[6] Huo M Z, Duan H B. An adaptive mutant multi-objective pigeon-inspired optimization for unmanned aerial vehicle target search problem[J]. Control Theory and Applications, 2020, 37(3): 584-591.

[7] Hua B, Huang Y, Wu Y H, et al. Spacecraft formation reconfiguration trajectory planning with avoidance constraints using adaptive pigeon-inspired optimization[J]. Science China Information Sciences, 2019, 62(7): 070209-1-3.

[8] Chan F K. Spacecraft Collision Probability[M]. El Segundo: Aerospace Press, 2008.

[9] 段海滨, 邱华鑫. 基于群体智能的无人机集群自主控制 [M]. 北京: 科学出版社, 2018.

[10] 杨之元, 段海滨, 范彦铭. 基于莱维飞行鸽群优化的仿雁群无人机编队控制器设计 [J]. 中国科学: 技术科学, 2018, 48(2): 161-169.

[11] Feng Q, Hai X S, Sun B, et al. Resilience optimization for multi-UAV formation reconfiguration via enhanced pigeon-inspired optimization[J]. Chinese Journal of Aeronautics, 2022, 35(1): 110-123.

[12] Bai T T, Wang D B, Ali Z A, et al. Formation control of multiple UAVs via pigeon inspired optimization[J]. International Journal of Bio-Inspired Computation, 2022, 19(3): 135-146.

[13] 段海滨, 邱华鑫, 范彦铭. 基于捕食逃逸鸽群优化的无人机紧密编队协同控制 [J]. 中国科学: 技术科学, 2015, 45(6): 559-572.

[14] Yuan G S, Xia J, Duan H B. A continuous modeling method via improved pigeon-inspired optimization for wake vortices in UAVs close formation flight[J]. Aerospace Science and Technology, 2022, 120: 107259.

[15] 徐博, 张大龙. 基于量子行为鸽群优化的无人机紧密编队控制 [J]. 航空学报, 41(8): 323722.

[16] Pachter M, D'Azzo J J, Proud A W. Tight formation flight control[J]. Journal of Guidance Control Dynamics, 2001, 24(2): 246-254.

[17] 万婧. 无人机自主编队飞行控制系统设计方法及应用研究 [D]. 上海：复旦大学, 2009.

[18] 杨宇. 多机器人编队群集运动控制的研究 [D]. 武汉：华中科技大学, 2007.

[19] 孙俊. 量子行为粒子群优化：原理及其应用 [M]. 北京: 清华大学出版社, 2011.

[20] 周雨鹏. 基于鸽群算法的函数优化问题求解 [D]. 长春：东北师范大学, 2016.

[21] 郭瑞, 赵汝鑫, 吴海舟, 等. 具有收缩因子的自适应鸽群算法用于函数优化问题 [J]. 物联网技术, 2017(5): 91-94.

[22] 李霜琳, 何家皓, 敖海跃, 等. 基于鸽群优化算法的实时避障算法 [J]. 北京航空航天大学学报, 2021, 47(2): 359-365.

[23] Qiu H X, Duan H B. A multi-objective pigeon-inspired optimization approach to UAV distributed flocking among obstacles[J]. Information Sciences, 2020, 509: 515-529.

[24] Duan H B, Huo M Z, Shi Y H. Limit-cycle-based mutant multi-objective pigeon-inspired optimization[J]. IEEE Transactions on Evolutionary Computation, 2020, 24(5): 948-959.

[25] Nagy M, Ákos Z, Biro D, et al. Hierarchical group dynamics in pigeon flocks[J]. Nature, 2010, 464: 890-893.

[26] Nagy M, Vásárhelyi G, Pettit B, et al. Context-dependent hierarchies in pigeons[J]. Proceedings of National Academy of Sciences of the United States of America, 2013, 110(32): 13049-13054.

[27] 罗琪楠. 基于鸽群行为机制的多无人机协调围捕及验证 [D]. 北京：北京航空航天大学, 2017.

[28] Biro D, Sasaki T, Portugal S. Bringing a time-depth perspective to collective animal behavior[J]. Trends in Ecology Evolution, 2016, 31(7): 550-562.

[29] Qiu H X, Duan H B. Multi-objective pigeon-inspired optimization for brushless direct current motor parameter design[J]. Science China Technological Sciences, 2015, 58(11): 1915-1923.

[30] Deb K, Pratap A, Agarwal S, et al. A fast and elitist multi-objective genetic algorithm: NSGA-II[J]. IEEE Transactions on Evolutionary Computation, 2002, 6(2): 182-197.

[31] Ruan W Y, Duan H B. Multiple UAVs obstacle avoidance control via multi-objective social learning pigeon-inspired optimization[J]. Frontiers of Information Technology & Electronic Engineering, 2020, 21(5): 740-748.

[32] Hu C H, Xia Y, Zhang J G. Adaptive operator quantum-behaved pigeon-inspired optimization algorithm with application to UAV path planning[J]. Algorithms, 2019, 12(3): 1-16.

[33] Hua B, Yang G, Wu Y H, et al. Path planning of spacecraft cluster orbit reconstruction based on ALPIO[J]. Remote Sensing, 2022, 14(19): 4768.

[34] Tong B D, Chen L, Duan H B. A path planning method for UAVs based on multi-objective pigeon-inspired optimisation and differential evolution[J]. International Journal of Bio-Inspired Computation, 2021, 17(2): 105-112.

[35] Liu Z H, Sun H, Hu H Z. Two sub-swarms quantum-behaved particle swarm optimization algorithm based on exchange strategy[C].Proceedings of 3rd International Symposium on Intelligent Information Technology & Security Informatics, Ji'an, China, 2010: 212-215.

[36] Sun J, Feng B, Xu W B. Particle swarm optimization with particles having quantum behavior[C].Proceedings of 2004 Congress on Evolutionary Computation, Portland, OR, USA, 2004: 325-331.

[37] Bolaji A L, Babatunde B S, Shola P B. Adaptation of binary pigeon-inspired algorithm for solving multidimensional knapsack problem[C]. Proceedings of International Conference on Soft Computing: Theories and Applications, Jalandhar, Punjab, India, 2018: 743-751.

[38] Li G S, Chou W S. Path planning for mobile robot using self-adaptive learning particle swarm optimization[J]. Science China Information Sciences, 2018, 61: 052204-1-18.

[39] Duan H B, Zhao J X, Deng Y M, et al. Dynamic discrete pigeon-inspired optimization for multi-UAV cooperative search-attack mission planning[J]. IEEE Transactions on Aerospace and Electronic Systems, 2021, 57(1): 706-720.

[40] Wang Z Z, Yue Y G, Cao L. Mobile sink-based path optimization strategy in heterogeneous WSNs for IoT using pigeon-inspired optimization algorithm[J]. Wireless Communications and Mobile Computing, 2022, 2674201: 1-18.

[41] Shen Y K. Bionic communication network and binary pigeon-inspired optimization for multiagent cooperative task allocation[J]. IEEE Transactions on Aerospace and Electronic Systems, 2022, 58(5): 3946-3961.

[42] Pang B, Song Y, Zhang C J, et al. Autonomous task allocation in a swarm of foraging robots: An approach based on response threshold sigmoid model[J]. International Journal of Control, Automation and Systems, 2019, 17(4): 1031-1040.

[43] Salman A, Ahmad I, Al-Madani S. Particle swarm optimization for task assignment problem[J]. Microprocessors and Microsystems, 2002, 26(8): 363-371.

[44] Asma A, Sadok B. PSO-based dynamic distributed algorithm for automatic task clustering in a robotic swarm[J]. Procedia Computer Science, 2019, 159: 1103-1112.

[45] Tian D, Shi Z. MPSO: Modified particle swarm optimization and its applications[J]. Swarm and Evolutionary Computation, 2018, 41: 49-68.

[46] Luo D L, Shao J, Xu Y, et al. Coevolution pigeon-inspired optimization with cooperation-competition mechanism for multi-UAV cooperative region search[J]. Applied Sciences, 9(827): 1-20.

[47] Hart P E, Nilsson N J, Raphael B. A formal basis for the heuristic determination of minimum cost paths[J]. IEEE Transactions on Systems Science and Cybernetics, 1968, 4(2): 100-107.

[48] Luo D L, Li S J, Shao J, et al. Pigeon-inspired optimisation-based cooperative target searching for multi-UAV in uncertain environment[J]. International Journal of Bio-Inspired Computation, 2022, 19(3): 158-168.

[49] 周贞文. 面向不确定目标的多机协同区域搜索应用研究 [D]. 厦门: 厦门大学, 2021.

[50] Shao Y, Zhao Z F, Li R P, et al. Target detection for multi-UAVs via digital pheromones and navigation algorithm in unknown environments[J]. Frontiers of Information Technology & Electronic Engineering, 2020, 21: 796-808.

[51] 肖东. 异构多无人机自主任务规划方法研究 [D]. 南京: 南京航空航天大学, 2018.

[52] 郜晨. 多无人机自主任务规划方法研究 [D]. 南京: 南京航空航天大学, 2016.

第 6 章　基于鸽群优化的自主控制

6.1　引　　言

随着航空航天技术等高新技术的发展，一方面，控制对象变得更加复杂，另一方面，对控制要求提出了更加苛刻的条件 (图 6.1)，传统手工调节、操作方式已逐渐被淘汰，自适应控制、滑模控制、模型预测控制、变结构控制、鲁棒控制、模糊控制等先进控制理论和技术被广泛应用并逐渐发挥了重要作用。这些方法往往依赖于被控对象的精确数学模型，而且控制器参数多，耦合性强，人工整定困难且难以达到最优控制效果，从而制约了这些先进控制技术在相关领域的发展和应用。采用群体智能优化算法对先进控制技术进行优化求解，已逐渐发展成为一个重要的热点研究领域。

(a) 运载火箭姿态控制　　　　(b) 无人机空中加油　　　　(c) 舰载机自主着舰

图 6.1　航空航天运动体自主控制典型场景

本章重点给出鸽群优化算法在航空航天器自主控制中的典型应用，具体包括控制参数优化、无人机自主着舰和自主空中加油。

控制参数优化是对现代控制理论进行扩展应用的重要方向。在实际应用中，为了获得最佳的设计效果，对于一些复杂的系统，其优化过程往往需要采用仿真来完成[1]。计算机的发展为仿真技术提供了更有效的计算手段，使这种技术得以广泛地应用，但是强耦合、非线性、不确定性的航空航天器控制参数优化一直是一个具有挑战性的关键技术难题[2]。

舰载机起飞着舰的条件和环境十分严苛和复杂，特别是舰载机自主着舰，被称为 "刀尖上的舞蹈"。舰载机与普通战斗机的最大区别在于起降环节，尤其是着舰降落过程[3]。作为海上移动的机场，航母平台具有甲板尺寸受限、存在甲板气流和舰尾流等大气干扰、着舰甲板处于运动状态等特点[4]，航母的跑道只有 200

多米, 仅为陆上跑道的 1/15。因此, 舰载机在舰载甲板着陆对控制的准确性和安全性具有极高的要求。

空中加油是在飞行中通过加油机向其他飞机补充燃料的技术, 可显著提高受油机的续航能力, 在战略或战术航空兵部队作战中具有极其重要的支援作用。现代空中加油机及其空中加油技术已成为增强航空兵机动能力和打击能力的重要措施, 受到世界各国的高度重视[3-6]。空中加油系统分软管-锥管式 (简称软式) 和伸缩管式 (简称硬式) 两大类, 自主空中加油主要包括会和、对接、加油、解散四个阶段。因此, 对加/受油机进行精确的建模, 以及控制系统设计及优化, 将大大增强飞机加油过程的自主性和精准性。

6.2 控制参数优化

6.2.1 高斯鸽群优化自适应控制

无人机是一种具有 "平台无人、系统有人" 典型特征的飞行平台, 本节介绍一种基于自适应神经模糊推理和高斯鸽群优化混合算法的鲁棒智能控制方法, 并将其应用于三自由度四旋翼无人机[7]。自适应神经模糊推理控制器可控制无人机在二维垂直面上跟踪给定参考轨迹, 采用高斯鸽群优化算法可获得控制器的最优参数, 以提高所设计控制器的综合性能, 使跟踪误差最小化。

1. 任务描述

1) 四旋翼无人机模型

通过引入参考坐标系来描述四旋翼无人机的完整结构, 机体在坐标系的 y 轴、z 轴上进行定义 (图 6.2), 原点被固定在三自由度四旋翼无人机的重心上, 欧拉角 ϕ 代表了航向, 定义为绕水平轴的滚转角。因此, 建立如下模型: 四旋翼无人机在 y 和 z 两个维度上飞行, 具有滚转角 ϕ。四旋翼的状态可以描述为 $[y, z, \phi]^{\mathrm{T}}$, 两个输入量 u_1 和 u_2 分别代表推力和绕 x 轴的力矩。

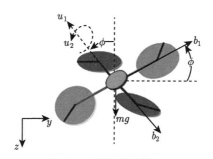

图 6.2 旋翼结构设计

无人机的运动方程为

$$\ddot{y} = \frac{u_1}{m}\sin\phi \tag{6.2.1}$$

$$\ddot{z} = g - \frac{u_1}{m}\cos\phi \tag{6.2.2}$$

$$\ddot{\phi} = \frac{u_2}{I_{xx}} \tag{6.2.3}$$

其中，m 为质量；I_{xx} 为惯性矩。

动力学方程可写为

$$\begin{bmatrix} \ddot{y} \\ \ddot{z} \\ \ddot{\phi} \end{bmatrix} = \begin{bmatrix} 0 \\ g \\ 0 \end{bmatrix} + \begin{bmatrix} \dfrac{1}{m}\sin\phi & 0 \\ -\dfrac{1}{m}\cos\phi & 0 \\ 0 & \dfrac{1}{I_{xx}} \end{bmatrix} \begin{bmatrix} u_1 \\ u_2 \end{bmatrix} \tag{6.2.4}$$

四旋翼无人机的状态空间描述形式为

$$x = \begin{bmatrix} x_1 \\ x_2 \end{bmatrix} = \begin{bmatrix} y \\ z \\ \phi \\ \dot{y} \\ \dot{z} \\ \dot{\phi} \end{bmatrix} \tag{6.2.5}$$

因此，状态向量的一阶导数如下式所述，向量 x 的前三个变量代表速度，后三个代表加速度：

$$\dot{x} = \begin{bmatrix} \dot{y} \\ \dot{z} \\ \dot{\phi} \\ 0 \\ g \\ 0 \end{bmatrix} + \begin{bmatrix} 0 & 0 \\ 0 & 0 \\ 0 & 0 \\ \dfrac{1}{m}\sin\phi & 0 \\ -\dfrac{1}{m}\cos\phi & 0 \\ 0 & \dfrac{1}{I_{xx}} \end{bmatrix} \begin{bmatrix} u_1 \\ u_2 \end{bmatrix} \tag{6.2.6}$$

其中，向量 $\begin{bmatrix} u_1 & u_2 \end{bmatrix}$ 为动态系统的输入信号，可通过改变 u_1 和 u_2 来控制四旋翼无人机的状态。

2) 自适应模糊神经推理系统

模糊神经网络是一个五层神经网络，其中涉及 Sugeno 模糊系统的内容，图 6.3 给出了神经网络如何实现其功能的系统结构。

第一层　第二层　第三层　　第四层　　第五层

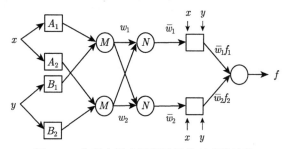

图 6.3　典型自适应模糊神经推理系统结构

第一层 (模糊化)：本层包含了自适应节点，其输出关于输入的模糊隶属程度，其计算法则为

$$O_i^1 = \mu_{Ai}(x), \quad i = 1, 2 \tag{6.2.7}$$

$$O_j^1 = \mu_{Bi}(y), \quad j = 1, 2 \tag{6.2.8}$$

其中，μ_{Ai} 和 μ_{Bi} 表示从本层获得的隶属度。

这里采用分段线性、梯形、三角形、单点、高斯等隶属度函数对输入信号进行模糊化处理。在上述隶属度函数中，高斯函数以其光滑简洁的表示形式被广泛应用，因此，$\mu_{Ai}(x)$ 可用如下关系式来表达。

$$\text{三角型：} \mu_{Ai}(x) = \max\left(\min\left(\frac{x - a_i}{b_i - a_i}, \frac{c_i - x}{c_i - b_i}\right), 0\right), \quad i = 1, 2 \tag{6.2.9}$$

$$\text{梯型：} \mu_{Ai}(x) = \max\left(\min\left(\frac{x - a_i}{b_i - a_i}, \frac{d_i - x}{d_i - c_i}\right), 0\right), \quad i = 1, 2 \tag{6.2.10}$$

$$\text{高斯型：} \mu_{Ai}(x) = \exp\left(-\frac{(x - c_i)^2}{\sigma_i^2}\right), \quad i = 1, 2 \tag{6.2.11}$$

其中，a_i、b_i、c_i 和 σ_i 为参数。

第二层 (模糊法则的权重)：本层包含了带有符号 M 的节点，表示固定节点。通过使用在模糊化层中计算的隶属度值来计算该规则的触发强度 w_k，计算公式为

$$O_k^2 = w_k = \mu_{Ai}(x) \times \mu_{Bj}(y), \quad i, j = 1, 2 \tag{6.2.12}$$

第三层 (归一化): 本层的所有节点都是固定节点, 用 N 表示, 每个节点通过计算第 k 条规则的触发强度 (真值) 与所有规则触发强度之和的比率来进行归一化。输出 O_k^3 可由下式计算:

$$O_k^3 = \bar{w}_k = \frac{w_k}{\sum w_i} = \frac{w_k}{w_1 + w_2}, \quad k = 1, 2 \tag{6.2.13}$$

第四层 (去模糊化): 模糊规则的加权序列值计算公式定义为

$$O_k^4 = \bar{w}_k f_k = \bar{w}_k \left(p_k x + q_k y + r_k \right), \quad k = 1, 2 \tag{6.2.14}$$

其中, w_k 为第三层的输出, 而 $\{p_k, q_k, r_k\}$ 为对应系数。

第五层 (求和): 将前一层的所有输入信号的输出相加, 从而产生整个自适应模糊神经推理系统的输出, 即

$$O^5 = \sum_{k=1}^{2} \bar{w}_k f_k = \frac{\sum\limits_{k=1}^{2} w_k f_k}{w_1 + w_2} \tag{6.2.15}$$

2. 算法设计

鸽群优化的收敛速度快, 但要尽量避免过早收敛到局部最优的可能性。为了更好地平衡鸽群优化算法的探索性和开发性, 高斯分布被引入鸽群优化算法中。随机数 R 的显著特征是其输出为均匀分布的, 具有全局搜索能力。鸽群优化算法地标算子中的搜索方程是满足高斯分布的潜在前提, 可对其进行改进, 以获得全局最优解。改进后地标算子位置更新公式为

$$\boldsymbol{X}_i^t = \begin{cases} \boldsymbol{X}_i^{t-1} + 2\left(R_1 - 0.5\right) \cdot \left(\boldsymbol{X}_{\mathrm{c}} - \boldsymbol{X}_i^{t-1}\right) \cdot mn, & \text{如果 } R_2 > p_{\mathrm{g}} \\ \boldsymbol{X}_i^{t-1} + 2\left(R_1 - 0.5\right) \cdot \left(\boldsymbol{X}_{\mathrm{c}} - \boldsymbol{X}_i^{t-1}\right) \cdot 2n, & \text{如果 } R_2 \leqslant p_{\mathrm{g}} \end{cases} \tag{6.2.16}$$

其中, p_{g} 为可变参数, 用于平衡高斯分布和均匀分布; R_1 和 R_2 为 $0 \sim 1$ 的随机数;

$$\begin{cases} m = |Q| \\ n = 0.5 - 0.25 \dfrac{t}{T_{\max}^2} \end{cases} \tag{6.2.17}$$

式中, Q 为服从高斯分布的随机数; $T_{\max}^2$ 为最大迭代次数。

自适应模糊神经推理系统采用专家知识中的语言信息, 设计成模糊推理规则的形式, 图 6.4 描述了采用鸽群优化算法进行自适应模糊神经推理系统隶属度

函数调优的策略。在所设计的基于高斯鸽群优化的自适应模糊神经推理系统控制器中，自适应模糊神经推理系统输入和输出的隶属度函数参数由每只鸽子个体表示。由于鸽群优化的目标是使自适应模糊神经推理系统控制器的控制误差最小，所以采用均方误差 (mean-squared error, MSE) 和均方根误差 (root mean-squared error, RMSE) 来定义鸽群优化算法的目标函数，以计算解的适应度函数。为了计算均方误差和均方根误差值，测量自适应模糊神经推理系统的输出和期望的输出如下式：

$$\text{MSE} = \frac{1}{n} \sum_{i=1}^{n} \left(y_i - \widehat{y}_i \right)^2 \tag{6.2.18}$$

$$\text{RMSE} = \sqrt{\frac{1}{n} \sum_{i=1}^{n} \left(y_i - \widehat{y}_i \right)^2} \tag{6.2.19}$$

其中，y_i 为参考输出；$\widehat{y}_i$ 为自适应模糊神经推理系统的输出测量值；n 为样本数量。

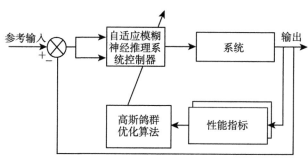

图 6.4　鸽群优化算法调节隶属函数方法

自适应模糊神经推理系统控制器由多个隶属度函数的输入输出组成。每个问题的解和一个鸽子群体相关联，每个鸽子群体由一个子群体 p 组成，用代表 r 个位置的向量 $sp = \{p_1, p_2, \cdots, p_r\}$ 来表示，p_i 代表子群体中一只鸽子，每个子群体代表一个可能解。然而，每只鸽子的位置是由代表前因后果的隶属度函数参数决定的，每个子群体中的代理个数 (即子群体大小) 取决于用户定义的隶属度函数的数量。鸽群优化算法和自适应模糊神经推理系统控制器的结合方式与流程如下：

(1) 子种群定义为隶属度函数输入和输出的参数值向量；

(2) 参数是每个模糊集合的前因 (前提) 和后果 (结论)，每个个体 (鸽子) 由这些参数组成；

(3) 为了检验自适应模糊神经推理系统的性能，它是从一组初始参数开始的；

(4) 有关这些参数的信息被用作实现每个子种群适应性 (调整) 和实现种群进化的输入参数;

(5) 重复该循环, 以完成用户执行的定义的迭代次数, 隶属度函数参数的最优集在每个鸽群优化迭代结束时求出。

用鸽群优化算法自动调整自适应模糊神经推理系统来表示自适应控制器, 以更好地优化自适应模糊神经推理系统隶属度函数参数, 有助于减小跟踪误差。用鸽群优化算法对自适应模糊神经推理系统参数进行自整定 (自寻优), 其目的是得到最优的隶属度函数设计。这会导致自动调整模糊规则, 因为这两部分 (隶属度函数和模糊规则) 不能分离。此外, 鸽群优化目标是改进数值准则, 因此在优化过程的最后往往会出现更精准的模糊规则, 从而得到更好结果。

这里将自适应模糊神经推理系统控制器应用于无人机自主轨迹跟踪, 在二维平面进行建模, 将动力学变量 y 和 z 以及滚转角 ϕ 考虑到目标函数中。为了提高控制器的寻优性能, 设计了一种基于改进鸽群优化算法的调参方法, 以获得全局最优的参数, 从而得到最优或理想的轨迹, 进而完成指定的运动。要跟踪的轨迹由向量 R_{T} 定义 (图 6.5), 该向量包含了两部分 $\{y(t), z(t)\}$。

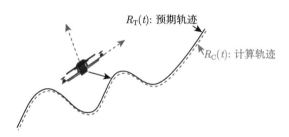

图 6.5　二维平面内轨迹跟踪

给出参考轨迹如下:

$$R_{\mathrm{T}}(t) = \left[\begin{array}{c} y(t) \\ z(t) \end{array} \right] \tag{6.2.20}$$

测量轨迹可由向量 R_{C} 定义:

$$R_{\mathrm{C}}(t) = \left[\begin{array}{c} y_{\mathrm{C}}(t) \\ z_{\mathrm{C}}(t) \end{array} \right] \tag{6.2.21}$$

其中, $y_{\mathrm{C}}(t)$ 和 $z_{\mathrm{C}}(t)$ 是由控制器计算得出的参数。

对于定义轨迹的每个参数, 考虑一个具有两个输入的控制器, 一个输出 $\Delta u(t)$、误差 $e(t)$ 及其变化 $\Delta e(t)$, 使其允许在整个控制时间内调整应用于系统的指令

$u(t)$, 具体如图 6.6 所示。

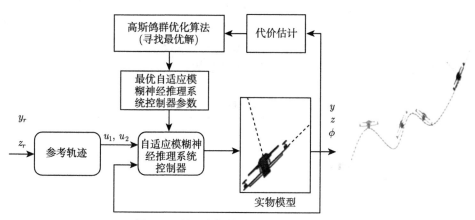

图 6.6 基于高斯鸽群优化的最优控制器

根据无人机模型和反馈控制对系统进行初始化, 轨迹信息包括平面 y-z 以及滚转角 ϕ。设定 $T^{\max}$ 为鸽群优化最大迭代次数, P 为种群, N 为子群体个数, $[a, b]$ 是模糊集合的论域 (即输入空间)。在优化算法寻优前, 为了存储最佳子群体结果, 下面所示的改进鸽群优化算法生成具有 N_p 个位置的全局最佳解向量。改进后鸽群优化算法的具体步骤如下:

Step 1 生成 $[a, b]$ 内的初始鸽子群体 SP。

Step 2 初始化鸽群优化参数, 包括解空间维数 D, 种群大小 N_p, 两个鸽群优化算子的最大迭代次数 $N_{c1_{\max}}$ 和 $N_{c2_{\max}}(N_{c1_{\max}} < N_{c2_{\max}})$, 地图和指南针算子 R。

Step 3 用随机位置和速度定义初始子群体 SP, 通过比较每个子群体的适应度来寻找当前最优解。

Step 4 进行地图和指南针算子操作。首先更新每只鸽子的位置和速度, 通过比较每个子群体的适应度函数来寻找最优解。

Step 5 若 $T^{\max} > N_{c1_{\max}}$, 停止地图和指南针算子操作, 进行地标算子优化过程, 否则转至 Step 4。

Step 6 通过比较所有子群体的适应度值对它们进行排序, 保留一半适应度高的子群体。接着计算所有子群体的中心位置。

Step 7 基于公式 (6.2.16) 和公式 (6.2.17) 改进地标算子, 对每一个个体进行位置更新, 所有子群体调整其飞行方向, 然后存储最好的解参数和适应度值, 更新全局最优值。

Step 8 若 $T^{\max} > N_{c2_{\max}}$, 停止地标算子, 输出结果; 否则, 转至 Step 7。

3. 仿真实验

根据关于时间的函数 $y(t)$ 和 $z(t)$，无人机被命令按照预定轨迹作战。为了评估控制器的效果，这里将本控制方法与 PID 控制器和自适应模糊神经推理系统控制器进行比较。期望轨迹输入形式为 $y_d(t) = 2\sin t$ 以及 $z_d(t) = 5\sin t$，表 6.1 给出了在典型仿真场景中使用的四旋翼飞机参数。

表 6.1　四旋翼飞机参数

标记	值
质量 m	0.2 kg
惯性积 I_{xx}	0.1 kg·m^2
重力加速度 g	9.81 m/s^2

这里对所设计的控制器进行了轨迹跟踪仿真，仿真实验结果表明，基于高斯鸽群优化的自适应模糊神经推理控制器成功地跟踪了参考值，而 PID 控制器的跟踪效果较差。图 6.7 给出了 PID 控制的结果，这种控制方法跟踪轨迹的均方误差为 MSE $= 6.42 \times 10^{-2}$，均方根误差为 RMSE $= 0.25$。使用自适应模糊神经推理系统控制器获得的结果如图 6.8 所示，可以看出，实现了一个良好的系统逼近，其均方误差为 MSE $= 5.47 \times 10^{-10}$，均方根误差为 RMSE $= 2.34 \times 10^{-5}$。使用基于高斯鸽群优化的自适应模糊神经推理系统控制器的仿真结果如图 6.9 所示，结

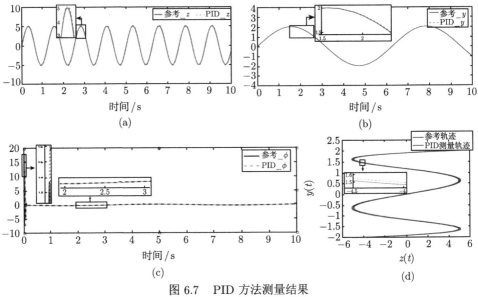

图 6.7　PID 方法测量结果

(a) 参数 z; (b) 参数 y; (c) 参数 ϕ; (d) 测量轨迹

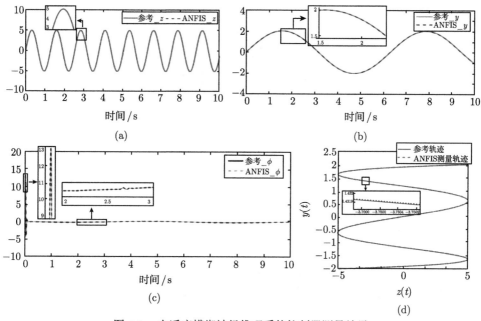

图 6.8 自适应模糊神经推理系统控制器测量结果

(a) 参数 z; (b) 参数 y; (c) 参数 ϕ; (d) 测量轨迹

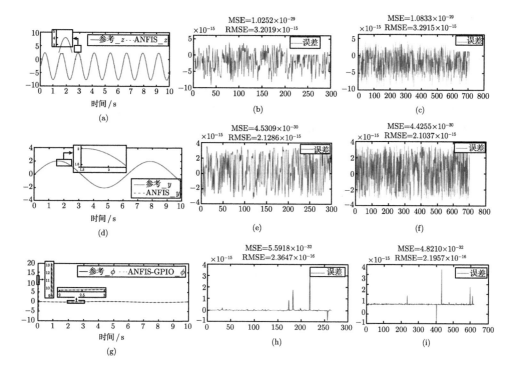

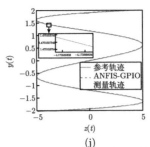

(j)

图 6.9 ANFIS-PIO 方法测量结果

(a) 参数 z; (b) 参数 z 测试数据误差; (c) 参数 z 训练数据误差; (d) 参数 y; (e) 参数 y 测试数据误差; (f) 参数 y 训练数据误差; (g) 参数 ϕ; (h) 参数 ϕ 测试数据误差; (i) 参数 ϕ 训练数据误差; (j) 测量轨迹

果表明所设计的控制方法的效果优于其他控制方法,均方误差 MSE $< 10^{-30}$,均方根误差 RMSE $< 10^{-15}$,证明了控制器的有效性。图 6.9(b)~(i) 给出了跟踪参数误差,表明本控制方法能实现无差跟踪。

将自适应模糊神经推理系统与基于高斯鸽群优化的自适应模糊神经推理系统进行性能比较可发现,改进后的鸽群优化算法显著提高了算法的精度,轨迹跟踪精度也明显提高,用于测量控制模型精度的均方根误差降低了 10^{-10} 倍。这里采用改进鸽群优化算法对搜索空间进行探索,通过一个新的隶属度函数分布来识别更相关的参数子集,并使其更精确,该分布能很好地适应每个语义变量,从而使期望轨迹和计算轨迹之间的误差最小化。

6.2.2 鲁棒鸽群优化姿态控制

针对再入阶段的可重复使用运载火箭 (reusable launch vehicle, RLV),本节介绍一种基于分数阶滑模控制和动态逆方法的鲁棒姿态控制系统[8]。这里通过引入分数阶滑模面来代替整数阶滑模面,设计鲁棒外环控制器以补偿动态逆方法设计的内环控制器引入的误差。考虑到气动参数的不确定性,给出基于蒙特卡罗仿真和鸽群优化算法的随机鲁棒设计方法,以提高所设计控制器的鲁棒性。

1. 任务描述

1) 姿态控制

(1) 姿态动力学的数学模型。

再入动力学的数学方程包括与飞行路径变量相关的平动运动和与姿态角相关的旋转运动。再入阶段中,飞行器的空气动力角即为姿态角。无动力状态下的再入三自由度姿态动力学模型可定义为

$$\dot{\alpha} = q - (p\cos\alpha + r\sin\alpha)\tan\beta - \dot{\gamma}\cos\mu/\cos\beta - \dot{\chi}\cos\gamma\sin\mu/\cos\beta \quad (6.2.22)$$

$$\dot{\beta} = p\sin\alpha - r\cos\alpha - \dot{\gamma}\sin\mu + \dot{\chi}\cos\gamma\cos\mu \qquad (6.2.23)$$

$$\dot{\mu} = p\cos\alpha/\cos\beta + r\sin\alpha/\cos\beta + \dot{\chi}\left(\sin\gamma + \tan\beta\sin\mu\cos\gamma\right) + \dot{\gamma}\tan\beta\cos\mu$$
$$(6.2.24)$$

其中，α 为攻角；β 为侧滑角；μ 为航迹倾斜角；γ 为航迹滚转角；χ 为空速航向角。

旋转动力学方程如下：

$$\dot{p} = I_{lp}M_x + I_{np}M_z + \frac{\left(I_y - I_z\right)I_z - I_{xz}^2}{I_xI_z - I_{xz}^2}qr + \frac{\left(I_x - I_y + I_z\right)I_{xz}}{I_xI_z - I_{xz}^2}pq \qquad (6.2.25)$$

$$\dot{q} = I_{mq}M_y + \frac{I_z - I_x}{I_y}pr - \frac{I_{xz}}{I_y}\left(p^2 - r^2\right) \qquad (6.2.26)$$

$$\dot{r} = I_{lr}M_x + I_{nr}M_z + \frac{I_x\left(I_x - I_y\right) + I_{xz}^2}{I_xI_z - I_{xz}^2}pq - \frac{\left(I_x - I_y + I_z\right)I_{xz}}{I_xI_z - I_{xz}^2}qr \qquad (6.2.27)$$

$$I_{lp} = \frac{I_z}{I_xI_z - I_{xz}^2}, \quad I_{np} = \frac{I_{xz}}{I_xI_z - I_{xz}^2}, \quad I_{mq} = \frac{1}{I_y},$$
$$I_{lr} = \frac{I_{xz}}{I_xI_z - I_{xz}^2}, \quad I_{nr} = \frac{I_x}{I_xI_z - I_{xz}^2} \qquad (6.2.28)$$

其中，$\boldsymbol{w} = (p, q, r)^{\mathrm{T}}$ 为滚转角速度、俯仰角速度和偏航角速度；$\boldsymbol{M} = (M_x, M_y, M_z)^{\mathrm{T}}$ 是作用在飞行器上的力矩，包括配平状态的初始气动力矩、由气动控制面和反作用控制系统 (reaction control systems, RCS) 产生的控制力矩两部分，其惯性矩阵定义如下：

$$I = \begin{bmatrix} I_x & -I_{xy} & -I_{xz} \\ -I_{xy} & I_y & -I_{yz} \\ -I_{xz} & -I_{yz} & I_z \end{bmatrix}$$

(2) 改进 RLV 气动模型。

气动控制面产生的气动力矩可按照如下公式计算：

$$\bar{L} = C_{l,\text{total}}q_{\text{bar}}SL_{\text{ref}} \qquad (6.2.29)$$

$$M = C_{m,\text{total}}q_{\text{bar}}SL_{\text{ref}} \qquad (6.2.30)$$

$$N = C_{n,\text{total}}q_{\text{bar}}SL_{\text{ref}} \qquad (6.2.31)$$

其中，$\bar{L}$ 为滚转气动力矩；M 为俯仰气动力矩；N 为偏航气动力矩；q_{bar} 为动压；S 为弹体参考面积；L_{ref} 为参考长度；$C_{l,\text{total}}$ 为无量纲滚动力矩系数；$C_{m,\text{total}}$ 为无量纲俯仰力矩系数；$C_{n,\text{total}}$ 为无量纲偏航力矩系数。

　　本节所涉及的可重复使用运载火箭配置了多个气动面，包括四个位于弹体尾部的副翼、两个升降舵和一个方向舵。为了简化运动通道和操纵面偏转之间的关系，这里引入了标准操纵面，并用如下变换矩阵代替实际的气动面：

$$
\begin{bmatrix}
0 & 0 & 0 & 0 & 0.5 & -0.5 & 0 \\
0 & 0 & 0 & 0 & 0.5 & 0.5 & 0 \\
0 & 0 & 0 & 0 & 0 & 0 & 1 \\
0.5 & 0.5 & 0 & 0 & 0 & 0 & 0 \\
0 & 0 & 0.5 & 0.5 & 0 & 0 & 0 \\
0.5 & -0.5 & 0.5 & -0.5 & 0 & 0 & 0
\end{bmatrix}
\begin{bmatrix}
\delta_{\text{LLBP}} \\
\delta_{\text{LRBP}} \\
\delta_{\text{ULBP}} \\
\delta_{\text{URBP}} \\
\delta_{\text{WL}} \\
\delta_{\text{WR}} \\
\delta_{\text{r}}
\end{bmatrix}
=
\begin{bmatrix}
\delta_{\text{a}} \\
\delta_{\text{e}} \\
\delta_{\text{r}} \\
\delta_{f+} \\
\delta_{f-} \\
\delta_{\Delta f}
\end{bmatrix}
$$

　　针对本节所给出的再入飞行器，力矩系数公式如下：

$$
\begin{aligned}
C_{l,\text{total}} = {} & C_{l\beta,\text{basic}}\beta + \Delta C_{l,\text{BF}} + \Delta C_{l,\text{rudder}} + \Delta C_{l,\text{Elevon}} \\
& + \Delta C_{l\beta,\text{GE}}\beta + \Delta C_{l\beta,\text{LG}}\beta + \Delta C_{lp}\frac{pb}{2V} + \Delta C_{lr}\frac{rb}{2V}
\end{aligned}
\tag{6.2.32}
$$

$$
\begin{aligned}
C_{m,\text{total}} = {} & C_{m,\text{basic}} + \Delta C_{m,\text{BF}} + \Delta C_{m,\text{Elevon}} + \Delta C_{m,\text{rudder}} \\
& + \Delta C_{m,\text{GE}} + \Delta C_{m,\text{LG}} + \Delta C_{mq}\frac{qc}{2V}
\end{aligned}
\tag{6.2.33}
$$

$$
\begin{aligned}
C_{n,\text{total}} = {} & C_{n\beta,\text{basic}}\beta + \Delta C_{n,\text{BF}} + \Delta C_{n,\text{Elevon}} + \Delta C_{n,\text{rudder}} + \Delta C_{n\beta,\text{GE}}\beta \\
& + \Delta C_{n\beta,\text{LG}}\beta + \Delta C_{np}\frac{pb}{2V} + \Delta C_{nr}\frac{pr}{2V}
\end{aligned}
\tag{6.2.34}
$$

　　基于实际操纵面与标准操纵面的关系，并由公式 $C_{i,j} = \Delta C_{i,j}/\Delta\delta_j$ 将空气动力系数转化为空气动力导数，力矩系数计算的改进公式如下：

$$
C_{l,\text{total}} = C_{l\beta,\text{basic}}\beta + C_{l\delta_\text{a}}\delta_\text{a} + C_{l\delta_\text{r}}\delta_\text{r} + C_{l\delta_{\Delta f}}\delta_{\Delta f} + C_{lp}\frac{pb}{2V} + C_{lr}\frac{rb}{2V}
\tag{6.2.35}
$$

$$
C_{m,\text{total}} = C_{m,\text{basic}} + C_{m\delta_\text{e}}\delta_\text{e} + C_{m\delta_{f+}}\delta_{f+} + C_{m\delta_{f-}}\delta_{f-} + \Delta C_{mq}\frac{qc}{2V}
\tag{6.2.36}
$$

$$
C_{n,\text{total}} = C_{n\beta,\text{basic}}\beta + C_{n\delta_\text{a}}\delta_\text{a} + C_{n\delta_\text{r}}\delta_\text{r} + C_{np}\frac{pb}{2V} + C_{nr}\frac{pr}{2V}
\tag{6.2.37}
$$

其中，$\delta = [\delta_a\ \delta_e\ \delta_r\ \delta_{f+}\ \delta_{f-}\ \delta_{\Delta f}]$ 为气动控制面的偏转矢量，依次为副翼、升降舵、方向舵、襟翼正偏转、襟翼负偏转和襟翼差动偏转，以上气动系数和导数可用插值法求得。

(3) 姿态控制策略。

针对再入飞行姿态控制律的设计问题，目前已经有充分的工程实践证明了应用时标分离原理处理飞行状态变量的可行性和有效性。在设计过程中，包括迎角、侧滑角和倾斜角在内的空气动力学角被视为外环的慢变量，而围绕弹体轴线的角速度被视为内环的快变量。基于此，控制律设计为双环控制框架，由内环和外环两部分组成：内环控制器的功能是跟踪由外循环产生的角速度指令，而外环控制器则用于控制空气动力学指令。

这里采用了动态逆方法来设计双环控制器，得到三通道气动角解耦模型，并采用分数阶微积分改进的滑模技术设计时间尺度分离。因此，当制导子系统发出制导命令时，控制律将产生所需的总控制力矩。控制力矩与控制面偏转的映射关系由控制力矩分配算法给出，通过将控制律与控制力矩分配相结合，可建立完整的姿态控制系统，其系统框架如图 6.10 所示。

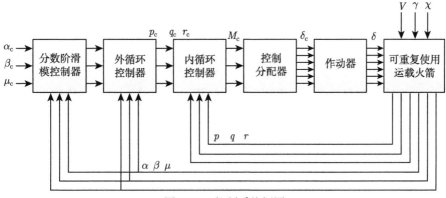

图 6.10　控制系统框图

2) 姿态控制系统实现

(1) 分数阶微积分与分数阶算子的近似形式。

α 阶 Caputo 分数阶导数相对变量 t (t 初值为 0) 的形式定义为

$$_0D_t^\alpha f(t) = \frac{1}{\Gamma(1-\delta)} \int_0^t \frac{f^{(m+1)}(\tau)}{(t-\tau)^\delta} d\tau, \quad \alpha = m+\delta, \quad m \in Z, \quad 0 < \delta \leqslant 1$$

(6.2.38)

其中，$\Gamma(\cdot)$ 为 gamma 函数，定义为

$$\Gamma(\xi) = \int_0^\infty e^{-m} m^{\xi-1} dm$$

(6.2.39)

m 阶 Grunwald-Letnikov 分数阶导数定义为

$$_aD_t^m f(t) = \lim_{h \to \infty} h^{-m} \sum_{j=0}^{\left[\frac{t-m}{h}\right]} (-1)^j \begin{pmatrix} m \\ j \end{pmatrix} f(t-jh) \tag{6.2.40}$$

其中，h 为步长；a, t 分别为积分的下限和上限，此分数阶导数的拉普拉斯变换为

$$L\left\{_0D_t^\alpha f(t)\right\} = s^\alpha F(s) - \left[_0D_t^{\alpha-1} f(t)\right]_{t=0} \tag{6.2.41}$$

$$L\left\{_0D_t^{-\alpha} f(t)\right\} = s^{-\alpha} F(s) \tag{6.2.42}$$

分数阶导数的数字实现方法之一是用离散滤波器来近似，该方法易于在工程实践中应用。这里即采用直接离散化方法，可得到等效的离散滤波器。使用 Tustin 映射函数实现分数阶导数从 S 域到 Z 域的转换：

$$s^{\pm\alpha} = \left(w\left(z^{-1}\right)\right)^{\pm\alpha} \tag{6.2.43}$$

其中，$w(\cdot)$ 为 Tustin 映射函数，定义为

$$w\left(z^{-1}\right) = \frac{2}{T} \frac{1-z^{-1}}{1+z^{-1}} \tag{6.2.44}$$

采用连续分数展开方法，得到分数阶导数模型在 Z 域的合理化结果。计算过程可用下式表示：

$$D_E^{\pm\alpha}(z) = \left(\frac{1}{T}\right)^{\pm\alpha} \mathrm{CFE}\left\{\left(1-z^{-1}\right)^{\pm\alpha}\right\}_{p,q} = \left(\frac{1}{T}\right)^{\pm\alpha} \frac{Pp\left(z^{-1}\right)}{Qq\left(z^{-1}\right)} \tag{6.2.45}$$

(2) 基于非线性动态逆方法设计双环控制律。

根据时间尺度分离原理，对内环和外环分别设计控制律。假定内环的动态响应速度非常快，一般不会影响外环的响应。

对内环变量，可定义一阶期望动态量如下：

$$\begin{bmatrix} \dot{p} \\ \dot{q} \\ \dot{r} \end{bmatrix}_{\mathrm{des}} = K_w \left(\begin{bmatrix} p_{\mathrm{c}} \\ q_{\mathrm{c}} \\ r_{\mathrm{c}} \end{bmatrix} - \begin{bmatrix} p \\ q \\ r \end{bmatrix} \right) \tag{6.2.46}$$

结合公式 (6.2.55) ~ 公式 (6.2.27)，所需总力矩计算如下：

$$\begin{bmatrix} M_x \\ M_y \\ M_z \end{bmatrix} = \begin{bmatrix} I_{lp} & 0 & I_{np} \\ 0 & I_{mq} & 0 \\ I_{lr} & 0 & I_{nr} \end{bmatrix}^{-1}$$

$$\cdot\left(\left[\begin{array}{c}\dot{p}\\\dot{q}\\\dot{r}\end{array}\right]_{\text{des}}-\left[\begin{array}{c}\dfrac{(I_y-I_z)I_z-I_{xz}^2}{I_xI_z-I_{xz}^2}qr+\dfrac{(I_x-I_y+I_z)I_{xz}}{I_xI_z-I_{xz}^2}pq\\[3mm]\dfrac{I_z-I_x}{I_y}pr-\dfrac{I_{xz}}{I_y}\left(p^2-r^2\right)\\[3mm]\dfrac{I_x(I_x-I_y)+I_{xz}^2}{I_xI_z-I_{xz}^2}pq-\dfrac{(I_x-I_y+I_z)I_{xz}}{I_xI_z-I_{xz}^2}qr\end{array}\right]\right)$$

$$\tag{6.2.47}$$

从以上计算的总力矩中减去基本气动力矩和阻尼气动力矩，得到所需控制力矩为

$$M_c=M-M_a\tag{6.2.48}$$

内环控制律用于控制实际角速率跟踪外环生成的角速率命令，其中，内环路动态特性 (如带宽) 取决于参数 K_w。对于外环，将气动力角度的旋转运动方程重新排列成矢量形式，具体如下式：

$$\left[\begin{array}{c}\dot{\alpha}\\\dot{\beta}\\\dot{\mu}\end{array}\right]=\left[\begin{array}{ccc}-\cos\alpha\tan\beta&1&-\sin\alpha\tan\beta\\\sin\alpha&0&-\cos\alpha\\\cos\alpha/\cos\beta&0&\sin\alpha/\cos\beta\end{array}\right]\left[\begin{array}{c}p\\q\\r\end{array}\right]+\left[\begin{array}{c}v_\alpha\\v_\beta\\v_\mu\end{array}\right]$$

$$=L\left[\begin{array}{c}p\\q\\r\end{array}\right]+\left[\begin{array}{c}v_\alpha\\v_\beta\\v_\mu\end{array}\right]\tag{6.2.49}$$

$$\left[\begin{array}{c}v_\alpha\\v_\beta\\v_\mu\end{array}\right]=\left[\begin{array}{c}-1/\cos\beta\left(\dot{\gamma}\cos\mu+\dot{\chi}\cos\gamma\sin\mu\right)\\\dot{\chi}\cos\mu\cos\gamma-\dot{\gamma}\sin\mu\\\dot{\gamma}\cos\mu\tan\beta+\dot{\chi}\left(\cos\gamma\sin\mu\tan\beta+\sin\gamma\right)\end{array}\right]\tag{6.2.50}$$

其中，$\beta\neq\pm90°$；L 为可逆矩阵，且再入阶段中这一条件成立。假设 v 表示内环的虚拟控制输入，角速率命令可由下式计算：

$$\left[\begin{array}{c}p\\q\\r\end{array}\right]_c=\left[\begin{array}{ccc}0&\sin\alpha&\cos\alpha\cos\beta\\1&0&\sin\beta\\0&-\cos\alpha&\sin\alpha\cos\beta\end{array}\right]\left(v-\left[\begin{array}{c}v_\alpha\\v_\beta\\v_\mu\end{array}\right]\right)\tag{6.2.51}$$

根据时间尺度分离原理，内环动态比外环动态快，可假设角速率等于角速率指令，通过引入双闭环控制律，完成三通道解耦，可得如下线性系统：

$$\left[\begin{array}{c}\dot{\alpha}\\\dot{\beta}\\\dot{\mu}\end{array}\right]=v\tag{6.2.52}$$

(3) 基于分数阶微积分的滑模控制设计。

针对三个气动角通道的解耦线性系统，这里设计了基于分数阶微积分的滑模控制律，以获得双环动态逆控制律的虚拟控制输入 v，补偿了动态逆方法产生的误差。首先定义姿态误差 e，并选取分数阶滑动面函数 S 如下式：

$$e = [\alpha_c - \alpha \quad \beta_c - \beta \quad \mu_c - \mu]^T \tag{6.2.53}$$

$$S = e + K \cdot {}_0D_t^\lambda e \tag{6.2.54}$$

选择分数指数趋近律如下式：

$$ {}_0D_t^\eta S = -\kappa S - \sigma \mathrm{sgn}\,(S) \tag{6.2.55}$$

其中，部分参数定义如下式：

$$\kappa = \mathrm{diag}\,\{\kappa_\alpha, \kappa_\beta, \kappa_\mu\}, \quad \sigma = \mathrm{diag}\,\{\sigma_\alpha, \sigma_\beta, \sigma_\mu\}$$

$$\kappa_\alpha, \kappa_\beta, \kappa_\mu > 0, \quad \sigma_\alpha, \sigma_\beta, \sigma_\mu > 0$$

由公式 (6.2.53) 和公式 (6.2.54)，可得虚拟控制输入 v 如下式：

$$\dot{S} = \frac{\mathrm{d}}{\mathrm{d}t}\left(e + K \cdot {}_0D_t^\lambda e\right) = \dot{e} + K \cdot {}_0D_t^{\lambda+1}e = {}_0D_t^{1-\eta}\left(-\kappa S - \sigma \mathrm{sgn}\,(S)\right) \tag{6.2.56}$$

$$v = \begin{bmatrix} \dot{\alpha} \\ \dot{\beta} \\ \dot{\mu} \end{bmatrix} = \begin{bmatrix} \dot{\alpha}_c + k_{\alpha 0}D_t^{\lambda+1}\left(\alpha_c - \alpha\right) + {}_0D_t^{1-\eta}\left[\kappa_\alpha S_\alpha + \sigma_\alpha \mathrm{sgn}\,(S_\alpha)\right] \\ \dot{\beta}_c + k_{\beta 0}D_t^{\lambda+1}\left(\beta_c - \beta\right) + {}_0D_t^{1-\eta}\left[\kappa_\beta S_\beta + \sigma_\beta \mathrm{sgn}\,(S_\beta)\right] \\ \dot{\mu}_c + k_{\mu 0}D_t^{\lambda+1}\left(\mu_c - \mu\right) + {}_0D_t^{1-\eta}\left[\kappa_\mu S_\mu + \sigma_\mu \mathrm{sgn}\,(S_\mu)\right] \end{bmatrix}$$

$$\tag{6.2.57}$$

其中，$S = [S_\alpha \quad S_\beta \quad S_\mu]^T$。

(4) 控制分配算法。

再入飞行器通常配置为混合控制面，包括气动力控制面和反作用控制系统。在再入早期阶段，气动力控制面和反作用控制系统均会产生作用，而在再入阶段后期则仅通过纯气动力控制面进行操作。以再入阶段末期为中心，采用纯气动力控制面产生全部控制力矩：

$$\begin{bmatrix} M_{cx} \\ M_{cy} \\ M_{cz} \end{bmatrix} = qSL_{\mathrm{ref}}C \begin{bmatrix} \delta_a \\ \delta_e \\ \delta_r \\ \delta_{f+} \\ \delta_{f-} \\ \delta_{\Delta f} \end{bmatrix} = qSL_{\mathrm{ref}}C\delta \tag{6.2.58}$$

其中，C 为带气动导数的控制矩阵：

$$C = \begin{bmatrix} C_{l\delta_a} & 0 & C_{l\delta_r} & 0 & 0 & C_{l\delta_{\Delta f}} \\ 0 & C_{m\delta_e} & 0 & C_{m\delta_{f+}} & C_{m\delta_{f-}} & 0 \\ C_{n\delta_a} & 0 & C_{n\delta_r} & 0 & 0 & 0 \end{bmatrix} \tag{6.2.59}$$

$$\text{rank}\,(C) = 3 \tag{6.2.60}$$

选用如下控制分配策略：

$$\delta_{c,\text{rtd}} = Q^{-1}C^{\mathrm{T}}\left[CQ^{-1}C^{\mathrm{T}}\right]^{-1}(M_c/qSL_{\text{ref}}) \tag{6.2.61}$$

2. 算法设计

在 D 维研究空间中，鸽群中的个体随机地以初始速度和初始位置进行初始化，位置是由待优化参数组成的向量。每个个体的适应度值由成本函数计算得到，且取决于个体的位置，此进化算法用于寻找具有最大或最小代价函数的最优位置。初期鸽子应该根据它们大脑和指南针中形成的地图来调整其方向，基于地图和指南针算子，鸽子个体趋近于空间最佳位置的更新公式为

$$\boldsymbol{V}_i^t = \boldsymbol{V}_i^{t-1} \cdot \mathrm{e}^{-Rt} + \text{rand} \cdot \left(\boldsymbol{X}_{\mathrm{g}} - \boldsymbol{X}_i^{t-1}\right) \tag{6.2.62}$$

$$\boldsymbol{X}_i^t = \boldsymbol{X}_i^{t-1} + \boldsymbol{V}_i^t \tag{6.2.63}$$

其中，R 为地图和指南针算子；$\boldsymbol{X}_{\mathrm{g}}$ 为当前子代得到的所有个体中最优解；rand 为随机数。

随着鸽群接近目的地，归巢工具将从地图和指南针切换到地标，因而此阶段开始使用地标算子。基于地标算子的更新规则，鸽群在每一次迭代中数量减半。熟悉地标的鸽子会直接飞向目的地，而其他个体则应该跟随熟悉地标的鸽子。在该模型中，目的地被视为当前迭代中所有鸽子的中心，通过位置的加权平均值来计算，其公式为

$$\boldsymbol{X}_{\mathrm{c}}^t = \frac{\sum\limits_{N_{\mathrm{p}}} \boldsymbol{X}_i^t \cdot \text{fitness}\left(\boldsymbol{X}_i^t\right)}{\sum\limits_{N_{\mathrm{p}}} \text{fitness}\left(\boldsymbol{X}_i^t\right)} \tag{6.2.64}$$

鸽群规模的更新公式为

$$N_{\mathrm{p}}^t = \frac{N_{\mathrm{p}}^{t-1}}{2} \tag{6.2.65}$$

基于地标算子的位置更新公式为

$$\boldsymbol{X}_i^t = \boldsymbol{X}_i^{t-1} + \text{rand} \cdot \left(\boldsymbol{X}_{\text{c}}^t - \boldsymbol{X}_i^{t-1} \right) \tag{6.2.66}$$

这里采用随机鲁棒法设计控制器，并通过上述鸽群优化算法来计算控制器最优参数。由于经典鲁棒控制理论在工程实践中难以应用，Stengel 等引入了随机鲁棒性的概念，并提出了随机鲁棒性分析和设计 (stochastic robustness analysis and design, SRAD)，该方法已广泛应用于航空航天器先进飞行控制的工程实践中 [9-11]。

在 Stengel 理论中，对于线性时不变 (linear time invariant, LTI) 系统，假设存在不确定参数 $v \in Q$，则其不稳定概率可定义为 [12]

$$P_{\text{instability}} = 1 - \int_{v \in Q, g(v) \leqslant 0} f(x) \mathrm{d}x \tag{6.2.67}$$

其中，$g(v) = \max\{\sigma_1(v), \sigma_2(v), \cdots, \sigma_n(v)\}^{\text{T}}$ 由闭环系统特征值的实部组成；$f[g(v)]$ 为合并的概率密度分布函数。在实际应用中，不稳定概率可以用样本频率计算代替积分计算：

$$\int_{v \in Q, g(v) \leqslant 0} f(x) \mathrm{d}x = \lim_{N \to \infty} \left. \frac{M[g_{\max}(v) \leqslant 0]}{N} \right|_{v \in Q} \tag{6.2.68}$$

其中，$g_{\max}(v) = \max\{\sigma_1(v), \sigma_2(v), \cdots, \sigma_n(v)\}$；$M[\cdot]$ 为特征值小于零的最大实数部分数目 (N 次估算)。此外，还可引入随机鲁棒稳定性和随机鲁棒性能。

与不稳定概率的定义类似，动态性能外包络线或控制变量饱和的概率可通过加权求和来描述闭环系统的性能，这一求和公式称为随机鲁棒性代价函数。当选定控制器结构后，通过优化此代价函数设计控制器参数，即可从随机鲁棒性概念出发，得到最优控制律。

针对每种性能要求，在仿真中引入二值指标函数来判断闭环系统是否满足这一要求：

$$I[G(v), C(d)] = \begin{cases} 0, & \text{满足}, \\ 1, & \text{不满足}, \end{cases} \quad v \in Q \tag{6.2.69}$$

其中，d 为需要被设计的参数；Q 为不确定参数的值集。假设 $f(v)$ 是关于 v 的组合概率密度分布函数，则闭环系统违反这一性能要求的概率可定义为

$$p = \int_{v \in Q} I[G(v), C(d)] f(v) \mathrm{d}v \tag{6.2.70}$$

在实际应用中, 该积分可通过蒙特卡罗仿真近似计算得到, 具体如下式:

$$\hat{p} = \frac{1}{N} \sum_{k=1}^{N} I\left[H\left(v_k\right), G\left(d\right)\right] \tag{6.2.71}$$

其中, N 为仿真次数; $\hat{p}$ 为概率 p 的估计。

综合所有性能不满足要求的概率和不稳定概率, 随机鲁棒代价函数可定义为

$$\hat{J}\left(d\right) = \sum_{i=1}^{M} \left[w_i \hat{p}_i^2\left(d\right)\right] \tag{6.2.72}$$

其中, w_i 为权重; M 为指标的个数。在定义了随机鲁棒代价函数后, 采用鸽群优化方法对该代价函数进行优化。

3. 仿真实验

这里选取可重复使用运载火箭作为设计实例, 其飞行条件如表 6.2 所示。

表 6.2　飞行条件

h/m	Ma	γ	$\text{d}\gamma/\text{d}t$	χ	$\text{d}\chi/\text{d}t$
21000	2.8	-5	0	0	0

仿真指令为: 攻角 $5°$ 的阶跃命令, 侧滑角保持在 $0°$, 倾斜角 $-5°$ 的阶跃命令。

气动系数的不确定性应服从正态分布:

$$v \sim \text{N}\left(1, 0.15^2\right), \quad C_{ij} = vC_{ij} \tag{6.2.73}$$

其中, C_{ij} 为气动系数。

随机鲁棒设计方法的参数和性能指标如表 6.3 所示, 蒙特卡罗仿真次数 $n = 50$。需要优化的控制参数如下:

$$d = \begin{bmatrix} k_w & k_\alpha & k_\beta & k_\mu & \sigma_\alpha & \sigma_\beta & \sigma_\mu & \kappa_\alpha & \kappa_\beta & \kappa_\mu \end{bmatrix}^{\text{T}}$$

鸽群优化算法的参数设置如下: 种群规模为 20, 地图和指南针算子 $R = 0.02$, 地图和指南针算子的迭代时间 $N_{c1\max} = 30$, 地标算子的迭代时间 $N_{c2\max} = 5$。

这里针对所选分数阶的随机鲁棒性设计进行了分析, 并进行蒙特卡罗仿真, 以评估控制器的设计参数。参数设计结果如下所示:

$$d = [1.8359\ 1.0651\ 2.1960\ 1.0364\ 3.4948 \times 10^{-5}\ 8.1261 \times 10^{-5}$$

$$6.2807 \times 10^{-5}\ 0.7458\ 1.2157\ 1.4024]^{\text{T}}$$

表 6.3　FSMC 的分数阶参数选择：$\lambda = 0.8, \eta = 0.9$

编号	权重	指标	性能需求
1	8	I1	系统稳定性
2	0.1	I2	调节时间在 10% 点小于 1s
3	1	I3	调节时间在 10% 点小于 2s
4	1	I4	超调小于 20%
5	0.1	I5	超调小于 10%
6	1	I6	副翼偏转小于 40°
7	0.5	I7	副翼偏转小于 30°
8	1	I8	升降舵偏转小于 40°
9	0.5	I9	升降舵偏转小于 30°
10	1	I10	方向舵偏转小于 40°
11	0.5	I11	方向舵偏转小于 30°
12	1	I12	机体襟翼挠度小于 50°
13	0.5	I13	机体襟翼挠度小于 40°

图 6.11 给出了随机鲁棒性代价函数在基于鸽群优化算法的设计中的迭代过程，然后以设计的控制参数对闭环系统进行蒙特卡罗仿真。图 6.12 给出了仿真实验结果，据此可以评估控制系统的鲁棒性。姿态角的时域变化表明，尽管攻角有一定的稳态误差，但姿态角能够快速、稳健地引导评估步长指令。系列仿真实验结果表明，基于分数阶滑模控制和动态逆方法的控制器，其通过随机鲁棒设计过程能够在一定程度上允许气动参数的不确定性。

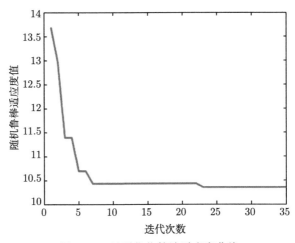

图 6.11　鸽群优化算法适应度曲线

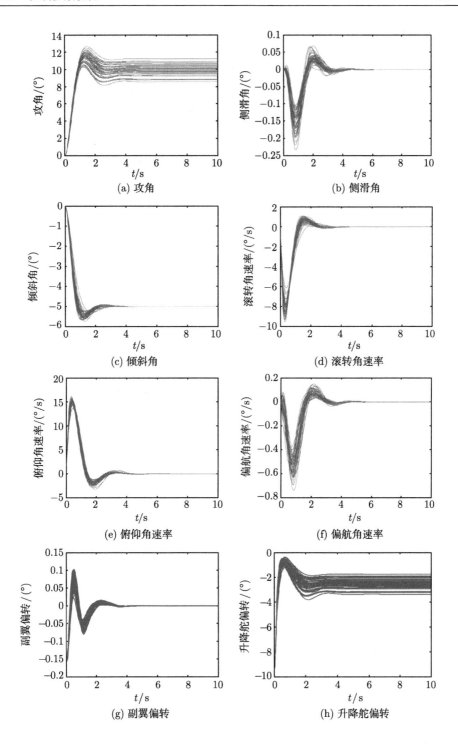

(a) 攻角

(b) 侧滑角

(c) 倾斜角

(d) 滚转角速率

(e) 俯仰角速率

(f) 偏航角速率

(g) 副翼偏转

(h) 升降舵偏转

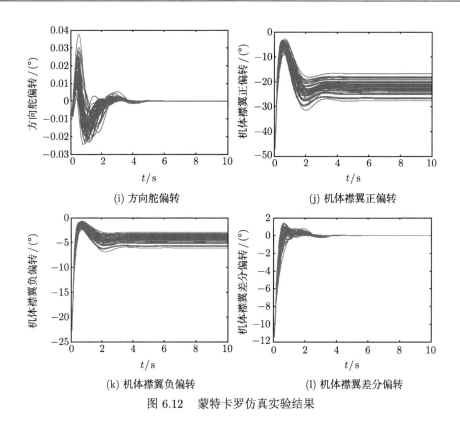

(i) 方向舵偏转　　　　　　　　　　　　　　　　(j) 机体襟翼正偏转

(k) 机体襟翼负偏转　　　　　　　　　　　　　　(l) 机体襟翼差分偏转

图 6.12　蒙特卡罗仿真实验结果

6.3　无人机自主着舰

6.3.1　柯西变异鸽群优化自主着舰

　　舰载机自主着舰系统 (automatic carrier landing system, ACLS) 的参数调整是一项耗时、烦琐、硬核的工作 [13]。为了提高调节任务的效率，克服人工调节参数的困难，本节介绍一种基于多层优化策略的自主着舰系统参数设计方法，将自主着舰系统分为内环、自动驾驶仪、导引控制和导引补偿四个层次。设计了一种柯西变异鸽群优化 (CMPIO) 算法来优化自主着舰系统各层参数 [14]，以提高导引补偿层仿真的真实性，同时考虑了甲板运动、空气尾流和雷达噪声湍流等随机限制条件。

1. 任务描述

1) 舰载机纵向动力学模型

假设忽略地球曲率，且地面坐标系与惯性坐标系相同 [15]，采用 F/A-18A 的

纵向线性小扰动模型[16]，定义为

$$\begin{cases} \dot{x} = Ax + Bu \\ y = Cx + Du \end{cases} \tag{6.3.1}$$

其中，$x = (\Delta v/V_0, \Delta\alpha, \Delta\theta, \Delta q, \Delta h/V_0)^{\mathrm{T}}$，$u = (\delta_{\mathrm{e}}, \delta_{\mathrm{LEF}}, \delta_{\mathrm{PL}}, u_{\mathrm{wind}})^{\mathrm{T}}$，$y = (\Delta h, \Delta\gamma,$ $\Delta n_z/V_0, \Delta\alpha, \Delta v/V_0, \Delta\theta, \Delta q)^{\mathrm{T}}$。$\Delta v$、$\Delta\alpha$、$\Delta\theta$、$\Delta q$、$\Delta h$、$\Delta\gamma$、$\Delta n_z$ 分别为速度、迎角、俯仰角、俯仰速率、高度、仰角和法向加速度的变化；δ_{e} 为升降舵偏角；δ_{LEF} 为前缘襟翼的挠度，这里未考虑舰载机着舰时前缘襟翼的挠度；δ_{PL} 为油门的控制输入；u_{wind} 为舰尾流引起的垂直速度湍流。攻角受到垂直速度湍流的干扰，使得气动力和力矩受到攻角扰动。为了简单起见，将 u_{wind} 作为输入并集成到舰载机模型中，配平点的状态值为 $\alpha_0 = 8.1°$ 和 $V_0 = 69.96\ \mathrm{m/s}$。

2) 自动驾驶仪

为了设计一种稳定、快速、抗多源干扰的控制系统，自主着舰系统内环控制可改善俯仰角速率的响应性能，提高纵向静稳定性，控制结构如图 6.13 所示。内环中的参数用 $K_1 \sim K_6$ 表示，K_1 为俯仰角速率指令增益，K_2 和 K_3 为超前–滞后滤波器的转角频率，K_4 为反馈回路增益，K_5 和 K_6 分别为比例积分 (PI) 控制器的比例增益和积分增益。超前–滞后滤波器有效地放大了低频信号和前置相位，并在一定程度上抑制了高频信号。为了解决结构模态相互耦合的问题，采用了二阶结构滤波器来消除最低频率结构模态和较高频率结构模态的不利影响。结构滤波器模型、升降舵模型、位置和速率限幅模型、俯仰角速率传感器模型分别参考文献 [17]~[19]。

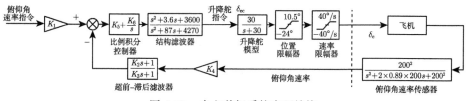

图 6.13 自主着舰系统内环结构

自动油门控制 (automatic throttle control, ACT) 功能由进场功率补偿系统 (APCS) 实现 (图 6.14)，需要设计的参数用 $K_7 \sim K_{11}$ 表示。为了满足设计准则的要求，将攻角 α、法向加速度 n_z 和俯仰角速率 q 作为进场功率补偿系统的反馈信号，俯仰角速率指令作为前馈信号。为了防止油门指令频繁反转现象，采用了四个低通滤波器对控制通道高频信号进行滤波。

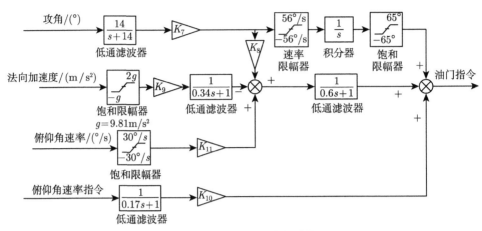

图 6.14   进场功率补偿系统

纵向自动驾驶仪包括内环和进场功率补偿系统的结构如图 6.15 所示。K_{12} 为法向加速度反馈增益，K_{13} 为 H-dot 指令增益，垂直速率可以描述为 $\dot{h} = V \sin \gamma$。为了减小由飞机高度导数引起的反馈信号误差，在 H-dot 控制器中采用航迹角和法向加速度而不是飞机高度导数作为反馈信号[20]。

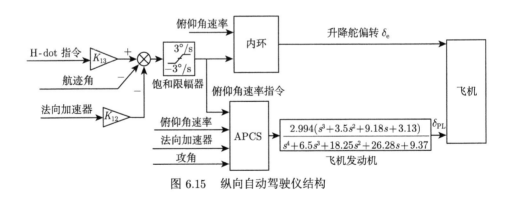

图 6.15   纵向自动驾驶仪结构

3) 导引控制与补偿

舰载机自主着舰存在三种对着舰精度和安全影响很大的干扰，即甲板运动、空气尾流和雷达噪声[21,22]，导引控制及补偿结构如图 6.16 所示。为了简化制导控制，这里采用了由 K_{14}、K_{15} 和 K_{16} 三个参数确定的 PID 控制器，K_{17} 和 K_{18} 为舰尾流补偿器参数，K_{19} 表示甲板运动预测和补偿器的预测时间，α-β 跟踪滤波器中的 K_{20} 和 K_{21} 分别为 α 和 β。

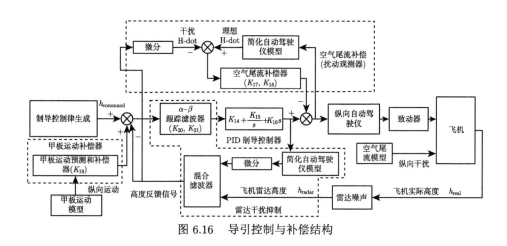

图 6.16 导引控制与补偿结构

在导引回路中,根据舰载机与航母之间的距离生成所需的飞机高度。考虑到甲板运动的影响,利用甲板运动预测和补偿器对期望高度指令进行补偿。通过 $\alpha\text{-}\beta$ 跟踪滤波器对期望高度与舰载机当前高度之间的误差进行滤波,再通过 PID 控制器进行处理,生成 H-dot 命令。采用干扰观测器 (disturbance observer, DOB) 获取舰尾流补偿信号[23],通过舰尾迹补偿器对理想着舰点 (H-dot) 与受扰动的 H-dot 之间的误差进行处理,然后将其添加到着舰点指令中。为了改善雷达噪声问题,通过简化自动驾驶模型估算飞机的真实高度,直接推导出 $\dot{h}$ 和 $\ddot{h}$ 的估算值。尽管飞机的实际高度受到雷达噪声的影响[24],但可利用混合滤波器对 $\dot{\hat{h}}$ 和 $\ddot{\hat{h}}$ 进行混合,以获得飞机实际高度的估计并去除噪声。

2. 算法设计

为了进一步提高鸽群优化算法在复杂多维搜索空间中的搜索能力,这里设计了一种柯西变异鸽群优化算法。利用柯西分布导出算法中的柯西突变机制,该机制仅由一个固定柯西分布参数决定,而该参数与优化问题无关,只决定了鸽子位置的随机变化能力。因此,与改进后的引力搜索算法 (gravitational search algorithm, GSA)[25,26] 相比,柯西变异鸽群优化算法的性能不会受到很多参数的影响。在柯西变异鸽群优化算法中,利用柯西变异机制分别对地图和指南针算子以及地标算子进行改进。

柯西分布概率密度函数为

$$f(x) = \frac{1}{\pi} \frac{a}{a^2 + x^2}, \quad x \in (-\infty, +\infty) \tag{6.3.2}$$

柯西分布累积分布函数可由分布概率密度函数与累积分布函数关系进行定义

推导，具体如下式：

$$F(x) = \frac{1}{2} + \frac{1}{\pi} \arctan \frac{x}{a}, \quad x \in (-\infty, +\infty) \tag{6.3.3}$$

其中，随机变量 X 表示为 $X \sim C(a, 0)$。

1) 柯西变异改进地图和指南针算子

在基本鸽群优化算法中，地图和指南针算子用于在搜索空间中寻找全局最优鸽子。同样，在柯西变异地图和指南针算子中，采用符合柯西分布的权系数可扩大搜索区域，降低陷入局部最优的概率[27]。地图和指南针算子的权系数可通过累积分布函数确定：

$$c_1 = a \times \tan\left[\pi\left(\mathrm{rand} - 1/2\right)\right] \tag{6.3.4}$$

其中，rand 为 $0 \sim 1$ 间的随机数。

在每次迭代中，根据公式 (6.3.5) 更新鸽子的新位置，并通过计算每只鸽子的适应度函数将鸽子的新位置与原位置进行比较：

$$\boldsymbol{X}_i' = \boldsymbol{X}_i^{t-1} + c_1\left[\boldsymbol{X}_i^{t-1} - \boldsymbol{X}_{\mathrm{g}}\right] \tag{6.3.5}$$

其中，$\boldsymbol{X}_i$ 为第 i 次迭代鸽子的位置；$\boldsymbol{X}_{\mathrm{g}}$ 为第 $t-1$ 次迭代内适应度函数值最小的全局最佳位置；$\boldsymbol{X}_i'$ 第 i 次迭代鸽子的新位置。

参考精英选择机制，采用下式更新鸽子第 t 次迭代的位置：

$$\boldsymbol{X}_i^t = \begin{cases} \boldsymbol{X}_i', & \text{如果 } f(\boldsymbol{X}_i') \leqslant f(\boldsymbol{X}_i^{t-1}) \\ \boldsymbol{X}_i^{t-1}, & \text{其他} \end{cases} \tag{6.3.6}$$

在柯西变异地图和指南针算子中，当 c_1 为正数时 $\boldsymbol{X}_i'$ 会远离 $\boldsymbol{X}_{\mathrm{g}}$。反之，当 c_1 为复数时 $\boldsymbol{X}_i'$ 会靠近 $\boldsymbol{X}_{\mathrm{g}}$。在柯西突变影响下，一半数量的鸽子向外寻找最优，另一半数量的鸽子趋势相反。

2) 柯西变异改进地标算子

基本鸽群优化算法收敛速度过快，往往会导致早熟现象的产生，不利于地标算子的实现。为了使鸽群寻优过程中不过快收敛而错过较好的解，引入了如下单侧柯西累积分布函数来定义地标算子的权重系数：

$$F(x) = \frac{2}{\pi} \arctan \frac{x}{a}, \quad x \in (0, +\infty) \tag{6.3.7}$$

其中，c_2 为

$$c_2 = a \times \tan\left(\frac{\pi}{2}\mathrm{rand}\right) > 0 \tag{6.3.8}$$

在每次迭代中，鸽子位置的每一个维度都与 $\boldsymbol{X}_{\mathrm{g},k}$ 的对应维度相减：

$$\boldsymbol{X}'_{ik} = \boldsymbol{X}_{ik}^{t-1} + c_2 \left[\boldsymbol{X}_{\mathrm{g},k} - \boldsymbol{X}_{ik}^{t-1} \right] \tag{6.3.9}$$

其中，$\boldsymbol{X}_{ik}$ 为第 i 只鸽子的第 k 维；$\boldsymbol{X}_{\mathrm{g},k}$ 为全局最优解的第 k 维。

在柯西变异鸽群优化算法的地标算子中，由于 c_2 为正数，鸽子的每个维度都收敛到 $\boldsymbol{X}_{\mathrm{g}}$ 的相应维度。单侧分布确定的 c_2，使种群在适当的速度和随机因素下有效移动。

3) 多层参数设计

为了得到更好响应性能并减少着舰误差，这里采用多层优化策略设计了 21 个自主着舰系统参数，包括 6 个内环参数、7 个 ACPS 自动驾驶仪参数、3 个纵向控制参数和 5 个导引补偿参数。结合多个量化指标，对四层自主着舰系统优化参数的性质和合理性进行了检验。这些公认的标准主要包括五项数量指标和飞行品质：俯仰角速率–指令频率响应曲线，自动驾驶仪/自动油门组合的航迹响应带宽至少有 1.2 rad/s，法向加速度不小于 0.5g 且在着舰时不大于 2g，法向加速度大于 $\pm 0.05g$ 时的振荡被认为是过度的，俯仰角速率指令不超过 $\pm 3°/\mathrm{s}$。

第一层中，通过拟合内环所需的频率响应曲线优化了六个参数。增益、滞后滤波器和 PI 控制器均经过调整，使内环在结构模态振荡频率的振幅较低，而在 2~30rad/s 的频率范围内具有较高的振幅。为了得到更符合要求的频率响应曲线，可在各通道增益和超前–滞后滤波器的设计上比文献 [28] 中提出的结构更加灵活。适应度函数为内环幅频响应与期望响应之间的误差，定义为

$$\mathrm{fitness}_1 = \sum_{i=1}^{100} \left| G\left(\mathrm{j}\omega_i \right) - G_{\mathrm{d}}\left(\mathrm{j}\omega_i \right) \right| \tag{6.3.10}$$

其中，$\omega_i, i = 1 \sim 100$ 为对数频率响应坐标中的采样频率，范围为 $0.01 \sim 40\mathrm{rad}$。

第二层中，为了获得期望的 $\dot{h}$ 响应，在适应度函数中考虑 $\dot{h}$ 误差积分、攻角和升降舵指令。$\dot{h}$ 误差积分反映了 $\dot{h}$ 响应的上升时间、超调量和稳态精度。阶跃响应的适应度函数可定义为

$$\mathrm{fitness}_2 = w_{21} \int \left(\dot{h}_{\mathrm{c}} - \dot{h} \right) + w_{22} \int \left(\alpha_{\mathrm{c}} - \alpha \right) + w_{23} \int \delta_{\mathrm{ec}} \tag{6.3.11}$$

其中，$\dot{h}_{\mathrm{c}}$ 为阶跃指令；α_{c} 为攻角指令；δ_{ec} 为升降舵指令；$w_{2i}, i = 1 \sim 3$ 为权重系数。

为了具体描述高度响应，在第三层预定义的适应度函数中考虑了超调量、上升时间、稳定时间、稳定精度和升降舵指令积分。通过对该层的优化，可得到上升时间短、下沉时间短、超调量小且无静态误差的高度响应。

超调：$f_{\mathrm{O}} = \max\limits_{t>0} \left| \dfrac{h(t)}{h_{\mathrm{c}}(t)} \right|$。

上升时间：$f_{\mathrm{R}} = t_2|_{h(t_2)=0.9} - t_1|_{h(t_1)=0.1}$。

下沉时间：$f_{\mathrm{Set}} = \max\left\{ t \,|\, 0.05 h_{\mathrm{c}} \leqslant |h(t) - h_{\mathrm{c}}| \right\}$。

稳定精度：$f_{\mathrm{S}} = \displaystyle\int_{t>f_{33}} |h(t) - h_{\mathrm{c}}|$。

升降舵指令积分：$f_{\mathrm{I}} = \displaystyle\int \delta_{\mathrm{ec}}$。

第三层预定义的适应度函数可表示为

$$\mathrm{fitness}_3 = w_{31} f_{\mathrm{O}} + w_{32} f_{\mathrm{R}} + w_{33} f_{\mathrm{Set}} + w_{34} f_{\mathrm{S}} + w_{35} f_{\mathrm{I}} \tag{6.3.12}$$

其中，$w_{3i}, i = 1 \sim 5$ 为权重系数。

最后一层优化考虑了以着舰精度为主导因素的着舰精度和高度误差积分。着舰过程中的不确定因素由随机初始条件决定，包括初始甲板运动相位、舰尾流自由空气湍流模型和舰尾流周期分量模态的初始相位。为使导引参数适用于各种条件，这里在 10 个随机初始条件下对舰载机着舰进行了模拟。通过对着舰误差和高度误差积分的计算，以评估一组导引补偿参数：

$$\mathrm{fitness}_4 = \sum_{i=1}^{10} \left[w_{41} x_{\mathrm{error}} + w_{42} \int \left(h(t) - h_{\mathrm{c}} \right) \right] \tag{6.3.13}$$

其中，x_{error} 为最终的纵向着舰误差；$w_{4i}, i = 1, 2$ 为权重系数。

在自主着舰系统多层参数设计中，为拟合所需的俯仰角速率幅频响应曲线，首先对内环控制参数进行优化。为保证内环的时域响应质量，利用零极点分布图和阶跃响应确定内环的稳定性。利用优化后的内环确定进场功率补偿系统自动驾驶仪的参数，对航迹响应带宽进行校核，利用零极点分布图进行稳定性分析，并利用优化后的参数确定简化的自动驾驶仪和混合滤波器。在第三层设计中，考虑几种响应特性来描述高度阶跃响应，结合已验证的内环、自动驾驶仪和进场功率补偿系统对导引控制器参数进行优化。最后，对导引补偿参数进行优化，实现以较小的高度误差积分获得更高的着舰精度。经过四层设计，对法向加速度及其振荡响应和俯仰角速率响应进行校核，以验证其符合标准。

3. 仿真实验

为了验证柯西变异鸽群优化算法的有效性和所设计自主着舰系统的性能，这里进行了仿真对比实验。在初始条件相同的情况下，比较了 CMPIO 算法与 PSO、DE 和 PIO 的搜索能力，表 6.4 给出了四层自主着舰系统设计中算法的控制参数。

四层优化分别进行，在任意一层的优化中，将四种算法中性能最好的参数集作为下一层设计的一组已知参数。

表 6.4 PSO、PIO、DE 和 CMPIO 算法的控制参数

参数	描述	值	算法
w	权重系数	0.5	PSO
c_1	自身最优参数	2	PSO
c_2	全局最优参数	2	PSO
$N_{c1\max}$	地图和指南针算子最大迭代次数	15 (第二层 25, 第四层 10)	PIO
$N_{c2\max}$	地标算子最大迭代次数	10 (第二层 5, 第四层 5)	PIO
R	地图和指南针算子	0.3	PIO
F	尺度参数	0.6	DE
CR	交叉参数	0.5	DE
a	柯西变异中柯西分布参数	1	CMPIO
$N_{c\max}$	最大迭代次数	25 (第二层 30, 第四层 15)	PSO&DE&CMPIO
N	种群数量	30	所有算法

1) 内环

内环设计对比进化曲线如图 6.17 所示，与其他算法相比，CMPIO 算法具有更好的收敛性。由于 PSO 算法和 PIO 算法依赖于个体的搜索速度，因此在内环优化中性能不佳。4 种算法的幅频响应对比如图 6.18 所示，CMPIO 算法的频率响应与期望响应更接近，而在高频段与期望响应几乎重合。基于频域优化结果对内环品质进行分析，内环零极点分布图及阶跃响应分别如图 6.19(a) 和 (b) 所示。由于 s 面右侧无极点，系统具有较好的稳定性。俯仰角速率阶跃响应虽有较大的超调量，但保证了响应的快速性。

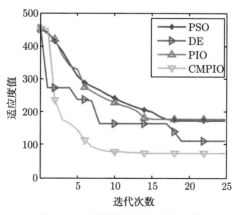

图 6.17 内环设计对比进化曲线

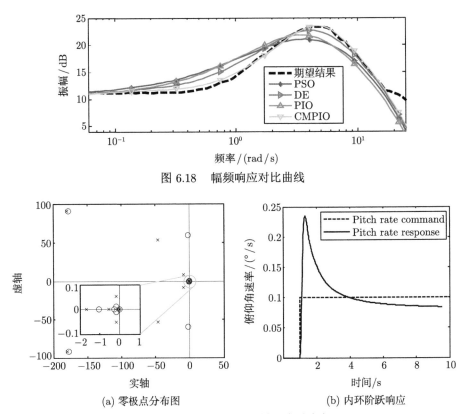

图 6.18　幅频响应对比曲线

(a) 零极点分布图　　　　　　　　(b) 内环阶跃响应

图 6.19　内环稳定性分析及阶跃响应

2) 自动驾驶仪和进场功率补偿系统

在自动驾驶仪和进场功率补偿系统优化中，进化对比曲线和 H-dot 响应对比曲线分别如图 6.20 和图 6.21 所示。在 4 种对比算法中，CMPIO 算法的稳定时

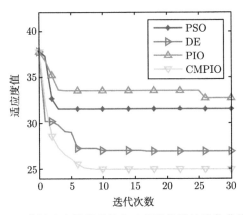

图 6.20　进场功率补偿系统自动驾驶仪设计进化曲线对比

间最短且超调量最小。与其他算法相比，CMPIO 算法具有显著的全局搜索能力，即不容易陷入局部最优。

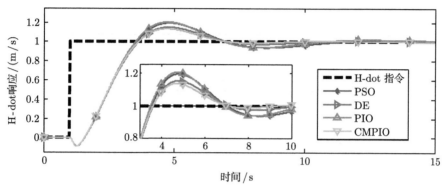

图 6.21 进场功率补偿系统自动驾驶仪 H-dot 响应对比

3) 导引控制

进化曲线和 H 阶跃响应分别如图 6.22 和图 6.23 所示，在导引回路优化中再次验证了 CMPIO 算法的全局搜索能力。虽然其他算法的上升时间和稳定时间都比 CMPIO 算法短，但 CMPIO 算法的超调最小，能够优化得到最小适应度函数值。

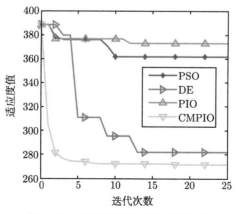

图 6.22 导引环设计进化对比曲线

4) 导引补偿

这里通过预先设计的内环、自动驾驶仪、进场功率补偿系统和导引回路，对导引补偿参数进行优化。在 10 个随机初始条件下，对一组参数进行仿真计算。导引补偿设计的进化曲线如图 6.24 所示，可以看出 PIO 算法和 PSO 算法明显会陷入局部最优。如表 6.5 和图 6.25 所示，CMPIO 算法的着舰误差和适应度函数值最小，表明在 10 种随机着舰条件下 CMPIO 算法的舰载机着舰性能最好。

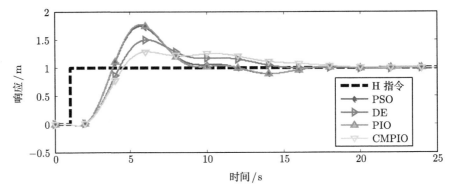

图 6.23　导引环中的 H 阶跃响应对比曲线

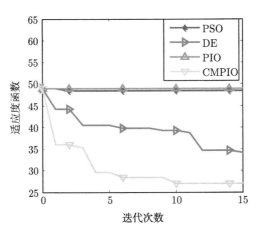

图 6.24　导引补偿设计进化对比曲线

表 6.5　10 种随机舰载机着舰条件下导引补偿的适应度函数数据

指数	PSO	DE	PIO	CMPIO
着陆误差平均值/m	4.8052	3.3758	4.8649	2.6675
最大着陆误差/m	12.5555	7.8671	12.5557	5.5132
高度误差积分平均值	74.7493	76.0027	74.7502	75.7835
适应度函数均值	4.8425	3.4138	4.9023	2.7054

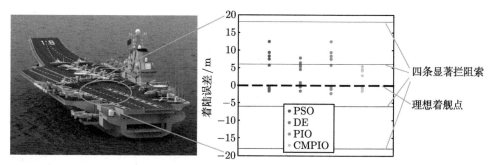

图 6.25 PSO、DE、PIO 和 CMPIO 在 10 种随机初始条件下的舰载机着舰误差

6.3.2 捕食-逃逸鸽群优化自主着陆

针对固定翼无人机的纵向自动着陆系统，本节介绍一种捕食-逃逸鸽群优化 (PPPIO) 算法[29]。在自动着陆过程中介绍并评估一种俯仰指令自动驾驶仪和两种进场功率补偿器，将滑降坡度指令系统和进场动力补偿器的设计转化为有限维优化问题，采用 PPPIO 算法对纵向飞行控制器参数进行优化。

1. 任务描述

1) 无人机动力学

由气动方程和运动学方程给出六自由度无人机非线性方程[30]，可定义如下：

$$\dot{V} = \frac{1}{m}(P_x \cos\alpha \cos\beta - P_y \sin\alpha \cos\beta + P_z \sin\beta + Z \sin\beta - Q)$$

$$- g(\cos\alpha \cos\beta \sin\vartheta - \sin\alpha \cos\beta \cos\vartheta \cos\gamma - \sin\beta \cos\vartheta \sin\gamma) \quad (6.3.14)$$

$$\dot{\alpha} = -\frac{1}{mV\cos\beta}(P_x \sin\alpha + P_y \cos\alpha + Y) + \omega_z - \tan\beta(\omega_x \cos\alpha - \omega_y \sin\alpha)\frac{\delta y}{\delta x}$$

$$+ \frac{g}{V\cos\beta}(\sin\alpha \sin\vartheta + \cos\alpha \cos\vartheta \cos\gamma)$$

$$(6.3.15)$$

$$\dot{\beta} = \frac{1}{mV}(-P_x \cos\alpha \sin\beta + P_y \sin\alpha \sin\beta + P_z \cos\beta + Z) + \omega_x \sin\alpha + \omega_y \cos\alpha$$

$$+ \frac{g}{V}(\cos\alpha \sin\beta \sin\vartheta - \sin\alpha \sin\beta \cos\vartheta \cos\gamma + \cos\beta \sin\gamma \cos\vartheta)$$

$$(6.3.16)$$

其中，V 为无人机空速；Q 为无人机动压；m 为无人机质量；α 为攻角；β 为侧滑角；ϑ 为俯仰角；γ 为滚转角；P_x、P_y、P_z 为由推力矢量产生的机体轴上的三个力；X、Y、Z 为与机体轴相关的空气动力；ω_x、ω_y、ω_z 为姿态的坐标分量，分

别表示为

$$\dot{\omega}_x = b_{11}\omega_y\omega_z + b_{12}\omega_x\omega_z + \frac{I_y\left(M_x + M_{px}\right) + I_{xy}\left(M_y + M_{py}\right)}{I_xI_y - I_{xy}^2} \tag{6.3.17}$$

$$\dot{\omega}_y = b_{21}\omega_y\omega_z + b_{22}\omega_x\omega_z + \frac{I_{xy}\left(M_x + M_{px}\right) + I_x\left(M_y + M_{py}\right)}{I_xI_y - I_{xy}^2} \tag{6.3.18}$$

$$\dot{\omega}_z = \frac{I_x - I_y}{I_z}\omega_x\omega_y + \frac{I_{xy}}{I_z}\left(\omega_x^2 - \omega_y^2\right) + \frac{M_z + M_{pz}}{I_z} \tag{6.3.19}$$

$$b_{11} = \frac{I_y^2 - I_yI_z - I_{xy}^2}{I_xI_y - I_{xy}^2} \tag{6.3.20}$$

$$b_{22} = \frac{I_xI_z - I_x^2 - I_{xy}^2}{I_xI_y - I_{xy}^2} \tag{6.3.21}$$

$$b_{12} = \frac{I_{xy}\left(I_z - I_y - I_x\right)}{I_xI_y - I_{xy}^2} \tag{6.3.22}$$

$$b_{21} = \frac{I_{xy}\left(I_y - I_z - I_x\right)}{I_xI_y - I_{xy}^2} \tag{6.3.23}$$

式中 I_x、I_y、I_z 和 M_x、M_y、M_z 分别为惯性矩和合力矩的坐标分量。在机体坐标系中有

$$\dot{\gamma} = \omega_x - \tan\vartheta\left(\omega_y\cos\gamma - \omega_z\sin\gamma\right) \tag{6.3.24}$$

$$\dot{\vartheta} = \omega_y\sin\gamma + \omega_z\cos\gamma \tag{6.3.25}$$

$$\dot{\psi} = \frac{1}{\cos\vartheta}\left(\omega_y\cos\gamma - \omega_z\sin\gamma\right) \tag{6.3.26}$$

其中，ψ 为偏航角。空气动力学方程描述为 $Y = C_yqS$，$C_y = C_y(\alpha,\delta_z)$，$Z = \sum C_zqS$，$\sum C_z = C_z(\alpha,\delta_x) + C_z(\alpha,\delta_y)$，$Q = C_xqS$，$C_x = C_x(\alpha,\delta_z)$。其中，$\delta_x$，$\delta_y$，$\delta_z$ 为控制舵面偏转角的坐标分量。空气动力力矩可以描述为

$$M_x = \sum m_xqsl$$
$$\sum m_x = m_x^\beta\beta + m_x\left(\alpha,\delta_x\right) + m_x\left(\alpha,\delta_y\right) + m_x^{\omega x}\omega_x\frac{l}{2V} + m_x^{\omega y}\omega_y\frac{l}{2V} \tag{6.3.27}$$

$$M_y = \sum m_yqsl$$
$$\sum m_y = m_y^\beta\beta + m_y\left(\alpha,\delta_x\right) + m_y\left(\alpha,\delta_y\right) + m_y^{\omega x}\omega_x\frac{l}{2V} + m_y^{\omega y}\omega_y\frac{l}{2V} \tag{6.3.28}$$

$$M_z = \sum m_z q s b_A$$

$$\sum m_z = m_z\left(\alpha, \delta_z\right) + m_z^{\omega z}\omega_z \frac{b_A}{V} + m_z^{\dot{\alpha}}\dot{\alpha}\frac{b_A}{V} \tag{6.3.29}$$

当高度、马赫数为常值时,空气动力系数 $C_y(\alpha,\delta_z)$、$C_x(\alpha,\delta_z)$、$C_z(\alpha,\delta_x)$、$C_z(\alpha,\delta_y)$、$m_x(\alpha,\delta_z)$、$m_x(\alpha,\delta_y)$、$m_y(\alpha,\delta_x)$、$m_y(\alpha,\delta_y)$、$m_z(\alpha,\delta_z)$ 为高度、马赫数、攻角和操纵面的函数,气动导数 $m_z^{\omega z}$、$m_z^{\dot{\alpha}}$、m_x^{β}、$m_x^{\omega x}$、$m_x^{\omega y}$、m_y^{β}、$m_y^{\omega x}$、$m_y^{\omega y}$ 为指定值。在多数情况下,无人机保持非侧滑飞行。这里通过将六自由度方程中的侧滑角等横向变量控制为零,对纵向推力控制器进行优化。无人机的纵向状态变量以地球纵坐标系为参考,具体如图 6.26 所示。

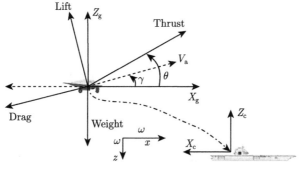

图 6.26 无人机纵向动力学

2) 自动着陆系统设计

本节设计一种自动着陆系统 (automatic landing system, ALS),用于无人机在进场过程中对期望的航迹角进行跟踪。纵向自动着陆控制结构如图 6.27 所示,包括俯仰指令自动驾驶仪和两种进场功率补偿器,通过导引系统将所需的俯仰角转化为姿态角 (俯仰角和攻角) 和空速指令。将固定结构的自动着陆系统设计过程

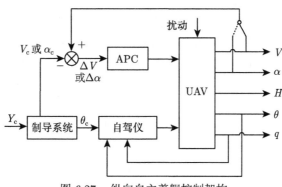

图 6.27 纵向自主着舰控制架构

归结为控制参数的优化问题，并采用 PPPIO 算法求解。

　　自动着陆系统纵向自动驾驶仪可作为一种内环控制律配置，需设计具有快速响应能力的内环控制律来跟踪俯仰角指令。俯仰角通常由自动驾驶仪控制[31]，使用与控制增强系统相同的组件 (图 6.28)。纵向自动驾驶仪用于提供连续的升降舵指令 δ_e，使俯仰角跟踪指令俯仰角。在纵向飞行动力学和反馈技术的基础上，将俯仰角速率和俯仰角作为反馈变量，以获得更好的阻尼性能和动态性能。首先在闭环系统中引入俯仰角指令 θ_c，然后将俯仰角误差信号作为控制器的输入。在俯仰角信号中整合俯仰速率 q，形成升降舵指令。

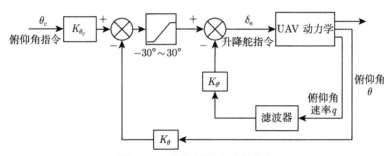

图 6.28　俯仰指令自动驾驶仪

　　闭环系统的动态响应特性主要取决于反馈增益。将俯仰角速率滤波器和指令限制器集成，调整滤波器的值以降低脉冲噪声。在存在大信号的情况下，选择限制器的值能使系统获得满意的控制输入量。此外，内环在低频范围内应具有较高的增益幅度，可通过对俯仰角速率反馈信号采用超前–滞后滤波器实现。控制系统的目的是使系统在给定指令下保持稳定俯仰角时足够稳定。因此，在纵向俯仰角指令自动驾驶仪上，K_{θ_c}、K_{θ} 和 $K_{\theta'}$ 需要调整，可看作俯仰角参考 PID 控制器的整定过程。俯仰角指令自动驾驶仪的控制律如下式：

$$\delta_e = K_{\theta_c}\theta_c - K_{\theta}\theta - K_{\theta'}q \tag{6.3.30}$$

　　纵向自动驾驶仪实现指令俯仰角的跟踪，无人机的降落必须控制航迹角，这一目标可以通过使用进场功率补偿器 (approach power compensator, APC) 来实现，其目的是减轻飞行员在进场阶段的油门管理，且需要飞行员在控制输入和外部干扰的情况下控制空速和攻角。常用的进场功率补偿器包括恒定空速系统和恒定攻角系统。在这两种类型的进场功率补偿器控制下，航迹角可以准确地跟踪期望值，进场功率补偿器能够自动调整油门以保持空速或攻角，可保持无人机在降落进场过程中的航迹角。

　　为了保持恒定的空速或攻角，进场功率补偿器在获取滑翔路径时应迅速减小误差，而在飞行轨迹控制的情况下，很难保证这种特性。此外，由于进场功率补偿器具有明显的闭环响应和稳定性，在不同频率下进场功率补偿器应具有不同的有效阶数和阻尼。因此，要使自动着陆系统性能目标获得最优的综合系统响应，选择最优的进场功率补偿器增益是相当困难的。

风扰动对自动着陆系统航迹控制的影响会导致空速的变化，这些变化对进场任务是非常重要的。参考进场功率补偿器用于保持恒定的空速，其结构框如图 6.29 所示，涉及反馈空速 V、法向加速度 n_z 和升降舵偏角 δ_e。空速反馈信号用于跟踪期望空速 V_c，法向加速度用于增加系统的阻尼系数。在参考进场功率补偿器的空速中，K_V、K_{V_c}、K_n 和 K_e 需要确定。参考进场功率补偿器的空速控制率可表示为

$$\delta_{\mathrm{T}} = (V_{\mathrm{c}} - K_V V)\frac{K_{V_{\mathrm{c}}}}{s} - K_n n_z + \frac{K_e}{\tau_3 s + 1}\delta_{\mathrm{e}} \tag{6.3.31}$$

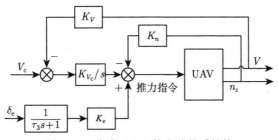

图 6.29　参考 APC 的空速体系结构

另一种获得理想航迹角的方法是将攻角控制到参考指令，航迹角代表俯仰角和攻角之间的差值，其具体结构如图 6.30 所示。控制律的设计由如下输入项组成：攻角用于主反馈，对攻角信号进行积分以消除偏差和跟踪稳态参考值，法向加速度 n_z 用于增加航迹阻尼，升降舵/稳定器位置 δ_e，俯仰角速度 q 为无人机俯仰机

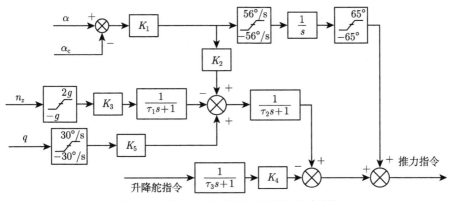

图 6.30　参考 APC 的空速和攻角体系结构

动提供前向反馈。攻角误差信号 (测量值与期望值之间的差值) 输入系统, 为无人机提供推力指令。垂直法向加速度变量用于减小风扰动的影响。将俯仰角速率变送器和操纵杆/稳定器位置的数据集成用于控制机电伺服执行器, 该执行器与发动机的油门耦合。其中, τ_1、τ_2、τ_3 分别为攻角对应的传感器系数、法向加速度和升降舵偏角。

在攻角的设计中, K_1、K_2、K_3、K_4、K_5 需确定, 分别对应于攻角增益和阻尼系数。参考进场功率补偿器的攻角控制律可表示为

$$
\begin{aligned}
\delta_{\mathrm{T}} = & \left[(\alpha - \alpha_{\mathrm{c}})K_1 K_2 - \frac{K_3}{\tau_1 s + 1} n_z + K_5 q \right] \\
& \times \frac{1}{\tau_2 s + 1} + \frac{(\alpha - \alpha_{\mathrm{c}})K_1}{s} - \frac{K_4}{\tau_3 s + 1} \delta_{\mathrm{e}}
\end{aligned}
\tag{6.3.32}
$$

2. 算法设计

为了增加鸽群内部的多样性, 克服局部最优问题, 这里对捕食–逃逸机制进行模拟。在自然界的捕食行为中, 捕食者捕食猎物时猎物往往需要尽自己最大努力逃离捕食者[32]。通过捕食–逃逸机制改进鸽群优化算法, 捕食者则根据最差解进行选择, 可定义为

$$
S_{\mathrm{predator}} = S_{\mathrm{worst}} + \rho_{\mathrm{hunt}}(1 - t/t_{\mathrm{max}})
\tag{6.3.33}
$$

其中, S_{predator} 为捕食者; S_{worst} 为最差解; t 为当前迭代数; t_{max} 为迭代总数; ρ_{hunt} 为狩猎率。

猎物逃逸并提供与捕食者保持一定距离的方案, 可定义为

$$
\begin{cases}
S_{t+1} = S_t + \rho_{\mathrm{hunt}} \mathrm{e}^{-|d|}, & d > 0 \\
S_{t+1} = S_t - \rho_{\mathrm{hunt}} \mathrm{e}^{-|d|}, & d < 0
\end{cases}
\tag{6.3.34}
$$

其中, d 表示解和捕食者之间的距离。

控制律设计的目的是优化纵向自动驾驶仪和进场功率补偿器控制增益项, 使风干扰下的航迹偏差最小。在设计自动着陆系统之前, 需要设置不同类型的进场功率补偿器参数 $[K_{\theta_c}, K_\theta, K_{\theta'}, K_V, K_{V_c}, K_n, K_e]$ 和 $[K_{\theta_c}, K_\theta, K_{\theta'}, K_1, K_2, K_3, K_4, K_5]$, 这两组参数分别对应空速或攻角控制增益和其他阻尼系数。

利用 PPPIO 算法对自动着陆系统的组合参数进行优化, 其适应度函数为

$$
J = \int_0^{T_t} t |\varepsilon(t)| \, \mathrm{d}t
\tag{6.3.35}
$$

其中, $\varepsilon(t) = (\theta(t) - \theta_{\mathrm{c}}) + w_1(\alpha(t) - \alpha_{\mathrm{c}}) + w_2(V(t) - V_{\mathrm{c}})$ 为俯仰角、空速或攻角实际输出与参考信号之间的误差。在参考进场功率补偿器的空速系统中, 定义权

重系数 w_1 和 w_2 分别为 0 和 1。相反，在参考进场功率补偿器的攻角系统中，权重系数设置为 1 和 0。

基于 PPPIO 算法的优化过程如图 6.31 所示。通过对运动方程的计算，包括执行器和发动机的动力学、风扰动和传感器噪声等，得到了无人机的实际响应。通过对实际响应和期望响应的比较，计算出每只鸽子的适应度值。当满足终止条件时 (达到最大迭代次数或相对误差小于期望值)，即可得到最优参数和最优代价值。否则，继续执行优化过程。

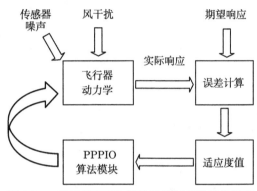

图 6.31　基于 PPPIO 算法的控制参数优化过程

3. 仿真实验

这里采用两种类型的进场功率补偿器实现飞行轨迹角跟踪，验证了 PPPIO 算法用于自动着陆系统控制参数整定的可行性和有效性。在第一个实例中，使用空速参考自动驾驶仪，而在第二个实例中使用攻角参考自动驾驶仪。因此，在不同的实例中，要决定的控制参数向量是不同的。

作动器的低阶模型近似由下式给出：

$$\frac{\delta_e}{\delta_{ec}} = \frac{1325}{s^2 + 29.85s + 1325} \tag{6.3.36}$$

当对控制系统增加作动器动力学时，响应没有显著变化。发动机动力学特性相当缓慢，应验证包括发动机动力学在内的自动着陆系统的充分性。自动功率控制伺服系统和发动机动态由下式给出：

$$\frac{\delta_{PL}}{\delta_{PLc}} = \frac{1100}{s^2 + 33.17s + 1100} \tag{6.3.37}$$

$$\frac{\delta_T}{\delta_{PL}} = \frac{2.994(s^3 + 3.5s^2 + 9.18s + 3.13)}{s^4 + 6.5s^3 + 18.25s^2 + 26.28s + 9.37} \tag{6.3.38}$$

控制信号受到速率极限和饱和度限制 [18]，可定义如下：

$$-25\frac{\pi}{180}\mathrm{rad} \leqslant \delta_{\mathrm{e}} \leqslant 30\frac{\pi}{180}\mathrm{rad} \tag{6.3.39}$$

$$-15\frac{\pi}{180}\mathrm{rad/s} \leqslant \dot{\delta}_{\mathrm{e}} \leqslant 15\frac{\pi}{180}\mathrm{rad/s} \tag{6.3.40}$$

$$0.5\frac{\pi}{180}\mathrm{rad} \leqslant \delta_{\mathrm{PL}} \leqslant 10\frac{\pi}{180}\mathrm{rad} \tag{6.3.41}$$

$$-1.6\frac{\pi}{180}\mathrm{rad/s} \leqslant \dot{\delta}_{\mathrm{PL}} \leqslant 1.6\frac{\pi}{180}\mathrm{rad/s} \tag{6.3.42}$$

假设无人机开始自动降落的初始状态如下：飞行高度为 800 m，期望航迹角为 $-3°$，航速为 $V_0 = 69.97\mathrm{m/s}$，空速期望值为 66.5 m/s。将无人机的初始垂直速率、俯仰角、迎角设为 0，参考值分别为 0°、0° 和 3°。航迹角、空速、法向过载、俯仰角、迎角在后面的仿真结果中表示为增量值。图 6.32 和图 6.33 分别给出了不同自动着陆系统对空速参考进场功率补偿器和攻角参考进场功率补偿器的航迹角跟踪性能。图 6.32(b) 和 (c)，图 6.33(b) 和 (c) 给出了实际响应与参考信号的差异，这与空速、迎角和俯仰角有关。显然，在这两种进场功率补偿器的控制下可实现航迹角跟踪。而攻角参考进场功率补偿器提供了更好的结果，飞行轨迹角收敛到期望值并保持稳定。图 6.32(g) 给出了 PPPIO 算法以及其他六种算法的目标函数与迭代次数的关系，包括生物地理学优化 (biogeography-based optimization, BBO) 算法、DE 算法、GA、Stud 遗传算法 (Stud GA) 和鸽群优化算法。目标函数的值表示俯仰角、空速或攻角实际输出与参考信号之间误差的积分。积分值越小，自动着陆系统表现越好。由图 6.32(g) 可见，PPPIO 算法在其他六种算法中表现最好。

风扰动的影响表现为无人机状态的复杂非线性函数，包括马赫数、高度、旋转速率、攻角、控制面、推力变化和襟翼设置 [33]。随机风分量是基于带归一化高斯白噪声的 Dryden 谱模型 [34]，可看作一组线性滤波器，纵向风扰动可表示为

$$H_{\delta x}(s) = \sigma_x\sqrt{\frac{2L_{xx}}{V_a}}\frac{1}{1 + (L_{xx}/V_a)s} \tag{6.3.43}$$

$$H_{\delta z}(s) = \sigma_z\sqrt{\frac{L_{zz}}{V_a}}\frac{1 + \sqrt{3}(L_{zz}/V_a)s}{[1 + (L_{zz}/V_a)s]^2} \tag{6.3.44}$$

其中，L_{xx} 和 L_{zz} 为与湍流长度相关的形状参数；σ_x 和 σ_z 为独立过程的标准差，这些参数如下：

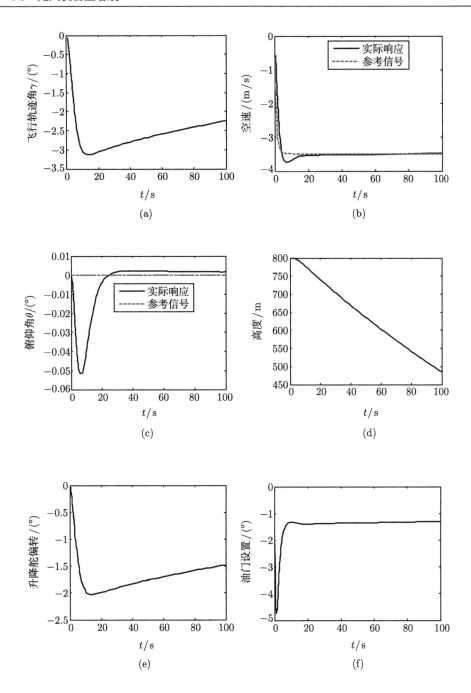

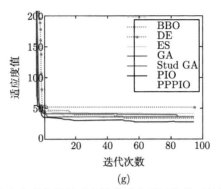

(g)

图 6.32　以空速为参考的进场功率补偿器在无风条件下的航迹角跟踪性能
(a) 飞行轨迹角响应; (b) 速度响应; (c) 俯仰角响应; (d) 高度响应; (e) 升降舵偏转; (f) 油门设置; (g) PPPIO 算法
和其他算法对空速参考自主着舰系统优化的演化曲线对比

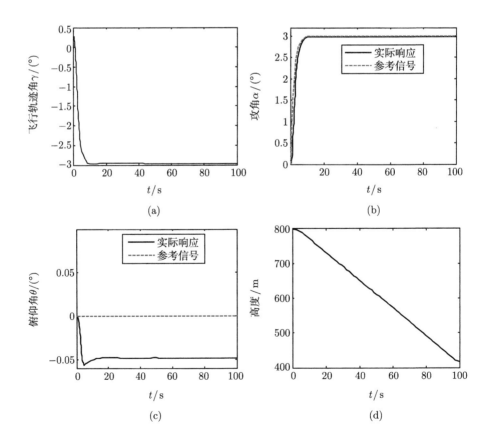

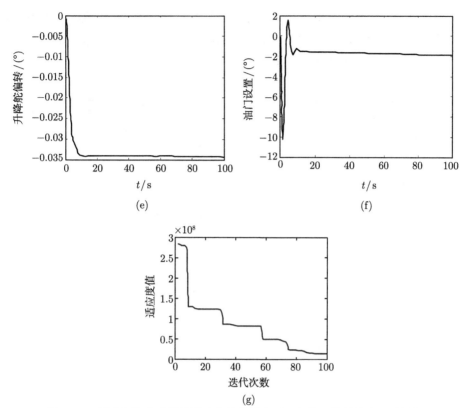

图 6.33 以攻角为参考的进场功率补偿器在无风条件下的航迹角跟踪性能

(a) 飞行轨迹角响应; (b) 攻角响应; (c) 俯仰角响应; (d) 高度响应; (e) 升降舵偏转; (f) 油门设置; (g) PPPIO 算法和其他算法对以攻角为参考的进场功率补偿器优化的演化曲线对比

$$\sigma_z = 0.1W_0 \tag{6.3.45}$$

$$\begin{cases} L_{xx} = L_{zz} = 305\text{m}, \\ \sigma_x = \sigma_z, \end{cases} \quad z > 305\text{m} \tag{6.3.46}$$

$$\begin{cases} L_{xx} = \dfrac{z}{(0.177 + 0.0027z)^{1.2}}, \\ L_{zz} = z, \\ \sigma_x = \dfrac{\sigma_z}{(0.177 + 0.0027z)^{0.4}}, \end{cases} \quad z \leqslant 305\text{m} \tag{6.3.47}$$

式中, W_0 为离地面 20ft (1ft=0.3048m) 处的水平风速。

图 6.34 和图 6.35 给出了主反馈信号空速和攻角在风扰动条件下的航迹角响应, 使用攻角参考进场功率补偿器产生的控制增益使得无人机受到的扰动较小。仿

真实验结果表明，所设计的自动着陆系统能够保持较好的控制性能，以攻角为参考的进场功率补偿器能够提供更快更稳定的航迹角响应。图 6.34(g) 和图 6.35(g) 给出了风扰动条件下 PPPIO 算法优化自动着陆系统的进化曲线。

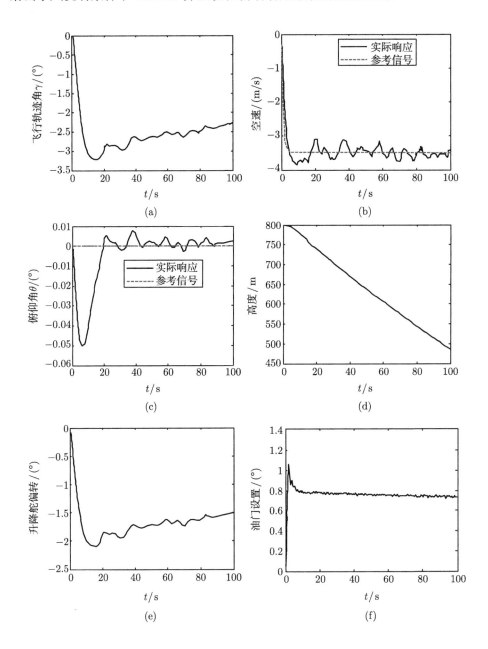

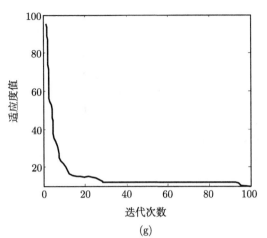

(g)

图 6.34 以空速为参考的进场功率补偿器在风扰动条件下的航迹角跟踪性能
(a) 飞行轨迹角响应; (b) 速度响应; (c) 俯仰角响应; (d) 高度响应; (e) 升降舵偏转; (f) 油门设置; (g) 风扰动下 PPPIO 优化风速参考自动着陆系统的演化曲线

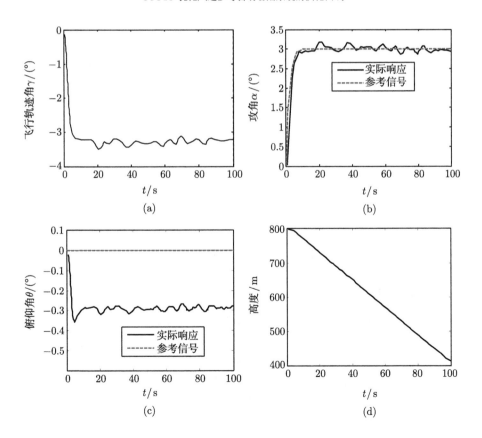

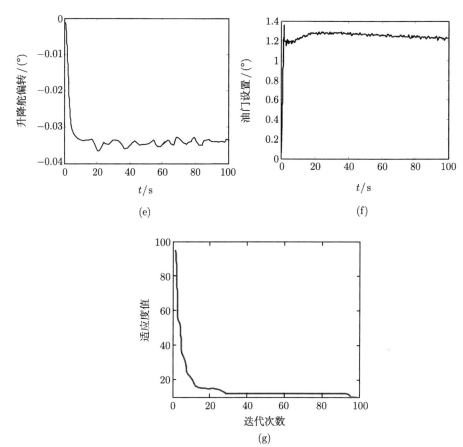

(e)   (f)

(g)

图 6.35　以攻角为参考的进场功率补偿器在风扰动下的航迹角跟踪性能

(a) 飞行轨迹角响应; (b) 攻角响应; (c) 俯仰角响应; (d) 高度响应; (e) 升降舵偏转; (f) 油门设置; (g) 风扰动下
PPPIO 算法对 AOA 参考自主着舰系统优化的演化曲线

6.4　自主空中加油

6.4.1　异构综合学习鸽群优化自主空中加油

本节主要介绍自主空中加油近距对接阶段软管–锥套系统动力学建模，并给出基于异构综合学习的改进鸽群优化的控制系统设计 [35]。采用多刚体动力学方法建立软管的动力学和运动学模型，从而将软管–锥套组合体建模为连杆系统。在加油机尾流、受油机头波、大气紊流、阵风和风切变作用下，连接于软管末端的可控锥套被用于自动稳定锥套的相对位置 [36-40]。

1. 任务描述

与整数阶 PID 控制方式相比, 分数阶 PID (fractional-order PID, FOPID 或 $PI^\lambda D^\mu$) 将微积分算子从整数阶扩展到分数阶甚至复数阶, 以提高系统的抗干扰能力、跟踪特性及鲁棒性。分数阶微积分算子的实现方法有多种, 包括连分式近似法、Carlson 近似法、Chareff 近似法、Oustaloup 近似法及改进 Oustaloup 近似法等。其中, 改进 Oustaloup 近似法对分数阶微积分算子 s^α 的逼近效果较为理想, 且改进了拟合频段端点处拟合效果较差的问题。

在拟合频段 $[\omega_1, \omega_2]$ 内, 分数阶微积分算子 s^α 可近似为如下的分数阶传递函数:

$$H\left(s\right) = \left(\frac{1 + \dfrac{s}{\dfrac{d_f}{b_f}\omega_1}}{1 + \dfrac{s}{\dfrac{b_f}{d_f}\omega_2}}\right)^\alpha \tag{6.4.1}$$

其中, $s = j\omega$; α 为微积分算子阶次; 拟合系数 $b_f > 0$, $d_f > 0$。

将公式 (6.4.1) 进行泰勒 (Taylor) 幂级数展开, 可得

$$H\left(s\right) = \left(\frac{b_f s}{d_f \omega_1}\right)^\alpha \left(1 + \alpha \cdot p\left(s\right) + \frac{\alpha\left(\alpha - 1\right)}{2}\cdot p^2\left(s\right) + \cdots\right) \tag{6.4.2}$$

其中, $p\left(s\right) = \dfrac{-d_f s^2 + d_f}{d_f s^2 + b_f \omega_2 s}$。

进一步截断上述 Taylor 幂级数展开式到第 1 项, 可得由改进 Oustaloup 方法近似的分数阶微积分算子 s^α 为

$$s^\alpha \approx \left(\frac{d_f \omega_2}{b_f}\right)^\alpha \left(\frac{d_f s^2 + b_f \omega_2 s}{d_f\left(1 - \alpha\right)s^2 + b_f \omega_2 s + d_f \alpha}\right)\prod_{k=-M}^{M}\frac{s + \omega_k'}{s + \omega_k} \tag{6.4.3}$$

其中, $2M+1$ 为拟合阶次, $\omega_k' = \left(\dfrac{d_f \omega_1}{b_f}\right)^{(\alpha - 2k)/(2M+1)}$, $\omega_k = \left(\dfrac{b_f \omega_2}{d_f}\right)^{(\alpha + 2k)/(2M+1)}$。

2. 算法设计

基本鸽群优化算法在迭代中后期可能会降低鸽群种群多样性, 进而容易陷入局部最优并出现全局寻优能力减弱等问题。异构综合学习策略为解决该问题提供了一条可行的技术途径, 本节研究一种异构综合学习鸽群优化 (HCLPIO) 算法, 将鸽群分为开发子种群和探索子种群, 以避免整个鸽群探索与开发功能的不利相

互影响。开发子种群重点在于从众多潜在解区域中提取优异解，进而寻找全局最优解；探索子种群主要从整个搜索空间中发现不同的潜在解区域。两个子种群中鸽子各维速度更新均依据综合学习概率，选择利用个体自身或其他鸽子的各维最优值，而不同于基本鸽群优化算法使用最优鸽子的各维数值，以提高鸽群种群多样性，并跳出局部最优。

改进地图和指南针算子：当前迭代次数 t 小于 $N_{c1_{\max}}$ 时，利用子种群第 i 只鸽子速度与位置更新，具体如下式：

$$\begin{cases} \boldsymbol{V}_i^t = \mathrm{e}^{-Rt} \cdot \boldsymbol{V}_i^{t-1} + \mathrm{rand} \cdot \left(\boldsymbol{X}_{ip}^{\mathrm{select}} - \boldsymbol{X}_i^{t-1} \right) + \mathrm{rand} \cdot \left(\boldsymbol{X}_{\mathrm{g}} - \boldsymbol{X}_i^{t-1} \right) \\ \boldsymbol{X}_i^t = \boldsymbol{X}_i^{t-1} + \boldsymbol{V}_i^t \end{cases} \tag{6.4.4}$$

其中，$\boldsymbol{X}_{ip}^{\mathrm{select}}$ 为选择的速度更新个体，$\boldsymbol{X}_{ip}^{\mathrm{select}} = \left[x_{ip1}^{\mathrm{select}}, x_{ip2}^{\mathrm{select}}, \cdots, x_{ipD}^{\mathrm{select}} \right]$，由第 i 只鸽子第 d 维的综合学习概率 $Pc_{id}^{N_c}$ 决定各维 $x_{ipd}^{\mathrm{select}}$ 的选择，其计算公式如下：

$$Pc_{id}^t = a_p + b_p \cdot \frac{\mathrm{e}^{10(i-1)/(N_{\mathrm{p}}-1)} - 1}{\mathrm{e}^{10} - 1} \tag{6.4.5}$$

其中，a_p、b_p 为综合学习概率系数。如果 $\mathrm{rand}_{id}^{N_c} < Pc_{id}^{N_c}$，算例 $x_{ipd}^{\mathrm{select}}$ 选择其他鸽子第 d 维的最优值；如果 $\mathrm{rand}_{id}^t \geqslant Pc_{id}^t$，算例 $x_{ipd}^{\mathrm{select}}$ 选择鸽子自身第 d 维的最优值。

当前迭代次数 t 小于 $N_{c1_{\max}}$ 时，探索子种群第 i 只鸽子速度与位置更新公式如下：

$$\begin{cases} \boldsymbol{V}_i^t = \mathrm{e}^{-R \cdot t} \cdot \boldsymbol{V}_i^{t-1} + \mathrm{rand} \cdot \left(\boldsymbol{X}_{ip}^{\mathrm{select}} - \boldsymbol{X}_i^{t-1} \right) \\ \boldsymbol{X}_i^t = \boldsymbol{X}_i^{t-1} + \boldsymbol{V}_i^t \end{cases} \tag{6.4.6}$$

为减小无人机自主空中加油对接过程中加油锥套飘摆范围，降低受油机主动对接难度，在建立的带自稳定锥套的软管–锥套组合体模型以及运动特性分析的基础上，本节设计了自稳定锥套侧向和垂向 FOPID 控制器，以补偿加油机尾流、受油机头波、大气紊流等复杂多风干扰的不利影响，提高自主空中加油对接成功率。

基于鸽群优化的锥套抗多风干扰分数阶控制架构主要包含三个部分：软管–锥套组合体、复杂多风干扰以及自稳定锥套控制器 (图 6.36)。自稳定锥套位置稳定控制首先需要设计 FOPID 控制器，以得到锥套侧向和垂向的期望主动控制气动力 $F_{s'}^{\mathrm{dro}}$ 和 $F_{v'}^{\mathrm{dro}}$，然后分配相应的锥套作动器改变张开角度，产生实际的主动控制气动力 F_s^{dro} 和 F_v^{dro}。作动器分配只要保证作动器 1、3 或者作动器 2、4 的张开角度改变量大小相等、符号相反，便可产生实际的侧向和垂向主动控制气动力，且前向主动控制气动力几乎为 0。同时，为降低控制器调参的难度，采用改进鸽群优化 FOPID 控制器参数的最优值，提高锥套侧向和垂向 FOPID 控制器综合性能，增强复杂多风干扰影响下加油锥套的位置稳定性。

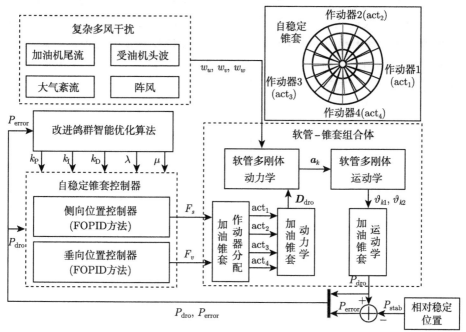

图 6.36 基于鸽群优化的锥套抗多风干扰 FOPID 控制架构

基于异构综合学习鸽群优化的自稳定锥套侧向和垂向 FOPID 控制器的具体步骤如下：

Step 1 获取自稳定锥套的初始相对稳定位置。建立软管–锥套组合体模型，并在模型仿真过程中加入静稳定风干扰 (即加油机尾流)。计算软管–锥套组合体模型方程，直至加油锥套位置稳定 (选取仿真时间为 50s)。

Step 2 初始化锥套位置稳定控制器及 HCLPIO 参数。初始化 FOPID 控制器拟合频段 $[\omega_1, \omega_2]$、阶次 $2M + 1$、拟合系数 b_f 和 d_f、HCLPIO 鸽群个体数量 N_p、问题搜索空间 D、利用子种群鸽子数量 N_{st}、探索子种群鸽子数量 N_{sr} 和综合学习概率系数 a_p 和 b_p 等参数。

Step 3 评估初始化鸽群的适应度函数值。计算自稳定锥套位置控制误差平方的累积和，以评估加油锥套侧向和垂向 FOPID 控制器初始化参数的抗多风干扰性能。

Step 4 根据选择的算子更新鸽群速度和位置。若迭代次数 t 小于地图和指南针算子最大迭代数 $N_{c1_{\max}}$，则更新鸽群各子种群速度和位置；若迭代次数满足 $0 < t - N_{c1_{\max}} \leqslant N_{c2_{\max}}$，则由地标算子过程更新鸽群各子种群速度和位置。

Step 5　评估鸽群的适应度函数值。在软管–锥套组合体仿真过程中，加入加油机尾流、受油机头波、大气紊流和阵风等复杂多风干扰，获取 FOPID 控制器作用下加油锥套稳定位置及其与初始相对稳定位置的误差，并计算误差平方累积和。

Step 6　寻找最优适应度值及鸽群中相应的最优问题解。寻找鸽群中的最优适应度值，并选择出相应的鸽子最优位置作为 FOPID 控制器的最优参数。

Step 7　输出最优问题解并判断是否结束仿真。若 $t > N_{c1_{\max}} + N_{c2_{\max}}$，输出 Step 6 中的控制器最优参数，否则返回 Step 4。

HCLPIO 算法优化自稳定锥套位置控制流程如图 6.37 所示。

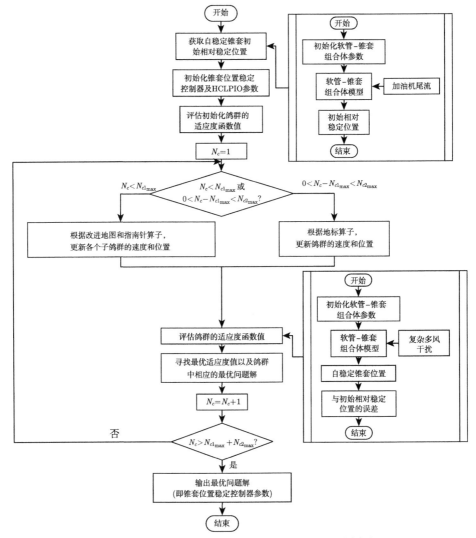

图 6.37　HCLPIO 算法优化自稳定锥套位置控制流程

3. 仿真实验

在复杂多风干扰作用下软管–锥套组合体仿真过程中，加入加油机尾流、受油机头波、大气紊流及阵风干扰，利用设计的加油锥套分数阶控制器，产生加油锥套主动控制气动力，以稳定加油锥套相对位置。为评估所提仿生智能优化算法的有效性，这里利用 HCLPIO、PIO、HCLPSO 及 PSO 算法分别独立优化加油锥套位置稳定 FOPID 控制器 10 次，4 种智能优化算法具体仿真参数如表 6.6 所示。

表 6.6 PIO、PSO、HCLPIO 及 HCLPSO 算法参数

算法	符号	名称	数值
PIO，HCLPIO	N_{p}	鸽子数目	100
	$N_{c_1 \max}$	地图和指南针算子最大迭代次数	75
	$N_{c_2 \max}$	地标算子最大迭代次数	25
	R	地图和指南针算子	0.2
	D	FOPID 搜索空间维数	10
	N_{pt}	利用子种群鸽子数目	70
	N_{pr}	探索子种群鸽子数目	30
	a_p	综合学习概率系数	0.1
	b_p	综合学习概率系数	0.25
PSO，HCLPSO	N_{s}	粒子数目	100
	$N_{c \max}$	最大迭代次数	100
	c_1	个体加速度系数 (线性递减)	2.5~0.5
	c_2	全局加速度系数 (线性递增)	0.5~2.5
	w	惯性权重 (线性递减)	0.99~0.2
	D	FOPID 搜索空间维数	10
	N_{st}	利用子种群粒子数目	70
	N_{sr}	探索子种群粒子数目	30
	a_p	综合学习概率系数	0.1
	b_p	综合学习概率系数	0.25

图 6.38 给出了 4 种算法的平均适应度函数值进化曲线，且表 6.7 给出了不同算法优化 FOPID 控制器得到的最优参数及适应度函数值，其中 HCLPIO 算法优化的加油锥套 FOPID 控制器参数拥有最小的适应度函数值，也意味着该控制器抗复杂多风干扰的位置稳定性最好。这里，通过进一步分析图 6.38 中智能优化算法的适应度函数值对比曲线可知以下几点。

(1) 基本鸽群优化算法收敛速度快于标准粒子群优化算法，原因在于鸽群优化算法的地图和指南针算子可以在整个搜索空间中更好地提取优质解以寻找 FOPID 控制器的最优参数。

(2) 比较 HCLPIO、HCLPSO 与基本 PIO、PSO 算法前 15 代的曲线，可得出基本智能优化算法收敛速度快于改进算法，本质上是由于引入异构综合学习策略使得整个种群分解为两个子种群，子种群将探索与开发作用区分开来。

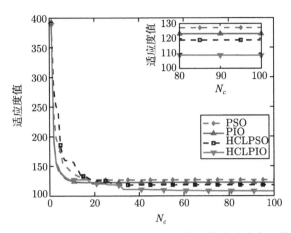

图 6.38　加油锥套 FOPID 控制器的智能优化算法适应度函数值对比

表 6.7　加油锥套 FOPID 控制器最优参数及适应度函数值

算法	FOPID 控制器参数 $[k_P^s, k_I^s, k_D^s, \lambda^s, \mu^s, k_P^v, k_I^v, k_D^v, \lambda^v, \mu^v]$	适应度函数值
HCLPIO	$[221.81, 215.72, 208.07, 1.272, 1.318, 217.03, 263.85, 201.22, 1.198, 1.290]$	108.636
PIO	$[232.89, 186.55, 192.15, 1.186, 1.110, 237.63, 178.66, 181.69, 1.170, 1.184]$	123.410
HCLPSO	$[242.10, 170.41, 228.27, 1.466, 1.255, 252.85, 241.80, 214.05, 1.184, 1.373]$	119.134
PSO	$[199.24, 198.45, 183.69, 1.089, 1.175, 197.53, 246.68, 192.96, 1.045, 1.115]$	127.326

(3) 同时，因为探索和开发两个子种群的存在，异构综合学习策略提高了迭代后期的种群多样性，改进算法以略微牺牲早期收敛性为代价换取全局的探索性能。因此，即使在迭代后期，HCLPIO 算法依旧拥有较强的探索性，持续更新鸽群位置以获取最优的加油锥套 FOPID 位置稳定控制器参数。

6.4.2　变权重变异鸽群优化自主空中加油

针对空中加油过程中的受油机模型建模误差和强扰动以及自抗扰控制器 (active disturbance rejection control, ADRC) 人工参数整定难题，本节介绍一种基于变权重变异鸽群优化 (variable weighted mutant pigeon-inspired optimization, VWMPIO) 的无人机自抗扰控制器设计方法 [41]。

1. 任务描述

1) 无人机六自由度数学模型
这里采用无人机六自由度运动学与动力学模型，可定义为

$$\begin{cases} \dot{p} = \dfrac{L + qr\,(I_z - I_y)}{I_x} \\[2mm] \dot{q} = \dfrac{M + pr\,(I_x - I_z)}{I_y} \\[2mm] \dot{r} = \dfrac{N + pq\,(I_y - I_x)}{I_z} \\[2mm] \dot{\phi} = p + (r\cos\phi + q\sin\phi)\tan\theta \\[1mm] \dot{\theta} = q\cos\phi - r\sin\phi \\[1mm] \dot{\psi} = (r\cos\phi + q\sin\phi)\sec\theta \end{cases} \tag{6.4.7}$$

其中, p、q、r 分别为无人机滚转角速度、俯仰角速度及偏航角速度; ϕ, θ, ψ 分别为无人机的滚转角、俯仰角与偏航角; I_x、I_y 和 I_z 分别是无人机绕机体轴的转动惯量; 三个力矩分量为滚转力矩 L、俯仰力矩 M、偏航力矩 N, 其表达式为

$$\begin{cases} L = \dfrac{1}{2}\rho V^2 S b \left(C_{l\beta}\beta + \dfrac{b}{2V}C_{lp}p + \dfrac{b}{2V}C_{lr}r + C_{l\delta_a}\delta_a + C_{l\delta_r}\delta_r \right) \\[2mm] M = \dfrac{1}{2}\rho V^2 S b_{\mathrm{A}} \left(C_{m,\alpha=0} + C_{m\alpha}\alpha + \dfrac{b_{\mathrm{A}}}{2V}C_{m\dot{\alpha}}\dot{\alpha} + \dfrac{b_{\mathrm{A}}}{2V}C_{mq}q + C_{m\delta_e}\delta_e \right) \\[2mm] N = \dfrac{1}{2}\rho V^2 S b \left(C_{n\beta}\beta + \dfrac{b}{2V}C_{nr}r + \dfrac{b}{2V}C_{np}p + C_{n\delta_r}\delta_r + C_{n\delta_a}\delta_a \right) \end{cases}$$
$$\tag{6.4.8}$$

其中, ρ 为空气密度; b 为翼展; b_{A} 为平均气动弦长; S 为机翼参考面积; δ_a 为无人机副翼的偏角; δ_e 为升降舵的偏角; δ_r 为方向舵的偏角。

无人机空中加油过程中, 受油机受到加油机尾流等风干扰因素影响, 同时空中加油任务的特殊性要求受油机跟踪快速运动的锥套 [42-45]。由于固定翼无人机系统具有欠驱动、强耦合的特点, 则处理好空中加油任务中控制器的控制精度与响应速度的矛盾问题, 是控制器设计的难点。

2) 无人机自抗扰控制器

A. 自抗扰控制器结构设计

自抗扰控制器由跟踪微分器 (tracking differentiator, TD)、扩张状态观测器 (extended state observer, ESO) 和非线性状态误差反馈控制律 (nonlinear state error feedback, NSEF) 三部分构成 [46]。自抗扰控制器结构如图 6.39 所示。

对于系统模型中的不确定性与外部的扰动, 这里利用扩张状态观测器进行估计与补偿, 从而抑制系统干扰。在基于自抗扰控制的无人机俯仰角、滚转角控制律以及偏航角的增稳控制律设计中采用相同的控制策略, 基于自抗扰控制器的无人机姿态控制律结构如图 6.40 所示, 将无人机姿态方程整理为符合自抗扰理论的对应形式如公式 (6.4.9) 所示。

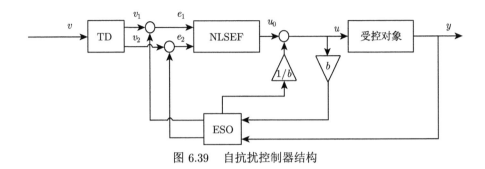

图 6.39 自抗扰控制器结构

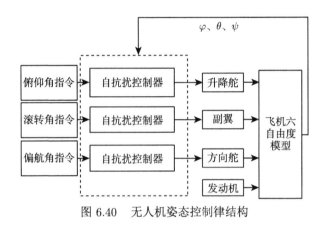

图 6.40 无人机姿态控制律结构

$$\begin{bmatrix} \ddot{\phi} \\ \ddot{\theta} \\ \ddot{\psi} \end{bmatrix} = \begin{bmatrix} f_\phi \\ f_\theta \\ f_\psi \end{bmatrix} + \begin{bmatrix} b_{0\phi} \\ b_{0\theta} \\ b_{0\psi} \end{bmatrix} \delta \tag{6.4.9}$$

其中，$\delta = \begin{bmatrix} \delta_{\mathrm{a}} & \delta_{\mathrm{e}} & \delta_{\mathrm{r}} \end{bmatrix}^{\mathrm{T}}$，无人机姿态状态的已知部分为

$$\begin{cases} f_\phi = \dot{p} + \left(\dot{r}\cos\phi + \dot{q}\sin\phi - r\dot{\phi}\sin\phi + q\dot{\phi}\cos\phi \right)\tan\theta \\ \qquad + \dfrac{1}{\cos^2\theta}\left(r\cos\phi + q\sin\phi \right) - b_{0\phi}\delta_{\mathrm{a}} \\ f_\theta = \dot{q}\cos\phi - \dot{r}\sin\phi - q\dot{\phi}\sin\phi - r\dot{\phi}\cos\phi - b_{0\theta}\delta_{\mathrm{e}} \\ f_\psi = \left(\dot{r}\cos\phi + \dot{q}\sin\phi - r\dot{\phi}\sin\phi + q\dot{\phi}\cos\phi \right)\sec\theta \\ \qquad + \left(r\cos\phi + q\sin\phi \right)\dot{\theta}\sec\theta\tan\theta - b_{0\psi}\delta_{\mathrm{r}} \end{cases} \tag{6.4.10}$$

B. 自抗扰控制器算法设计

(1) 跟踪微分器。

跟踪微分器的输出变量 v_1 跟踪输入指令信号 v_0，输出变量 v_2 是输出变量 v_1 的微分。跟踪微分器的离散形式为

$$\begin{cases} e = v_1 - v_0 \\ fh = \text{fhan}\,(v_1, v_2, r_0, h_0) \\ v_1 = v_1 + h \cdot v_2 \\ v_2 = v_2 + h \cdot fh \end{cases} \tag{6.4.11}$$

其中，r_0 为速度因子；h_0 为滤波因子；h 为时间步长；$\text{fhan}\,(\cdot)$ 为最速控制综合函数，表达式如公式 (6.4.12) 所示；$\text{sign}\,(\cdot)$ 为符号函数，其表达式如公式 (6.4.13) 所示。

$$\begin{cases} d = r_0 h_0 \\ d_0 = h_0 d \\ y = v_1 + h_0 v_2 \\ a_0 = \sqrt{d^2 + 8r_0\,|y|} \\ \text{fhan}\,(v_1, v_2, r_0, h_0) = \begin{cases} v_2 + \text{sign}\,(y)\,\dfrac{(a_0 - d)}{2}, & |y| > d_0 \\ v_2 + \dfrac{y}{h}, & |y| \leqslant d_0 \end{cases} \end{cases} \tag{6.4.12}$$

$$\text{sign}\,(y) = \begin{cases} 1, & y > 0 \\ 0, & y = 0 \\ -1, & y < 0 \end{cases} \tag{6.4.13}$$

速度因子 r_0 越大，跟踪器的跟踪效果就越快，反之则可以避免超调，因此选择合适的速度因子可实现无超调的快速跟踪。滤波因子 h_0 能够滤掉跟踪信号的噪声部分，对含有噪声或不连续的输入也可以得到平滑的跟踪信号，从而提高了系统控制的鲁棒性。对于无人机控制而言，跟踪微分器可使控制器快速无超调地跟随指令，且输入保持连续光滑，减少无人机系统受突变指令信号的影响，从而避免无人机机体的抖振现象。

(2) 扩张状态观测器。

扩张状态观测器估计出系统的扰动并将其补偿，从而将系统转变为基础的积分串联结构。观测器的观测量用 z 表示，其中 z_1 和 z_2 分别表示状态量 x 和 $\dot{x}$ 的估计值，z_3 表示外界扰动及系统不确定性的影响，则二阶扩张状态观测器可表述

如下:

$$\begin{cases} e = z_1 - y \\ fe = \mathrm{fal}\,(e, \alpha_{01}, \delta) \\ fe_1 = \mathrm{fal}\,(e, \alpha_{02}, \delta) \\ z_1 = z_1 + h\,(z_2 - \beta_{01}fe) \\ z_2 = z_2 + h\,(z_3 - \beta_{02}fe + b_0 u) \\ z_3 = z_3 + h\,(-\beta_{03}fe_1) \end{cases} \tag{6.4.14}$$

其中，e 为观测值与状态的误差量；$\mathrm{fal}\,(\cdot)$ 为非线性函数，其非线性的程度由 α_{01}、α_{02} 决定；β_{01}、β_{02}、β_{03} 为扩张状态观测器增益；α_{01}、α_{02} 一般取值为 0.5 与 0.25，β_{01} 取值 100。$\mathrm{fal}\,(\cdot)$ 能够实现工程中所需要的 "小误差大增益，大误差小增益" 的优良性能，δ 表示其线性区间的宽度，在实际系统中，一般取为 0.02 左右，α 为幂次，反映了观测器的非线性程度。$\mathrm{fal}\,(\cdot)$ 表达式如下:

$$\mathrm{fal}\,(e, \alpha_{01}, \delta) = \begin{cases} \dfrac{e}{\delta^{1-\alpha}}, & |e| \leqslant \delta \\ |e|^{\alpha}\,\mathrm{sign}\,(e), & |e| > \delta \end{cases} \tag{6.4.15}$$

(3) 扰动补偿过程。

在误差反馈控制量 u_0 基础上，将观测到的扰动量用于补偿，对扩充观测的补偿能够使得控制器实现抗扰，控制量定义为

$$u = \frac{u_0 - z_3\,(t)}{b_0} \tag{6.4.16}$$

(4) 非线性状态误差反馈律。

$$\begin{cases} e_1 = v_1 - z_1 \\ e_2 = v_2 - z_2 \\ u_0 = \beta_1 \mathrm{fal}\,(e_1, a_{11}, \delta_1) + \beta_2 \mathrm{fal}\,(e_2, a_{12}, \delta_1) \end{cases} \tag{6.4.17}$$

其中，v_1 和 v_2 为跟踪微分器的输出；z_1 和 z_2 为扩张状态观测器的输出；β_1 和 β_2 分别为非线性误差反馈的比例和微分增益，相当于 PID 控制器中的增益参数。δ_1 的作用与扩张状态观测器中类似，这里可取值为 0.5。在调节控制器参数时，r_0、h_0、β_{02}、β_{03}、a_{11}、a_{12}、β_{11}、β_{12}、b_0 等 9 个参数需根据系统实际需求变化。

2. 算法设计

鸽群优化算法虽然具有较快的收敛速度，但当搜索范围复杂、搜索空间的维数较大时，搜索结果容易落入局部最优。为提高其在解决无人机控制寻优问题时的精确性，这里从两个方面对基本鸽群优化算法的地图和指南针算子进行了改进。

在基本鸽群优化算法公式中，权重 $w = \mathrm{e}^{-Rt}$ 随着时间的演化，调节鸽群的全局和局部搜索能力。受粒子群优化算法启发，对于复杂寻优问题，智能体间的信息共享能力比单个个体的搜寻功能更重要。惯性权重高则全局的搜索能力较好，而惯性权重低则能够获得局部搜索能力的加强。但基本鸽群优化算法对所有鸽子均赋相同权重，没有考虑每只鸽子所处位置之间的差异。因此，这里设计了一种自适应的非线性有界递减权重，定义为

$$w = \mathrm{e}^{-\frac{f(\boldsymbol{X}_i)Rt}{f(\boldsymbol{X}_\mathrm{g})}} \tag{6.4.18}$$

其中，R 与基本鸽群优化中的定义相同；$f(X_i)$ 和 $f(X_\mathrm{g})$ 分别为第 i 只鸽子和全局最优鸽子的适应度函数值。在算法执行过程中，权重的初始值为 e^{-R}，并随着迭代而连续有界下降，这与基本鸽群优化算法在初期具有较大的搜索范围、后期快速收敛的特性一致。同时，鸽子自身位置适应度函数和当前最优位置适应度函数之比反映了不同鸽子间的位置差异，用于调整权值，使得鸽群更好地收敛到最优解。

在广泛搜索的地图和指南针算子阶段，期望鸽子能够跳出局部最优值。对于适应度最差的鸽子，由于其与当前最优鸽子距离较远，对寻优过程的贡献较低，因此，将适应度值最差的鸽子的速度设定为当前全局最优鸽子 $\boldsymbol{X}_\mathrm{g}$ 的反方向，可增加鸽群的多样性。经过反向变异操作后，鸽群优化机制提高了全局的搜索能力，更容易在前期跳出局部最优 [47,48]。适应度值最差鸽子的更新公式为

$$\begin{cases} \boldsymbol{V}_\mathrm{worst}^t = \boldsymbol{V}_\mathrm{worst}^{t-1} \mathrm{e}^{-\frac{f(\boldsymbol{X}_i)Rt}{f(\boldsymbol{X}_\mathrm{g})}} - \mathrm{rand} \cdot \left(\boldsymbol{X}_\mathrm{g} - \boldsymbol{X}_\mathrm{worst}^{t-1}\right) \\ \boldsymbol{X}_\mathrm{worst}^t = \boldsymbol{X}_\mathrm{worst}^{t-1} + \boldsymbol{V}_\mathrm{worst}(t) \end{cases} \tag{6.4.19}$$

无人机的控制目标是使无人机的姿态在较短时间内尽可能快速、精准地跟随指令，因此适应度函数中应当包括姿态角指令和无人机的真实姿态。这里选取 ITAE (integrated time absolute error) 准则 [49] 作为优化算法的适应度函数。适应度函数的值越小，说明鸽子所处的位置越优越。用 ITAE 作为优化的适应度函数如下所示：

$$J = \int_0^\infty \tau |e(\tau)| \mathrm{d}\tau \tag{6.4.20}$$

其中，τ 为系统运行的时间；$e(\tau)$ 为无人机姿态角指令和真实姿态之间的误差；J 为误差的评价函数。

3. 仿真实验

首先，测试俯仰角通道的控制性能，选取俯仰角指令的角度为 5°，控制步长为 0.02s，并与经典 PID 的控制器进行对比。通过仿真实验，选择自抗扰控制器

粗调参数如表 6.8 所示，两种控制器的控制效果如图 6.41 所示。对两种控制器分别加入等幅的高斯噪声，测试两种控制器的抗干扰能力，其输出曲线如图 6.42 所示。由图 6.41 和图 6.42 给出的仿真结果可见，自抗扰控制器的过渡时间小于 PID 控制器，超调量也更小，对噪声的抑制效果显著。

表 6.8　自抗扰俯仰控制通道粗调参数

模块	参数名称	数值	模块	参数名称	数值
TD	r_0	15	NLSEF	a_{11}	0.65
	h_0	22		a_{12}	1.35
	δ	0.02		β_{11}	2.38
ESO	β_{01}	100		β_{12}	0.08
	β_{02}	850		b_0	70
	β_{03}	2200			
	δ_1	0.5			

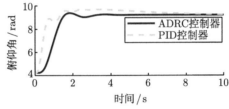

图 6.41　俯仰通道 PID 和 ADRC 控制器输出曲线

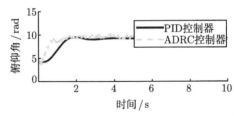

图 6.42　干扰下的俯仰通道 PID 和 ADRC 控制器输出曲线

这里采用 VWMPIO 算法整定控制器的参数，优化后的结果与粒子群优化 (PSO) 算法及基本鸽群优化 (PIO) 算法进行对比，优化算法适应度函数均采用 ITAE 误差。对于俯仰角控制通道，对 r_0、h_0、β_{02}、β_{03}、a_{11}、a_{12}、β_{11}、β_{12}、b_0 等 9 个参数进行优化，其他参数设定保持不变。首先需要对各优化算法的状态参数进行初始化操作，PSO 算法的参数如表 6.9 所示，PIO 和 VWMPIO 算法的参数如表 6.10 所示。自抗扰控制器经过 VWMPIO 算法的优化后，其控制性能得到了进一步的提高，各参数的迭代曲线与优化后的仿真结果如表 6.11 和图 6.43 ～ 图 6.47 所示。

表 6.9　自抗扰俯仰控制通道粗调参数

参数	含义	取值
$N_{c_{max}}$	最大迭代次数	45
N	种群数	20
w	惯性值	0.2
c_1	自我学习因子	0.5
c_2	群体学习因子	0.5

表 6.10　PIO 和 VWMPIO 算法初始参数

参数	含义	取值
$N_{c1_{max}}$	地图与指南针算子迭代次数	40
$N_{c2_{max}}$	指南针算子	5
N	种群数	20
R	地图与指南针算子	0.2

表 6.11　VWMPIO 算法优化俯仰通道前后的参数对照

参数值	优化前	AMPIO 优化后
r_0	15	17.517
h_0	22	16.155
β_{02}	850	734.57
β_{03}	850	734.57
a_{11}	0.65	0.6305
a_{12}	1.35	1.3695
β_{11}	2.38	3.3992
β_{12}	0.08	0.0256
b_0	70	71.203
J	4.5092	2.3596

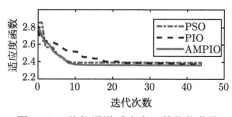

图 6.43　俯仰通道适应度函数优化曲线

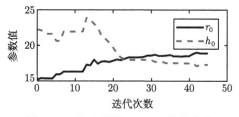

图 6.44　俯仰通道 r_0、h_0 优化曲线

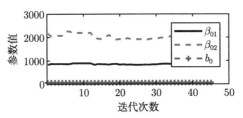

图 6.45　俯仰通道 β_{02}、β_{03} 优化曲线

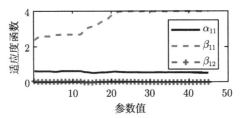

图 6.46　俯仰通道 a_{11}、β_{11}、β_{12} 优化曲线

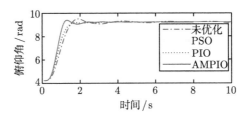

图 6.47　ADRC 控制器优化前后输出曲线

通过对比 VWMPIO 算法与 PSO 算法、PIO 算法的优化结果，这里所给出的 VWMPIO 算法在寻优的早期阶段可快速收敛，且最终收敛的位置比 PSO 算法和 PIO 算法更优。

6.5　本章小结

本章主要对航空航天器自主控制中的控制器参数优化、无人机自主着舰和自主空中加油三方面进行了介绍，给出了不同鸽群优化算法改进模型结合三类问题的具体应用。目前的鸽群优化算法解决此类问题时大多还是离线应用，速度和精度的矛盾一直制约鸽群优化算法在快时变系统中的推广应用，后续研究中，可进一步探索鸽群优化算法模型改进、并行实现及仿生硬件的融合机制，进一步解决工程实际中的大规模快速精准寻优难题。

参 考 文 献

[1] 刘豹, 唐万生. 现代控制理论 [M]. 北京: 机械工业出版社, 2006.

[2] Yuan Y, Deng Y M, Luo S D, et al. Hybrid formation control framework for solar-powered quadrotors via adaptive fission pigeon-inspired optimization[J]. Aerospace Science and Technology, 2022, 126: 107564.

[3] 段海滨, 邓亦敏, 王晓华. 仿鹰眼视觉及应用 [M]. 北京: 科学出版社, 2021.

[4] 邓亦敏. 基于仿鹰眼视觉的无人机自主着舰导引技术研究 [D]. 北京: 北京航空航天大学, 2017.

[5] Sun Y B, Liu Z J, Zou Y. Active disturbance rejection controllers optimized via adaptive granularity learning distributed pigeon-inspired optimization for autonomous aerial refueling hose-drogue system[J]. Aerospace Science and Technology, 2022, 124: 107528.

[6] 孙永斌. 基于仿生智能的无人机软式自主空中加油技术研究 [D]. 北京: 北京航空航天大学, 2021.

[7] Selma B, Chouraqui S, Selma B, et al. Autonomous trajectory tracking of a quadrotor UAV using ANFIS controller based on Gaussian pigeon-inspired optimization[J]. CEAS Aeronautical Journal, 2021, 12: 69-83.

[8] Xue Q, Duan H B. Robust attitude control for reusable launch vehicles based on fractional calculus and pigeon-inspired optimization[J]. IEEE/CAA Journal of Automatica Sinica, 2017, 4(1): 89-97.

[9] Ray L R, Stengel R F. Application of stochastic robustness to aircraft control systems[J]. Journal of Guidance, Control, and Dynamics, 1991, 14(6): 1251-1259.

[10] Marrison C I, Stengel R F. Design of robust control systems for a hypersonic aircraft[J]. Journal of Guidance, Control, and Dynamics, 1998, 21(1): 58-63.

[11] Wang Q, Stengel R F. Robust nonlinear control of a hypersonic aircraft[J]. Journal of Guidance, Control, and Dynamics, 2000, 23(4): 577-585.

[12] Wu S T. Stochastic Robustness Analysis and Design for Guidance and Control System of Winged Missile[M]. Beijing: National Defense Industry Press, 2010.

[13] 何杭轩, 段海滨, 张秀林, 等. 基于扩张鸽群优化的舰载无人机横侧向着舰自主控制 [J]. 智能系统学报, 2022, 17(1): 1-9.

[14] Yang Z Y, Duan H B, Fan Y M, et al. Automatic carrier landing system multilayer parameter design based on cauchy mutation pigeon-inspired optimization[J]. Aerospace Science and Technology, 2018, 79: 518-530.

[15] Subrahmanyam M. H-infinity design of F/A-18A automatic carrier landing system[J]. Journal of Guidance, Control, and Dynamics, 1994, 17(1): 187-191.

[16] Zhang Z Y, Duan H B, Luo D L, et al. A multi-mechanism pigeon-inspired optimization algorithm for aircraft longitudinal control augmentation system design[C]. Proceedings of IEEE 17th International Conference on Control and Automation, Naples, Italy, 2022: 383-388.

[17] Urnes J M, Hess R K. Development of the F/A-18A automatic carrier landing system[J]. Journal of Guidance, Control, and Dynamics, 1985, 8(3): 289-295.

[18] Chakraborty A, Seiler P, Balas G J. Susceptibility of F/A-18 flight controllers to the falling-leaf mode: Linear analysis[J]. Journal of Guidance, Control, and Dynamics, 2011, 34(1): 57-72.

[19] Buttrill C S, Arbuckle P D, Hoffler K D. Simulation model of a twin-tail, high performance airplane[R]. NASA Technical Memorandum, 1992.

[20] Steinberg M L, Page A B. A comparison of neural, fuzzy, evolutionary, and adaptive approaches for carrier landing[C]. Proceedings of AIAA Guidance, Navigation, and Control Conference and Exhibit, Montreal, Canada, 2011: 1-11.

[21] Duan H B, Xin L, Xu Y, et al. Eagle-vision-inspired visual measurement algorithms for UAV's autonomous landing[J]. International Journal of Robotics and Automation, 2020, 35(2): 94-100.

[22] Deng Y M, Duan H B. Biological eagle-eye based visual platform for target detection[J]. IEEE Transactions on Aerospace and Electronic Systems, 2018, 54(6): 3125-3236.

[23] Choi B K, Choi C H, Lim H. Model-based disturbance attenuation for CNC machining centers in cutting process[J]. IEEE/ASME Transactions on Mechatronics, 1999, 4(2): 157-168.

[24] Noury R. Improved noise rejection in automatic carrier landing systems[J]. Journal of Guidance, Control, and Dynamics, 1992, 15(2): 509-519.

[25] Li C S, Zhang N, Lai X J, et al. Design of a fractional-order PID controller for a pumped storage unit using a gravitational search algorithm based on the Cauchy and Gaussian mutation[J]. Information Sciences, 2017, 396: 162-181.

[26] Li C S, Mao Y F, Zhou J Z, et al. Design of a fuzzy-PID controller for a nonlinear hydraulic turbine governing system by using a novel gravitational search algorithm based on Cauchy mutation and mass weighting[J]. Applied Soft Computing, 2017, 52: 290-305.

[27] Huo M Z, Deng Y M, Duan H B. Cauchy-Gaussian pigeon-inspired optimisation for electromagnetic inverse problem[J]. International Journal of Bio-Inspired Computation, 2021, 17(3): 182-188.

[28] Deng Y, Duan H. Control parameter design for automatic carrier landing system via pigeon-inspired optimization[J]. Nonlinear Dynamics, 2016, 85: 97-106.

[29] Duan H B, Huo M Z, Yang Z Y, et al. Predator-prey pigeon-inspired optimization for UAV ALS longitudinal parameters tuning[J]. IEEE Transactions on Aerospace and Electronic Systems, 2019, 55(5): 2347-2358.

[30] Bouadi H, Camino F, Choukroun D. Space-indexed control for aircraft vertical guidance with time constraint[J]. Journal of Guidance, Control, and Dynamics, 2014, 37(4): 1103-1113.

[31] Li Y, Sundararajan N, Saratchandran P, et al. Robust neuro-H∞ controller design for aircraft auto-landing[J]. IEEE Transactions on Aerospace and Electronic Systems, 2004, 40(1): 158-167.

[32] Duan H B, Lei Y Q, Xia J, et al. Autonomous maneuver decision for unmanned aerial vehicle via improved pigeon-inspired optimization[J]. IEEE Transactions on Aerospace and Electronic Systems, 2022, 3221691.

[33] Deng Y M, Duan H B. Control parameter design for automatic carrier landing system via pigeon-inspired optimization[J]. Nonlinear Dynamics, 2016, 85(1): 97-106.

[34] Campbell C W. A spatial model of wind shear and turbulence for flight simulation[R]. NASA, Washington, DC, USA, Technical Reports. TR-TP2313, 1984.

[35] Sun Y B, Duan H B, Xian N. Fractional-order controllers optimized via heterogeneous comprehensive learning pigeon-inspired optimization for autonomous aerial refueling hose-drogue system[J]. Aerospace Science and Technology, 2018, 81: 1-13.

[36] 段海滨, 张奇夫, 邓亦敏, 等. 基于仿鹰眼视觉的无人机自主空中加油 [J]. 仪器仪表学报, 2014, 35(7): 1450-1458.

[37] 张奇夫. 基于仿生视觉的动态目标测量技术研究 [D]. 北京: 北京航空航天大学, 2014.

[38] Duan H B, Zhang Q F. Visual measurement in simulation environment for vision-based UAV autonomous aerial refueling[J]. IEEE Transactions on Instrumentation and Measurement, 2015, 64(9): 2468-2480.

[39] 陈善军. 基于仿鹰眼视觉的软式自主空中加油导航技术研究 [D]. 北京: 北京航空航天大学, 2018.

[40] Li H, Duan H B. Verification of monocular and binocular pose estimation algorithms in vision-based UAVs autonomous aerial refueling system[J]. Science China Technological Sciences, 2016, 59(11): 1730-1738.

[41] 费伦, 段海滨, 徐小斌, 等. 基于变权重变异鸽群优化的无人机空中加油自抗扰控制器设计 [J]. 航空学报, 2020, 40(1): 323490-323490.

[42] 干露. 基于仿生视觉感知的无人机位姿测量 [D]. 北京: 北京航空航天大学, 2015.

[43] Deng Y M, Xian N, Duan H B. A binocular vision-based measuring system for UAVs autonomous aerial refueling[C]. Proceedings of 12th IEEE International Conference on Control and Automation, Kathmandu, Nepal, 2016: 221-226.

[44] 李晗. 仿猛禽视觉的自主空中加油技术研究 [D]. 北京: 北京航空航天大学, 2019.

[45] Duan H B, Xin L, Chen S J. Robust cooperative target detection for a vision-based UAVs autonomous aerial refueling platform via the contrast sensitivity mechanism of eagle's eye[J]. IEEE Aerospace and Electronic System Magazine, 2019, 34(3): 18-30.

[46] 高志强. 自抗扰控制思想探究 [J]. 控制理论与应用, 2013, 30(12): 1498-1510.

[47] Huo M Z, Duan H B, He H X, et al. Data-driven parameter estimation for VTOL UAV using opposition-based pigeon-inspired optimization algorithm[C]. Proceedings of 2021 IEEE International Conference on Robotics and Biomimetics, Sanya, China, 2021: 669-674.

[48] Huo M Z, Duan H B. An adaptive mutant multi-objective pigeon-inspired optimization for unmanned aerial vehicle target search problem[J]. Control Theory and Applications, 2020, 37(3): 584-591.

[49] Hou G, Huang Y, Du H, et al. Design of internal model controller based on ITAE index and its application in boiler combustion control system[C]. Proceedings of 12th IEEE Conference on Industrial Electronics and Applications, Siem Reap, Cambodia, 2017: 2078-2083.

第 7 章　基于鸽群优化的信息处理

7.1　引　　言

智能信息处理是利用计算机对物体、图像、语音、字符等进行自动识别的技术。随着互联网信息和人工智能技术的快速发展，智能信息处理技术进入了高速发展的快车道。随着存储和处理数据量的激增，国民经济和国防应用领域的信息处理技术面临巨大挑战 (图 7.1)。传统的信息处理方法在面对不同类型、不同应用、不同粒度的信息时，表现出越来越多的局限性。因此，采用智能优化手段对信息进行采集和处理，是面向这一需求而逐渐发展起来的重要技术 [1,2]。

(a) 对地察打　　　　　　　　(b) 目标锁定　　　　　　　　(c) 人脸检测

图 7.1　鸽群优化信息处理典型场景

本章重点针对信息处理方向中的图像处理和数据挖掘两大领域，给出鸽群优化技术面向信息处理典型问题的模型改进和具体应用。

图像处理是指应用一系列方法获取、校正、增强或压缩可视图像的技术，其目的是提高信息的相对质量，以便提取有效信息。自从 20 世纪 80 年代视觉信息处理框架被提出后，光学系统多以传统的计算机视觉理论为指导，计算机视觉相关理论和技术经过多年的发展逐渐成熟完善。但在面临复杂的自然环境时，光照、遮挡、图像分辨率等因素的影响将导致目标特征不稳定、不确定，许多视觉处理任务 [3-7] (如物体边缘检测、空间位置估计、运动跟踪、目标探测识别等) 对于计算机来说仍是亟待解决的 "卡脖子" 关键技术难题。

随着现代社会的高速发展，各种各样的信息以及数据呈现爆炸式增长，积累的信息数据 (包括冗余信息数据) 越来越多。这些存放在媒介中的海量数据，在没有外部工具的帮助下，人们很难从其中找到有用信息，其将成为灾难性数据甚至是垃圾数据。数据挖掘技术可通过相应理论和方法，分析学习数据中对用户有用的模式和规则，并充分利用这些学习到的模式和规则。当有新的样本数据时，可根据已有模式和规则寻找有价值或有潜在价值的信息。

7.2   图 像 处 理

7.2.1   正交鸽群优化图像复原

本节介绍一种基于改进鸽群优化的图像恢复神经动力学方法。图像复原是从模糊和/或噪声图像中估计原始图像的过程，其本质上是一个映射问题，可通过神经网络来解决。回声状态网络 (echo state network, ESN) 是一种简化训练过程的递归神经网络，可采用它对原始图像进行估计，而参数的选择对回声状态网络性能有重要的影响。因此，在回声状态网络训练过程中，可采用鸽群优化算法来获得期望的最优参数，并在改进的鸽群优化算法初始化过程中采用了正交设计策略，提高了个体的多样性 [8]。

1. 任务描述

1) 回声状态网络

回声状态网络通常由三部分组成：输入层、离散循环神经网络 (recurrent neural networks, RNN) 和线性输出层 [9]。基本回声状态网络的架构如图 7.2 所示，动态库产生具有短期记忆的内部处理单元的动态，输出层增加了监督系列，学习目标可通过计算递归网络状态矩阵和训练输出信号状态矩阵来实现。

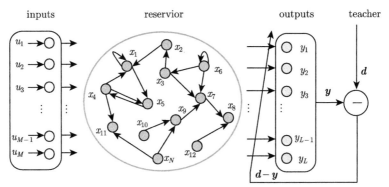

图 7.2   基本回声状态网络的体系结构

u_m, x_n, y_l 分别表示一个输入单元、一个存储单元和一个输出单元；teacher 为训练过程中的监督者，有助于网络调整输出权重

循环神经网络的特征是在回声状态网络结构的突触连接通路中出现循环环路。假设基本回声状态网络由 M 个外部输入神经元、N 个内部单元和 L 个输出

神经元组成，回声状态网络的状态方程和输出方程可表示为

$$\boldsymbol{x}(k+1) = H(\boldsymbol{W}_{\text{in}}\boldsymbol{u}(k+1) + \boldsymbol{W}_{\text{res}}\boldsymbol{x}(k) + \boldsymbol{W}_{\text{back}}\hat{\boldsymbol{y}}(k))$$
$$\hat{\boldsymbol{y}}(k+1) = \boldsymbol{W}_{\text{out}}(\boldsymbol{x}(k+1), \boldsymbol{u}(k+1) + \boldsymbol{y}(k)) \tag{7.2.1}$$

其中，$H(\cdot)$ 为隐藏层的非线性激活函数，通常为 sigmoid 函数；$\boldsymbol{W}_{\text{in}} \in \Re^{M \times N}$ 为输入隐连接权重矩阵；$\boldsymbol{W}_{\text{res}} \in \Re^{N \times N}$ 为存储层神经元间突触连接的权重矩阵；$\boldsymbol{W}_{\text{back}} \in \Re^{L \times N}$ 为输出隐连接权重矩阵；$\boldsymbol{W}_{\text{out}} \in \Re^{(M+N+L) \times L}$ 为输出权重矩阵；$\boldsymbol{x}(k)$ 和 $\boldsymbol{y}(k)$ 分别为 k 时刻存储层的状态和输出值，训练过程旨在最大限度地减小 $\boldsymbol{d}$ 和 $\boldsymbol{y}$ 之间的误差。回声状态网络的一个重要特性是它的内部神经元起着回声的作用，可显示兴奋的外部信号的系统变化。$\boldsymbol{W}_{\text{in}}$、$\boldsymbol{W}_{\text{res}}$ 和 $\boldsymbol{W}_{\text{back}}$ 的元素为固定值，以保证回声状态网络中的回声状态，$\boldsymbol{W}_{\text{out}}$ 为要训练的矩阵。

在回声状态网络隐藏层中的神经元是稀疏且相互联系的，动态存储层 N_{DR} 的大小对回声状态网络的性能有很大的影响 [10]。显然，大量的动态存储层内部处理单元将导致更复杂的拟合系统，同时花费更长的计算时间。

谱半径 (spectral radii, SR) 为回声状态网络的另一个关键因素，可定义为

$$\text{SR} = \max\{\text{abs}(\text{eigenvalue of } \boldsymbol{W}_{\text{res}})\} \tag{7.2.2}$$

该参数应选择为 SR < 1，以保证内部神经元作为回声函数工作。在实际应用中，SR 的选择范围一般为 $[0.1, 0.99]$。

稀疏度 (sparse degree, SD) 定义为

$$\text{SD} = \frac{n}{N} \tag{7.2.3}$$

其中，n 为相互连接的神经元数目；N 为动态库中所有神经元的数目。SD 值决定了动态库中矢量的变化，具有稀疏连通性的库可以分解为松耦合的子系统。

在训练之前，输入信号应调整为存储层单元的激活函数。因此，输入尺度 (input scale, IS) 也是一个需要合理选择的参数。通常，对于高度非线性的任务，应选择一个较大的 IS，它是由激活函数的性质决定的。综上，需利用改进鸽群优化算法得到优化因子 N_{DR}、SR、SD 和 IS 的最优值。

2) 图像复原

在图像处理中，图像复原可归结为一个逆问题。图像复原的目的是从噪声观测值 $\boldsymbol{Y}$ 中恢复未知的原始图像 $\boldsymbol{X}$[11]，可建模为

$$\boldsymbol{Y} = k\boldsymbol{X} + \boldsymbol{B} \tag{7.2.4}$$

其中，k 通常表示原始图像的卷积；$\boldsymbol{B}$ 为加性观测噪声。一般地，认为 k 的函数对点扩散函数 (point spread function, PSF) 具有有限支撑。点扩散函数引起的退化可用卷积型 Fredholm 积分方程来表示 [12]，具体如下式：

$$\boldsymbol{U}(i,j) = \boldsymbol{Y}(i,j) - \boldsymbol{B}(i,j) = \int_p \int_q K(i,j,p,q)\boldsymbol{X}(p,q)\,\mathrm{d}p\mathrm{d}q \qquad (7.2.5)$$

其中，$K(i,j,p,q)$ 为二维点扩散函数；$\boldsymbol{U}(i,j)$ 为由点扩散函数引起的图像退化。因此，图像复原的过程就是估计加性噪声，在二维空间中求解卷积型 Fredholm 方程。假设点扩散函数是已知的或者可从数据中估计出来，K 是已知的或可估计的，解可看作凸目标函数的最小值，如下式：

$$F(\boldsymbol{X}) = \frac{1}{2}\|\boldsymbol{U} - K\boldsymbol{X}\|^2 + \lambda\Phi(\boldsymbol{X}) \qquad (7.2.6)$$

其中，Φ 为正则化算子；λ 为正则化参数；$\|\bullet\|$ 为欧几里得范数，目标函数使误差最小化，并同时测量解的粗糙度。

2. 算法设计

这里引入正交设计策略来保证基本鸽群优化算法中初始化鸽群的多样性 [13]。对于 n 个 Q 级因子，采用 m 行 n 列的正交表 $L_m(Q^n)$ 进行正交设计，m 表示级别组合的总数。文献 [14] 给出了构造 $m \times n$ 正交数组的一般方法，如下公式为正交数组组成示例：

$$L_9(3^4) = \begin{bmatrix} 1 & 1 & 1 & 1 \\ 1 & 2 & 2 & 2 \\ 1 & 3 & 3 & 3 \\ 2 & 1 & 2 & 3 \\ 2 & 2 & 3 & 1 \\ 2 & 3 & 1 & 2 \\ 3 & 1 & 3 & 2 \\ 3 & 2 & 1 & 3 \\ 3 & 3 & 2 & 1 \end{bmatrix} \qquad (7.2.7)$$

上式中有四个因子，每个因子有三个层次。因此，在一次完整的搜索中，共有 $3^4 = 81$ 个不同水平组合需测试。然而，只有九个组合必须用正交设计进行测试，如 $L_9(3^4)$ 所示。在回声状态网络中有四个因子需要使用正交鸽群优化 (OPIO) 算法进行优化。假设每一因子的范围可分为四级，则正交表应表示为 $L_{25}(5^4)$。

因子分析的操作可评估每个因子对目标函数的影响,并确定最重要的因子,进而确定各因子的最佳水平。采用正交设计方法改进了基本鸽群优化算法的初始化过程,因此可从正交表中随机选取个体,以保持个体的多样性。

退化的图像被分解成若干块,每个块分别被恢复。OPIO-ESN 可从退化图像和原始图像对组成的训练样本中自动学习图像恢复过程,利用 OPIO-ESN 将每个退化的图像块映射到相应的原始块。实现图像恢复网络的输入样本是模糊和/或噪声图像块,输出样本是相应的原始块。原始图像的估计是通过在相应的位置放置输出块来获得的。根据 OPIO-ESN 输入格式的要求,将每个图像块中的像素排列为一个矢量。正规化方根均差 (normalized root mean square error, NRMSE) 作为 OPIO 算法的适应度函数,可定义为

$$\text{NRMSE} = \sqrt{\frac{1}{S\|\boldsymbol{X}\|^2} \sum_{k=1}^{S} \left(\hat{\boldsymbol{X}}(k) - \boldsymbol{X}(k)\right)^2} \tag{7.2.8}$$

其中,S 为图像块中要恢复的像素数;$\hat{\boldsymbol{X}}(k)$ 和 $\boldsymbol{X}(k)$ 分别为恢复的图像块和原始图像块中的第 k 个像素,将退化图像和原始图像中的像素值归一化到 $[0,1]$。对于一系列具有相同模糊和/或噪声的退化图像,可使用相应训练良好的 OPIO-ESN 算法恢复原始图像。用于图像恢复的 OPIO-ESN 算法的具体步骤如下:

Step 1 初始化 OPIO 算法的参数,包括解的维数 D、各变量的取值范围、速度的取值范围、种群规模 N_p、地图和指南针算子 R、两个算子的迭代次数 $N_{c1\max}$ 以及 $N_{c2\max}(N_{c2\max} > N_{c1\max})$。

Step 2 根据 ESN 参数的因子和级别生成正交表。回声状态网络有四个因子,假设每个因子的层数设为 5,正交数组有 25 行。根据速度范围为所有个体随机生成速度。

Step 3 为 ESN 创建输入和输出样本。输出的训练样本是从数据集中随机抽取的原始图像块,输入训练样本是用模糊和/或噪声对原始块进行腐蚀得到的。

Step 4 从正交数组中随机选择个体。计算每只鸽子的适应度,找出最佳解,设置当前迭代计数 $t = 1$。

Step 5 执行地图和指南针算子,更新每只鸽子的速度和位置。

Step 6 计算每只鸽子的适应度并记录新的最佳解。如果 $t > N_{c1\max}$,执行 Step 7;否则,$t = t + 1$ 更新迭代计数并转至 Step 5。

Step 7 计算每只鸽子的适应度,并根据它们的适应度值对鸽子进行排序。

Step 8 执行地标算子。半数适应度较差的鸽子将被遗弃,确定剩余一半鸽子的中心,并将中心位置定义为临时目标值,调整它们的飞行状态,飞到中间目的地。

Step 9　计算每只鸽子的适应度，根据适应度值对鸽子进行排序，并存储最佳解。如果 $t > N_{c2\max}$，转至 Step 10；否则，$t=t+1$ 更新迭代计数并转至 Step 8。

Step 10　停止 OPIO 算法，用最优参数训练回声状态网络。

3. 仿真实验

用于 OPIO-ESN 算法训练的图像块从 Judd 等的数据集随机选取[15]，退化的图像是通过使用模糊和/或噪声来破坏原始图像而产生的。训练样本数设置为 20000，输入图像块和输出图像块的大小分别设置为 17×17 和 9×9。因此，输入神经元的数目被设置为 289，输出神经元的数目被设置为 81，步长为 9，因此图像块不重叠。OPIO-ESN 的初始参数如表 7.1 所示。

表 7.1　OPIO-ESN 算法参数

符号	含义	值	符号	含义	值
N_p	种群数量	20	R_N_{DR}	N_{DR} 范围	[30, 300]
D	求解问题维度	4	R_SR	SR 范围	[0.1, 0.99]
R	地图和指南针算子	0.2	R_SD	SD 范围	[0.01, 1]
$N_{c1\max}$	地图和指南针算子最大迭代次数	15	level	每个算子的层数	5
$N_{c2\max}$	算法最大迭代次数	20	R_IS	IS 范围	[0.1, 1]

评价实验结果的主要标准如下所述。

(1) 正规化均方误差 (normalized mean square error, NMSE)。

正规化均方误差是衡量估计器平均误差平方的标准[16]，定义为

$$\mathrm{NMSE} = \frac{\sum_{i=1}^{r}\sum_{j=1}^{c}\left(\boldsymbol{X}(i,j) - \hat{\boldsymbol{X}}(i,j)\right)^2}{\sum_{i=1}^{r}\sum_{j=1}^{c}\boldsymbol{X}(i,j)^2} \tag{7.2.9}$$

其中，$\boldsymbol{X}(i,j)$ 为原始图像中像素 (i,j) 处的值；$\hat{\boldsymbol{X}}(i,j)$ 为恢复图像中像素 (i,j) 处的估计值；r 和 c 分别为行号和列号。均方误差越小，则估计效果越好。

(2) 信噪比 (signal-to-noise ratio, SNR)。

信噪比为信号功率与噪声功率之比[17]，通常用分贝表示。当信噪比大于 0dB 时，说明信噪比大于 1:1，即信号功率大于噪声功率。由于图像的功率谱很难计

算，所以用方差代替功率。信噪比定义为

$$
\mathrm{SNR} = 10\log\left(\frac{\displaystyle\sum_{i=1}^{r}\sum_{j=1}^{c}\left(\boldsymbol{X}\left(i,j\right)-X_{\mathrm{ave}}\right)^2}{\displaystyle\sum_{i=1}^{r}\sum_{j=1}^{c}\left(\boldsymbol{X}\left(i,j\right)-\hat{\boldsymbol{X}}\left(i,j\right)\right)^2}\right) \tag{7.2.10}
$$

其中，X_{ave} 为原始图像中所有像素值的平均值，其他变量的定义与均方误差中的相同。

(3) 峰值信噪比 (peak signal noise ratio, PSNR)。

峰值信噪比定义为原始图像的最大可能功率与噪声功率之比 [18]，即

$$
\mathrm{PSNR} = 10\log\left(\frac{r^*\times c^*\times X_{\mathrm{max}}^2}{\displaystyle\sum_{i=1}^{r}\sum_{j=1}^{c}\left(\boldsymbol{X}\left(i,j\right)-\hat{\boldsymbol{X}}\left(i,j\right)\right)^2}\right) \tag{7.2.11}
$$

其中，X_{max} 为原始图像的最大可能像素值。

1) 实验 1：模糊图像恢复

利用文献 [19] 和 [20] 中常用的四幅基准图像测试了该方法的性能，所有场景中使用的模糊 PSF 如表 7.2 所示。选择 ForWaRD[21]、LTI-Wiener[21]、GSR[19]、LPA-ICI-RI[22]、LPA-ICI-RWI[22]、IIDBM3D[20] 和 FTVd[23] 作为对比算法，在 4 幅图像上进行测试。利用相应的在线软件得到了这 7 种算法的结果，LPA-ICI-RI 和 LPA-ICI-RWI 算法的参数如表 7.3 所示。当噪声水平为零时，平衡参数的设置与 FTVd 方法相同，利用 OPIO 算法计算得到 ESN 的 4 个参数 (N_{DR}、SR、SD 和 IS)。

表 7.2　OPIO-ESN 算法参数

场景	PSF
1	$1/\left(1+x_1^2+x_2^2\right),\ x_1=-7,-6,\cdots,6,7;\ x_2=-7,-6,\cdots,6,7$
2	9×9 uniform
3	$[1\ 4\ 6\ 1]^{\mathrm{T}}[1\ 4\ 6\ 1]/256$
4	高斯模糊 std $= 1.6$
5	高斯模糊 std $= 0.4$

实验 1 场景 4 中的 Lena 图像实验结果如图 7.3 所示，这里的 OPIO-ESN 算法优于 GSR 和 LPA-ICI-RI 算法。OPIO-ESN 算法较好地恢复了帽子上的吸管等细节，保留了边缘。图中给出的 ForWaRD、LTI-Wiener、LPA-ICI-RWI、IIDBM3D、

FTVd 和 OPIO-ESN 的性能难以比较, 因此, 表 7.4 和表 7.5 进一步给出了 8 种算法的 PSNR 和 SNR, 以便对它们进行客观比较。在图 7.4 中提供了通过 8 种算法为每个图像获得的 5 种场景的平均 NMSE。

表 7.3　LPA-ICI-RI 和 LPA-ICI-RWI 算法参数

场景	Regularization_epsilon_RI	Regularization_epsilon_RWI
1	0.07	0.45
2	0.014	0.11
3	0.07	0.72
4	0.01	0.2
5	0.02	0.2

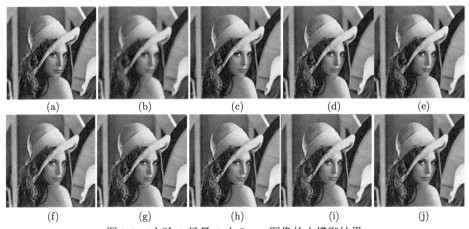

图 7.3　实验 1 场景 4 中 Lena 图像的去模糊结果

(a) 原始图像; (b) 糊图像; (c)~(j) 分别为 ForWaRD、LTI-Wiener、GSR、LPA-ICI-RI、LPA-ICI-RWI、
IIDBM3D、FTVd, 以及 OPIO-ESN 算法恢复的图像

表 7.4　实验 1 中 8 种方法的 PSNR

图	场景	1	2	3	4	5	平均值
Lena	blurred	23.68	22.26	28.29	25.54	45.31	29.02
	ForWaRD	46.44	38.35	36.37	34.34	46.22	40.35
	LTI-Wiener	65.11	39.28	36.94	34.28	68.30	48.78
	GSR	33.10	32.48	30.94	30.45	36.47	32.69
	LPA-ICI-RI	32.43	31.44	33.20	31.84	45.18	34.82
	LPA-ICI-RWI	37.74	34.62	34.18	32.59	45.29	36.89
	IIDBM3D	108.89	70.46	45.26	41.48	138.37	**80.89**
	FTVd	60.09	35.67	28.92	30.69	120.07	**55.09**
	OPIO-ESN	46.67	35.61	38.69	37.75	161.75	**64.09**

续表

图	场景	1	2	3	4	5	平均值
	blurred	25.19	23.78	29.97	27.30	46.41	30.53
	ForWaRD	50.20	37.69	35.07	34.07	52.88	41.98
	LTI-Wiener	70.28	42.65	36.31	34.61	77.14	52.20
Barbara	GSR	33.05	33.62	31.92	31.42	37.56	33.52
	LPA-ICI-RI	33.59	33.64	33.79	32.96	50.47	36.89
	LPA-ICI-RWI	38.45	36.82	34.43	33.36	51.15	38.84
	IIDBM3D	108.89	70.73	46.09	41.03	138.36	**81.02**
	FTVd	64.06	38.62	32.22	32.79	123.45	**58.23**
	OPIO-ESN	48.46	37.20	37.13	36.52	163.38	**64.54**
	blurred	25.38	23.86	30.30	27.53	48.16	31.05
	LTI-Wiener	50.82	39.56	38.22	36.66	50.75	43.20
	Wiener	85.10	50.51	40.09	37.62	84.89	59.64
House	GSR	36.80	38.20	34.86	34.01	38.56	36.49
	LPA-ICI-RI	34.54	36.76	34.90	33.88	49.60	37.94
	LPA-ICI-RWI	43.94	40.73	36.29	34.93	50.49	41.28
	IIDBM3D	108.89	70.99	48.85	45.58	138.36	**82.53**
	FTVd	61.35	37.84	30.61	32.47	121.44	**56.74**
	OPIO-ESN	46.69	37.44	38.66	37.26	162.37	**64.48**
	blurred	22.25	20.77	25.70	23.42	42.62	26.95
	LTI-Wiener	47.97	37.33	33.73	31.79	47.09	39.58
	Wiener	69.33	38.66	34.01	31.61	72.38	49.20
Cameraman	GSR	35.50	31.80	28.40	27.61	35.66	31.80
	LPA-ICI-RI	29.53	29.79	30.02	28.84	46.60	32.96
	LPA-ICI-RWI	36.84	33.46	31.34	29.98	46.22	35.57
	IIDBM3D	108.89	70.54	43.16	40.41	138.34	**80.27**
	FTVd	62.30	38.31	31.58	32.38	122.50	**57.42**
	OPIO-ESN	44.35	32.71	34.87	34.18	160.83	**61.39**

表 7.5 实验 1 中 8 种方法的 SNR

图像	场景	1	2	3	4	5	平均值
	blurred	9.92	8.50	14.53	11.78	31.55	15.26
	ForWaRD	32.68	24.59	22.61	20.58	32.46	26.58
	LTI-Wiener	51.35	25.52	23.18	20.52	54.53	35.02
	GSR	19.33	18.72	17.17	16.69	22.71	18.92
Lena	LPAICI-RI	18.67	17.68	13.56	18.08	31.42	19.88
	LPA-ICI-RWI	23.98	20.86	19.36	18.83	31.53	22.91
	IIDBM3D	95.13	56.70	31.50	27.71	124.60	**67.13**
	FTVd	46.33	21.91	15.16	16.93	106.31	**41.33**
	OPIO-ESN	32.90	21.85	24.92	23.99	147.99	**50.33**
	blurred	10.61	9.19	15.38	12.71	31.83	15.94
	ForWaRD	35.61	23.11	20.49	19.49	38.29	27.40
	LTI-Wiener	55.70	28.07	21.73	20.02	62.55	37.61
	GSR	18.47	19.04	17.34	16.84	22.97	18.93
Barbara	LPA-ICI-RI	19.01	19.05	19.44	18.37	35.89	22.35
	LPA-ICI-RWI	23.86	22.23	20.42	18.78	36.57	24.37
	IIDBM3D	94.30	56.15	31.50	26.45	123.78	**66.44**
	FTVd	49.47	24.04	17.64	18.20	108.87	**43.64**
	OPIO-ESN	33.87	22.61	22.54	21.94	148.80	**49.95**

续表

图像	场景	1	2	3	4	5	平均值
	blurred	10.54	9.02	15.46	12.68	33.32	16.20
	ForWaRD	35.97	24.71	23.38	21.82	35.90	28.36
	LTI-Wiener	70.26	35.67	25.24	22.78	70.05	44.80
	GSR	21.96	23.36	20.02	19.16	38.56	24.61
House	LPA-ICI-RI	19.70	21.91	20.06	19.04	34.76	23.09
	LPA-ICI-RWI	29.10	25.89	21.45	20.09	35.64	26.43
	IIDBM3D	94.04	56.14	34.01	30.73	123.51	**67.69**
	FTVd	46.51	22.99	15.77	17.63	106.59	**41.90**
	OPIO-ESN	31.84	22.60	23.81	22.42	147.52	**49.64**
	blurred	30.39	13.46	8.54	10.02	9.90	14.46
	ForWaRD	35.74	25.09	21.50	19.56	34.86	27.35
	LTI-Wiener	57.10	26.42	21.77	19.38	60.15	36.96
	GSR	23.43	16.17	19.57	17.09	18.24	18.90
Cameraman	LPA-ICI-RI	17.30	17.55	17.79	16.60	34.36	20.72
	LPA-ICI-RWI	24.61	21.23	19.11	17.75	33.98	23.33
	IIDBM3D	96.65	58.30	30.92	28.17	126.11	**68.03**
	FTVd	50.06	26.08	19.35	20.15	110.27	**45.18**
	OPIO-ESN	32.11	20.47	22.63	21.95	148.60	**49.15**

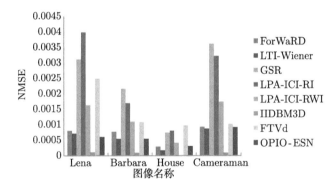

图 7.4　实验 1 中 5 种模糊场景下恢复的基准图像的平均 NMSE

IDDBM3D 算法在所有五种情况下获得的 PSNR 值最大，具体如表 7.4 所示。最后一列给出的平均 PSNR 表明，OPIO-ESN 和 FTVd 是其余 7 种算法中最好的两种工具。在所有 5 种情况下，OPIO-ESN 均能够比 GSR、LPA-ICI-RI 和 LPA-ICI-RWI 算法实现更大的 PSNR。在场景 1 和场景 2 中，FTVd、ForWaRD 和 LTI-Wiener 的性能优于 OPIO-ESN。然而，在其余的场景中可以观察到相反的情况。SNR 的比较结果与 PSNR 的结果相似，如表 7.5 所示，即 OPIO-ESN 在所有 5 种情况下都可获得第二大的平均 SNR。图 7.4 中给出的仿真实验结果表明，与除了 IIDBM3D 方法之外的其他算法相比，采用 OPIO-ESN 算法可获得更小的均方误差值。

值得注意的是，虽然 IIDBM3D 比 OPIO-ESN 取得了更好的效果,但它的时间代价比 OPIO-ESN 要高。在场景 1 中，ESN 的参数选择为 $N_{DR} = 98$、SR = 0.78、

SD = 0.89 和 IS = 0.95。ESN 的训练时间为 8.31s，Barbara 图像 (256×256) 的测试时间为 0.88s，在 IIDBM3D 中迭代次数为 200 时，实验 1 场景 1 中 Barbara 图像的恢复时间为 95.2148s，使用 FTVd 算法的恢复时间为 2.05s。因此，OPIO-ESN 比 IIDBM3D 和 FTVd 花费更少的时间。

2) 实验 2：带有模糊和噪声的图像恢复

为了验证 OPIO-ESN 算法的鲁棒性，这里进行了模糊和噪声图像的复原实验，仍采用实验 1 中的 7 种对比方法，参数选取与实验 1 相同。为每个图像测试的平衡参数包括 μ、10μ、20μ、50μ、100μ、200μ、300μ、400μ、500μ、600μ 和 1000μ，其中 $\mu = 0.05/\sigma$，σ 为加性高斯白噪声标准差，回声状态网络的参数为 OPIO 算法得到的相应最优结果。模糊 PSF 如表 7.2 所示，AWG 噪声的方差如表 7.6 所示。

表 7.6　噪声方差设置

场景	σ^2
1	2
2	0.3
3	49
4	4
5	64

实验 2 场景 1 中 Barbara 图像的恢复结果如图 7.5 所示，表 7.7 和表 7.8 分别给出了 8 种算法在不同模糊和噪声图像上的 PSNR 和 SNR。对于每幅测试图像，每种算法获得的 5 种场景的平均 NMSE 如图 7.6 所示。实验结果表明，在模糊图像中加入 AWG 后，8 种算法的性能都有所下降。FTVd 算法对噪声特别敏感，OPIO-ESN 比 FTVd 和 LTI-Wiener 具有更好的鲁棒性。比较表 7.4 和表 7.7

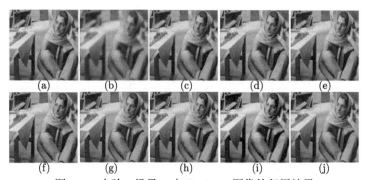

图 7.5　实验二场景 1 中 Barbara 图像的复原结果

(a) 原始图像; (b) 退化图像; (c)~(j) 分别为通过 ForWaRD、LTI-Wiener、GSR、LPA-ICI-RI、LPA-ICI-RWI、IIDBM3D、FTVd 和 OPIO-ESN 算法恢复的图像

所示的 PSNR，结果表明，对于模糊和噪声图像，这 8 种算法的 PSNR 都有所下降。在实验 2 中，GSR 可以获得更高的 PSNR 和 SNR，尽管它的性能比实验 1 中的其他几种方法差。OPIO-ESN 的性能无法与 IDDBM3D 和 GSR 相比，但优于其他方法。图 7.6 给出了通过 LTI-Wiener 获得的均方误差大于通过其他方法获得的均方误差。在 4 幅测试图像中，从 House 图像上获得的均方误差最小，可能是由于 House 图像的结构更简单、更规则，而 Lena 和 Cameraman 的图像包含了更多的细节。此外，OPIO-ESN 的时间代价明显低于 GSR 和 IIDBM3D。

表 7.7　实验 2 中 8 种方法的 PSNRs

图像	场景	1	2	3	4	5	平均值
Lena	deteriorated	23.65	22.26	26.47	25.44	29.91	25.55
	ForWaRD	30.47	29.64	28.75	28.86	32.53	30.05
	LTI-Wiener	28.89	28.12	26.92	28.30	29.97	28.44
	GSR	32.31	32.07	30.35	30.04	35.14	**31.98**
	LPAICI-RI	30.71	29.64	27.36	26.97	32.08	29.35
	LPA-ICI-RWI	30.75	30.07	29.02	28.08	33.54	30.29
	IIDBM3D	32.24	31.94	30.36	30.05	34.90	**31.90**
	FTVd	29.61	28.60	28.51	28.45	30.76	29.19
	OPIO-ESN	31.34	31.92	31.09	29.17	35.13	**31.73**
Barbara	deteriorated	25.15	23.77	27.57	27.16	29.95	26.72
	ForWaRD	30.98	30.78	29.45	30.07	31.43	30.54
	LTI-Wiener	28.91	29.08	27.54	29.70	29.92	29.03
	GSR	32.47	33.23	31.21	35.03	36.15	**33.62**
	LPA-ICI-RI	31.19	30.52	27.83	28.35	31.89	29.95
	LPA-ICI-RWI	31.59	31.06	30.09	29.82	32.98	31.11
	IIDBM3D	32.45	32.94	31.10	30.99	35.31	**32.56**
	FTVd	30.72	30.23	29.73	29.96	31.63	30.45
	OPIO-ESN	32.39	32.88	31.05	30.65	35.83	**32.57**
House	deteriorated	25.33	23.86	27.70	27.37	29.97	26.85
	ForWaRD	32.89	33.64	30.09	30.91	32.18	31.94
	LTI-Wiener	27.73	28.88	27.49	29.75	29.46	28.66
	GSR	35.61	37.57	34.05	33.60	37.15	**35.60**
	LPA-ICI-RI	32.85	30.52	28.83	28.09	34.27	30.91
	LPA-ICI-RWI	33.86	31.06	31.34	30.26	35.57	32.42
	IIDBM3D	35.57	37.03	33.74	33.03	37.13	**35.30**
	FTVd	31.15	31.10	30.33	30.49	31.28	30.87
	OPIO-ESN	33.26	34.89	32.66	31.38	36.67	**33.77**
Cameraman	deteriorated	22.23	20.77	24.63	23.36	29.81	24.16
	ForWaRD	29.16	28.12	27.02	26.50	32.59	28.68
	LTI-Wiener	27.05	26.37	25.25	25.80	29.58	26.81
	GSR	30.61	30.87	27.98	27.32	34.57	**30.27**
	LPA-ICI-RI	28.76	28.54	26.50	24.45	32.17	28.08
	LPA-ICI-RWI	28.87	29.05	27.22	25.47	33.35	28.79
	IIDBM3D	31.08	31.22	28.61	27.68	34.70	**30.65**
	FTVd	28.92	28.31	26.82	26.42	31.60	28.42
	OPIO-ESN	28.32	29.42	27.90	26.13	33.71	**29.10**

表 7.8 实验 2 中 8 种方法的 SNRs

图像	场景	1	2	3	4	5	平均值
Lena	deteriorated	9.89	8.50	12.71	11.68	16.14	11.78
	ForWaRD	16.71	15.88	14.98	15.10	18.76	16.29
	LTI-Wiener	15.13	14.35	13.16	14.54	16.21	14.68
	GSR	18.55	18.31	16.58	16.28	21.38	**18.22**
	LPAICI-RI	16.95	15.88	13.60	13.21	18.32	15.59
	LPA-ICI-RWI	16.99	16.31	15.26	14.32	19.78	16.53
	IIDBM3D	18.48	18.18	16.60	16.29	21.14	**18.14**
	FTVd	15.85	14.84	14.75	14.68	17.00	15.42
	OPIO-ESN	17.58	18.16	17.33	15.41	21.36	**17.97**
Barbara	deteriorated	10.57	9.19	12.98	12.59	15.37	12.14
	ForWaRD	16.39	16.20	14.86	15.48	16.85	15.96
	LTI-Wiener	14.33	14.50	12.96	15.12	15.33	14.45
	GSR	17.88	18.64	16.63	16.11	21.57	**18.17**
	LPA-ICI-RI	16.60	15.93	13.25	13.77	17.31	15.37
	LPA-ICI-RWI	17.01	16.48	15.50	15.24	18.40	16.52
	IIDBM3D	17.87	18.36	16.52	16.40	20.72	**17.97**
	FTVd	16.13	15.64	15.14	15.38	17.05	15.87
	OPIO-ESN	17.80	18.30	16.47	16.06	21.24	**17.98**
House	deteriorated	10.49	9.01	12.86	12.53	15.13	12.00
	ForWaRD	18.05	18.80	15.25	16.07	17.34	17.10
	LTI-Wiener	12.89	14.04	12.65	14.91	14.62	13.82
	GSR	20.77	22.72	19.20	18.76	22.31	**20.75**
	LPA-ICI-RI	18.00	15.93	13.99	13.25	19.43	16.12
	LPA-ICI-RWI	19.01	16.48	16.49	15.42	20.72	17.63
	IIDBM3D	20.73	22.19	18.90	18.18	22.29	**20.46**
	FTVd	16.29	16.24	15.47	15.62	16.41	16.01
	OPIO-ESN	18.41	20.05	17.82	16.54	21.83	**18.93**
Cameraman	deteriorated	9.99	8.53	12.39	11.13	17.58	11.92
	ForWaRD	16.93	15.88	14.79	14.27	20.36	16.44
	LTI-Wiener	14.82	14.14	13.01	13.56	17.35	14.58
	GSR	18.37	18.64	15.74	15.09	22.34	**18.04**
	LPA-ICI-RI	16.53	16.30	14.26	12.21	19.93	15.85
	LPA-ICI-RWI	16.64	16.81	14.98	13.24	21.12	16.56
	IIDBM3D	18.84	18.98	16.37	15.44	22.46	**18.42**
	FTVd	16.68	16.08	14.59	14.19	19.37	16.18
	OPIO-ESN	16.09	17.18	15.66	13.90	21.48	**16.86**

3) 实验 3: 带有高斯噪声的图像恢复

OPIO-ESN 算法在噪声图像上进行了训练和测试。实验 3 采用 AWG 噪声对原始图像进行了破坏,噪声级在 10~30,对 OPIO-ESN 的性能与 BM3D[24]、BM3D-SAPCA[25]、MLP[26]、NLMD[27] 和 IIDBM3D[20] 算法的性能进行了比较。带有 AWG 噪声的 House 图像的恢复结果如图 7.7 所示,表 7.9 和表 7.10 分别给出了这 6 种方法对噪声图像的 PSNR 和 SNR,图 7.8 给出了平均 NMSE。

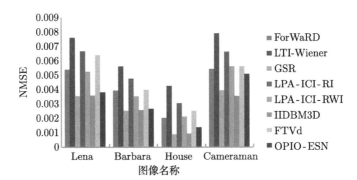

图 7.6　在实验 2 的五种模糊和噪声场景下恢复的基准图像的 NMSE

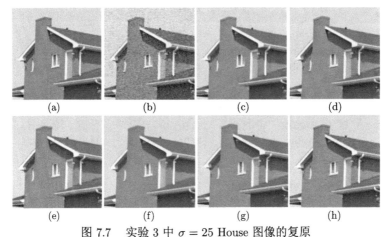

图 7.7　实验 3 中 $\sigma = 25$ House 图像的复原

(a) 原始图像; (b) 含噪图像; (c)～(h) 分别为 BM3D、BM3D-SAPCA、MLP、NLMD、IIDBM3D 和 OPIO-ESN
算法恢复的图像

表 7.9　实验 3 中 6 种方法的 PSNR

图像	Noise level	10	15	20	25	30	平均值
Lena	noisy	28.14	24.62	22.12	20.18	18.60	22.73
	BM3D	34.49	32.40	30.95	29.86	28.99	31.34
	BM3D-SAPCA	34.71	32.64	31.19	30.10	29.22	31.57
	MLP	34.55	29.36	30.57	30.18	29.00	30.73
	NLMD	34.88	33.07	31.57	30.41	29.50	31.89
	IIDBM3D	33.41	31.80	30.66	29.61	28.51	30.80
	OPIO-ESN	35.83	32.55	31.10	29.93	28.44	31.57
Barbara	noisy	28.14	24.62	22.12	20.18	18.60	22.73
	BM3D	35.07	32.89	31.43	30.34	29.44	31.83
	BM3D-SAPCA	35.52	33.32	31.78	30.60	29.67	32.18
	MLP	34.18	29.20	30.19	29.89	28.86	30.46
	NLMD	36.25	33.71	31.94	30.66	29.68	32.45
	IIDBM3D	33.72	32.33	31.14	29.95	28.90	31.21
	OPIO-ESN	35.15	32.93	31.14	30.12	29.30	31.73

续表

图像	Noise level	10	15	20	25	30	平均值
House	noisy	28.14	24.62	22.12	20.18	18.60	22.73
	BM3D	34.49	32.40	30.95	29.86	28.99	31.34
	BM3D-SAPCA	37.00	35.18	33.90	32.96	32.12	34.23
	MLP	35.95	29.83	32.96	32.51	31.69	32.59
	NLMD	36.77	35.54	34.45	33.37	32.37	34.50
	IIDBM3D	35.38	34.58	33.74	32.90	32.08	33.74
	OPIO-ESN	36.59	32.94	32.92	30.68	29.91	32.61
Cameraman	noisy	28.14	24.62	22.12	20.18	18.60	22.73
	BM3D	34.19	31.92	30.49	29.45	28.64	30.94
	BM3D-SAPCA	34.58	32.39	30.92	29.79	28.92	31.32
	MLP	34.17	29.12	29.84	29.59	28.36	30.22
	NLMD	33.01	31.63	30.63	29.82	29.11	30.84
	IIDBM3D	33.23	31.65	30.33	29.38	28.52	30.62
	OPIO-ESN	34.40	31.65	30.90	29.01	26.73	30.54

表 7.10　实验 3 中 5 种方法实验的 SNR

图像	Noise level	10	15	20	25	30	平均值
Lena	noisy	14.37	10.87	8.33	6.42	4.81	8.96
	BM3D	20.71	18.63	17.18	16.09	15.22	17.57
	BM3D-SAPCA	20.93	18.87	17.42	16.33	15.45	17.80
	MLP	20.78	15.60	16.81	16.42	15.24	16.97
	NLMD	21.12	19.31	17.81	16.65	15.73	18.12
	IIDBM3D	19.65	18.04	16.90	15.84	14.74	17.03
	OPIO-ESN	22.07	18.79	17.33	16.17	14.68	17.81
Barbara	noisy	13.53	10.02	7.50	5.63	4.01	8.14
	BM3D	20.46	18.29	16.84	15.75	14.85	17.24
	BM3D-SAPCA	20.91	18.72	17.18	16.01	15.09	17.58
	MLP	19.60	14.62	15.60	15.31	14.28	15.88
	NLMD	21.66	19.12	17.36	16.08	15.10	17.86
	IIDBM3D	19.13	17.75	16.56	15.37	14.31	16.62
	OPIO-ESN	20.57	18.34	16.56	15.54	14.72	17.15
House	noisy	13.32	9.74	7.23	5.32	3.76	7.87
	BM3D	20.71	18.63	17.18	16.09	15.22	17.57
	BM3D-SAPCA	22.12	20.32	19.04	18.11	17.26	19.37
	MLP	21.11	14.98	18.12	17.67	16.84	17.74
	NLMD	21.92	20.70	19.60	18.53	17.53	19.66
	IIDBM3D	20.51	19.71	18.87	18.04	17.21	18.87
	OPIO-ESN	21.75	18.09	18.07	15.84	15.06	17.76
Cameraman	noisy	15.88	12.34	9.91	7.93	6.33	10.48
	BM3D	21.94	19.67	18.25	17.21	16.40	18.69
	BM3D-SAPCA	22.33	20.15	18.67	17.55	16.68	19.08
	MLP	21.93	16.88	17.61	17.35	16.13	17.98
	NLMD	20.77	19.40	18.39	17.59	16.87	18.60
	IIDBM3D	20.99	19.41	18.09	17.14	16.29	18.38
	OPIO-ESN	22.17	19.41	18.66	16.77	14.50	18.30

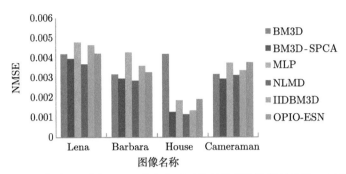

图 7.8 实验 3 不同 AWG 噪声水平下恢复的基准图像的平均 NMSE

在低噪声水平下，OPIO-ESN 算法对 House 图像的处理效果优于大多数算法。但是，噪声水平越高，其性能越差。在大多数测试案例中，OPIO-ESN 能够获得比 BM3D 和 MLP 更好的结果。NLMD 和 BM3D-SAPCA 方法的性能优于其他 4 种方法，尤其是在细节更为丰富的 Lena 图像上。

4) 实验 4：进化算法性能对比

实验 4 采用 PIO 算法 [28]、BBO 算法 [29]、捕食–逃逸粒子群优化 (predator-prey particle swarm optimization, PPPSO) 算法 [30]、GA [31]、Stud GA [32]、DE 算法 [33] 和进化策略 (evolution strategy, ES)[34] 等进化算法，与所设计的 OPIO 算法进行了比较，所有优化算法的个体数和迭代次数均设置为 20。优化算法用于优化 ESN 的 4 个参数，输入样本为 20000 个原始图像块，输出的图像块为相应的退化图像块，原始图像块和输出图像块的大小分别为 17×17 和 9×9。

8 种优化算法的迭代曲线如图 7.9 ~ 图 7.11 所示，其中 ESN 被训练以恢复

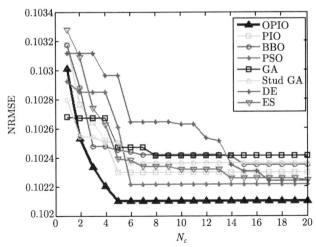

图 7.9 OPIO 算法与其他进化优化方法相比的迭代曲线 (训练补丁用第一个 PSF 模糊)

具有不同退化类型的图像。在实验 1 的场景 1 中，采用训练好的 OPIO-ESN 算法对模糊图像进行恢复。结果表明，OPIO 算法得到的最优适应度值低于 PIO 算法得到的最优适应度值。因此，正交设计有助于为 OPIO 算法提供广泛的种群多样性。此外，OPIO 算法比其他 7 种优化方法收敛速度更快。

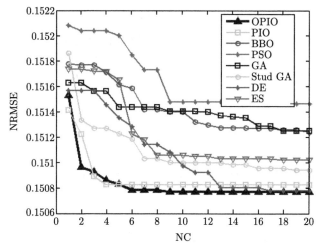

图 7.10　OPIO 算法与其他进化优化方法相比的迭代曲线
(训练补丁模糊且嘈杂，对应的 PSF 和噪声 $\sigma2$ 在第 1 个场景中给出)

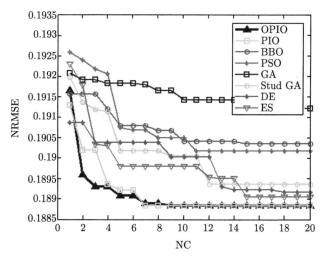

图 7.11　OPIO 算法与其他进化优化方法相比的迭代曲线
(输出图像块带有 AWG 噪声 ($\sigma = 30$))

在实验 2 的场景 1 中，使用训练好的 OPIO-ESN (图 7.10) 来恢复退化的图像。OPIO 算法在 10 次迭代中获得最小的 NRMSE，DE 在第 17 次迭代中实现了与 OPIO 算法相同的 NRMSE。经过 20 次迭代后，其他方法的适应度值均高于 OPIO 算法和 DE 算法。对比图 7.10 和图 7.9 的结果可以看出，若有噪声加入模糊块中，NRMSE 值会增加。结果表明，当模糊图像中存在加性噪声时，ESN 的性能会变差。

在图 7.11 中，一个带噪声的 AWG 被添加到用于 ESN 训练的补丁中。图 7.11 中给出的结果表明，OPIO 算法比其他算法收敛更快。图 7.11 中的 NRMSE 比前两个实验中的 NRMSE 大，这与去噪结果一致。图 7.9 ~ 图 7.11 仿真实验结果验证了所设计 OPIO 算法的优点，即它可以在最少的迭代次数内获得最小的 NRMSE 值。

7.2.2　空间变分辨率鸽群优化目标识别

从旋转缩放图像中识别目标是计算机视觉的一个重要而困难的任务。人类视觉系统具有独特的空间变分辨率 (space variant resolution, SVR) 机制，对数极坐标变换 (log-polar transformations, LPT) 是一种对旋转和尺度变化具有不变性的映射技术。在生物视觉启发下，本节介绍一种全局对数极坐标变换模板匹配 (global LPT based template-matching, GLPT-TM) 算法，并采用鸽群优化算法来优化搜索策略，设计一种基于空间变分辨率机制和鸽群优化算法的混合模型来实现无人机目标自主识别 [35]。

1. 任务描述

1) 基于全局对数极坐标变换的目标识别

基于生物实验和实践，人类和灵长类动物的视觉系统具有独特的认知能力，使它们能够在图像或真实场景中通过旋转或尺度变化来识别同一目标 [36,37]。生物医学和神经科学的研究表明，人视网膜的光感受器和视神经细胞中心密集，周围逐渐稀疏，与中心的距离逐渐增大。这种视觉特征称为空间变分辨率机制，其映射关系由 Schwartz 首次提出的对数极坐标变换模型描述 [38]。对数极坐标变换是一种从笛卡儿平面到对数极平面的保角变换，在这个变换过程中，原点位于图像的中心，对输入对象或函数的尺度和旋转变化都是不变的。对数极坐标变换是由生物视觉系统的视网膜结构启发，即视网膜内的光受体和视神经细胞在中心密集而在周围随着距离中心的延长而逐渐稀疏的空间变分辨率机制。此外，对数极坐标变换和生物视觉系统具有相同的压缩质量。

通过对数极坐标变换，将样本图像 $I(x,y)$ 的描述从笛卡儿平面 (x,y) 映射到对数极平面 (ρ,θ)，得到对数极坐标变换图像 $L(\rho,\theta)$，其中 (x,y) 是图像 $I(x,y)$ 给定点，ρ 为给定点到原点距离的对数，θ 为参考线 (x 轴) 与原点和给定点的直线之间的角度。由于原点位于图像的左上角，映射关系可描述为图 7.12。

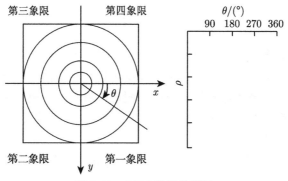

图 7.12　LPT 映射关系图

幅值映射为

$$r = \sqrt{(x-x_0)^2 + (y-y_0)^2} \tag{7.2.12}$$

$$\rho = \ln(r) \tag{7.2.13}$$

其中，(x_0, y_0) 为图像 $I(x,y)$ 的原点，通常为图像的中心。角度映射关系为

$$\theta = \begin{cases} \arctan\dfrac{y-y_0}{x-x_0}, & \theta \in \left(0, \dfrac{\pi}{2}\right) \\[2mm] \pi + \arctan\dfrac{y-y_0}{x-x_0}, & \theta \in \left(\dfrac{\pi}{2}, \pi\right) \\[2mm] 2\pi + \arctan\dfrac{y-y_0}{x-x_0}, & \theta \in (\pi, 2\pi) \end{cases} \tag{7.2.14}$$

当图像尺度变化 a 而角度 θ 不变时，ρ 变化如下：

$$\rho_1 = \ln(r \cdot a) = \ln(r) + \ln(a) \tag{7.2.15}$$

类似地，当 ρ 不变而角度旋转 θ_0 时，θ 变化如下：

$$\theta_1 = \theta + \theta_0 \tag{7.2.16}$$

显然原图 $I(x,y)$ 中尺度和角度变化转为 $L(\rho, \theta)$ 中 θ 和 ρ 轴上的平移变化，这称为旋转和缩放不变性。在此基础上，为了避免对数极坐标变换压缩图像品质导致"窄带"和"小数"问题，引入两个参数 k_1、k_2 扩大幅值和角度，这样可增大图像采样 (映射) 的精度和分辨率。从而可得幅值和角度映射为

$$\xi = \mathrm{round}(k_1\rho), \quad k_1 = \frac{P}{\rho_{\max}} \tag{7.2.17}$$

$$\psi = \mathrm{round}(k_2\theta), \quad k_2 = \frac{Q}{2\pi} \tag{7.2.18}$$

其中, P 和 Q 分别为对数极坐标变换后图像的高和宽; round 为圆整运算; Q 通常为 $360°$。

2) 基于全局对数极坐标变换的模板匹配方法

尽管对数极坐标变换对于旋转和尺度变化具有不变性, 但其非常耗时, 并且当采集一张与旋转缩放图像同样大小的子图像, 将其对数极坐标变换图像与模板的对数极坐标变换图像匹配时, 算法会失效, 这是由于对原图 $I(x,y)$ 进行旋转和缩放会产生大的畸变。

这里研究了一种基于全局对数极坐标变换图像的模板匹配算法 GLPT-TM, 实现旋转和缩放图像目标识别。在该方法中, 首先从原图 $I(x,y)$ 中选择模板子图像, 然后选择变换图像 $L(\rho,\theta)$ 的对应区域作为真正的模板, 通过相似检测可以得到角度和尺度变换值。GLPT-TM 算法的具体步骤如下:

Step 1　获取模板信息, 包括模板图像 I^{T}、模板尺寸 (w,h) 及其左上角在原始图像中坐标 (x,y), 则模板的顶点即为 $A_1(x,y)$、$A_2(x+w,y)$、$A_3(x+w,y+h)$ 和 $A_4(x,y+h)$。

Step 2　对图像 I 做 LPT 得到 L, 计算模板边界点的对数极坐标, 用于确定实际模板。计算过程如下所示:

$$L(\rho,\theta) = \mathrm{LPT}[I(x,y)] \tag{7.2.19}$$

$$(\rho_i,\theta_i) = \mathrm{LPT}(A_i), \quad i = 1,2,3,4 \tag{7.2.20}$$

Step 3　确定实际对数极坐标变换模板 (LPT_T)。由于原始模板的对数极坐标变换在变换后通常不是矩形, 为了便于计算, 选择包含模板 LPT 后的区域的正外接矩形作为实际模板的 LPT, 即 LPT_T。计算过程如下所示:

$$[\rho \ \mathrm{In}x_1] = \mathrm{sort}(\rho_1,\rho_2,\rho_3,\rho_4) \tag{7.2.21}$$

$$[\theta \ \mathrm{In}x_2] = \mathrm{sort}(\theta_1,\theta_2,\theta_3,\theta_4) \tag{7.2.22}$$

将 ρ 和 θ 从小到大排序, 则 LPT_T 可表示为

$$\mathrm{LPT\_T} = L(\rho,\theta)[\rho_{\min}:\rho_{\max}, \ \theta_{\min}:\theta_{\max}] \tag{7.2.23}$$

上式右侧表示从 $\rho_{\min}$ 到 $\rho_{\max}$ 行和 $\theta_{\min}$ 到 $\theta_{\max}$ 列的区域为实际的 LPT 模板。

Step 4　对旋转和缩放图像执行对数极坐标变换, 得到 LPT_RS。

Step 5　进行模板匹配, 确定旋转和缩放。利用 LPT_RS 与 LPT_T 进行模板匹配, 确定目标在 LPT_RS 上位置, 模板匹配采用归一化互相关算法计算

图像之间的匹配程度，并计算旋转角度和尺度变化。计算过程采用如下方程描述：

$$\Delta\theta = \theta_1 - \theta_0$$
$$\Delta\rho = \rho_1 - \rho_0 = k_1 \ln r_1 - k_1 \ln r_0 \tag{7.2.24}$$

$$\text{angle} = \frac{\Delta\theta}{k_2}$$
$$\text{scale} = \exp\left(\frac{\Delta\rho}{k_1}\right) \tag{7.2.25}$$

其中，$\Delta\theta$ 和 $\Delta\rho$ 分别为由图像旋转角和缩放尺度引起的模板角度和尺度变化在对数极坐标域的表示。

Step 6 识别目标。根据旋转角和缩放尺度，确定目标在旋转缩放图像中位置，识别目标。根据上式求得的旋转角和缩放尺度，引入仿射变换来定位目标。通过仿射变换确定目标的位置、大小和旋转，并标示出来。根据仿射变换，二维旋转矩阵可描述为

$$\begin{bmatrix} \cos\theta & -\sin\theta & 0 \\ \sin\theta & \cos\theta & 0 \\ 0 & 0 & 1 \end{bmatrix} \tag{7.2.26}$$

其中，θ 为旋转角度，逆时针为正。相似地，二维尺度变换的变换矩阵表示为

$$\begin{bmatrix} sx & 0 & 0 \\ 0 & sy & 0 \\ 0 & 0 & 1 \end{bmatrix} \tag{7.2.27}$$

其中，sx、sy 分别为 X、Y 轴上的尺度因子。目标在笛卡儿平面上的旋转角 θ 和尺度变化 a 的齐次方程如下所示：

$$\begin{bmatrix} x \\ y \\ 1 \end{bmatrix} = \begin{bmatrix} a\cos\theta & -a\sin\theta & 0 \\ a\sin\theta & a\cos\theta & 0 \\ 0 & 0 & 1 \end{bmatrix} \begin{bmatrix} x_0 \\ y_0 \\ 1 \end{bmatrix} \tag{7.2.28}$$

图 7.13 给出了 GLPT-TM 方法的实施流程图。

2. 算法设计

本节设计一种基于空间变分辨率的鸽群优化 (space variant resolution and pigeon-inspired optimization, SVRPIO) 算法，以解决具有旋转和尺度变化的目

标识别问题。在混合模型中，利用改进鸽群优化全局对数极坐标变换模板匹配的搜索策略，通过减少匹配计算来缩短运行时间。此外，在旋转缩放图像中引入仿射变换来定位目标。如图 7.13 所示，可找到目标在旋转缩放图像的对数极坐标变换图像中的最佳位置，从而计算旋转角度和尺度变化，具体如下式：

$$\Delta\theta = \theta_1 - \theta_0$$

$$\Delta\rho = \rho_1 - \rho_0 = k_1 \ln r_1 - k_1 \ln r_0$$

$$(7.2.29)$$

$$\text{angle} = \frac{\Delta\theta}{k_2}$$

$$\text{scale} = \exp\left(\frac{\Delta\rho}{k_1}\right)$$

$$(7.2.30)$$

其中，$\Delta\theta$ 和 $\Delta\rho$ 分别是由旋转和缩放引起的模板对数极坐标变换图像对数极坐标变化量。SVRPIO 算法的具体流程如图 7.14 所示。

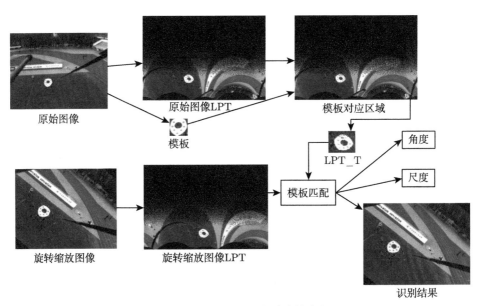

图 7.13　GLPT-TM 方法实施流程

根据仿射变换，旋转变换矩阵如下所示：

$$\begin{bmatrix} \cos\theta & -\sin\theta & 0 \\ \sin\theta & \cos\theta & 0 \\ 0 & 0 & 1 \end{bmatrix}$$

$$(7.2.31)$$

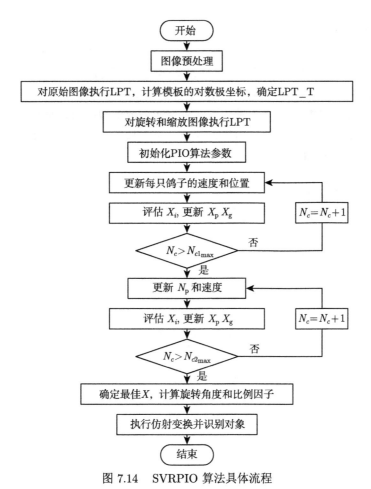

图 7.14   SVRPIO 算法具体流程

其中，θ 为旋转角，顺时针为正。类似地，尺度变化的变换矩阵可表示为

$$
\begin{bmatrix}
sx & 0 & 0 \\
0 & sy & 0 \\
0 & 0 & 1
\end{bmatrix}
\tag{7.2.32}
$$

其中，sx 和 sy 分别为 X 和 Y 方向上的尺度因子。因此，具有旋转角 θ 和尺度变化 a 的目标在笛卡儿平面上坐标变换的齐次方程可表示为

$$
\begin{bmatrix}
x \\
y \\
1
\end{bmatrix}
=
\begin{bmatrix}
a\cos\theta & -a\sin\theta & 0 \\
a\sin\theta & a\cos\theta & 0 \\
0 & 0 & 1
\end{bmatrix}
\begin{bmatrix}
x_0 \\
y_0 \\
1
\end{bmatrix}
\tag{7.2.33}
$$

3. 仿真实验

这里针对 3 种不同的场景进行了一系列的实验。预先给出了样本图像和模板，如图 7.15 所示。将样本图像随机旋转 $0° \sim 360°$，尺度随机缩放 $1 \sim 2$ 倍以获得旋转缩放图像。然后利用 SVRPIO 算法完成目标识别，并估计目标的旋转角度和缩放尺度，最后对模板进行仿射变换，在旋转缩放图像中将目标标记出来。在鸽群优化模型中，鸽子的数量初始化为 100，地图和指南针算子以及地标算子的迭代次数分别设置为 40 和 10。

(a)　　　　　　　　　　　(b)　　　　　　　　　　　(c)

图 7.15　样本图像与模板

(a) 案例 1: 空中加油图像和模板草图; (b) 案例 2: 城市图像与模板草图; (c) 案例 3: 四旋翼图像与模板草图

表 7.11 给出了图 7.15 所示的 3 种场景的样本和目标的大小。由于无人机需要实时处理且模板匹配算法比较耗时，这里进一步分析了所设计方法与图像大小相关的计算复杂度。算法的计算耗时记录在表 7.12 中，从纵向角度可知，运行算法 (GLPT-TM) 耗时主要与样本的 LPT 图像大小成正比，运行迭代 (SVRPIO) 时间与样本或目标的大小无关，而是取决于迭代次数，由于 3 种情况的迭代次数相同，所以运行时间是有限的且非常接近；从横向上看，SVRPIO 的计算复杂度明显低于 GLPT-TM，这是由于搜索策略的优化。

表 7.11　3 种场景下所提方法的图像大小及计算时间

场景	样本图像	LPT 图像	目标图像	LPT 图像	运行时间/s	
					GLPT-TM	SVRPIO
1	430×321	240×360	37×34	41×33	3.8877	1.0657
2	512×423	313×360	59×43	50×28	5.4093	1.0957
3	480×300	305×360	60×55	42×44	5.5842	1.0961

表 7.12　角度和尺度的实际值与估计值的比较

编号	旋转角度/(°)		尺度变化	
	实际值	估计值	实际值	估计值
1	−40	39	1.4	1.354
2	55	−55	1.5	1.475
3	127	−127	1.2	1.182

为了进一步验证 SVRPIO 算法的准确性和有效性，表 7.12 中比较了旋转角度和缩放变化的实际值和估计值。图 7.16 ~ 图 7.18 分别为场景 1 ~ 场景 3 的样本图像、适应度进化曲线和最终目标识别结果。从表 7.12 中可以明显看出，旋转角和比例因子的估计值与实际值相比是比较接近的，实际尺度变化与估计尺度变化之间的误差也较小。从图 7.16 ~ 图 7.18 中可进一步得出结论，计算出的旋转角度和比例因子是准确的，并且所给出的 SVRPIO 在识别旋转和比例变化的对象时是可行和有效的。实验结果同时可表明，鸽群优化算法收敛速度快，能高效地找到最优解。图 7.16(a) 为场景 1 的样本图像，图 7.16(b) 显示了鸽群优化模型中目标函数最佳值的进化曲线，反映了模板与当前最佳位置确定的子图像之间的相似性。在场景 1 中，样本图像顺时针旋转 40° 并放大 1.4 倍，图 7.16(c) 显示了目标在旋转缩放图像中被准确识别。类似地，在图 7.17 和图 7.18 中，背景是复杂的或对象具有相同颜色和相似形状的干涉目标。在图 7.17 所示的场景 2 中，将样本图像逆时针旋转 55°，并将其放大 1.5 倍。在图 7.18 所示的场景 3 中，样本图像逆时针旋转 127° 并放大 1.2 倍。图 7.17(b) 和图 7.18(b) 表明，收敛速度仍然较快，由图 7.17(c) 和图 7.18(c) 可以看出，当存在相同颜色和形状相似的干扰目标且背景复杂时，识别结果依然是准确的。

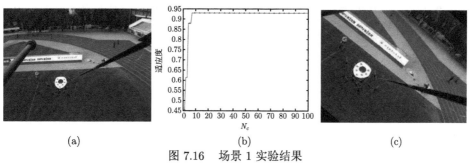

(a)　　　　　　　　　　　　　(b)　　　　　　　　　　　　　(c)

图 7.16　场景 1 实验结果

(a) 模板图; (b) 目标函数最优值进化曲线; (c) 旋转缩放图像识别结果

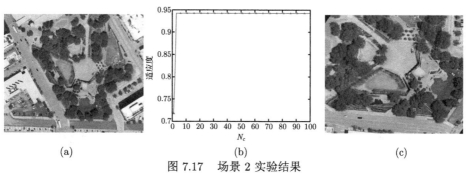

(a)　　　　　　　　　　　　　(b)　　　　　　　　　　　　　(c)

图 7.17　场景 2 实验结果

(a) 模板图; (b) 目标函数最优值进化曲线; (c) 旋转缩放图像识别结果

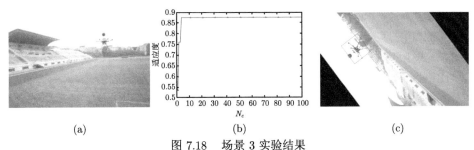

(a)   (b)   (c)

图 7.18   场景 3 实验结果

(a) 模板图; (b) 目标函数最优值进化曲线; (c) 旋转缩放图像识别结果

7.3   数据挖掘

7.3.1   组合多目标鸽群优化数据聚类

多目标数据聚类是数据挖掘的核心问题之一，利用多目标优化技术实现数据聚类是一个重要方向 [39,40]。针对数据聚类问题，本节介绍一种具有环形拓扑结构的组合多目标鸽群优化 (CMOPIO) 算法 [41]。在 CMOPIO 算法中，采用基于 delta 轨迹的编码方法对鸽子进行编码，利用辅助向量对鸽群优化算法进行离散化，设计了一种基于索引的环形拓扑结构，有助于保持鸽子群体的多样性，从而提高目标鸽群优化算法的总体性能。

1. 任务描述

1) 多目标聚类

给定一个具有 N_{data} 个 D_{dim} 维数据的数据集 $\boldsymbol{D}$，该数据集的分区聚类问题可表示为

$$c_i \neq \varnothing, \quad i = 1, 2, \cdots, N$$

$$c_i \cap c_j = \varnothing, \quad i \neq j \tag{7.3.1}$$

$$\cup_{i=1}^{k} c_i = \boldsymbol{D} \quad \text{或} \quad \sum_{i=1}^{k} \|c_i\| = N_{\text{data}}$$

其中，$\boldsymbol{C} = [c_1, c_2, \cdots, c_N]$ 为聚类结果；N 为簇的个数；$\cup$ 为两个簇的并集；$\cap$ 为两个簇的交集；$\varnothing$ 为空集；$\|c_i\|$ 用于计算簇 c_i 中包含的数据个数。

从优化角度而言，数据聚类是指将同质数据分为一簇，将异质数据分离，以使某些聚类准则达到最优。一般情况下，单个聚类准则可能无法平衡整个数据聚类的整体性能，通过同时考虑多个聚类准则 (这些准则之间可能存在冲突) 可获得

更灵活有效的聚类效果, 即多目标聚类 (multi-objective clustering, MOC) 问题。MOC 优化可表述为找到一组聚类解 C, 使

$$\min \boldsymbol{f}(\boldsymbol{C}) = [f_1(\boldsymbol{C}),\ f_2(\boldsymbol{C}),\ \cdots,\ f_m(\boldsymbol{C})] \tag{7.3.2}$$

其中, $\boldsymbol{f}(\boldsymbol{C}) \in R^m$ 为目标函数 (聚类准则) 向量; $f_i(\boldsymbol{C}), i \in [1, 2, \cdots, m]$ 表示第 i 个聚类准则, 这里 m 为聚类准则个数, 所有满足公式 (7.3.1) 中相应约束的聚类解构成整个解空间。

对于 MOC 优化问题, 这里以图 7.19 为例, 引入了如下基本概念。

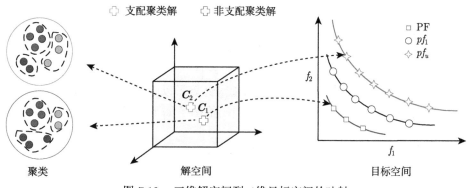

图 7.19 三维解空间到二维目标空间的映射

定义 7.1 支配 [42] 聚类解 C_2 被聚类解 C_1 支配, 当满足以下条件:

$$\forall i \in [1, 2, \cdots, m] \quad f_i(\boldsymbol{C}_1) \leqslant f_i(\boldsymbol{C}_2)$$
$$\exists i : \quad f_i(\boldsymbol{C}_1) < f_i(\boldsymbol{C}_2) \tag{7.3.3}$$

定义 7.2 帕累托最优解 如果没有任何解支配聚类解 C_i, 那么聚类解 C_i 被认为是一个帕累托最优解, 帕累托解集由这些帕累托解组成 [43-45]。

定义 7.3 帕累托前沿 非支配聚类解集到目标空间的映射构成了帕累托前沿, 帕累托前沿描述了各种冲突聚类准则之间的权衡。

2) 聚类准则

采用多目标优化算法解决 MOC 问题的核心关键是如何选择合适的目标函数。一般而言, 连接性和紧密性是评价聚类解的常用度量指标 [46], 这里将这两个准则作为目标函数, 采用如下簇内方差来表示聚类的紧密性:

$$f_1(\boldsymbol{C}) = \frac{1}{N} \sum_{c_j \in C} V(c_j), \quad V(c_j) = \sum_{i \in c_j} d(i, \mu(c_j))^2 \tag{7.3.4}$$

其中，$\mu(c_j)$ 为簇 c_j 的中心；$d(i, \mu(c_j))$ 为位于簇 c_j 内的节点 i 和簇中心之间的欧几里得距离。聚类的连接性可用如下函数表示：

$$f_2(\boldsymbol{C}) = \sum_{i=1}^{N} \sum_{j=1}^{L} \eta(i, j)$$

$$\eta(i, j) = \begin{cases} j^{-1}, & \text{如果 no } c_k \in \boldsymbol{C} \text{ s.t. } i \in c_k \cap nn_{ij} \in c_k \\ 0, & \text{其他} \end{cases}$$

(7.3.5)

其中，L 为邻域的大小；nn_{ij} 为节点 i 的第 j 个最近邻。

2. 算法设计

1) 具有过渡因子的基本鸽群优化算法

考虑一个包含 N_p 个个体的鸽群，群体中每只鸽子具有一个位置向量 $\boldsymbol{X}_i = [\boldsymbol{X}_{i,1}, \boldsymbol{X}_{i,2}, \cdots, \boldsymbol{X}_{i,D}]$ 和一个速度向量 $\boldsymbol{V}_i = [\boldsymbol{V}_{i,1}, \boldsymbol{V}_{i,2}, \cdots, \boldsymbol{V}_{i,D}]$，整个搜索过程依赖于两个相互独立的循环，地图和指南针算子以及地标算子，通过过渡因子 α 将这两个独立的迭代过程连接起来 [47]，给出了如下鸽子位置和速度的更新公式：

$$\begin{cases} \boldsymbol{V}_i^{t+1} = \mathrm{e}^{-R(t+1)} \boldsymbol{V}_i^t + \alpha r_1 (1 - \log_{T_{\max}}(t+1))(\boldsymbol{X}_g^t - \boldsymbol{X}_i^t) \\ \qquad\quad + \alpha r_2 \log_{T_{\max}}(t+1)(\boldsymbol{X}_c^t - \boldsymbol{X}_i^t) \\ \boldsymbol{X}_i^{t+1} = \boldsymbol{X}_i^t + \boldsymbol{X}_i^{t+1} \\ N_p^{t+1} = N_p^t - N_d \\ \boldsymbol{X}_c = \dfrac{\displaystyle\sum_{j=1}^{N_p^t} \boldsymbol{X}_j^{t+1}}{N_p^{t+1}} \end{cases}$$

(7.3.6)

其中，R 为地图和指南针算子，主要用于控制历史速度对当前速度的影响程度；t 表示迭代次数；r_1 和 r_2 为服从正态分布的随机数；$\boldsymbol{X}_g = [\boldsymbol{X}_{g,1}, \boldsymbol{X}_{g,2}, \cdots, \boldsymbol{X}_{g,D}]$ 为鸽群的全局历史最优位置，$\boldsymbol{X}_g$ 和 $\boldsymbol{X}_c = [\boldsymbol{X}_{c,1}, \boldsymbol{X}_{c,2}, \cdots, \boldsymbol{X}_{c,D}]$ 对鸽群在解空间中的运动起着重要的引导作用；N_d 为每次迭代过程中舍弃的鸽子数目；$T_{\max}$ 为最大迭代次数；$\log_{T_{\max}}(t)$ 为对数函数。随着迭代次数 t 的增加，$\boldsymbol{X}_i^t$ 更多地依赖于 $\boldsymbol{X}_c$ 而不是 $\boldsymbol{X}_g$。在 α 的作用下，地图和指南针算子以及地标算子之间的转换可顺利完成过渡。

2) 鸽子编码

在扩展鸽群优化算法以解决数据聚类问题时，有几个重要的问题需要解决。第一个问题是聚类解的表示，这里用鸽子的位置来描述。为了解决该问题，人们采用了一种基于最小生成树 (minimum spanning trees，MST) 信息的编码算法 [48]，称为 delta-轨迹编码。受到该方法启发，鸽子可按照如下步骤进行编码。

A. MST 生成

MST 是使所有边权重之和最小的图的生成树，是建立有线网络和研究基因序列进化关系的有效工具 [49]。利用 MST 来描述数据的簇所属关系，将相互连接的节点划分到同一个簇中，每个节点之间的距离用来表示节点的不相似程度。数据聚类的目的是根据某个标准或数据的内在性质及规律将相似度高的数据划分到同一簇，而相似度较低的数据划分到不同的簇。用节点间的欧几里得距离 $d_{ij} = \|\boldsymbol{X}_i - \boldsymbol{X}_j\| = \sqrt{(\boldsymbol{X}_{i,1} - \boldsymbol{X}_{j,1})^2 + \cdots + (\boldsymbol{X}_{i,D} - \boldsymbol{X}_{j,D})^2}$ 表示数据集中节点 i 和节点 j 间的差异性，欧几里得距离 d_{ij} 越小，数据集中两节点的差异性越小，其被划分为同一簇的可能性越大。计算数据集中所有节点间的欧几里得距离 d_{ij}，并对其进行归一化处理 $d^*(i,j) = (d_{ij} - d_{\min})(d_{\max} - d_{\min})^{-1}$，对距离按照升序进行排序，可得如下邻接矩阵：

$$\boldsymbol{N}_{\text{nearest}} = \begin{bmatrix} n_{11} & n_{12} & \cdots & n_{1N_{\text{data}}} \\ n_{21} & n_{22} & \cdots & n_{2N_{\text{data}}} \\ \vdots & \vdots & \vdots & \vdots \\ n_{N_{\text{data}}1} & n_{N_{\text{data}}2} & \cdots & n_{N_{\text{data}}N_{\text{data}}} \end{bmatrix} \tag{7.3.7}$$

其中，$\begin{bmatrix} n_{j1} & n_{j2} & \cdots & n_{jN_{\text{data}}} \end{bmatrix}$ 表示根据数据集中所有节点与节点 j 间的差异性由小到大进行排序得到的各个邻接节点的编号，$j = 1, 2, \cdots, N_{\text{data}}$。基于 $\boldsymbol{N}_{\text{nearest}}$ 使用 Prim 算法可建立如图 7.20(a) 所示的 7 个节点数据集的 MST。

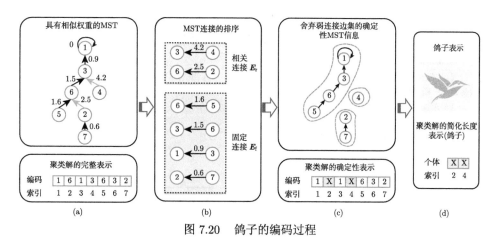

图 7.20　鸽子的编码过程

如图 7.20(a) 所示，所有连接的节点将被划分到同一个簇中，可得到聚类解

的全长编码为 $r = [i, j, \cdots, k], \|r\| = N_{\text{data}}$。聚类结果 r 中每一项的索引表示每条边起始节点，r 中的每一个元素表示每条边的终止节点。例如，边 $2 \to 6$ 可以编码为 $r(2) = 6$。

B. 鸽子编码缩短

在进行下一步之前，首先给出边 $i \to j$ 的相似权值概念[48]：

$$\text{sw}\,(i \to j) = \min(nn_i(j), nn_j(i)) + d^*(i, j) \tag{7.3.8}$$

其中，$nn_i(j)$ 用于计算节点 j 是节点 i 的第几个最近邻。若 $a = nn_i(j)$，则节点 j 是节点 i 的第 a 个最近邻。权值 $\text{sw}\,(i \to j)$ 越大，节点 j 与节点 i 之间的差异越大，其被划分为同一簇的可能性越小。

根据公式 (7.3.8) 计算数据集的 MST 的所有边的相似权值，并将这些边对应的权值进行排序，可得如图 7.20(b) 所示的结果。同时，引入参数将 MST 的边划分为弱连接边集 E_r 和强连接边集 E_f。将权值较大的 $\lambda \times (N_{\text{data}} - 1)$ 条边加入弱连接边集 $E_r(0 \leqslant \lambda \leqslant 1)$，剩余的 $(1 - \lambda) \times (N_{\text{data}} - 1)$ 条边加入强连接边集 E_f。在后续的处理中，只考虑弱连接边集的重新分簇，而认为强连接边集是不变的，将强连接边集对应的局部聚类结果表示为 C_{general}，则 C_{general} 中所有的鸽子共享固定不变的信息。如图 7.20(c) 所示，所有强连接边的连接关系均不发生改变，而弱连接边集则被舍弃，分别将所有弱连接边的起点和终点存储在集合 S_r 和 T_r 中，通过给弱连接起点集 S_r 中的所有节点 j 重新分配连接终点 l，从而形成新的边 $j \to l$ 来代替原弱连接边 $j \to i$，全部弱连接终点 l 组成第 i 只鸽子的位置 $X_i = [X_{i1}, X_{i2}, \cdots, X_{iN_{\text{ws}}}]$，其中 $N_{\text{ws}} = \lambda \times (N_{\text{data}} - 1)$ 为 S_r 中节点的数目。从而可将鸽子的编码长度从 N_{data} 减小到 $\lambda \times (N_{\text{data}} - 1)$ (图 7.20(d))，鸽子编码缩短的具体实现过程如表 7.13 中算法 7.1 所示。

表 7.13　鸽子编码实现过程

算法 7.1: 鸽群编码生成 (S_r，T_r，N_{nearest}，N_p)
输入：弱连接边的起点集 S_r 和终点集 T_r，邻接矩阵 N_{nearest}，鸽群中的个体数 N_p
参数初始化：所考虑的节点的邻域大小 L
for $i = 1 : N_p$
　for $j = 1 : \text{size}(S_r)$
　　　$X_{i,j} = N_{\text{nearest}}(S_r(j), \text{ceil}(L \times \text{rand}(1)))$ if $x_{i,j} \neq T_r(j)$
　end for
end for
输出：鸽群中所有个体的位置向量 X_i，$i = 1, 2, \cdots, N_p$

3) 评价鸽子

A. 强连接边集的预评价

强连接边集的定义允许对所有聚类解的共有信息 C_{general} 进行预评价。在每次迭代中，只需要评价缩短长度的鸽子编码。该机制大大降低了计算负荷和搜索空间的维数，从而使搜索难度降低，保证了搜索能力和搜索速度。如图 7.20(c) 所示，采用公式 (7.3.4) 和公式 (7.3.5) 即可计算出 C_{general} 对应的目标函数值 $f_1(C_{\text{general}})$ 和 $f_2(C_{\text{general}})$。

B. 评价鸽子

如图 7.21 所示，将 C_{general} 与缩短长度的鸽子编码相结合，可以重构出全长编码的鸽子，对全长度鸽子进行解码就可以得到聚类结果。由于所有生成的鸽子均包含 C_{general}，可先对聚类解的共有信息 C_{general} 进行预评价。由于鸽子的位置存储了弱连接边重新分配的终点，所以，第 i 只鸽子的产生意味着在预评价中获得的一些不同的簇的合并 (图 7.21(b) 和 (c))。将簇 c_i 和簇 c_j 合并获得新簇 $c_m = c_i \cup c_j$，可得

$$V(c_m) = V(c_j) + \|c_j\| d(\mu(c_m), \mu(c_j)) + V(c_i) + \|c_i\| d(\mu(c_m), \mu(c_i)) \qquad (7.3.9)$$

其中，$V(c_j)$ 和 $V(c_i)$ 在预评价过程中获得；$\mu(c_m) = (\|c_j\| \mu(c_j) + \|c_i\| \mu(c_i)) \|c_m\|^{-1}$ 为新簇 c_m 的中心。通过从 $f_1(C_{\text{general}})$ 减去 $V(c_j)$ 和 $V(c_i)$，并加上新簇 c_m 的 $V(c_m)$ 可以更新鸽子 i 的连接性目标函数值 $f_1(p_i)$。重复上述步骤直到没有需要合并的簇时，可得鸽子的连接性目标函数值 $f_1(p_i)$。

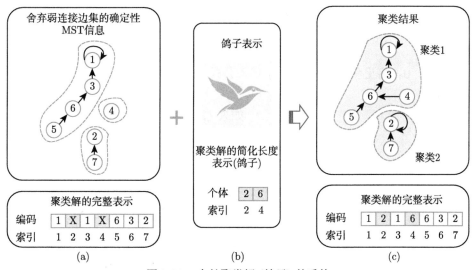

图 7.21 全长聚类解 (鸽子) 的重构

对于紧密性目标函数，$f_2(C_{\text{general}})$ 为指定范围内的节点与其最近的邻居未明确归入同一簇的惩罚值之和。如前所述，每只鸽子的产生和更新意味着将一些不同的簇合并在一起，这样的结果就是将一些特定范围内不属于同一簇的节点及其

邻居归为同一类。因此，通过从 $f_2(\boldsymbol{C}_{\text{general}})$ 中减去对这些节点的惩罚值就可以得到鸽子的紧密性目标函数值 $f_2(\boldsymbol{p}_i)$。

4) CMOPIO 算法实现

A. 鸽群优化算法离散化

引入辅助向量 $\boldsymbol{\zeta}_i = [\zeta_{i,1}, \zeta_{i,2}, \cdots, \zeta_{i,\text{dim}}]$ 将连续鸽群优化算法转化为离散鸽群优化算法 ($\zeta_{i,j} \in [-1, 0, 1]$)，使其可用于求解聚类优化问题。

$$\zeta_{i,j}(t) = \begin{cases} -1, & \text{如果 } \boldsymbol{X}^t_{i,j} = \boldsymbol{X}^t_{\text{c},j} \\ 0, & \text{其他} \\ 1, & \text{如果 } \boldsymbol{X}^t_{i,j} = \boldsymbol{X}^t_{\text{g},j} \end{cases} \qquad (7.3.10)$$

其中，若 $x^t_{i,j}(t) = x^t_{\text{center},j} = x^t_{\text{gbest},j}$，那么 $\zeta_{i,j}(t) = -1$ 或者 $\zeta_{i,j}(t) = 1$。根据 $\boldsymbol{\zeta}_i$ 的定义，如公式 (7.3.6) 所示的速度更新公式可重新表示为

$$\boldsymbol{V}^{t+1}_i = \text{e}^{-R(t+1)}\boldsymbol{V}^t_i + \alpha r_1(1 - \log_{T_{\max}}(t+1))(1 - \boldsymbol{\zeta}_i(t)) + \alpha r_2 \log_{T_{\max}}(t+1)(-1 - \boldsymbol{\zeta}_i(t))$$
$$(7.3.11)$$

根据 $t + 1$ 时刻鸽子的速度向量 $\boldsymbol{V}^{t+1}_i$，可计算出 $\zeta_i(t+1)$，具体如下：

$$\zeta_{ij}(t+1) = \begin{cases} 1, & \text{如果 } \zeta_{i,j}(t) + \boldsymbol{V}^{t+1}_{i,j} > \beta \\ 0, & \text{其他} \\ -1, & \text{如果 } \zeta_{i,j}(t) + \boldsymbol{V}^{t+1}_{i,j} < -\beta \end{cases} \qquad (7.3.12)$$

其中，$\beta > 0$。将更新后的 $\zeta_i(t+1)$ 代入公式 (7.3.10)，可得 $t + 1$ 时刻鸽子 i 的位置向量为

$$x^{t+1}_{i,j} = \begin{cases} x^t_{\text{gbest},j}, & \text{如果 } \zeta_{i,j}(t+1) = 1 \\ \kappa, & \text{其他} \\ x^t_{\text{center},j}, & \text{如果 } \zeta_{i,j}(t+1) = -1 \end{cases} \qquad (7.3.13)$$

其中，κ 为随机选择的 $\boldsymbol{X}^t_{i,j}$ 最近邻。

在组合鸽群优化算法中，与位置向量 $\boldsymbol{X}_i$ 相关联的辅助向量 $\boldsymbol{\zeta}_i$ 的引入允许从组合状态过渡到连续状态，反之亦然。

B. 具有环状拓扑的 CMOPIO 算法

这里引入了一种环形拓扑结构，以缓解鸽群优化算法过早收敛问题并提高种群多样性。基于该拓扑结构，设计了基于帕累托支配排序[50] 和拥挤距离选择机制[51] 的 CMOPIO 算法。图 7-22 给出了一个由 $N_{\text{p}} = 6$ 只鸽子组成的鸽群环状交互拓扑，每只鸽子只与其直接连接邻居进行交互。此外，每只鸽子 i 具有一个局部存储器来存储其近邻最优位置 $\boldsymbol{X}_{\text{nbest}\_i}$。鸽子 i 的交互邻居仅由鸽子 $i - 1$ 和

$i+1$ 组成, 若 i 为第一只鸽子, 那么其交互邻居为第二只鸽子和最后一只鸽子, 若 i 为最后一只鸽子, 那么它的交互邻居为第一只鸽子和第 $N_{\mathrm{p}}-1$ 只鸽子, 这种环形交互拓扑可以有效地限制鸽子之间的信息传递速度, 从而缓解算法过早收敛问题。

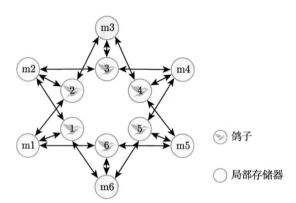

图 7.22 具有环状拓扑的 CMOPIO

在 CMOPIO 算法引入环形交互拓扑后, 鸽子的位置和速度更新公式 (7.3.10) ~ 公式 (7.3.13) 中的群体历史最优位置 $\boldsymbol{X}_{\mathrm{g}}$ 和群体中心位置 $\boldsymbol{X}_{\mathrm{c}}$ 将分别由邻域历史最优位置 $\boldsymbol{X}_{\mathrm{nbest}\_i}=[\boldsymbol{X}_{\mathrm{nbest}\_i,1},\boldsymbol{X}_{\mathrm{nbest}\_i,2},\cdots,\boldsymbol{X}_{\mathrm{nbest}\_i,D}]$ 和局部邻域中心位置 $\boldsymbol{X}_{\mathrm{c}\_i}=[\boldsymbol{X}_{\mathrm{c}\_i,1},\boldsymbol{X}_{\mathrm{c}\_i,2},\cdots,\boldsymbol{X}_{\mathrm{c}\_i,D}]$ 来代替, 可重新表示为

$$\zeta_{i,j}(t)=\begin{cases} -1, & \text{如果 } \boldsymbol{X}_{i,j}^{t}=\boldsymbol{X}_{\mathrm{c}\_i,j}^{t} \\ 0, & \text{其他} \\ 1, & \text{如果 } \boldsymbol{X}_{i,j}^{t}=\boldsymbol{X}_{\mathrm{nbest}\_i,j}^{t} \end{cases} \tag{7.3.14}$$

$$\boldsymbol{X}_{i,j}^{t+1}=\begin{cases} \boldsymbol{X}_{\mathrm{nbest}\_i,j}^{t}, & \text{如果 } \zeta_{i,j}(t)=1 \\ \kappa, & \text{其他} \\ \boldsymbol{X}_{\mathrm{c}\_i,j}^{t}, & \text{如果 } \zeta_{i,j}(t)=-1 \end{cases} \tag{7.3.15}$$

多目标优化问题的典型特征是有多个相互冲突的目标, 其可行解不是唯一的。在使用 CMOPIO 算法来解决 MOC 问题时, 需要解决一个问题, 即历史个体最优位置 $\boldsymbol{X}_{\mathrm{pbest}\_i}$ 和邻域历史最优位置 $\boldsymbol{X}_{\mathrm{nbest}\_i}$ 的选择。在 CMOPIO 算法中, 将结合帕累托支配排序和拥挤距离选择机制来选择这些最优位置。这里, 定义了一个最大容量为 N_{nba} 的邻域最优存档 NBA$_i$ 来存储第 i 只鸽子的邻域最优位置[52]。应用 CMOPIO 算法求解 MOC 优化问题的整体框架如表 7.14 中算法 7.2 所示。

表 7.14　CMOPIO 算法求解 MOC 框架

算法 7.2: 使用 CMOPIO 算法求解 MOC 的框架	
参数初始化:	地图和指南针算子 R, 最大迭代次数 $T_{\max}$, 鸽群的个体数 N_{p}, 邻域最优存档 $\mathrm{NBA}_i, i = 1, 2, \cdots, N_{\mathrm{p}}$, 存档的最大容量 N_{nba}, 个体的历史最优位置 $\boldsymbol{X}_{\mathrm{pbest}\_i}, i = 1, 2, \cdots, N_{\mathrm{p}}$, 过渡因子 α, 指定的节点邻域大小 L。
输入:	具有 N_{data} 个维数为 D_{dim} 的数据集
1:	计算节点 i 和节点 j 的差异 d_{ij}, 并对其进行归一化处理, 同时, 对其进行排序以获得邻接矩阵 $\boldsymbol{N}_{\mathrm{nearest}}$
2:	基于 $\boldsymbol{N}_{\mathrm{nearest}}$, 使用 Prim 算法构建
3:	使用公式 (7.3.8) 计算 MST 的边的相似权值大小
4:	通过对 MST 边的相似权值进行升序排序, 然后将所有 MST 边划分为弱连接边集 $\boldsymbol{E}_{\mathrm{r}}$ 和强连接边集 $\boldsymbol{E}_{\mathrm{f}}$。同时, 将弱连接边集中边的起点和终点分别划分到集合 $\boldsymbol{S}_{\mathrm{r}}$ 和 $\boldsymbol{T}_{\mathrm{r}}$ 中
5:	对于强连接边集 $\boldsymbol{E}_{\mathrm{f}}$, 通过将连接的节点划分到同一个簇中可以获得相应的预聚类结果 C_{general}, C_{general} 为鸽群中所有鸽子共享的信息, 然后对 C_{general} 进行预评价
6:	使用算法 7.1 对鸽群进行初始化: Generate Pigeon ($\boldsymbol{S}_{\mathrm{r}}$, $\boldsymbol{T}_{\mathrm{r}}$, $\boldsymbol{N}_{\mathrm{nearest}}$, N_{p})
7:	根据评价步骤对鸽群进行评价, 计算每只鸽子对应的目标函数 $f_i = [f_1(\boldsymbol{X}_i), f_2(\boldsymbol{X}_i)]$, $i = 1, 2, \cdots, N_{\mathrm{p}}$
8:	基于帕累托支配排序和拥挤距离选择机制选择需要存储到 $\mathrm{NBA}_i, i = 1, 2, \cdots, N_{\mathrm{p}}$ 的鸽子位置和 $\boldsymbol{X}_{\mathrm{pbest}\_i}, i = 1, 2, \cdots, N_{\mathrm{p}}$。使用帕累托支配排序技术对 NBA_i 进行排序, 如果其 NBA_i 大小超过 N_{nba}, 则丢弃冗余的项。 若 $i = 1$, 那么 $\mathrm{temp\_NBA}_i = (\boldsymbol{X}_{\mathrm{pbest}\_N_{\mathrm{p}}} \cup \boldsymbol{X}_{\mathrm{pbest}\_i} \cup \boldsymbol{X}_{\mathrm{pbest}\_i+1})$ 若 $i = N_{\mathrm{p}}$, 那么 $\mathrm{temp\_NBA}_i = (\boldsymbol{X}_{\mathrm{pbest}\_1} \cup \boldsymbol{X}_{\mathrm{pbest}\_i} \cup \boldsymbol{X}_{\mathrm{pbest}\_i-1})$ 否则, $\mathrm{temp\_NBA}_i = (\boldsymbol{X}_{\mathrm{pbest}\_i+1} \cup \boldsymbol{X}_{\mathrm{pbest}\_i} \cup \boldsymbol{X}_{\mathrm{pbest}\_i-1})$ $\mathrm{NBA}_i = \mathrm{NonDominatedSort}(\mathrm{NBA}_i \cup \mathrm{temp\_NBA}_i)$ 若 $\mathrm{size}(\mathrm{NBA}_i) > N_{\mathrm{nba}}$, 那么 $\mathrm{NBA}_i = \mathrm{NBA}_i(1 : N_{\mathrm{nba}}, :)$ $\boldsymbol{X}_{\mathrm{pbest}\_i} = \mathrm{NonDominatedSort}(\boldsymbol{X}_{\mathrm{pbest}\_i} \cup \boldsymbol{X}_i)$
9:	更新每只鸽子的领导者 $\boldsymbol{X}_{\mathrm{nbest}\_i}$, 将位于 NBA_i 的第一项作为 $\boldsymbol{X}_{\mathrm{nbest}\_i}$。 $\mathrm{NBA}_i = \mathrm{NonDominatedSort}(\mathrm{NBA}_i)$, $\boldsymbol{X}_{\mathrm{nbest}\_i} = \mathrm{NBA}_i(1, :)$
10:	计算局部邻域中心位置 $\boldsymbol{X}_{\mathrm{c}\_i}$ 若 $i = 1$, 那么 $\boldsymbol{X}_{\mathrm{c}\_i} = \mathrm{ceil}\left((\boldsymbol{X}_{N_{\mathrm{p}}} + \boldsymbol{X}_i + \boldsymbol{X}_{i+1})/3\right)$ 若 $i = N_{\mathrm{p}}$, 那么 $\boldsymbol{X}_{\mathrm{c}\_i} = \mathrm{ceil}\left((\boldsymbol{X}_{N_{\mathrm{p}}-1} + \boldsymbol{X}_i + \boldsymbol{X}_1)/3\right)$ 否则, $\boldsymbol{X}_{\mathrm{c}\_i} = \mathrm{ceil}\left((\boldsymbol{X}_{i-1} + \boldsymbol{X}_i + \boldsymbol{X}_{i+1})/3\right)$
11:	使用公式 (7.3.11) 和公式 (7.3.15) 更新鸽子的速度 $\boldsymbol{V}_i$ 和位置 $\boldsymbol{X}_i$
12:	返回步骤 7 继续执行, 直到达到终止条件 $t \geqslant T_{\max}$
13:	输出帕累托前沿和帕累托最优解集, 重构并解码帕累托最优解, 得到数据集聚类结果

3. 仿真实验

1) 仿真结果

这里对一系列不同类型和性质的数据集进行聚类仿真实验, CMOPIO 算法中的参数设置如表 7.15 所示, 每个数据集分别进行 5 次独立实验。

表 7.15 **CMOPIO 算法中的参数设置**

符号	意义	值
λ	用于确定鸽子的编码长度	0.2
N_p	鸽群规模	20
m	目标函数个数	2
T_{max}	最大迭代次数	80
N_{nba}	邻域最优位置存档的最大容量	15
α	转换因子	3
L	节点邻域大小	$N_{data}/6$
R	地图和指南针算子	0.3

五个不同数据集的聚类结果如图 7.23 ～ 图 7.27 所示。图 7.23 为 smile 数据

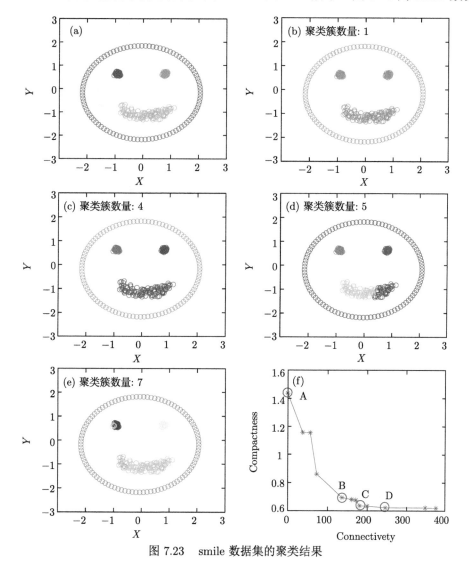

图 7.23 smile 数据集的聚类结果

集的聚类结果，其中图 7.23(a) 为 smile 数据集的给定聚类结果，图 7.23(f) 为采用
CMOPIO 算法获得的 smile 数据集的聚类帕累托前沿曲线，表示聚类目标函数最
优解的集合，根据聚类指标的要求，可以得到不同的最优数据聚类结果。图 7.23(b)
为图 7.23(f) 中帕累托前沿曲线上 A 点所对应的数据聚类结果。图 7.23(c)~(e) 分
别为帕累托前沿曲线上 B、C、D 点对应的聚类结果。从 smile 数据集 (图 7.23)、
spiral 数据集 (图 7.24)、第一个 square 数据集 (图 7.25)、第二个 square 数据集
(图 7.26)、第三个 square 数据集 (图 7.27) 的聚类结果可见，组合多目标鸽群优
化数据聚类算法可有效地实现数据聚类。

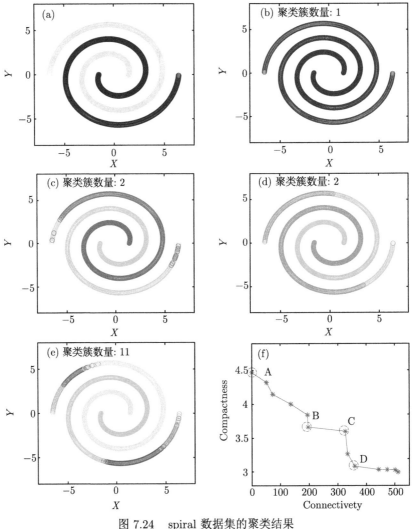

图 7.24　spiral 数据集的聚类结果

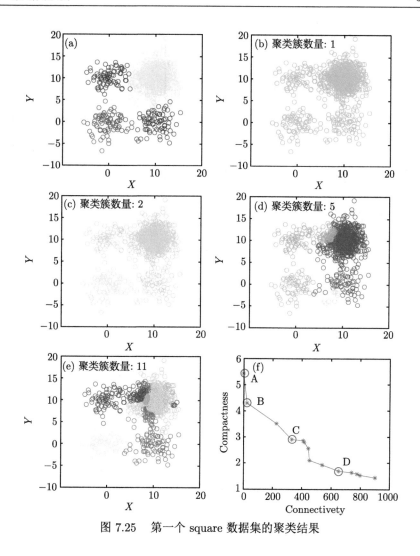

图 7.25 第一个 square 数据集的聚类结果

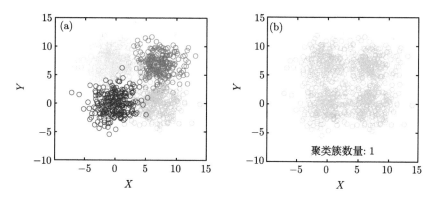

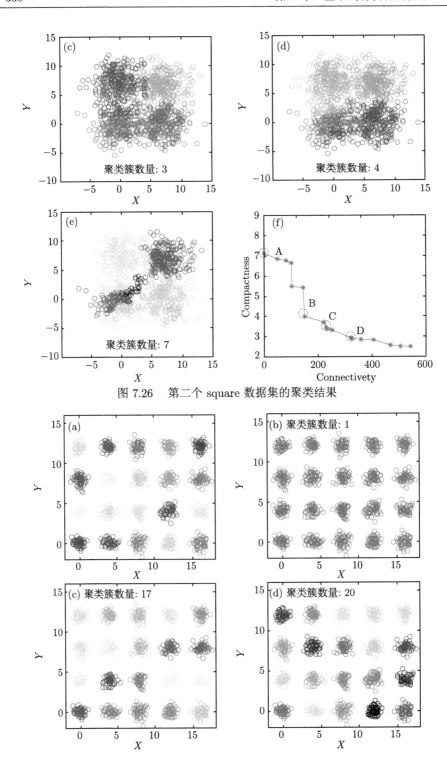

图 7.26　第二个 square 数据集的聚类结果

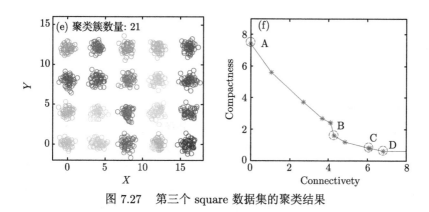

图 7.27 第三个 square 数据集的聚类结果

2) 与其他聚类算法的对比

这里将所设计的 CMOPIO 算法与现有的两种流行的聚类算法 K 均值算法 [53] 和 K 中心点算法 [54]，以及多目标优化算法–非支配排序 GA-II (NSGA-II)[55] 进行了性能比较。NSGA-II 算法的种群大小、最大迭代次数等参数的设置与表 7.15 给出的值相同，同样使用上述数据集作为测试数据集。采用改进后的兰德指数 (adjusted Rand index, ARI) 和平均轮廓系数 (average silhouette coefficient，ASC) 两个指标对四种不同聚类算法的聚类结果进行评价。20 次独立运行后的 ARI 和 ASC 的平均值作为每种方法的定量评价，在 5 个数据集上的实验结果如表 7.16 所示。可以看出，4 种算法在求解数据集的聚类时都具有良好的聚类能力。尽管 CMOPIO 算法在求解第一个 square 数据集和第二个 square 数据集时的 ARI 值都小于其他两种方法，就 ARI 和 ASC 两方面而言，CMOPIO 算法优于 K 均值、NSGA-II 和 K 中心点算法。

表 7.16　CMOPIO, K 均值, K 中心点和 NSGA-II 聚类结果的 ARI 和 ASC 对比

数据集	N_{data}	N	CMOPIO		K 均值		K 中心点		NSGA-II	
			ARI	ASC	ARI	ASC	ARI	ASC	ARI	ASC
Smile	400	4	1.0000	0.6019	0.5449	0.6922	0.5819	0.5849	0.5725	0.6557
Spiral	1000	2	0.8948	0.1254	0.0359	0.5116	0.0375	0.5116	0.0522	0.4811
第一个 square	1000	4	0.4336	0.5045	0.4409	0.5032	0.2326	0.4401	0.4224	0.3571
第二个 square	1000	4	0.6211	0.5838	0.8324	0.5115	0.8372	0.6798	0.9062	0.5254
第三个 square	1000	20	1.0000	0.9185	0.8744	0.7547	0.6856	0.5511	0.3621	0.6584

7.3.2　融合粒子群鸽群优化数据预测

本节分别介绍小波包分解 (wavelet packet decomposition, WPD)、改进鸽群优化 (improved pigeon-inspired optimization, IPIO) 算法、改进极限学习机 (modified extreme learning machine, MELM)、多维标度和 K 均值 (multi-dimensional scaling and K-means, MSK) 聚类方法, 并设计一种用于城市空气质量指数 (air quality index, AQI) 预测的混合 WPD-MELM-MSK-MELM 学习方法 [56]。

1. 方法描述

1) 小波包分解

小波包分解是一种有适应能力且有效的分解方法 [57]。WPD 能将原始序列分解为几个低频子序列, 是小波分解 (wavelet decomposition, WD) 的有效拓展方法。它可以对原始信号频带进行多级划分, 以提高信号在时域和频域的分辨率。WD 只能将原始信号分解为更低频的子序列。然而, WPD 算法能将原始信号进行高低频分解, 可采用 WPD 对复杂非平稳时间序列信号进行分解和分析, 已广泛应用于工业、环境分析、经济和金融等领域。

2) 改进鸽群优化算法

鸽群优化算法在工业生产中得到了日益广泛的应用 [58-61]。鸽群优化算法模仿鸽子的归巢行为, 通过使用地图和指南针算子以及地标算子可找到全局最优解 [62,63]。受混合蜻蜓算法的启发 [64], 这里将粒子群优化融合到鸽群优化模型中, 设计了一种新的改进鸽群优化算法, 以提高全局搜索寻优能力。

改进后鸽群优化算法的具体步骤如下:

Step 1 初始化粒子群优化算法参数, 利用粒子群优化算法进行参数优化, 并将自适应突变操作引入粒子群优化算法中。粒子在每次相互作用中以一定的概率进行初始化。自适应突变操作可增强粒子群优化算法种群的多样性, 扩大粒子的搜索空间。粒子群优化算法中速度和位置的更新公式为

$$\boldsymbol{V}_i^{t+1} = w \cdot \boldsymbol{V}_i^t + l_1 \cdot \mathrm{rand}_1 \cdot \left(\boldsymbol{X}_{\mathrm{p}i}^t - \boldsymbol{X}_i^t \right) + l_2 \cdot \mathrm{rand}_2 \cdot \left(\boldsymbol{X}_{\mathrm{g}}^t - \boldsymbol{X}_i^t \right) \qquad (7.3.16)$$

$$\boldsymbol{X}_i^{t+1} = \boldsymbol{X}_i^t + \boldsymbol{V}_i^t \qquad (7.3.17)$$

其中, $\boldsymbol{V}_i^t$ 和 $\boldsymbol{X}_i^t$ 分别为第 i 个粒子在第 t 次迭代中的速度和位置; w 为惯性权重; l_1 和 l_2 为 PSO 算法中的加速度因子; $\boldsymbol{X}_{\mathrm{p}i}$ 为个体最佳位置; $\boldsymbol{X}_{\mathrm{g}}$ 为全局最优位置; rand_1 和 rand_2 为 $0 \sim 1$ 的随机数。

Step 2 初始化鸽群优化算法的参数, 并将粒子群优化的全局最优值引入鸽群优化算法。若粒子群优化算法的全局最佳适应度值优于鸽群优化算法的初始值, 则将粒子群优化算法的全局最优值代入鸽群优化算法进行优化。

Step 3 采用鸽群优化算法进行参数优化。将惯性权重加入鸽群优化算法, 可在鸽群优化算法的全局搜索和局部探索之间取得平衡, 惯性权重定义如下:

$$w(t) = w_{\mathrm{s}} - (w_{\mathrm{s}} - w_{\mathrm{e}}) \times t/T \qquad (7.3.18)$$

其中，$w(t)$ 为第 t 次迭代的权重；w_{s} 为初始权重；w_{e} 为迭代结束时的权重；T 为最大迭代次数。在地图和指南针算子中，速度和位置的更新公式为

$$\boldsymbol{V}_j^{t+1} = w(t) \cdot \boldsymbol{V}_j^t \cdot \mathrm{e}^{-Rt} + \mathrm{rand}_3 \cdot \left(\boldsymbol{X}_{\mathrm{g}}^t - \boldsymbol{X}_j^t\right) \qquad (7.3.19)$$

$$\boldsymbol{X}_j^{t+1} = \boldsymbol{X}_j^t + \boldsymbol{V}_j^{t+1} \qquad (7.3.20)$$

其中，$\boldsymbol{V}_j^t$ 和 $\boldsymbol{X}_j^t$ 分别为第 j 只鸽子在第 t 次迭代中的速度和位置；rand_3 为 $0 \sim 1$ 的随机数；R 为地图和指南针算子，其值在 $0 \sim 1$。当地图和指南针算子迭代次数达到最大值 (T_1) 时，地标算子开始寻找最优解，鸽子位置的更新公式为

$$N_{\mathrm{p}}^{t+1} = \frac{N_{\mathrm{p}}^t}{2} \qquad (7.3.21)$$

$$\boldsymbol{X}_{\mathrm{c}}^t = \frac{\sum \boldsymbol{X}_j^t \cdot g\left(\boldsymbol{X}_j^t\right)}{N_{\mathrm{p}} \cdot \sum g\left(\boldsymbol{X}_j^t\right)} \qquad (7.3.22)$$

$$\boldsymbol{X}_j^{t+1} = \boldsymbol{X}_j^t + \mathrm{rand}_4 \cdot \left(\boldsymbol{X}_{\mathrm{c}}^{t+1} - \boldsymbol{X}_j^t\right) \qquad (7.3.23)$$

在地标算子阶段，鸽子的数量在每次迭代中减少一半。N_{p}^{t+1} 为第 t 次迭代的鸽子数量；$\boldsymbol{X}_{\mathrm{c}}$ 为鸽群的中心位置；$g(\cdot)$ 为适应度函数，rand_4 为 $0 \sim 1$ 的随机数。

Step 4 当鸽群优化算法到达了地标算子的最大迭代次数 (T_2)，鸽群优化算法停止，全局最优位置 (X_{gb}) 为参数优化的最终结果。

3) 改进极限学习机

极限学习机 (ELM) 是一种改进的单隐藏层前馈神经网络机器学习方法，初始权重和阈值是 ELM 中不可缺少的两个因子。在 MELM 方法中，采用改进鸽群优化算法对 ELM 的初始权值和阈值进行优化，以提高 ELM 的预测性能。在 MELM 中，将 ELM 的均方根误差设置为改进鸽群优化算法的适应度函数，改进鸽群优化算法的最终全局最佳解将被作为 ELM 的初始权值和阈值。均方根误差定义为

$$\mathrm{RMSE} = \sqrt{\frac{1}{L} \sum_{L}^{j=1} (\hat{h}(i) - h(i))^2} \qquad (7.3.24)$$

其中，L 为样本点总数；$h(i)$ 和 $\hat{h}(i)$ 分别为真实值和预测值。

4) 多维标度与 K 均值聚类

多维标度 (multi-dimensional scaling, MS) 是一种可视化高维数据分布的分析方法 [65]。利用欧几里得距离和样本之间的相似性，MS 可以建立一个相似的低

维空间，其中样本之间的距离尽可能保持一致。如果低维空间是二维或三维的，则可以绘制高维数据的视觉结果。

K 均值是一种经典的原型聚类方法[66]。对于给定的样本集 $Y = \{y_1, y_2, \cdots, y_k\}$，K 均值的主要思想是使用贪心算法计算聚类误差平方和的近似最小值：

$$Q = \sum_n^{m=1} \sum_{y \in E_m} y - e_{m2}^2 \tag{7.3.25}$$

其中，$E = \{E_1, E_2, \cdots, E_n\}$ 为聚类的划分；$e_m = \dfrac{1}{|E_m|} \sum_{y \in E_m} y$ 为划分 E_m 的平均向量。

5) 混合 WPD-MELM-MSK-MELM 方法的学习框架

本节设计了一种混合 WPD-MELM-MSK-MELM 学习方法，以提高 AQI 序列的预测性能。首先，应用 WPD 将原 AQI 序列分解为几个低频子序列，有效地降低原 AQI 系列的预测难度和误差。其次，采用 IPIO 算法优化 ELM 的初始权值和阈值。第三，MELM 分别预测 AQI 的子序列。混合 MELM 模型比传统 ELM 方法具有更好的预测性能。然后，MSK 聚类方法将预测结果聚类为高频、中高频、中低频和低频子序列。聚类方法可以提高子序列的可解释性，提高预测精度。最后，MELM 作为集成方法，用于计算初始 AQI 数据的最终预测结果。图 7.28 展示了所设计的混合 WPD-MELM-MSK-MELM 学习方法框架。

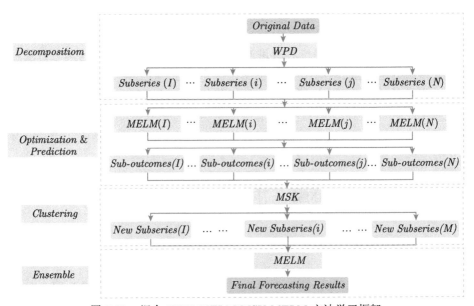

图 7.28　混合 WPD-MELM-MSK-MELM 方法学习框架

2. 仿真实验

本节分别讨论数据描述和预测结果分析，以验证所介绍的学习方法的预测精度。

1) 数据描述

将哈尔滨地区的小时 AQI 数据应用于测试该方法的准确性和适用性。哈尔滨是中国东北的一个城市，重工业的发展和冬季集中供热使哈尔滨的空气质量越来越差。从中华人民共和国生态环境部网站上获取哈尔滨 12504 个样品的小时 AQI 数据，从 2016 年 12 月 1 日 0 时 ∼ 2018 年 5 月 5 日 23 时，原始 AQI 数据如图 7.29 所示。

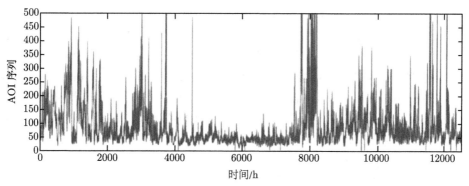

图 7.29 哈尔滨 AQI 序列

哈尔滨的 AQI 数据是不规则的、非平稳的和非线性的。为了验证所设计的混合方法，预测哈尔滨未来一周的 AQI 序列，测试集为 2018 年 4 月 29 日 ∼ 5 月 5 日的每小时 AQI 数据。

2) 性能评价标准和参数设置

实验从两个方面来评价预测性能。首先计算预测误差，然后进行统计检验，以获得预测模型的水平精度和方向精度。采用平均绝对误差 (mean absolute error, MAE)、NRMSE、RMSE 和方向对称性 (directional symmetry, Ds) 四个统计指标计算预测误差 (表 7.17)。

表 7.17 中，M 为样本点的总数；$z(i)$ 和 $\hat{z}(i)$ 为 AQI 的真实值和预测值；$\bar{z}$ 为真实 AQI 数据的平均值。若 $(\hat{z}(i) - z(i-1)) \cdot (z(i) - z(i-1)) > 0$，那么 $\mu(i) = 1$；否则，$\mu(i) = 0$。为了检验水平和方向预测能力，还采用了 Diebold-Mariann(DM) 统计检验 [67] 和 Pesaran-Timmermann(PT) 统计检验 [68]。DM 统计检验用来检验测试模型与基准模型之间的预测精度是否存在显著差异，PT 统计检验用来检验模型能否准确预测变异方向。

表 7.17　统计指标计算公式

统计指标	计算公式
MAE	$\mathrm{MAE} = \dfrac{1}{M} \displaystyle\sum_{i=1}^{M} |\hat{z}(i) - z(i)|$
NRMSE	$\mathrm{NRMSE} = \dfrac{100}{\bar{z}} \sqrt{\dfrac{1}{M} \displaystyle\sum_{i=1}^{M} (\hat{z}(i) - z(i))^2} \times 100\%$
RMSE	$\mathrm{RMSE} = \sqrt{\dfrac{1}{M} \displaystyle\sum_{i=1}^{M} (\hat{z}(i) - z(i))^2}$
Ds	$\mathrm{Ds} = \dfrac{1}{M} \displaystyle\sum_{i=2}^{M} \mu(i) \times 100\%$

为了综合测试该方法的预测性能,这里将一系列预测模型设置为比较模型。比较模型分为非分解学习模型和混合分解模型,非分解学习模型包括 MELM、PIO-ELM、PC-ELM、PIO 优化的广义回归神经网络 (PIO-GRNN)、PIO-BPNN 和 ELM。自适应噪声互补集成经验模态分解 (complementary ensemble empirical mode decomposition with adaptive noise, CEEMDAN) 也是一种经典的分解方法。混合分解模型包括 WPD-MELM-MELM、WPD-MELM-ADD、WPD-FEEMD-MELM-ADD、CEEMDAN-MELM-ADD、VMD-MELM-ADD、SSA-MELM-ADD 和 FEEMD-MELM-ADD。

在鸽群优化算法中,鸽群的数量设置为 40,地图和指南针算子为 0.3,全局搜索代数为 90,局部搜索代数为 30。在比较模型中,隐层神经元的数目设置为 60。利用 PIO 和 PC 算法对 ELM 的权值和阈值进行优化,利用 PIO 算法对 GRNN 的传播系数和 BPNN 的权值与阈值进行了优化。将隐层神经元的数目设置为 10,每小时 AQI 序列分解为 8 个子序列,这些子序列分为四类——高频子序列、中高频子序列、中低频子序列和低频子序列。

3) 预测结果分析

为了验证该方法的预测性能,对哈尔滨每小时 AQI 数据进行了未来一周预测分析。混合分解模型和非分解学习模型的预测误差如图 7.30 ~ 图 7.33 所示。表 7.18 ~ 表 7.21 显示了 DM 和 PT 测试结果。由仿真实验结果可得如下结论:① 所设计的混合方法在未来一周预测上具有较高的预测准确度。WPD-MELM-MSK-MELM 的 MAE、NRMSE 和 RMSE 分别为 0.17、0.40% 和 0.21。② 比较 WPD-MELM-ADD、CEEMDAN-MELM-ADD、VMD-MELM-ADD、SSA-MELM-ADD 和 FEEMD-MELM-ADD 之间的水平误差,WPD-MELM-ADD 预测性能最好,FEEMD-MELM-ADD 预测性能最差。同时,VMD-MELM-ADD 的预测能力优于 SSA-MELM-ADD 和 CEEMDAN-MELM-ADD。③ WPD-MELM-MSK-MELM 的预测精度优于 WPD-MELM-MELM 和 WPD-MELM-ADD,表明混合集成方法可以提高预测精度，混合集成方法也比经典的加法集成方法更合适。④ WPD-MELM-MSK-MELM 的 Ds 值为 91.02%，MELM 的 Ds 值仅为 59.28%。结果表明，该方法可以提高非分解模型的预测能力。⑤ DM 检验结果与预测误差相同，设计的混合 WPD-MELM-MSK-MELM 方法优于其他学习模型。⑥ 根据 PT 测试，所有混合模型都能准确预测变化方向。在非分解模型中，PIO-ELM 不能精确地预测变化方向，MELM 能够准确预测变化方向。结果表明，IPIO 算法在优化 ELM 参数方面优于 PIO 算法。

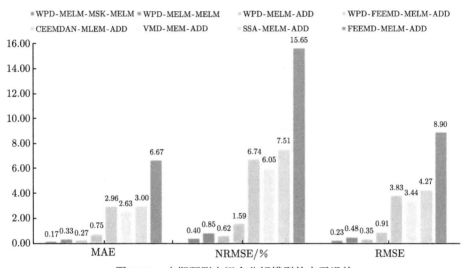

图 7.30 中期预测中混合分解模型的水平误差

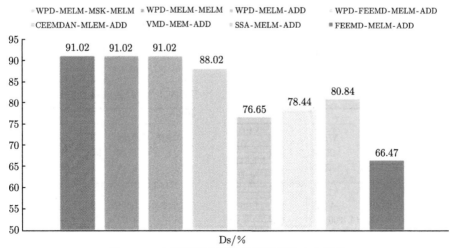

图 7.31 中期预测中混合分解模型的方向误差

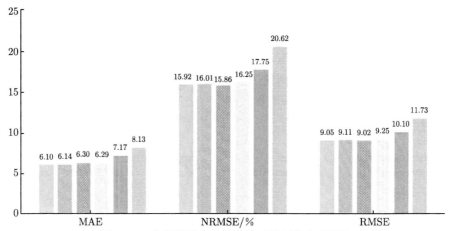

图 7.32   中期预测中非分解学习模型的水平误差

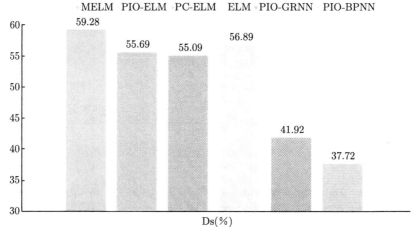

图 7.33   中期预测中非分解学习模型的方向误差

表 7.18   中期预测中混合分解模型的 DM 检验结果

基准模型	测试模型						
	WPD-MELM-MELM	WPD-MELM-ADD	WPD-FEEMD-MELM-ADD	CEEMDAN-MELM-ADD	VMD-MELM-ADD	SSA-MELM-ADD	FEEMD-MELM-ADD
WPD-MELM-MSK-MELM	-2.4204 (0.0119)	-4.7418 (4.4300×10^{-5})	-4.9843 (2.4240×10^{-5})	-3.2916 (0.0016)	-2.6562 (0.0071)	-2.7268 (0.0060)	-5.1126 (1.7650×10^{-5})

续表

基准模型	测试模型						
	WPD-MELM-MELM	WPD-MELM-ADD	WPD-FEEMD-MELM-ADD	CEEMDAN-MELM-ADD	VMD-MELM-ADD	SSA-MELM-ADD	FEEMD-MELM-ADD
WPD-MELM-MELM		-3.2937 (0.0016)	-4.7131 (4.7580×10^{-5})	-3.2836 (0.0016)	-2.6499 (0.0072)	-2.7231 (0.0061)	-5.1112 (1.7710×10^{-5})
WPD-MELM-ADD			-4.2993 (0.0001)	-3.2739 (0.0017)	-2.6379 (0.0074)	-2.7167 (0.0062)	-5.1057 (1.7950×10^{-5})
WPD-FEEMD-MELM-ADD				-3.1644 (0.0022)	-2.5040 (0.0010)	-2.6502 (0.0072)	-5.0749 (1.9370×10^{-5})
CEEMDAN-MELM-ADD					0.2774 (0.6080)	-1.5072 (0.0727)	-4.4082 (0.0001)
VMD-MELM-ADD						-1.5693 (0.0651)	-4.5093 (7.9080×10^{-5})
SSA-MELM-ADD							-4.0244 (0.0003)

表 7.19 中期预测中非分解学习模型的 DM 检验结果

基准模型	测试模型				
	PIO-ELM	PC-ELM	ELM	PIO-GRNN	PIO-BPNN
MELM	-0.6146 (0.2724)	0.1573 (0.5618)	0.2426 (0.5948)	-0.7424 (0.2327)	-1.6030 (0.0613)
PIO-ELM		0.4282 (0.6638)	1.1294 (0.8648)	-0.7224 (0.2387)	-1.5866 (0.0631)
PC-ELM			-0.0413 (0.4837)	-1.0799 (0.1457)	-1.8815 (0.0363)
ELM				-0.8631 (0.1985)	-1.6920 (0.0521)
PIO-GRNN					-1.5585 (0.0664)

表 7.20 中期预测中混合分解模型的 PT 检验结果

	WPD-MELM-MSK-MELM	WPD-MELM-MELM	WPD-MELM-ADD	WPD-FEEMD-MELM-ADD	CEEMDAN-MELM-ADD	VMD-MELM-ADD	SSA-MELM-ADD	FEEMD-MELM-ADD
统计值	19.0827	19.0827	19.1548	15.4988	8.3064	9.2839	10.2339	4.6053
(p 值)	(0.0000)	(0.0000)	(0.0000)	(0.0000)	(0.0000)	(0.0000)	(0.0000)	(4.1187×10^{-6})

表 7.21 中期预测中非分解学习模型的 PT 测试结果

	MELM	PIO-ELM	PC-ELM	ELM	PIO-GRNN	PIO-BPNN
统计值	3.2471	2.3188	1.9620	2.7864	-1.8253	-2.9823
(p 值)	(0.0012)	(0.0204)	(0.0498)	(0.0053)	(0.0680)	(0.0029)

7.4　本 章 小 结

本章主要对智能信息处理研究中的图像处理和数据挖掘两个典型领域进行了简要介绍，重点将鸽群优化算法针对这两个领域问题进行了改进，并进行了系列仿真实验分析，验证了所提改进鸽群优化模型的可行性和有效性。智能信息处理是人工智能技术的重要分支，后续可尝试将本章介绍的改进鸽群优化模型进一步应用于语音、字符等信息处理领域。

参 考 文 献

[1] 胡春鹤, 王依帆, 朱书豪, 等. 基于鸽群优化算法的图像分割方法研究 [J]. 郑州大学学报, 2019, 40(4): 42-47.

[2] Geetha B T, Mohan P, Mayuri A V R, et al. Pigeon inspired optimization with encryption based secure medical image management system[J]. Computational Intelligence and Neuroscience, 2022, 2243827: 1-13.

[3] 李晗, 段海滨, 李淑宇, 等. 仿猛禽视顶盖信息中转整合的加油目标跟踪 [J]. 智能系统学报, 2019, 14(6): 1084-1091.

[4] Duan H B, Deng Y M, Wang X H, et al. Small and dim target detection via lateral inhibition filtering and artificial bee colony based selective visual attention[J]. PLOS ONE, 2013, 8(8): e72035-1-12.

[5] Deng Y M, Duan H B. Avian contrast sensitivity inspired contour detector for unmanned aerial vehicle landing[J]. Science China Technological Sciences, 2017, 60(12): 1958-1965.

[6] 赵国治, 段海滨. 仿鹰眼视觉技术研究进展 [J]. 中国科学: 技术科学, 2017, 47: 514-523.

[7] Togaçar M. Detection of segmented uterine cancer images by hotspot detection method using deep learning models, pigeon-inspired optimization, types-based dominant activation selection approaches[J]. Computers in Biology and Medicine, 2021, 136: 104659.

[8] Duan H B, Wang X H. Echo state networks with orthogonal pigeon-inspired optimization for image restoration[J]. IEEE Transactions on Neural Networks and Learning Systems, 2016, 27(11): 2413-2425.

[9] Xia Y L, Jelfs B, Hulle M M V, et al. An augmented echo state network for nonlinear adaptive filtering of complex noncircular signals[J]. IEEE Transactions on Neural Networks, 2011, 22(1): 74-83.

[10] Ozturk M C, Xu D M, Príncipe J C. Analysis and design of echo state networks[J]. Neural Computation, 2007, 19(1): 111-138.

[11] Dias J M B, Figueiredoi M A T. A new TwIST: Two-step iterative shrinkage/thresholding algorithms for image restoration[J]. IEEE Transactions on Image Processing, 2007, 16(12): 2992-3004.

[12] Xia Y S, Kamel M S. Novel cooperative neural fusion algorithms for image restoration and image fusion[J]. IEEE Transactions on Image Processing, 2007, 16(2): 367-381.

[13] Ho S Y, Lin H S, Liauh W H, et al. OPSO: Orthogonal particle swarm optimization and its application to task assignment problems[J]. IEEE Transactions on Systems, Man, and Cybernetics-Part A: Systems and Humans, 2008, 38(2): 288-298.

[14] Leung Y W, Wang Y P. An orthogonal genetic algorithm with quantization for global numerical optimization[J]. IEEE Transactions on Evolutionary Computation, 2001, 5(1): 41-53.

[15] Judd T, Ehinger K, Durand F, et al. Learning to predict where humans look[C]. Proceedings of 12th IEEE International Conference on Computer Vision, Kyoto, Japan, 2009: 2106-2113.

[16] Wallach D, Goffinet B. Mean squared error of prediction as a criterion for evaluating and comparing system models[J]. Ecological Modelling, 1989, 44(3-4): 299-306.

[17] Hoult D I, Richards R E. The signal-to-noise ratio of the nuclear magnetic resonance experiment[J]. Journal of Magnetic Resonance, 1976, 24(1): 71-85.

[18] Wang Z, Bovik A C. A universal image quality index[J]. IEEE Signal Processing Letters, 2002, 9(3): 81-84.

[19] Zhang J, Zhao D B, Gao W. Group-based sparse representation for image restoration[J]. IEEE Transactions on Image Processing, 2014, 23(8): 3336-3351.

[20] Danielyan A, Katkovnik V, Egiazarian K. BM3D frames and variational image deblurring[J]. IEEE Transactions on Image Processing, 2012, 21(4): 1715-1728.

[21] Neelamani R N, Choi H, Baraniuk R. ForWaRD: Fourier-wavelet regularized deconvolution for ill-conditioned systems[J]. IEEE Transactions on Signal Processing, 2004, 52(2): 418-433.

[22] Katkovnik V, Foi A, Egiazarian K, et al. Directional varying scale approximations for anisotropic signal processing[C]. Proceedings of 12th European Signal Processing Conference, Vienna, Austria, 2004: 101-104.

[23] Wang Y L, Yang J F, Yin W T, et al. A new alternating minimization algorithm for total variation image reconstruction[J]. SIAM Journal on Imaging Sciences, 2008, 1(3): 248-272.

[24] Dabov K, Foi A, Katkovnik V, et al. Image denoisingby sparse 3-D transform-domain collaborative filtering[J]. IEEE Transactions on Image Processing, 2007, 16(8): 2080-2095.

[25] Dabov K, Foi A, Katkovnik V, et al. BM3D image denoising with shape-adaptive principal component analysis[C]. Proceedings of Signal Processing with Adaptive Sparse Structured Representations, Inria Rennes-Bretagne Atlantique, Saint Malo, France, 2009.

[26] Burger H C, Schuler C J, Harmeling S. Image denoising: Can plain neural networks compete with BM3D?[C]. Proceedings of IEEE Conference on Computer Vision and Pattern Recognition, Providence, RI, USA, 2012: 2392-2399.

[27] Buades A, Coll B, Morel J M. A non-local algorithm for image denoising[C]. Proceedings of IEEE Computer Society Conference on Computer Vision and Pattern Recognition (CVPR'05), San Diego, CA, USA, 2005: 60-65.

[28] Duan H B, Qiao P X. Pigeon-inspired optimization: A new swarm intelligence optimizer for air robot path planning[J]. International Journal of Intelligent Computing and Cybernetics, 2014, 7(1): 24-37.

[29] Simon D. Biogeography-based optimization[J]. IEEE Transactions on Evolutionary Computation, 2008, 12(6): 702-713.

[30] Duan H B, Yu Y X, Zhao Z Y. Parameters identification of UCAV flight control system based on predator-prey particle swarm optimization[J]. Science China Information Sciences, 2013, 56: 1-12.

[31] Beasley J E, Chu P C. A genetic algorithm for the set covering problem[J]. European Journal of Operational Research, 1996, 94(2): 392-404.

[32] Khatib W, Fleming P. The stud GA: A mini revolution?[C]. Proceedings of International Conference on Parallel Problem Solving from Nature, Amsterdam, The Netherlands, 1998: 683-691.

[33] Storn R, Price K V. Differential evolution-A simple and efficient heuristic for global optimization over continuous spaces[J]. Journal of Global Optimization, 1997, 11: 341-359.

[34] Mezura-Montes E, Coello C. A simple multimembered evolution strategy to solve constrained optimization problems[J]. IEEE Transactions on Evolutionary Computation, 2005, 9(1): 1-17.

[35] Xin L, Xian N. Biological object recognition approach using space variant resolution and pigeon-inspired optimization for UAV[J]. Science China Technological Sciences, 2017, 60: 1577-1584.

[36] 段海滨, 邓亦敏, 王晓华. 仿鹰眼视觉及应用 [M]. 北京: 科学出版社, 2020.

[37] Duan H B, Xin L, Shi Y H. Homing pigeon-inspired autonomous navigation system for unmanned aerial vehicles[J]. IEEE Transactions on Aerospace and Electronic Systems, 2021, 57(4): 2218-2224.

[38] Schwartz E L, Greve D N, Bonmassar G. Space-variant active vision: Definition, overview and examples[J]. Neural Networks, 1995, 8(7/8): 1297-1308.

[39] 霍梦真, 魏晨, 于月平, 等. 基于鸽群智能行为的大规模无人机集群聚类优化算法 [J]. 中国科学: 技术科学, 2020, 50(4): 475-482.

[40] Arezki D, Fizazi H. Alsat-2B/Sentinel-2 imagery classification using the hybrid pigeon inspired optimization algorithm[J]. Journal of Information Processing System, 2021, 17(4): 690-706.

[41] Chen L, Duan H B, Fan Y M, et al. Multi-objective clustering analysis via combinatorial pigeon inspired optimization[J]. Science China Technological Sciences, 2020, 63: 1302-1313.

[42] Rachmawati L, Srinivasan D. Multiobjective evolutionary algorithm with controllable focus on the knees of the Pareto front[J]. IEEE Transactions on Evolutionary Computation, 2009, 13(4): 810-824.

[43] Duan H B, Huo M Z, Shi Y H. Limit-cycle-based mutant multi-objective pigeon-inspired optimization[J]. IEEE Transactions on Evolutionary Computation, 2020, 24(5): 948-959.

[44] Qiu H X, Duan H B. A Multi-objective pigeon-inspired optimization approach to UAV distributed flocking among obstacles[J]. Information Sciences, 2020, 509: 515-529.

[45] Hu C F, Qu G, Zhang Y T. Pigeon-inspired fuzzy multi-objective task allocation of unmanned aerial vehicles for multi-target tracking[J]. Applied Soft Computing, 2022, 126: 109310-1-18.

[46] Alam S, Dobbie G, Koh Y S, et al. Research on particle swarm optimization based clustering: A systematic review of literature and technique[J]. Swarm and Evolutionary Computation, 2014, 17: 1-13.

[47] 段海滨, 邱华鑫, 范彦铭. 基于捕食逃逸鸽群优化的无人机紧密编队协同控制 [J]. 中国科学: 技术科学, 2015, 45(6): 559-572.

[48] Rothlauf F, Goldberg D E. Redundant representations in evolutionary computation[J]. Evolutionary Computation, 2003, 11(4): 381-415.

[49] Cheriton D, Tarjan R E. Finding minimum spanning trees[J]. SIAM Journal on Computing, 1976, 5(4): 724-742.

[50] Voorneveld M. Characterization of pareto dominance[J]. Operations Research Letters, 2003, 31: 7-11.

[51] Chen B L, Zeng W H, Lin Y B, et al. A new local search-based multiobjective optimization algorithm[J]. IEEE Transactions on Evolutionary Computation, 2015, 19(1): 50-73

[52] Yue C T, Qu B Y, Liang J. A multiobjective particle swarm optimizer using ring topology for solving multimodal multiobjective problems[J]. IEEE Transactions on Evolutionary Computation, 2018, 22(5): 805-817.

[53] Likas A, Vlassis N, Verbeek J. The globalk-means clustering algorithm[J]. Pattern Recognition, 2003, 36: 451-461.

[54] Park H S, Jun C H. A simple and fast algorithm for K-medoids clustering[J]. Expert Systems with Applications, 2009, 36: 3336-3341.

[55] Deb K, Pratap A, Agarwal S, et al. A fast and elitist multiobjective genetic algorithm: NSGA-II[J]. IEEE Transactions on Evolutionary Computation, 2002, 6(2): 182-197.

[56] Jiang F, He J Q, Tian T H. A clustering-based ensemble approach with improved pigeon-inspired optimization and extreme learning machine for air quality prediction[J]. Applied Soft Computing Journal, 2019, 85: 1-14.

[57] Wickerhauser M V. Acoustic signal compression with wavelet packets[J]. Wavelets, 1992, 2: 679-700.

[58] 田川, 王闯, 刘灿, 等. 基于鸽群改进 RBF 网络的软件质量预测方法 [J]. 航空计算技术. 2021, 51(5): 24-28.

[59] 李霜琳, 何家皓, 敖海跃, 等. 基于鸽群优化算法的实时避障算法 [J]. 北京航空航天大学学报, 2021, 47(2): 359-365.

[60] 费伦, 段海滨, 徐小斌, 等. 基于变权重变异鸽群优化的无人机空中加油自抗扰控制器设计 [J]. 航空学报, 2019, 41(1): 323490.

[61] Bektaş Y, Karaca H. Red deer algorithm based selective harmonic elimination for renewable energy application with unequal DC sources[J]. Energy Reports, 2022, 8: 588-596.

[62] Duan H B, Huo M Z, Yang Z Y, et al. Predator-prey pigeon-inspired optimization for UAV ALS longitudinal parameters tuning[J]. IEEE Transactions on Aerospace and Electronic Systems, 2019, 55(5): 2347-2358.

[63] 段海滨, 辛龙, 邓亦敏. 仿信鸽归巢行为的导航技术研究进展 [J]. 智能系统学报. 2021, 16(1): 1-10.

[64] Ranjini K S S, Murugan S. Memory based hybrid dragonfly algorithm for numerical optimization problems[J]. Expert Systems with Applications, 2017, 83: 63-78.

[65] Cox T F, Cox M. Multidimensional scaling[J]. Journal of the Royal Statistical Society, 2001, 46: 1050-1057.

[66] Hu X L, Zhang J W, Qi P, et al. Modeling response properties of V2 neurons using a hierarchical K-means model[J]. Neurocomputing, 2014, 134: 198-205.

[67] Diebold F X, Mariano R S. Comparing predictive accuracy[J]. Journal of Business & Economic Statistics, 1995, 13(3): 253-263.

[68] Pesaran M H, Timmermann A. A simple nonparametric test of predictive performance[J]. Journal of Business & Economic Statistics, 1992, 10(4): 461-465.

第 8 章　基于鸽群优化的电气能控

8.1　引　言

持续快速的国民经济增长和城市化进程推进加剧了能源供应与环境污染的冲突。节能减排、低碳环保不仅是当今社会的"双碳"目标和热点话题，也是未来经济可持续发展的必由之路。电力系统和能源管控是现代社会中最庞大、最复杂的工程系统之一。近年来，我国能源需求持续快速增长、化石能源大量消耗，由此产生的污染物和温室气体排放已对生态环境造成严重影响，迫使我国的经济增长方式从粗放型向集约型转变。电力工业作为一个大额输入、大额输出的生产运行过程，各个环节优化运行的节省，对整个系统的运行成本、能源消耗都具有很大的意义。因此，优化和合理利用有限资源、提高运行效率，使电力系统尽量达到运行优化 (图 8.1)，对我国电力结构调整、资源配置和国民经济可持续发展具有重要的战略意义。

(a) 智能工厂　　　　　　　　(b) 电机线圈　　　　　　　　(c) 电气系统网络

图 8.1　鸽群优化电气工程典型场景

狭义上的"电力系统优化运行"是电力系统分析的一个重要分支，其主要任务是在满足用户用电需求及系统安全性的前提下，合理安排电源运行方式以获得良好的社会经济效益，主要包括有功功率优化调度、无功功率优化调度、经济调度、最优化潮流、机组组合和水火联合优化问题等。广义上，电力系统运行过程中很多环节都涉及优化问题，例如分布式电源规划、配电网规划、储能系统充放电计划等，可通过建立合适的优化模型并采用高效的优化算法得到全局最优化结果 [1,2]。

在电磁领域中，设计天线结构尺寸、多层吸波材料分层设计等问题往往十分复杂，设计指标包含天线的驻波比、轴比、增益、反射系数等多个电磁性能参数，且目标函数大多具有高度非线性、不可微、难以解析等特点。随着电磁器件向复杂化、微型化等趋势发展，通过纯数值方法求解封闭式方程组时难以得到其控制参数的解析解，仿生群体智能优化算法的兴起和应用促使这一类参数设计问题转化为带约束的优化问题 [3−6]。

　　本章重点考虑电气能控领域中的系统节能和器件控制两大类典型问题。其中，系统节能主要针对电力系统潮流、智能家居调度、智能制造车间等场景，采用改进鸽群优化算法来提高其能源利用率，减少耗损；器件控制主要采用改进鸽群优化算法对微型原子传感器的磁场线圈以及直流无刷电机的控制参数进行求解。

8.2　系　统　节　能

8.2.1　COSR 策略多目标鸽群潮流优化

　　多目标优化问题 (multi-objective optimization problem, MOP) 在电力系统领域非常常见 [7]，特别是多目标潮流优化 (multi-objective optimal power flow, MOOPF) 问题对于实现电力系统安全和经济的运行有着重要意义。本质上，MOOPF 是一种具有高维特征的非线性最小化问题。本节结合改进鸽群优化 (MPIO) 算法和约束目标排序策略 (constraint-objective sorting rule, COSR)，介绍一种有效的 MPIO-COSR 算法 [8]，旨在优化有功功率损失、总排放和燃料成本。

1. 任务描述

1) MOOPF 问题数学模型

本质上，MOOPF 问题为一个最小化数学模型，其目标函数和系统约束可定义为

$$\text{minimize} F_{\text{obj}} = (f_1(s,c), f_2(s,c), \cdots, f_M(s,c)) \tag{8.2.1}$$

$$E_k(s,c) = 0, \quad k = 1, 2, \cdots, h \tag{8.2.2}$$

$$I_p(s,c) \leqslant 0, \quad p = 1, 2, \cdots, g \tag{8.2.3}$$

其中，$f_i(s,c)$ 为第 i 个目标函数值；E_k 和 I_p 表示第 k 个等式约束 (equality constraint, EC) 和第 p 个不等式约束 (inequality constrain, IC)；$M(M \geqslant 2)$ 为同时被优化的目标数量；h 和 g 分别为等式约束和不等式约束数量；s 和 c 向量分别为状态变量和控制变量集。

　　电气系统中的约束分为等式约束和不等式约束，决策者采用的最佳折中解 (best compromise, BC) 应满足所有的系统限制。其中等式约束，即有功功率和无功功率的平衡方程 [9,10]，可定义为

$$P_{\text{G}i} - P_{\text{D}i} - V_i \sum_{j \in N_i} V_j (G_{ij} \cos(\delta_i - \delta_j) + B_{ij} \sin(\delta_i - \delta_j)) = 0, \quad i \in N \tag{8.2.4}$$

$$Q_{\mathrm{G}i} - Q_{\mathrm{D}i} - V_i \sum_{j \in N_i} V_j (G_{ij} \sin(\delta_i - \delta_j) - B_{ij} \cos(\delta_i - \delta_j)) = 0, \quad i \in N_{PQ} \quad (8.2.5)$$

不等式约束, 即系统变量的有效范围可定义如下。其中, 状态变量的不等式约束如公式 (8.2.6) ~ 公式 (8.2.9) 所示, 控制变量的不等式约束如公式 (8.2.10) ~ 公式 (8.2.13) 所示。

松弛节点处的发电机有功功率 $P_{\mathrm{G}i}$ 定义为

$$P_{\mathrm{G}1}^{\max} \geqslant P_{\mathrm{G}1} \geqslant P_{\mathrm{G}1}^{\min} \quad (8.2.6)$$

负载节点的电压值 V_{L} 定义为

$$V_{\mathrm{L}q}^{\max} \geqslant V_{\mathrm{L}q} \geqslant V_{\mathrm{L}q}^{\min}, \quad q = 1, 2, \cdots, N_{\mathrm{G}} \quad (8.2.7)$$

发电机无功功率 Q_{G} 定义为

$$Q_{\mathrm{G}w}^{\max} \geqslant Q_{\mathrm{G}w} \geqslant Q_{\mathrm{G}w}^{\min}, \quad w = 1, 2, \cdots, N_{\mathrm{G}} \quad (8.2.8)$$

传输线缆的视在功率 S 定义为

$$S_e^{\max} - S_e \geqslant 0, \quad e = 1, 2, \cdots, N_{\mathrm{L}} \quad (8.2.9)$$

PV 节点的发电机有功功率输出 P_{G} 定义为

$$P_{\mathrm{G}z}^{\max} \geqslant P_{\mathrm{G}z} \geqslant P_{\mathrm{G}z}^{\min}, \quad z = 2, 3, \cdots, N_{\mathrm{G}} \quad (8.2.10)$$

发电机节点电压 V_{G} 定义为

$$V_{\mathrm{G}u}^{\max} \geqslant V_{\mathrm{G}u} \geqslant V_{\mathrm{G}u}^{\min}, \quad u = 1, 2, \cdots, N_{\mathrm{G}} \quad (8.2.11)$$

变压器抽头比 T 定义为

$$T_d^{\max} \geqslant T_d \geqslant T_d^{\min}, \quad d = 1, 2, \cdots, N_{\mathrm{T}} \quad (8.2.12)$$

无功功率注入 Q_{C} 定义为

$$Q_{\mathrm{C}t}^{\max} \geqslant Q_{\mathrm{C}t} \geqslant Q_{\mathrm{C}t}^{\min}, \quad t = 1, 2, \cdots, N_{\mathrm{C}} \quad (8.2.13)$$

其中, N_{PQ}、N_{G}、N_{L}、N_{T} 和 N_{C} 分别为 PQ 节点、发电机、传输支路、变压器和并联补偿器的数量。

这里, 主要研究了有功功率损失 F_{ap}、基本燃料成本 F_{bf}、带阀点负荷的燃料成本 F_{fv} 与排放 F_{em}。

有功功率损失 (F_{ap}/MW) 定义为

$$F_{\mathrm{ap}} = \sum_{k=1}^{N_{\mathrm{L}}} \mathrm{con}_{(k)} [V_i^2 + V_j^2 - 2V_i V_j \cos(\delta_i - \delta_j)] \tag{8.2.14}$$

其中，$\mathrm{con}_{(k)}$ 为将第 i 个和第 j 个节点连接起来时第 k 个分支的电导；V_i 和 δ_i 分别为第 i 个节点的电压幅值和角度。

基本燃料成本 (F_{bf}/(美元/h)) 定义为

$$F_{\mathrm{bf}} = \sum_{i=1}^{N_{\mathrm{G}}} (a_i + b_i P_{\mathrm{G}i} + c_i P_{\mathrm{G}i}^2) \tag{8.2.15}$$

其中，a_i、b_i 和 c_i 为第 i 个发电机的成本系数。

带阀点负荷的燃料成本 (F_{fv}/(美元/h)) 定义为

$$F_{\mathrm{fv}} = \sum_{i=1}^{N_{\mathrm{G}}} (a_i + b_i P_{\mathrm{G}i} + c_i P_{\mathrm{G}i}^2 + |d_i \times \sin(e_i \times (P_{\mathrm{G}i}^{\min} - P_{\mathrm{G}i}))|) \tag{8.2.16}$$

其中，d_i 和 e_i 为成本系数；$P_{\mathrm{G}i}^{\min}$ 为第 i 个发电机节点的低有功功率。

排放 (F_{em}/(t/h)) 定义为

$$F_{\mathrm{em}} = \sum_{i=1}^{N_{\mathrm{G}}} [\alpha_i P_{\mathrm{G}i}^2 + \beta_i P_{\mathrm{G}i} + \gamma_i + \eta_i \exp(\lambda_i P_{\mathrm{G}i})] \tag{8.2.17}$$

其中，α_i、β_i、γ_i、η_i 和 λ_i 为第 i 个发电机的排放系数。

2) 约束处理策略

公式 (8.2.4) 和公式 (8.2.5) 被认为是牛顿–拉普拉斯方法的结束条件，即功率流计算流程的结束意味着等式约束得到了满足。不等式约束的处理过程主要分为两方面：控制变量和状态变量的不等式约束处理。

维度为 P 的控制变量，也称为 MOOPF 问题的自变量，在初始化阶段限定在 $[c_{\min}, c_{\max}]$ 范围内。违反不等式约束的不合格控制变量可根据下式进行调整：

$$c_i = \begin{cases} c_i^{\min}, & c_i < c_i^{\min} \\ c_i^{\max}, & c_i > c_i^{\max} \end{cases} \tag{8.2.18}$$

这里主要给出了两种处理状态变量上的不等式约束方法。第一种是常用的罚函数方法 (penalty function method, PFM)，另一种是约束优先型主导策略。

A. 罚函数方法

使用罚函数方法修正的目标函数可定义为

$$F_{\text{obj-mod}} = F_{\text{obj}} + \text{penalty} \tag{8.2.19}$$

$$\text{penalty} = \zeta_V \sum_{i=1}^{N_{PQ}} (V_{\text{L}i} - V_{\text{L}i}^{\text{lim}}) + \zeta_Q \sum_{i=1}^{N_{\text{G}}} (Q_{\text{G}i} - Q_{\text{G}i}^{\text{lim}}) + \zeta_P (P_{\text{G}1} - P_{\text{G}1}^{\text{lim}})$$

$$+ \zeta_S \sum_{i=1}^{N_{\text{L}}} (S_i - S_i^{\text{lim}}) \tag{8.2.20}$$

其中，ζ_V、ζ_Q、ζ_P 和 ζ_S 为用于调节状态变量违反限制的惩罚系数。

X^{lim} 为相关变量的边界值，根据公式 (8.2.21) 决定。例如，第 i 个负载节点 $V_{\text{L}i}^{\text{lim}}$ 的电压边界值采用公式 (8.2.22) 进行定义。当 $V_{\text{L}i}$ 满足公式 (8.2.7) 时有 $V_{\text{L}i}^{\text{lim}} = V_{\text{L}i}$，这意味着有效的 $V_{\text{L}i}$ 将不采用公式 (8.2.20) 进行惩罚。

$$X^{\text{lim}} = \begin{cases} X^{\text{min}}, & X < X^{\text{min}} \\ X^{\text{max}}, & X > X^{\text{max}} \end{cases} \tag{8.2.21}$$

$$V_{\text{L}i}^{\text{lim}} = \begin{cases} V_{\text{L}i}^{\text{min}}, & V_{\text{L}i} < V_{\text{L}i}^{\text{min}} \\ V_{\text{L}i}, & V_{\text{L}i}^{\text{min}} \leqslant V_{\text{L}i} \leqslant V_{\text{L}i}^{\text{max}} \\ V_{\text{L}i}^{\text{max}}, & V_{\text{L}i} > V_{\text{L}i}^{\text{max}} \end{cases} \tag{8.2.22}$$

因此，违反约束解的目标函数采用罚函数方法进行惩罚。然而，罚函数方法的有效性受惩罚系数的影响很大，不适当的惩罚系数可能导致无法获得约束违反 (constraint violation, CV) 为零的可行帕累托最优集。

B. 约束优先型主导策略

作为处理 MOOPF 问题中不合格状态变量的传统方法，罚函数方法存在两个明显的缺点。首先，选择合适的惩罚系数需要多次重复的模拟实验，这必然会增加计算复杂度。在处理高维 MOOPF 问题时，罚函数方法可找到一些违反系统约束的功率流解。约束优先型主导策略能够有效地克服罚函数方法的不足，确定两种不同功率流解之间的主导关系是使用 COSR 策略的基础。这里，约束违反值被赋予最高优先级。

在两个不同的解集 $W = (w_1, w_2, \cdots, w_M)$ 和 $V = (v_1, v_2, \cdots, v_M)$ 之间有三种主要关系，即 W 支配 V，V 支配 W，或不互相支配。对于有相同约束冲突值的解，采用的优先级是根据目标值来确定的。W 的约束冲突值计算公式如下：

$$\text{CV}(W) = \text{Constr\_}V_{(W)} + \text{Constr\_}Q_{(W)} + \text{Constr\_}P_{(W)} + \text{Constr\_}S_{(W)} \tag{8.2.23}$$

其中，Constr_$V_{(W)}$、Constr_$Q_{(W)}$、Constr_$P_{(W)}$、Constr_$S_{(W)}$ 分别为 W 解对节点电压、发电机无功功率输出、松弛节点发电机有功功率输出以及支路上视在功率的绝对违反值。

基于约束优先策略，当满足如下条件时，可判断 W 解优于 V 解：

$$\mathrm{CV}(W) < \mathrm{CV}(V) \tag{8.2.24}$$

$$\begin{cases} \mathrm{CV}(W) = \mathrm{CV}(V) \\ f_i(s_W, c_W) \leqslant f_i(s_V, c_V), \quad \forall i \in \{1, 2, \cdots, M\} \\ f_j(s_W, c_W) \leqslant f_j(s_V, c_V), \quad \exists i \in \{1, 2, \cdots, M\} \end{cases} \tag{8.2.25}$$

为得到均匀分布的帕累托边界，这里采用了同时考虑秩指标 (R_{ank}) 和拥挤距离指标 (C_{dis}) 的非劣 COSR。

R_{ank} 指标：受 Deb 等提出的排序策略的启发 [11−13]，可确定每个具有约束优先级的解的 R_{ank} 指标。为了保持帕累托最优集的多样性，这里采用了有利于存储精英解的扩展存储集 (external archive set, EAS)。混合解集 (hybrid solution set, HSS) 由包含 N 个备选解的父解集 (parent solution set, PSS) 和扩展解集组成。为了提高优化效率，对混合解集种群进行了重复个体的删除操作。规模为 $N_n(N < N_n \leqslant 2N)$ 的剩余混合解集种群的排序可定义如下：

(1) 基于公式 (8.2.24) 和公式 (8.2.25) 中所给出的约束优先级主导策略，这些没有被混合解集种群中其他解所支配的解被标记为 $R_{\mathrm{ank}} = 1$；

(2) 不论 $R_{\mathrm{ank}} = 1$ 的解如何，当前的非劣解都是基于相同支配规则找到的，并标记为 $R_{\mathrm{ank}} = 2$；

(3) 重复上述步骤，使混合解集中的 N_n 个解拥有对应的 R_{ank} 指标。

C_{dis} 指标：为了从混合解集集合中选择由 N 个解组成的有利帕累托最优集合，对 R_{ank} 指标按重要性排序。对具有相同 R_{ank} 的不同解，考虑 C_{dis} 指标，其计算公式如下：

$$C_{\mathrm{dis}}(i) = \sum_{j=1}^{N} \frac{f_j(s, c_{i-1}) - f_j(s, c_{i+1})}{f_j^{\max} - f_j^{\min}} \tag{8.2.26}$$

其中，$f_j^{\max}$ 和 $f_j^{\min}$ 分别为第 j 个目标的最大值和最小值；$f_j(s, c_{i-1})$ 和 $f_j(s, c_{i+1})$ 分别为第 $i-1$ 和第 $i+1$ 个体的第 j 个目标值。综合考虑等级索引，可确定每个解的采用优先级。当满足如下条件时，第 i 个解相对于第 j 个解占优势：

$$R_{\mathrm{ank}}(i) < R_{\mathrm{ank}}(j) \tag{8.2.27}$$

$$\begin{cases} R_{\mathrm{ank}}(i) = R_{\mathrm{ank}}(j) \\ C_{\mathrm{dis}}(i) > C_{\mathrm{dis}}(j) \end{cases} \tag{8.2.28}$$

一般而言, 较小的 R_{ank} 指标意味着较小的约束冲突或目标函数值, 而较大的 C_{dis} 指标意味着更好的解多样性。因此, 在混合解集中排名领先的 N 个解是由 COSR 策略获得的最终帕累托最优集。不同于通过分配不同的优先级因子来解决多目标优化问题的方法, COSR 方法能更客观地确定 MOOPF 问题的可行帕累托最优集, 并满足决策者的各种需求。此外, COSR 策略有效克服了传统方法不适用于优先级未知多目标情况的不足。

COSR 和 COFS 策略对具有相同 R_{ank} 指标的功率流解有不同的评估标准 [14]。COFS 策略更青睐于模糊优势适应值 ($Fudf$) 较大的解, 而 COSR 策略更青睐于 C_{dis} 指标较大的解。COFS 策略的 $Fudf$ 指数是基于 $2N-1$ 个候选解计算的, 而 COSR 策略的 C_{dis} 指标只基于两个相邻解即可获得。因此, 尽管上述两种选择策略对 MOOPF 问题都是有效的, 但计算复杂度较低的 COSR 方法在运算效率上更具优势。

2. 算法设计

COSR 策略多目标鸽群优化算法将应用领域从单目标优化扩展到多目标优化, 基本鸽群优化算法可从如下三个方面进行改进。

1) 自适应调整的 R_{mapnew}

自适应调整的 R_{mapnew} 值比固定的 R_{map} 值更有利于平衡优化精度和收敛速度。在初始状态下, 较小的 R_{mapnew} 意味着快速收敛和增强的搜索能力。R_{mapnew} 一直向着 $R_{\text{map}}(\max)$ 逐渐增加, 加速了地图和指南针算子搜索。具有自适应调整的 R_{mapnew} 的更新过程见公式 (8.2.29), R_{mapnew} 的有效范围设置为 $(R_{\text{map}}(\min), R_{\text{map}}(\max))$。

$$R_{\text{mapnew}}(t) = (R_{\text{map}}(\min) - R_{\text{map}}(\max)) * (t - \text{ite}_{\max 1})/(1 - \text{ite}_{\max 1}) + R_{\text{map}}(\max) \tag{8.2.29}$$

2) 非线性调整的 ω_{div}

通过非线性调整系数 ω_{div} 对鸽群优化算法的速度更新模型进行改进, 利于提高解的可变性。ω_{div} 系数可定义如下:

$$\omega_{\text{div}}(t+1) = \omega_{\text{div}}^{\max} - \xi_3(\omega_{\text{div}}^{\max} - \omega_{\text{div}}^{\min}) + \xi_4(\omega_{\text{div}}(t) - \xi_5 * (\omega_{\text{div}}^{\max} + \omega_{\text{div}}^{\min})) \tag{8.2.30}$$

其中, $\omega_{\text{div}}^{\max}$ 和 $\omega_{\text{div}}^{\min}$ 分别为 ω_{div} 系数的最大值和最小值; ξ_3 和 ξ_4 为两个位于 $(0,1)$ 的随机数; $\xi_5 = 0.5$。

在对 R_{mapnew} 和 ω_{div} 进行积分后, MPIO 算法的速度项可更改为

$$\boldsymbol{V}_i^{t+1} = \omega_{\text{div}}(t+1) * \boldsymbol{V}_i^t * \text{e}^{-R_{\text{mapnew}}t} + \xi_1 * (\boldsymbol{X}_g - \boldsymbol{X}_i^{t+1}) \tag{8.2.31}$$

3) 动态地标搜索模型

基本鸽群优化算法在完成地图和指南针搜索后执行地标搜索, 而 MPIO 算法在每次地图和指南针搜索之后执行地标搜索[15]。新的地标搜索有助于在当前最优解附近寻找更高质量的解, 并减少对局部最优解的限制。为了有效解决 MOOPF 问题, 可将单目标鸽群优化算法改进为多目标鸽群优化算法:

$$\boldsymbol{X}_i = \left(\sum_{i=1}^{N_{\mathrm{p}}^t} \boldsymbol{X}_i^{t+1} * f(\boldsymbol{X}_i^{t+1}) \right) \Big/ \left(N_{\mathrm{p}}^t * \sum f(\boldsymbol{X}_i^{t+1}) \right) \tag{8.2.32}$$

对于 MOOPF 问题, $\boldsymbol{X}_i$ 为第 i 个功率流解的维度为 P 的控制变量。$f(\boldsymbol{X}_i^t)$ 为第 i 只鸽子的质量评估值, 可定义为下式的第 i 个解的总满意度值:

$$f(i) = \frac{\displaystyle\sum_{j=1}^{M} Fs_j(i)}{\displaystyle\sum_{i=1}^{N} \sum_{j=1}^{M} Fs_j(i)} \tag{8.2.33}$$

其中, $Fs_j(i)$ 为第 i 个解对于第 j 个目标的满意度函数, 定义如下:

$$Fs_j(i) = \begin{cases} 1, & f_j \leqslant f_j^{\min} \\ \dfrac{f_j^{\max} - f_j}{f_j^{\max} - f_j^{\min}}, & f_j^{\min} < f_j < f_j^{\max} \\ 0, & f_j \geqslant f_j^{\max} \end{cases} \tag{8.2.34}$$

其中, $f_j^{\max}$ 和 $f_j^{\min}$ 分别为第 j 个目标的最大值与最小值。

对于 MOOPF 问题, 每只鸽子代表一个动力系统的多维控制变量集。表 8.1 给出了 MPIO-COSR 算法在 MOOPF 问题上的伪代码。

3. 仿真实验

这里在 IEEE 30 节点和 57 节点的系统上分别进行实验 1 和实验 2 的仿真对比实验, 验证 MPIO-COSR 算法在快速收敛性上的优势。图 8.2 给出了实验 1 迭代过程中的帕累托边界。NSGA-II、MPIO-PFM 和 MPIO-COSR 算法分别在第59、97-15 和 33-15 次迭代中实现了零约束违反。此外, 图 8.2 还表明 NSGA-II 方法在第 150 次迭代左右实现了相对均匀分布的帕累托边界, 而 MPIO-COSR 算法可以在第 75-15 次迭代附近达到理想的帕累托边界。然而, MPIO-PFM 方法比NSGA-II 和 MPIO-COSR 方法更难找到令人满意的帕累托边界。此外, 图 8.3 给出了在 IEEE 57 节点系统上进行实验 2 在迭代过程中的帕累托边界。由仿真结果可见，NSGA-II、MPIO-PFM 和 MPIO-COSR 算法依次在第 166、174-15 和 126-15 次迭代中找到合格的帕累托边界，所设计的 MPIO-COSR 算法在第 180-15 次迭代中找到了均匀分布的帕累托边界，其性能优于 NSGA-II 和 MPIO-PFM 算法。

表 8.1 MPIO-COSR 算法的伪代码

输入：MPIO-COSR 算法和 N_p 个鸽子个体的初始参数
(N 个随机生成的维度为 P 的控制变量集)

begin
    $\text{ite}_1 = 1$
    while $\text{ite}_1 < \text{ite}_{\max 1}$
        for $i = 1, 2, \cdots, N_p$
            更新第 i 个功率流解的速度和位置
            基于功率流以阐明目标函数值 $f(s, c)$ 和约束违反值 CV
        end
        基于非劣 COSR 规则确定当前的帕累托最优集并基于 $f(\cdot)$ 值确定当前的 $\boldsymbol{X}_g$ 最优解；
        $\text{ite}_2 = 1$
        $N_l = N$
        while $\text{ite}_2 < \text{ite}_{\max 2}$
        $N_l = \max(\text{ceil}(N_l/2), 10)$
        for $i = 1, 2, \cdots, N_l$
            更新第 i 个功率流解的 $\boldsymbol{X}$ 值
            计算功率流
        end
        确定当前的帕累托最优集以及 $\boldsymbol{X}_g$ 最优解
        $\text{ite}_2 = \text{ite}_2 + 1$
        end while
    $\text{ite}_1 = \text{ite}_1 + 1$
    end while
end

输出：$\boldsymbol{X}_g$ 解的控制变量解集

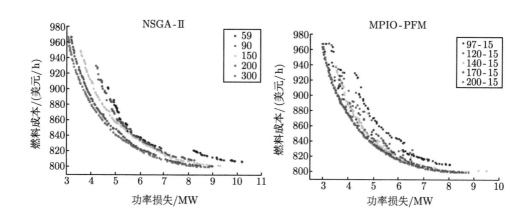

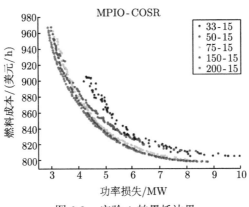

图 8.2　实验 1 帕累托边界

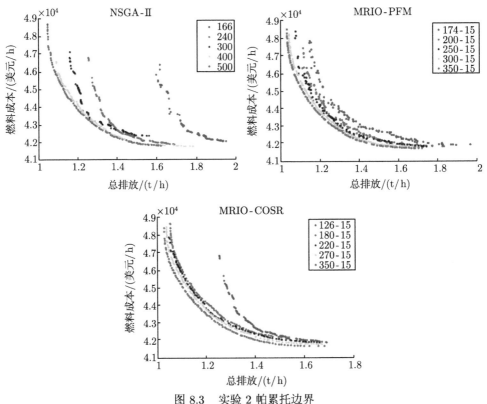

图 8.3　实验 2 帕累托边界

8.2.2　和声鸽群优化智能调度

自从智能电网 (smart grid, SG) 取得发展以来，家庭能源管理 (home energy management, HEM) 系统广泛出现，消费者有机会在智能家居中高效地调度智能电器。本节采用和声搜索算法 (harmony search algorithm, HSA)、鸽群优化算法与和声鸽群优化 (HPIO) 算法来调度智能家居中的智能家电[16]，如图 8.4 所示。

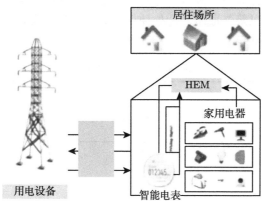

图 8.4　系统模型

1. 任务描述

这里通过家庭能量管理系统对智能电器进行规划调度，以最大限度降低峰均比和成本。智能家居与智能电表、双向通信网络和能量管理控制器等智能设备相结合，智能电表是电力公司和消费者之间的桥梁。能量管理控制器接收所有智能设备的能耗模式，并根据它们的定价信号进行调度，是一个以智能电表为桥梁的分时电价，将从电力公司收到的价格信号发送给能量管理控制器，并将从能量管理控制器收到的能耗数据发送给电力公司。电力设施和能量管理控制器之间的通信使用先进的通信网络完成。为单个和多个住宅配备了 16 个电器，且采用分时电价来计算电费。在场景中采用了三种不同的操作时间间隔 (operational time intervals, OTI)，即使用 5min、30min 和 60min 作为调度范围。5min OTI 将一天划分为 288 个相等的时间段，30min OTI 将一天划分为 48 个相等的时间段，60min OTI 将一天划分为 24 个相等的时间段，并比较三种情况下的成本、峰均比、能耗和等待时间。

1) 负载分类

根据电器的功耗将其分为三类，即不可控、恒温可控和非恒温可控电器。

(1) 不可控设备：不可控设备也称为固定设备。这些设备的总运行时间和能耗模式不能改变，用户可随时打开或关闭这些设备，此类设备包括灯、冰箱等。

(2) 恒温可控或可中断设备：也称为可管理设备，因为它们的运行时间可以在执行过程中中断，并可以转换到任何时间段。

(3) 非恒温可控或不可中断设备：也称为突发负载设备，且是可管理的设备，但工作在预定义的周期。

2) 价格模型

电力设施使用不同的动态定价方案,如分时电价、关键峰值定价、实时电价、提前一天定价,来计算电力成本。这些动态定价方案鼓励消费者将负载从高峰期转移到非高峰期,以降低成本,此处使用了分时电价方案,所有类型的电器及其额定功率如表 8.2 所示。

表 8.2 家用电器类型

种类	家用电器	PR/(kW·h)
恒温可控	空调	2
	电热水器	2
	熨斗	2.4
非恒温可控	洗碗机	0.15
	洗衣机	2.2
	吹风机	1.8
	直发器	0.055
不可控	冰箱	1.67
	电视	0.083
	电灯	0.1
	笔记本电脑	0.15
	电话	0.005
	微波炉	2.4
	油烟机	0.225
	烤面包机	0.8
	烧水壶	2

2. 算法设计

对于实时优化难题,传统的混合整数线性规划 (mixed integer linear programming, MILP)、ILP 和 MINLP 等传统优化技术难以处理大量电气设备,可采用元启发式算法 (HSA) 和生物启发式鸽群优化算法的混合优化模型。

1) 鸽群优化算法

鸽群优化算法由地图和指南针算子、地标算子两个模型组成,与其他算法相比,鸽群优化算法具有更好的收敛速度和优化性能 [17−19]。

地图和指南针算子:定义第 j 只鸽子的位置和速度分别为 $\boldsymbol{X}_j$ 和 $\boldsymbol{V}_j$,在第 t 轮迭代时 $\boldsymbol{X}_j$ 和 $\boldsymbol{V}_j$ 根据如下公式进行更新。

$$\boldsymbol{V}_j^t = \boldsymbol{V}_j^{t-1} \cdot \mathrm{e}^{-Gt} + \mathrm{rand}(\boldsymbol{X}_\mathrm{g} - \boldsymbol{X}_j^t) \qquad (8.2.35)$$

$$\boldsymbol{X}_j^t = \boldsymbol{X}_j^{t-1} + \boldsymbol{V}_j^t \qquad (8.2.36)$$

地标算子:假设 $\boldsymbol{X}_\mathrm{c}^t$ 是适应度函数值排在前 $N_\mathrm{p}/2$ 的鸽子群体位置的中心,则第 t 次迭代中每只鸽子的位置为

$$N_\mathrm{p}^t = N_\mathrm{p}^{t_1}/2 \qquad (8.2.37)$$

$$\boldsymbol{X}_{\mathrm{c}}^{t} = \sum \boldsymbol{X}_{j}^{t} f(\boldsymbol{X}_{j}^{t}) / \sum f(\boldsymbol{X}_{j}^{t}) \tag{8.2.38}$$

$$\boldsymbol{X}_{j}^{t} = \boldsymbol{X}_{j}^{t-1} + \mathrm{rand}(\boldsymbol{X}_{\mathrm{c}}^{t} - \boldsymbol{X}_{j}^{t-1}) \tag{8.2.39}$$

其中, 鸽群数量采用满足第 t 次迭代条件约束的 N_{p}^{t} 来表示; $f(\boldsymbol{X}_{j}^{t})$ 为第 j 只鸽子的适应度值与所有鸽子适应度值的比例。在最小值优化问题中, 适应度计算公式如下:

$$f(\boldsymbol{X}_{j}^{t}) = 1/(f(\boldsymbol{X}_{j}^{t}) + \varepsilon) \tag{8.2.40}$$

其中, $f(\cdot)$ 为适应度函数值。

2) 和声搜索算法

和声搜索算法的灵感来源于寻找一种美妙和声形式的音乐练习方式, 如果所有的音符聚在一起能创造出比音乐家记忆中更好的连贯性, 下次就有可能产生新的和声。为了生成新的和声, 主要考虑三个步骤: 和声记忆库取值概率 (harmony memory consideration rate, HMCR), 音调微调概率 (pitch adjustment rate, PAR) 和即兴创作。

初始时和声记忆库是在 $[0, 1]$ 区间随机生成的, 定义如下:

$$x_{(i,j)} = l_j + \mathrm{rand}(\cdot) \cdot U_j - l_j \tag{8.2.41}$$

若随机数比 HMCR 小, 就从新向量中任意选择一个判定变量:

$$V_{i,j} = \begin{cases} x(\mathrm{rand}j), & \mathrm{rand}(\cdot) < \mathrm{HMCR} \\ l_j + \mathrm{rand}(\cdot) \cdot U_j - l_j, & \text{其他} \end{cases} \tag{8.2.42}$$

其中, $V_{(i,j)}$ 为初始和声记忆库中的第 j 个元素; $\mathrm{rand}(\cdot)$ 函数生成 $[0, 1]$ 区间内的随机数值; U_j 和 l_j 分别为上界和下界。

从 HMCR 中选择的元素被进一步修改为音调微调概率:

$$V_{i,j} = \begin{cases} V_i^j \mathrm{rand}(\cdot) \cdot bwj, & \mathrm{rand}(\cdot) < \mathrm{PAR} \\ V_i^j, & \text{其他} \end{cases} \tag{8.2.43}$$

一旦生成新的和声向量, 就将其与和声记忆库中最差的和声进行比较。如果新的和声较原来有所改善, 则替换和声记忆库中的最差和声, 这些即兴创作过程一直持续到满足终止条件为止。在这个场景中, 和声是一个时间段, 其中每个和声位代表一个电器设备。这里使用 16 个电器, 因此和声由 16 位组成, 其中 0 或 1 表示设备开或关状态。

3) 和声鸽群优化算法

基于 HSA 算法的种群初始化方法定义如下:

$$X_{i,j} = l_j + \text{rand}(\cdot) \cdot (v_j - l_j) \tag{8.2.44}$$

采用鸽群优化算法寻找最佳种群的策略，并基于和声优化算法的记忆库取值概率和音调微调概率进行改进。混合算法的详细步骤在表 8.3 中的算法 8.1 给出描述。

表 8.3　HPIO 算法实施步骤

算法 8.1：HPIO 算法	
1:	输入最大迭代次数
2:	初始化：鸽群数量，维度 D，地图和指南针算子，T_1，T_2，$\boldsymbol{X}_g$
3:	明确规定家用电器的运行时长以及额定功率
4:	设置每个家用电器的初始路径 $\boldsymbol{X}_i$ 以及速度 $\boldsymbol{V}_i$
5:	使用和声记忆库生成初始种群
6:	设置 $\boldsymbol{X}_p = \boldsymbol{X}_i$
7:	计算每个家用电器的适应度函数值
8:	找到最优解
9:	地图和指南针算子
10:	for $l = 1 : T_1$ do
11:	for $i = 1 : N_p$ do
12:	while X_i 在搜索范围之外 do
13:	计算 $\boldsymbol{X}_i$ 和 $\boldsymbol{V}_i$
14:	for $j = 1 : D$ do
15:	while $\boldsymbol{X}_p$ 在搜索范围之外 do
16:	根据它们的适应度值对家用电器进行排序
17:	$N_p = N_p/2$
18:	保留一半家用电器并舍弃另一半
19:	$\boldsymbol{X}_c = $ 剩余家用电器的中心坐标
20:	计算 $\boldsymbol{X}_i$
21:	for $itr = 1 : \text{Max iteration}$ do
22:	for $j = 1 : 12$ do
23:	即兴创作新的和声 x_{new}
24:	if rand$(\cdot) < $ HMCR
25:	从和声记忆库中选取音调值
26:	if rand$(\cdot) < $ PAR
27:	调整音调值
28:	else
29:	选择一个随机音调值
30:	输出：$\boldsymbol{X}_g$ 输出为适应度函数全局最优

3. 仿真实验

对于单个智能家居的最优调度，考虑由 16 个电器组成的单个和多个家庭，此任务可在三种不同类型的电气设备完成。这里分别采用 60min、30min 和 5min 作为时间段来划分，基于电力成本、能耗、峰均比和用户舒适度对改进算法进行评估，如图 8.5 ～ 图 8.7 所示。

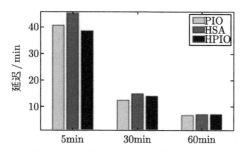

图 8.5 不同运行时间间隔下的延迟

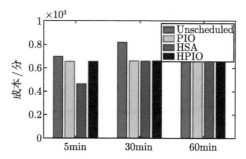

图 8.6 不同运行时间间隔下的成本

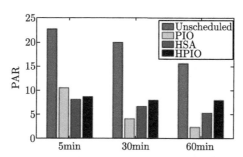

图 8.7 不同运行时间间隔下的峰值比

1) 负载

使用分时电价模式来计算能量账单的成本。HSA、PIO 和 HPIO 算法将电器从高峰期向非高峰期调度。仿真实验结果表明,HPIO 相对于 HSA、PIO 以及非调度负载,在 60min 和 5min 运行时间间隔时,以更高效的方式完成了负载调度,而 PIO 在 30min 运行时间间隔时性能更佳,具体如图 8.8 所示。HSA 和 PIO 与非调度负载相比,在调度负载上效率更高。由于 HSA 和 PIO 避免在一天中的特定时段形成峰值,所以整体功耗较低。从仿真结果可见,HSA 和 PIO 通过将负载从高峰期转移到非高峰期,改善了家用电器的日常能耗模式。

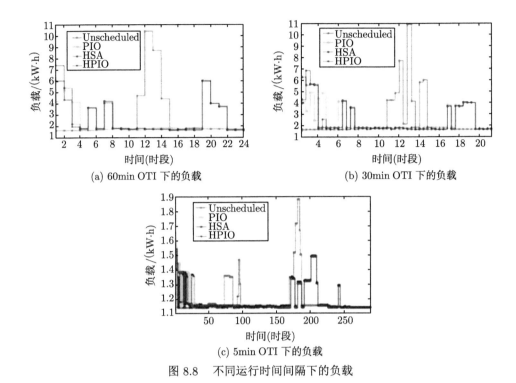

(a) 60min OTI 下的负载   (b) 30min OTI 下的负载

(c) 5min OTI 下的负载

图 8.8   不同运行时间间隔下的负载

2) 峰均比

用电峰值对消费者和电力公司均无益处,因为消费者必须额外付费,而电力公司必须满足额外的电力需求,HPIO 和 PIO 能够避免在 60min 和 5min 的运行时间间隔中达到用电峰值。图 8.7 表示每种情况下均有峰均比降低,而对于多个家庭的情况,图 8.9 给出了 10 个、30 个和 50 个家庭的 PAR 降低。

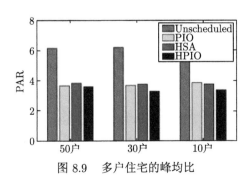

图 8.9   多户住宅的峰均比

3) 用户舒适度

用户舒适度与等待时间和电费相关,此处用户舒适度是根据等待时间来计算的。使用户舒适度尽可能达到最大则要相应地增加成本,减少家电延迟;延迟过多会降低用户舒适度。图 8.5 给出了每种电器设备类型的平均等待时间,在全部三种情形下,HPIO 算法在减少等待时间方面性能更佳,图 8.10 给出了多个家庭的等待时间。

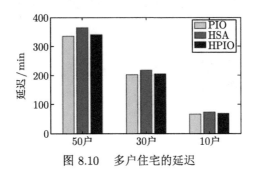

图 8.10　多户住宅的延迟

4) 总成本

用户舒适度和成本之间存在权衡。与计划为外成本相比,HSA、PIO 和 HPIO 算法在降低总成本方面性能有所提高。然而,HPIO 算法在用户舒适度方面具有优异性能。由图 8.6 中可见,每种情况下均有成本的降低,由图 8.11 可知,多个家庭的电力成本降低。

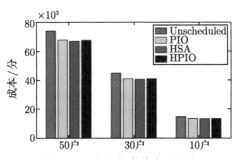

图 8.11　多户住宅的电力成本

8.2.3　离散知识型鸽群优化车间能效

针对离散制造车间的能效优化问题,本节介绍一种离散知识型鸽群优化 (DK-PIO) 算法[20],通过对 DKPIO 的地图和指南针算子以及地标算子两个阶段离散化处理,将其应用到离散制造车间的能效优化问题求解中。

1. 任务描述

在离散制造车间中,n 个待加工工件有 m 台可用机器,每个工件有 k 道工序,工件的加工工序所选择的机器具有差异性:不同的待加工工件有不同的加工工艺路线, 工件的同道工序有 m_1 台机器可加工。由于机器之间的差异性, 相同工序选择不同的加工机器, 会产生不同的加工时间、加工能耗、待机时间和待机能耗, 这就为离散车间排产调度能效优化带来节能空间。因此, 如何合理有效地安排工件加工工艺对应的机器及加工顺序, 直接影响离散车间能效优化效率。

1) 数学模型参数定义

主要参数定义如下。

m: 表示加工设备的数量;

n: 表示待加工工件的个数;

i: 表示工件号;

j: 表示工序号;

k: 表示设备号;

h: 表示设备号;

$M = \{M_k | 1 \leqslant k \leqslant m\}$: 表示设备集;

$J = \{J_i | 1 \leqslant i \leqslant n\}$: 表示工件集;

O_i: 表示工件 J_i 的工序集;

s: 表示所有工件中的最大工序数;

O_{ij}: 表示工件 J_i 的工序 j;

$M_{ij} = \{M_k | X_{ijk} = 1\}$ 表示工件 J_i 的工序 O_{ij} 的可用设备集;

P_{ijk}: 表示工件的某道工序可在多台设备上加工;

R_c: 表示两个工件可在同一台设备上加工;

t_{ijk}: 表示工序 O_{ij} 在设备 M_k 上的加工时间;

S_{ijk}: 表示工序 O_{ij} 在设备 M_k 上加工的开始时间;

E_{ijk}: 表示工序 O_{ij} 在设备 M_k 上的完工时间;

w_k: 表示某个工件的某道工序在设备 M_k 上的耗能量;

WM_k: 表示所有工件在设备 M_k 上的耗能量;

WM: 表示加工所有工件的总能耗;

$$X_{ijk} = \begin{cases} 1, & \text{工序 } O_{ij} \text{ 由设备 } M_k \text{ 加工} \\ 0, & \text{其他} \end{cases}$$

$$R_c = \begin{cases} 1, & O_{ij} \text{ 与 } O_{eg} \text{ 同在 } M_k \text{ 上加工, } O_{ij} \text{ 先加工} \\ 0, & \text{其他} \end{cases}$$

其中, m、n、M、J、O_i、O_{ij}、M_{ij}、S_{ijk} 为输入变量; t_{ijk}、E_{ijk}、WM_k、WM 为输出变量; P_{ijk}、R_c 为决策变量。

2) 模型建立

离散制造车间的数学模型和约束条件可如下描述。

目标函数：这里可取车间加工所有工件时的设备总耗能最小为目标函数，其数学描述如下。

$$f_1 = \min WM = \min\left(\sum_{i=1}^{m} WM_i\right) \tag{8.2.45}$$

$$WM_k = \sum_{i=1}^{n}\sum_{j=1}^{s} w_k \tag{8.2.46}$$

(1) 约束条件

$$E_{ijk} - E_{egk} \geqslant t_{egk} \tag{8.2.47}$$

$$R_v = 1, \quad P_{ijk} = P_{egk} = 1 \tag{8.2.48}$$

上式表示每台机器同一时刻只可加工一个工件。

(2) 加工过程约束

$$E_{ijk} - S_{ijk} = t_{egk}, \quad P_{ijk} = 1 \tag{8.2.49}$$

上式表示某道工序开始加工便不可中断。

(3) 工艺路线约束

$$S_{ijk} - E_{i(j-1)h} \geqslant 0, \quad P_{ijk} = P_{i(j-1)h} = 1 \tag{8.2.50}$$

上式表示同一工件的不同工序之间存在工序约束，不同工件之间没有工序约束。

2. 算法设计

1) 离散鸽群优化算法

A. 初始化

建立鸽群位置矢量和调度能效优化两者之间的映射关系，是鸽群优化算法应用于作业车间调度问题的关键。根据离散制造车间的工序和机器对应排列的特点，这里采用双层设计的方式随机初始化鸽群，第 1 层 X_P^i 为工序层，表示第 i 个零件的工序；第 2 层 X_M^i 为机器层，表示第 i 个零件某道工序的加工机器。如图 8.12 所示，鸽子 X^i 表示一个 3 工件 6 机器的调度安排方案，其中第 1 排第 1 列中的 "1" 表示工件 1 的第 1 道工序，第 2 排第 1 列中的 "2" 表示工件 1 的第 1 道工序在机器 2 上加工。图 8.12 中的第 1 行共有 3 个 1，表示工件 1 共有 3 道工序，3 个 "1" 的位置表示 3 道工序被安排加工的顺序，第 2 排则对应相应的机器号。

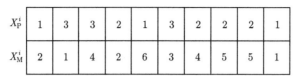

图 8.12   离散车间编码初始化

B. 目标函数

建立时间矩阵 T，T 中存储每台机器加工对应零件工序所需的加工时间，将鸽子的机器层数据作为横坐标，工序层数据作为纵坐标，利用 $(X_{\mathrm{M}}^i(j), X_{\mathrm{P}}^i(j))$（其中 j 表示列）调出对应的时间。建立能耗矩阵 $\boldsymbol{W}$ 存储每台机器加工对应零件工序时耗能量，利用 $(X_{\mathrm{M}}^i(j), X_{\mathrm{P}}^i(j))$ 调出对应的能耗。所有零件完成加工能耗量总和即为目标函数 $f(X)$，定义如下：

$$f(X) = \sum_{i=1}^n \sum_{j=1}^p W\left(X_{\mathrm{M}}^i(j), X_{\mathrm{P}}^i(j)\right) \tag{8.2.51}$$

2) 地图和指南针算子离散化

鸽群优化算法在地图和指南针算子阶段优化中，舍弃鸽群优化算法求解速度 V 达到更新种群位置速度的方法，在研究当前算法离散化的思路中，将一种 "取整补全" 的方法应用于群体智能算法离散化，不仅优化了群体智能算法离散化过程，易于编码，更加快了群体智能算法的收敛速度与寻优能力[21,22]。

通过鸽群 "地图和指南针算子" 更新会出现连续值，但在离散问题求解过程中，变量之间没有连续性，所以求解的值不能够直接适用离散问题。具体步骤如下：

Step 1   取整。采用四舍五入取整法，将优化结果全部取整，得到 $V_{\mathrm{new}}^j = [1\ 3\ 1\ 1\ 2]$。

对照离散机床能效优化所需离散范围，筛选出重复的数和超过区间的数，将超过区间对应位置矢量置 0；同时从重复的数中随机选择一个数保持不变，其余全部置 0。对 $V_{\mathrm{new}}^j = [1\ 3\ 1\ 1\ 2]$ 中位置矢量有 3 个 "1"，所以需要将 3 个 "1" 中的 1 个 "1" 位置矢量不变，另外将位置矢量中的 2 个 "1" 置 0（取 $V_{\mathrm{new}}^j = [1\ 3\ 1\ 1\ 2]$ 中第二个位置矢量 "1" 不变，其余位置上的矢量 "1" 置 0），得 $V_{\mathrm{new}}^j = [0\ 3\ 1\ 0\ 2]$。

Step 2   补全。由鸽群优化算法位置矢量中 $V_{\mathrm{g}} = [2\ 5\ 3\ 1\ 4]$，$V_{\mathrm{old}}^j = [4\ 1\ 5\ 3\ 2]$ 可知其位置矢量由 $1 \sim 5$ 构成，且每个数只出现一次，由 $V_{\mathrm{new}}^j = [0\ 3\ 1\ 0\ 2]$ 得出遗漏了决策变量 "4" 和 "5"，所以需要将鸽群算法中的位置矢量补充完整。取决策变量中遗漏的决策变量集合 $U = [4\ 5]$，将 $U = [4\ 5]$ 中的位置矢量进行排列组合（A_n^m 中排列），并将所有排列组合依次放入 $V_{\mathrm{new}}^j = [0\ 3\ 1\ 0\ 2]$ 中遗漏的决策变量中，得 $V_{\mathrm{new}}^j = [4\ 3\ 1\ 5\ 2]$，$V_{\mathrm{new}}^j = [5\ 3\ 1\ 4\ 2]$，挑选出适应度值最好的位置矢量排列方式，使目标函数 $f(X)$ 排列方式的取值最小。

Step 3 鸽群位置矢量可以相同。若鸽群中的位置矢量允许重现重复值,统计鸽群位置矢量重复出现的次数 C_a^b (a 代表工件号,b 代表工序总数)。先对求解优化结果进行离散化,将位置矢量取整,将超出矢量范围的位置置 0。若优化求解位置矢量超过 C_a^b,则从该位置矢量相同的数中,随机选择超过的位置矢量置 0;若优化求解位置矢量低于 C_a^b,则统计该位置矢量低于 C_a^b 的个数 h_a (a 代表工件号),添加 C_a^b 个位置矢量至上述集合 U 中,对 U 的排列组合方法同上所述。

3) 鸽群知识参数优化

在仿生群体智能优化算法中,参数选择关系到算法的收敛速度和优化结果,参数的选择是优化问题中关键又复杂的部分。基本鸽群优化算法往往采用固定初始参数,不能根据优化进程平衡全局搜索和局部搜索,具有鲁棒性低和寻优能力低下等局限。通过将参数的取值按照优化结果进程进行规律性的改变,可实现动态实时控制优化局部搜索和全局搜索的进程,增强算法鲁棒性。

A. 知识优化算子 "R"

鸽群优化算法的地图和指南针算子 "R" 控制鸽子的更新收敛速度,对鸽群优化算法的求解效率起着至关重要的作用。可通过合理准确利用鸽群参数地图和指南针算子 "R" 来平衡鸽群优化算法在全局搜索和局部搜索的作用[23,24]。由仿真实验可知,参数 "e^{-Rt}" 在范围 $[0, 1]$ 上比较合理有效,其中 a 取值为 1,b 取值为 100。

$$x = -10 + \frac{\text{ITER} \times 20}{N_{1\max} + N_{2\max}} \tag{8.2.52}$$

$$f(x) = \frac{1}{a + b \times e^{-t}} \tag{8.2.53}$$

上述动态控制参数变化,使得参数 "R" 在初始时很小,有利于鸽群优化算法快速收敛,并有更好的全局搜索能力;经过充分的全局搜索后,"R" 逐渐变大并接近于 1,可更好地完成局部搜索。鸽群参数知识优化策略很好地平衡局部搜索和全局搜索能力,具有很强的适应性和鲁棒性 (图 8.13)。

B. 知识优化迭代参数 "N_1, N_2"

鸽群优化算法特有的两段寻优方式,可使鸽群在寻优的不同阶段具有不同的优化效果。地图和指南针算子阶段便于鸽群进行全局搜索,并具有较快的收敛速度,而地标算子中鸽群参考的方向为全局个体的中心位置,种群可很快地收敛到最优值。通过对比本节参数设置和大量实验数据,由图 8.14 可见,当鸽群优化算法迭代到 3000~4000 次之后,鸽群的收敛速度逐渐缓慢,即使更新多代,寻优能力开始变差,因此在此阶段进行鸽群的地标算子搜索,不仅可以提高收敛速度,而且能够增强寻优能力。因此,在 $N_1 = 3500$ 及 $N_2 = 1500$ 时,不仅能够得到机器耗能总量最优，而且随着迭代次数的增加，鸽群优化算法在后期的寻优能力上与其他算法相比，也具有较快的收敛速度和全局寻优性能。

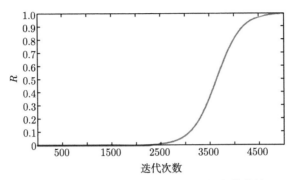

图 8.13　鸽群知识参数因子 "R" 迭代变化曲线

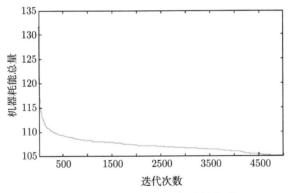

图 8.14　收敛速度与迭代次数关系

3. 仿真实验

这里选取实际离散生产车间的真实数据，如表 8.4 所示，选取 GA 和 PSO 算法进行对比实验。

表 8.4　零件工序加工信息表

零件	工序	加工所需耗能/(kW·h)，所需时间/min							
		K_1	K_2	K_3	K_4	K_5	K_6	K_7	K_8
	O_{11}	—	4.60，12	—	—	4.89，14	—	6.15，20	—
	O_{12}	5.83，18	—	—	6.31，19	—	—	3.95，11	—
J_1	O_{13}	—	—	5.51，14	3.57，9	—	5.76，17	—	—
	O_{14}	—	4.13，11	—	—	3.42，9	—	—	4.47，12
	O_{15}	4.81，15	—	—	3.42，8	—	—	—	6.29，18

续表

| 零件 | 工序 | 加工所需耗能/(kW·h), 所需时间/min | | | | | | | |
		K_1	K_2	K_3	K_4	K_5	K_6	K_7	K_8
	O_{21}	—	—	4.43, 12	5.92, 19	4.83, 14	—	—	—
J_2	O_{22}	3.06, 8	—	—	3.09, 9	—	—	4.76, 15	—
	O_{23}	4.95, 16	3.19, 7	—	—	—	3.69, 9	—	—
	O_{31}	—	—	—	4.24, 11	3.80, 10	—	—	4.50, 13
	O_{32}	—	—	4.54, 12	5.83, 18	—	—	4.50, 14	—
J_3	O_{33}	3.08, 9	—	—	4.50, 15	2.93, 7	—	—	—
	O_{34}	—	4.53, 12	—	—	—	2.67, 5	—	3.09, 9
	O_{35}	1.79, 3	—	—	2.59, 4	—	3.10, 8	—	—
	O_{41}	—	6.05, 19	—	—	3.01, 7	—	4.44, 13	—
J_4	O_{42}	—	—	3.25, 8	—	3.96, 11	—	—	4.73, 16
	O_{43}	—	4.27, 11	—	3.74, 8	—	—	5.64, 18	—
	O_{44}	2.26, 6	—	—	—	—	—	4.44, 14	3.58, 9
	O_{51}	—	—	—	7.43, 22	—	4.39, 12	4.89, 17	—
J_5	O_{52}	—	4.11, 18	—	—	3.46, 11	—	—	3.60, 9
	O_{53}	3.37, 9	—	4.55, 12	—	—	—	—	2.72, 7
	O_{61}	—	4.19, 11	—	—	—	3.48, 9	3.31, 14	—
	O_{62}	3.11, 8	—	—	—	3.06, 6	—	—	3.79, 9
J_6	O_{63}	—	—	4.07, 11	—	5.95, 17	—	—	5.98, 18
	O_{64}	1.92, 5	—	—	5.54, 15	—	—	2.79, 7	—
	O_{65}	—	4.47, 11	—	—	—	2.96, 8	—	2.98, 7
	O_{66}	6.07, 19	—	—	4.08, 7	—	4.71, 15	—	—

柔性车间模型采用 6 个零件和 8 台机器, 总共需要 26 道工序, 表 8.5 给出了每台机器加工期间待机单位耗能情况。考虑算法运行时间, 统一将迭代次数设为 5000 次, 鸽子数目为 20, 循环迭代次数为 50。由于 PIO、PSO 和 GA 算法的机理差异性, 将 PSO 算法的参数设置为: $C_1 = C_2 = 1.5$, $W_{\max} = 0.9$, $W_{\min} = 0.4$, GA 算法参数设置为: $P_j = 0.8$, $P_b = 0.1$, $L_j = 0.8$。

表 8.5 机器单位时间待机耗能

机器号	K_1	K_2	K_3	K_4	K_5	K_6	K_7	K_8
耗能量	0.30	0.42	0.24	0.21	0.21	0.24	0.33	0.42

将 DKPIO、GA 和 PSO 算法分别应用于离散制造车间能效优化时, PSO 算法、GA 和 DKPIO 算法的仿真结果如表 8.6、图 8.15 ~ 图 8.18 所示。表 8.6 列出了上述三种算法在不考虑最大完工时间时获得的机器总能耗的最优值和平均值, 从最优值和平均值这两个重要的评价指标可以明显看出, DKPIO 算法在快速收敛、寻优值等方面都优于 PSO 和 GA 算法。图 8.15 为 DKPIO、PSO 和 GA 三种算法迭代过程中获得的机器总能耗的平均曲线, DKPIO 算法在前期求解过程中收敛速度优于 PSO 和 GA 算法, 且迭代寻优结果明显优于其他两种算法。

表 8.6   机器总能耗值对比结果   (单位：kW·h)

算法	最优值	平均值
PSO	113.4	131.79
GA	107.42	114.73
DKPIO	99.23	107.15

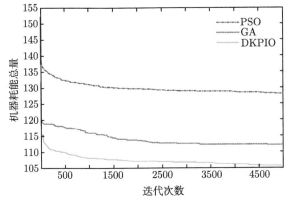

图 8.15   三种算法的机器耗能总量迭代仿真

图 8.16 ~ 图 8.18 给出了三种算法生成的最优调度方案的甘特图，可通过甘特图观察三种算法不同的具体调度方案详情，对比可发现，DKPIO 算法在排产中不仅安排了工序能耗最少的机床加工工序，而且极大减少了工件加工过程中的待机时间，因而 DKPIO 算法排产结果加工总能耗明显低于 PSO 和 GA 算法的加工能耗。

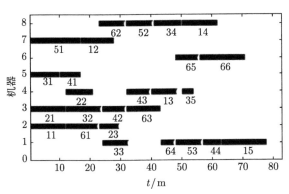

图 8.16   GA 最优调度方案甘特图

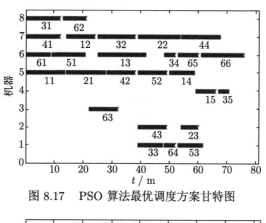

图 8.17 PSO 算法最优调度方案甘特图

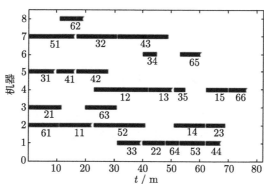

图 8.18 DKPIO 算法最优调度方案甘特图

8.3 器 件 控 制

8.3.1 PCHS 策略鸽群优化磁场线圈

本节介绍一种基于并行竞争和分层搜索 (parallel competition and hierarchical search, PCHS) 策略的鸽群优化算法，用于设计自屏蔽均匀磁场线圈，为微型原子传感器提供了创新优化途径 [25]。线圈系统由分布在两个同轴圆柱表面上的圆形线圈对组成，可在线圈中心提供高度均匀的磁场，并迅速向外衰减。这里将此设计转化为具有约束的非线性目标优化问题，从而使改进鸽群优化算法能够获得线圈几何参数。

1. 任务描述

图 8.19 给出了自屏蔽均匀磁场 (self-shielded uniform magnetic field, SUMF) 线圈的几何形状，由半径相同的主线圈和屏蔽线圈组成。主线圈和屏蔽线圈的电流大小相同，方向相反。显然，该结构沿 $z=0$ 平面具有高度的对称性，保证了线圈产生磁场的均匀性。

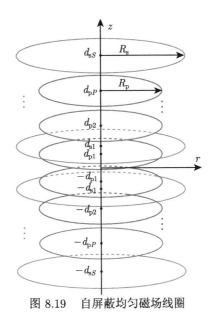

图 8.19　自屏蔽均匀磁场线圈

主线圈和屏蔽线圈分别由一组具有一定数量的环对组成，每个线圈的安培匝数为 I。根据毕奥–萨伐尔定律，该线圈在位置 $r(r, z)$ 处产生的磁场 $B(r)$ 为

$$B(r) = \frac{\mu_0}{4\pi} \oint \frac{I \mathrm{d}I \times r}{|r - r'|^3} \tag{8.3.1}$$

其中，$\mu_0 = 4\pi \times 10^{-7} \mathrm{H/m}$ 为自由空间的磁导率；$\mathrm{d}I$ 为 I 的积分元素；r' 为线圈上源点的位置向量。因此，沿 z 轴方向的磁场分量的表达式如下：

$$
\begin{aligned}
&B_z(r, z) \\
&= \frac{\mu_0 I}{2\pi} \sum_{p=1}^{p} \left\{ \frac{1}{\sqrt{(R_\mathrm{p} + r)^2 + (z - d_{pp})^2}} \left[E_{pp+} + \frac{R_\mathrm{p}^2 - r^2 - (z - d_{pp})^2}{(R_\mathrm{p} - r)^2 + (z - d_{pp})^2} E'_{pp+} \right] \right. \\
&\quad \left. + \frac{1}{\sqrt{(R_\mathrm{p} + r)^2 + (z + d_{pp})^2}} \left[E_{pp-} + \frac{R_\mathrm{p}^2 - r^2 - (z + d_{pp})^2}{(R_\mathrm{p} - r)^2 + (z + d_{pp})^2} E'_{pp-} \right] \right\} \\
&\quad - \frac{\mu_0 I}{2\pi} \sum_{s=1}^{S} \left\{ \frac{1}{\sqrt{(R_\mathrm{s} + r)^2 + (z - d_{ss})^2}} \left[E_{ss+} + \frac{R_\mathrm{s}^2 - r^2 - (z - d_{ss})^2}{(R_\mathrm{s} - r)^2 + (z - d_{ss})^2} E'_{ss+} \right] \right. \\
&\quad \left. + \frac{1}{\sqrt{(R_\mathrm{s} + r)^2 + (z + d_{ss})^2}} \left[E_{ss-} + \frac{R_\mathrm{s}^2 - r^2 - (z + d_{ss})^2}{(R_\mathrm{s} - r)^2 + (z + d_{ss})^2} E'_{ss-} \right] \right\}
\end{aligned}
\tag{8.3.2}
$$

其中，$E_{pp\pm}$、$E_{ss\pm}$、$E'_{pp\pm}$ 和 $E'_{ss\pm}$ 为第一类和第二类的完全椭圆积分，可由下式计算：

$$E_{pp\pm} = \int_0^{\frac{\pi}{2}} \frac{\mathrm{d}\varphi}{\sqrt{1 - \dfrac{4R_{\mathrm{p}}\,|r|}{\left(R_{\mathrm{p}} + |r|\right)^2 + \left(zmd_{pp}\right)^2}\sin^2\varphi}} \tag{8.3.3}$$

$$E_{ss\pm} = \int_0^{\frac{\pi}{2}} \frac{\mathrm{d}\varphi}{\sqrt{1 - \dfrac{4R_{\mathrm{s}}\,|r|}{\left(R_{\mathrm{s}} + |r|\right)^2 + \left(zmd_{ss}\right)^2}\sin^2\varphi}} \tag{8.3.4}$$

$$E'_{pp\pm} = \int_0^{\frac{\pi}{2}} \sqrt{1 - \frac{4R_{\mathrm{p}}\,|r|}{\left(R_{\mathrm{p}} + |r|\right)^2 + \left(zmd_{pp}\right)^2}\sin^2\varphi}\,\mathrm{d}\varphi \tag{8.3.5}$$

$$E'_{ss\pm} = \int_0^{\frac{\pi}{2}} \sqrt{1 - \frac{4R_{\mathrm{s}}\,|r|}{\left(R_{\mathrm{s}} + |r|\right)^2 + \left(zmd_{ss}\right)^2}\sin^2\varphi}\,\mathrm{d}\varphi \tag{8.3.6}$$

为了应用仿生群体智能优化算法获取线圈结构参数，这里将该物理模型转化为带约束的非线性目标优化问题。采用 $d = [d_{\mathrm{p}1}, d_{\mathrm{p}2}, \cdots, d_{\mathrm{p}P}, d_{\mathrm{s}1}, d_{\mathrm{s}2}, \cdots, d_{\mathrm{s}S}]$ 表示每对圆线圈的位置，可将 d 视为需要优化的变量。目标函数从线圈性能的如下两方面考虑。

一方面，线圈中心一定范围内的磁场均匀性需要提高，可将磁场误差定义为这一性能的表征。定义此类误差函数为磁场在 $r_0\,(0,0)$ 与其他位置 $r\,(r,z)$ 之间的平均绝对误差，如下所示：

$$f_1 = \frac{1}{K \times K} \sum_{kr=1}^{K} \sum_{kz=1}^{K} \left| \frac{B_z\left(r_{kr}, z_{kz}\right) - B_z\left(0,0\right)}{B_z\left(0,0\right)} \right| \tag{8.3.7}$$

其中，$|r_{kr}| \leqslant R_{\mathrm{p}}/4$，$|z_{kz}| \leqslant R_{\mathrm{p}}/4$。

另一方面，选择屏蔽线圈外部的几个特征点的相对磁场之和作为评价线圈自屏蔽性能的标准，定义如下：

$$f_2 = \sum_{k=1}^{\mathrm{Num}} \left| \frac{B_z\left(r_k, z_k\right)}{B_z\left(0,0\right)} \right| \tag{8.3.8}$$

此外，满足无磁矩条件的线圈具有理想的自屏蔽特性。因此，要建立具有良好自屏蔽性能的磁场线圈，有

$$I \cdot P \cdot \pi R_{\mathrm{p}}^2 - I \cdot S \cdot \pi R_{\mathrm{s}}^2 = 0 \tag{8.3.9}$$

显然，线圈均匀性和自屏蔽性能同时优化是一个典型的多目标优化问题。然而，这类问题在寻优时往往存在优化种群多样性早期退化和全局搜索能力被抑制的风险。为了克服这些问题，加快优化算法的计算速度，这里采用线性加权方法将其转化为单目标优化问题，定义如下：

$$\text{Minimize} \quad F = w_{\text{e}} \cdot f_1 + w_{\text{t}} \cdot f_2$$

$$\text{With} \qquad P \cdot R_{\text{p}}^2 - S \cdot R_{\text{s}}^2 = 0$$

$$\text{s.t.} \qquad d_{p(p+1)} - d_{pp} \geqslant d_{\text{c}} \quad (p = 1, 2, \cdots, P)$$

$$d_{s(s+1)} - d_{ss} \geqslant d_{\text{c}} \quad (s = 1, 2, \cdots, S)$$

$$d_{\min} \leqslant d_{pp} \leqslant d_{\max} \quad (p = 1, 2, \cdots, P)$$

$$d_{\min} \leqslant d_{ss} \leqslant d_{\max} \quad (s = 1, 2, \cdots, S)$$

$$(8.3.10)$$

其中，F 为代价函数；w_{e} 和 w_{t} 为每一项的权重；d_{c} 为制造工艺限制下的线圈间距要求；$d_{\max}$ 和 $d_{\min}$ 分别为线圈位置的最大和最小限制，$d_{\max}$ 用于限制线圈的长宽比，$d_{\min}$ 用于调节线圈中心孔的大小，该中心孔预留给激光束通过蒸气室。

2. 算法设计

虽然基本鸽群优化算法具有收敛性好、运算简单的特点，但容易陷入局部最优 [26~28]。尤其对于自屏蔽均匀磁场线圈的物理模型，由于线圈间距的限制，基本鸽群优化算法的优点难以得到充分发挥。因此，这里设计了一种并行竞争和分层搜索鸽群优化 (PCHS-PIO) 算法，以提高计算速度、精度和收敛稳定性。在第一阶段，所有的鸽子被分为全局和局部两类。全局种群仅有一个，且持续进行迭代，而两个或两个以上的局部种群通过动态调整在一个小范围内执行细化搜索。种群进化是平行且充满竞争的，具体如下描述。

地图和指南针算子：全局种群和局部种群遵循不同的更新策略。在全局种群中，引入邻接扰动策略来增强种群多样性。鸽子在全局种群中的更新规则如下：

$$\begin{cases} \boldsymbol{V}_i^t = \text{e}^{-R_1 t} \cdot \boldsymbol{V}_i^{t-1} + \text{rand} \cdot \left(\boldsymbol{X}_{\text{g}} - \boldsymbol{X}_i^{t-1} \right) \\ \boldsymbol{X}_{\text{c}}^{t-1} = \dfrac{\sum\limits_{i=1}^{N_1} \boldsymbol{X}_i^{t-1} \cdot f\left(\boldsymbol{X}_i^{t-1}\right)}{\sum\limits_{i=1}^{N_1} f\left(\boldsymbol{X}_i^{t-1}\right)} \\ \boldsymbol{X}_i^t = \boldsymbol{X}_i^{t-1} + \text{rand} \cdot \left(\boldsymbol{X}_{\text{c}}^{t-1} - \boldsymbol{X}_i^{t-1} \right) \end{cases} \qquad (8.3.11)$$

其中，R_1 为全局种群的地图和指南针算子；N_1 为全局种群的个体数量；t 为当前迭代次数，且 t 具有最大值 T_1；$f(\cdot)$ 为评价函数。

局部种群共有 M 个 $(M \geqslant 2)$，局部种群的进化不会相互干扰，竞争只发生在全局种群和每个局部种群之间。设每个局部种群有 N_2 数量的个体，其更新规则如下：

$$\begin{cases} \boldsymbol{V}_i^t = \mathrm{e}^{-R_2 t} \cdot \boldsymbol{V}_i^{t-1} + \mathrm{rand} \cdot \left(\boldsymbol{X}_{gm} - \boldsymbol{X}_i^{t-1} \right) \\ \boldsymbol{X}_i^t = \boldsymbol{X}_i^{t-1} + \boldsymbol{V}_i^t \end{cases} \tag{8.3.12}$$

其中，R_2 为局部种群的地图和指南针算子；$\boldsymbol{X}_{gm}$ 为目前第 m 个局部种群中的最佳个体位置。对于第 $t+1$ 代，每个局部种群的位置约束符合 $\boldsymbol{X}_{gm} - \Delta d \leqslant \boldsymbol{X}_i^{t+1} \leqslant \boldsymbol{X}_{gm} + \Delta d$，能在较小的搜索空间内以较大的概率更精确地找到最优解。

地标算子： 种群完成第一部分的进化后，将所有的鸽子混合到一个种群中，并继续更新。

并行竞争和分层搜索鸽群优化算法的核心策略如图 8.20 所示。

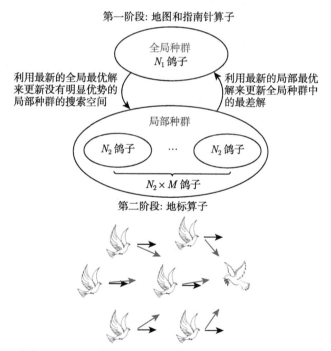

图 8.20 并行竞争和分层搜索鸽群优化算法的核心策略

采用 PCHS-PIO 算法进行自屏蔽均匀磁场线圈设计的具体步骤如下：

Step 1 初始化结构参数，主要包括 $R_\mathrm{p}, R_\mathrm{s}, P, S, d_\mathrm{c}, d_{\max}, d_{\min}$，全局种群的个体数 N_1，局部种群数 M，局部种群个体数 N_2，局部种群搜索界限 Δd，地图

和指南针算子 R_1/R_2，以及最大迭代次数 T_1/T_2。

Step 2　初始化 N 只鸽子的位置 $\boldsymbol{X}_i$ 和速度 $\boldsymbol{V}_i$。记录现有最佳解决方案 $\boldsymbol{X}_g$ 及其对应值 g_{best}。选取成本值最优的 N_1 个个体，将其位置作为初始全局种群。选择具有最佳成本值的前 M 只鸽子，以将每个局部种群的搜索空间限制为基于 d 的较小可用范围。初始化每个局部种群中 N_2 个个体的位置 $\boldsymbol{X}_i$ 和速度 $\boldsymbol{V}_i$。

Step 3　根据地图和指南针算子执行全局种群的迭代；同时，根据公式 (8.3.12) 中的地图和指南针算子执行局部种群的迭代。记录当前最佳解决方案 $\boldsymbol{X}_g$ 和 $\boldsymbol{X}_{gm}$ $(m=1,2,\cdots,M)$，以及相关的代价值 g_{best} 和 $g'_{\text{best}}(m)$。根据 $\boldsymbol{X}_{gm}$ 自动调整每个局部种群的搜索空间 $[\boldsymbol{X}_{gm}-\Delta d,\boldsymbol{X}_{gm}+\Delta d]$。

Step 4　判断是否消除和重新初始化局部种群。如果局部种群的迭代次数大于 15，且此过程中 $g'_{\text{best}}(m)$ 保持不变，或个体的相似度较高，则淘汰该种群，并使用全局种群中最优 5 只鸽子中任意一只鸽子更新其搜索空间。如果 g_{best} 已更改，则采用 $\boldsymbol{X}_g$ 更新一个没有明显优势的局部种群搜索空间。如果 $g'_{\text{best}}(m)$ 优于 g_{best}，则采用 $\boldsymbol{X}_{gm}$ 更新全局种群中表现最差的鸽子。

Step 5　根据鸽子的相似度确定是否初始化局部种群。若满足条件 $|\max(\boldsymbol{X}_i)-\min(\boldsymbol{X}_i)| < R_{\text{s}}\cdot10^{-3}$ 的维数大于 $D-2$，则初始化该局部种群。

Step 6　检查地图和指南针算子优化的结束条件。若不满足 $t=T_1$，则返回 Step 3，并继续种群进化过程。

Step 7　将所有鸽子合并为一个种群，基于地标算子进行优化计算，在 $t=T_1+T_2$ 时结束运算，并输出最优参数。

3. 仿真实验

这里通过仿真实验比较了 PSO 算法、变惯性权重递减粒子群优化 (decreasing inertia weight PSO, DIW-PSO) 算法、PIO 算法和 PCHS-PIO 算法等多种仿生群体智能优化算法在自屏蔽均匀磁场线圈设计中应用的收敛性能和精度，验证了 PCHS-PIO 算法在解决此类线圈设计问题方面具有的优越性能，算法相关参数如表 8.7 ~ 表 8.9 所示。

表 8.7　PSO、DIW-PSO 算法参数表

符号	描述	值
c_1	社会学习因子	1.5
c_2	自我学习因子	1.5
w	惯性权重	0.8
$w_{\max}$	惯性权重最大值	1
$w_{\min}$	惯性权重最小值	0.4
N	鸽子数量	100
T	迭代次数	100

表 8.8 PIO 算法参数表

符号	描述	值
R	地图和指南针算子	0.02
T_1	地图和指南针算子迭代次数	94
T_2	地标算子迭代次数	6
N	鸽子数量	100
ε	适应度函数常数	1

表 8.9 PCHS-PIO 算法参数表

符号	描述	值
R_1	全局种群的地图和指南针算子	0.02
R_2	局部种群的地图和指南针算子	0.02
T_1	地图和指南针算子迭代次数	94
T_2	地标算子迭代次数	6
N_1	全局种群的鸽子数量	100
M	局部种群个数	2
N_2	局部种群的鸽子数量	25
Δd	局部种群的调整范围	0.02
ε	适应度函数常数	1

初始参数设置为：$d_{\max} = R_s$，$d_{\min} = 0.1R_s$，$R_p = 0.8165R_s$。两组线圈匝数定为：$P = 3$，$S = 2$（第一种情况）；$P = 6$，$S = 4$（第二种情况）。受线圈对总数的限制，最小线圈间距 d_c 在第一种情况下设置为 $0.1R_s$，在第二种情况下设置为 $0.01R_s$。显然，P 和 S 的增加将导致一个更为复杂的多参数设计问题。

首先，分别运行仿生群体智能优化算法，得到第一种情况的线圈参数。搜索空间的维数为 $D = P + S = 5$，鸽子数量设定为：$N_1 = 70$，$M = 2$，$N_2 = 15$。其进化曲线比较如图 8.21 所示，仿真对比实验结果表明，与 PSO 算法和 DIW-PSO 算法相比，PIO 算法及其变型具有显著的收敛性能。为了进一步验证 PCHS-PIO 算法相对于 PIO 算法的优越性，将进行了多次运算的均值和标准差比较，实验结果如图 8.21 所示。最终优化参数如表 8.10 所示，对应的 F 值为 2.486。

此后，以相同的方式确定第二种情况的最佳线圈参数。上述算法的进化曲线对比如图 8.22(a) 所示，多次计算得到 PCHS-PIO 算法和 PIO 算法的均值和标准差比较结果如图 8.22(b) 所示。仿真实验结果表明，对于多参数设计问题，PCHS-PIO 算法与其他算法相比具有明显优势。由于 PCHS-PIO 算法中引入了额外的消除机制，该算法在迭代次数较大时仍具有较强的搜索能力。最终优化参数如表 8.11 所示，对应 F 值为 2.311，该参数略小于第一个自屏蔽均匀磁场线圈。

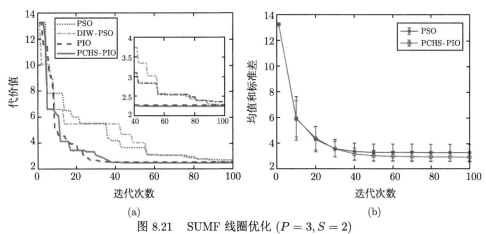

(a)   (b)

图 8.21   SUMF 线圈优化 $(P = 3, S = 2)$

(a) PSO、DIW-PSO、PIO 和 PCHS-PIO 算法的比较；(b) PIO 和 PCHS-PIO 在 30 次运行中的误差

表 8.10   SUMF 线圈的结构参数 (第一种情况)

主线圈		屏蔽线圈	
$d_{p1} = 0.1990R_s$	$+I$	$d_{s1} = 0.3237R_s$	$-I$
$d_{p2} = 0.6595R_s$	$+I$	$d_{s2} = 0.9086R_s$	$-I$
$d_{p3} = 0.7754R_s$	$+I$		

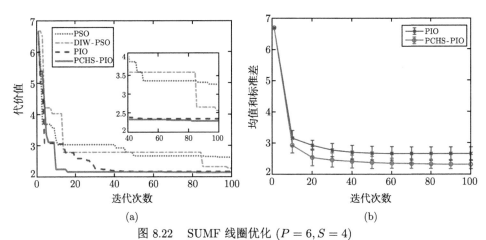

(a)   (b)

图 8.22   SUMF 线圈优化 $(P = 6, S = 4)$

(a) PSO、DIW-PSO、PIO 和 PCHS-PIO 算法的比较；(b) PIO 和 PCHS-PIO 在 30 次运行中的误差

表 8.11   SUMF 线圈的结构参数 (第二种情况)

主线圈		屏蔽线圈	
$d_{p1} = 0.1412R_s$	$+I$	$d_{s1} = 0.2545R_s$	$-I$
$d_{p2} = 0.2860R_s$	$+I$	$d_{s2} = 0.4901R_s$	$-I$
$d_{p3} = 0.6298R_s$	$+I$	$d_{s3} = 0.7552R_s$	$-I$
$d_{p4} = 0.6964R_s$	$+I$	$d_{s4} = 0.9133R_s$	$-I$
$d_{p5} = 0.7702R_s$	$+I$		
$d_{p6} = 0.8028R_s$	$+I$		

8.3.2   融合策略鸽群优化无刷电机

直流无刷电机具有效率高、工作时间长、噪声小等优势 [29]。本节介绍一种基于改进鸽群优化的直流无刷电机参数设计方法。为了获得动力系统的最大效率，这里设计了融合邻域扰动和综合调度的鸽群优化算法并应用于解决上述问题 [30]。

1. 任务描述

动力部件的效率是衡量无人机、无人车等运动体动力系统的一个重要指标。作为动力系统重要组成部件，直流无刷电机性能在提升运动体效率方面发挥着重要作用。建立直流无刷电机数学模型的基本假设如下 [31]：

(1) 直流无刷电机的定子绕组为三相 Y 型连接，且三相绕组完全对称相同。

(2) 转子磁钢的磁性是均匀的。

(3) 三相定子绕组的电阻和电感重合。

(4) 忽略涡流损耗和磁滞损耗。

(5) 电枢的反应可以忽略不计。

保证电机的长时间可靠性和电机的轻量化是最大限度提高直流无刷电机效率的前提。然而，电机的高效率和轻量化是矛盾的，因此需要全面考虑其设计问题。根据给定的技术指标以及电机功率和速度，首先选择限负荷和气隙磁密度，然后通过磁路法计算电机的定子结构和转子结构，得到直流无刷电机的基本约束条件，具体如表 8.12 所示，包括定子直径、轴向长度和气隙长度。

电机的电负荷和磁负荷不仅关系到电机的内径和外径大小，而且关系到电机的寿命。理论上，随着定子长度的增加，电机的效率将得到提高。但随着定子长度的增加，电机的总质量也会增大。定子齿密度导致了气隙长度和电机定子磁路磁感应强度的增大。因此，定子齿密度的增大会导致磁饱和，而增大定子齿宽可以改善磁饱和情况。增大定子齿宽是以增加马达质量为代价的，这种方式有悖于电机轻量化的要求。另外，定子绕组电流密度增大会导致铜损耗增大、电机效率降低、温升降低，这种方式对电机不利。因此，对直流无刷电机的相关参数进行优化设计至关重要。这些参数包括：电机定子直径 D_s，绕组电流密度 J，气隙感

应 B_δ, 电机轴向磁长 L_m, 气隙 δ。为了使所设计的电机更实用, 一些约束条件和固定变量如表 8.12 所示, 待优化参数的范围如表 8.13 所示。

表 8.12   直流无刷电机的基本约束条件

	符号	范围
目标	$\eta/\%$	—
约束条件	$\mathrm{discr}(D_s, B_t, J, B_\delta)$	$\geqslant 0$
	$D_{\mathrm{int}}/\mathrm{mm}$	$\geqslant 76$
	$D_{\mathrm{ext}}/\mathrm{mm}$	$\leqslant 340$
	B_{ys}/T	$[0.6, 1.2]$
	B_t/T	$[1.2, 2.0]$
	$I_{\max}/\mathrm{A}$	$\geqslant 125$
	$M_{\mathrm{tot}}/\mathrm{kg}$	$\leqslant 15$
	$T_a/{}^{\circ}\mathrm{C}$	$\leqslant 120$
固定变量	R_{rs}/mm	1.11
	$U_{\mathrm{dc}}/\mathrm{V}$	120
	B_{cr}/T	1.2
	p	6

表 8.13   直流无刷电机参数优化的范围

	符号	范围
优化参数	D_s/mm	$[150, 330]$
	$J/(\mathrm{A/mm^2})$	$[2.0, 5.0]$
	B_δ/T	$[0.5, 0.76]$
	L_m/mm	$[33, 55]$
	δ/mm	$[0.6, 1.2]$

由表 8.12, $\mathrm{discr}(D_s, B_t, J, B_\delta)$ 是计算电机槽高的决定性因素。D_{int} 和 D_{ext} 分别为电机的内径和外径, B_{ys} 为定子背面的平均磁感应强度, B_t 为电机齿的平均磁通密度, $I_{\max}$ 为相位中的最大电流, M_{tot} 为直流无刷电机的总质量, T_a 为电机的温度, R_{rs} 为转子–定子比的长度, U_{dc} 为直流电机的电压, B_{cr} 为转子背面的平均磁通密度, p 为极对的数目。

最终的优化问题为直流无刷电机的最大效率, 可表示为 $\eta = \dfrac{P_{\mathrm{out}}}{P_{\mathrm{in}}} = F(D_s, J, B_\delta, L_m, \delta)$, 其中, P_{out} 为输出功率; P_{in} 为输入功率; $F(D_s, J, B_\delta, L_m, \delta) = \dfrac{6.1 \times 10^4 \cdot K_D \cdot P_m \cdot \delta}{D_s^2 \cdot L_m \cdot p \cdot \omega_m \cdot B_\delta \cdot J}$ 为优化算法的代价函数, 这里 $K_D = 0.8$ 为电机内部压降系数, $P_m = 15$ 为直流无刷电机的额定功率, $\omega_m = \dfrac{1442\pi}{30}$ 为电机的额定转速。

2. 算法设计

在基本鸽群优化算法中, 位置和速度由全局最优值不断进行更新, 直到获得最优的迭代结果。鸽群优化算法具有良好的速度特性，但易陷入局部最优[32]。邻域干扰 (adjacent-disturbances, AD) 是一个 "社会学习" 因子，可使算法跳出局部最优区域。考虑到速度和局部最优区域的特点，这里采用邻域干扰机制寻找合适的搜索区域。添加了干扰因素的地图和指南针算子结构如图 8.23 所示。

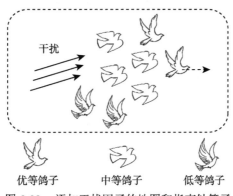

图 8.23　添加干扰因子的地图和指南针算子

图 8.23 中有 3 种飞行和导航能力相异的鸽子：优等鸽子、中等鸽子及低等鸽子。优等鸽子拥有最强的飞行和导航能力，中等鸽子次之，低等鸽子最差。因此，添加邻域干扰机制的位置和速度更新机制可描述为

$$\begin{cases} \boldsymbol{V}_i^{it} = \boldsymbol{V}_i^{it-1} \cdot \mathrm{e}^{-R*it} + \mathrm{rand} \cdot (\boldsymbol{X}_{\mathrm{gbest}} - \boldsymbol{X}_i^{it-1}) + \mathrm{AD} \\ \mathrm{AD} = \mathrm{rand} \cdot (\boldsymbol{X}_{\mathrm{pbest}\_i} - \boldsymbol{X}_i^{it-1}) \\ \boldsymbol{X}_i^{it} = \boldsymbol{X}_i^{it-1} + \boldsymbol{V}_i^{it} \end{cases} \tag{8.3.13}$$

其中，AD 表示邻域干扰算子[33]，包含当前迭代的位置优化值；$\boldsymbol{X}_{\mathrm{pbest}\_i}$ 为当前迭代具有最优价值的第 i 只鸽子的位置，即局部最优值；$\boldsymbol{X}_{\mathrm{gbest}}$ 为全局最优值，即所有鸽子的最优位置。

在基本鸽群优化算法的地标导航阶段，一半数量的鸽子被舍弃，被选出的鸽子熟悉目的地周边的地标环境。然而，被舍弃的鸽子通过后天的学习也有成为最优鸽子的潜质。因此，采用分类学习策略来寻找鸽群中的精英个体[34]。鸽群被分为三类进行综合调度 (integrated-dispatching, ID)，即优等鸽子、中等鸽子及低等鸽子。经过多次仿真对比实验，三种等级鸽子的分配概率分别为 0.25、0.5、0.25，不同等级的鸽子采用不同的学习策略[35]。添加调度因子的地标算子结构如图 8.24 所示。

优等鸽子被调度保持原有的搜索模式，而不需要向其他鸽子个体学习，其调度方式如下：

优等鸽子　　　　中等鸽子　　　　低等鸽子

图 8.24　添加调度因子的地标算子

$$\begin{cases} \boldsymbol{V}_i^{it} = w_{\rm b} \cdot (\boldsymbol{V}_i^{it-1} \cdot \mathrm{e}^{-R*it} + \mathrm{rand} \cdot (\boldsymbol{X}_{\rm gbest} - \boldsymbol{X}_i^{it-1}) + \mathrm{AD}) \\ \boldsymbol{X}_i^{it} = \boldsymbol{X}_i^{it-1} + \boldsymbol{V}_i^{it} \end{cases} \quad (8.3.14)$$

其中，$w_{\rm b}$ 为优等鸽的调度惯性权重，用期望为 0.5、方差为 0.3 的高斯函数进行表示，描述为 $w_{\rm b} = \mathrm{N}(0.5, 0.3)$；$\boldsymbol{X}_{\rm gbest}$ 为全局最优位置；rand 为 $0 \sim 1$ 的随机数。

对于中等鸽子，调度一部分鸽子向优等鸽子学习，另一部分保持它们原有的优异特性。因此，中等鸽子调度方式可表示为

$$\begin{cases} \boldsymbol{V}_i^{it} = w_{\rm m} \cdot \boldsymbol{V}_i^{it-1} + c_1 \cdot \mathrm{rand} \cdot (\boldsymbol{X}_{\mathrm{pbest}\_i} - \boldsymbol{X}_i^{it-1}) \\ \qquad + c_2 \cdot \mathrm{rand} \cdot (P_{\mathrm{average}} - \boldsymbol{X}_{\mathrm{pbest}\_i}) \\ \boldsymbol{X}_i^{it} = \boldsymbol{X}_i^{it-1} + \boldsymbol{V}_i^{it} \end{cases} \quad (8.3.15)$$

其中，$w_{\rm m}$ 为中等鸽子的调度惯性权重，其计算方式为 $w_{\rm m} = w_{\max} - (it/(T_1 + T_2)) \cdot (w_{\max} - w_{\min})$，这里 $w_{\max} = 0.9$ 和 $w_{\min} = 0.4$ 分别为 $w_{\rm m}$ 的最大值和最小值，T_1 为地图和指南针算子阶段的迭代次数，T_2 为地标算子阶段的迭代次数；c_1 和 c_2 分别为保持原有特性和向优等鸽子学习的权值，$c_1 = 1.4944$，$c_2 = 1.4944$；$\boldsymbol{X}_{\mathrm{pbest}\_i}$ 为局部最优解；rand 为 $0 \sim 1$ 的随机值；P_{average} 为当前所有鸽子优化值的平均值。

拥有最差适应度值的低等鸽子完全放弃自身原有的特性，全部向优等鸽子学

习，其调度方式可定义为

$$\begin{cases} \boldsymbol{V}_i^{it} = c_2 \cdot \mathrm{rand} \cdot (\boldsymbol{X}_{\mathrm{gbest}} - \boldsymbol{X}_i^{it-1}) \\ \boldsymbol{X}_i^{it} = \boldsymbol{X}_i^{it-1} + \boldsymbol{V}_i^{it} \end{cases} \tag{8.3.16}$$

基于 ADID-PIO 算法的直流无刷电机参数优化的具体步骤如下：

Step 1 初始化 ADID-PIO 算法的参数，如鸽群数量 N，解空间维度 D (待优化的参数个数)，地图和指南针算子 R，不同导航阶段的迭代次数 T_1 和 T_2，学习因子 c_1 和 c_2，调度权重 w_{m} 的最大值 w_{max} 和最小值 w_{min}。

Step 2 设置每只鸽子的位置和速度，并计算适应度值。

Step 3 邻域干扰地图和指南针算子用于更新鸽子的位置和速度，此外，邻域干扰地图和指南针算子还被应用于搜索局部最优和全局最优。

Step 4 若迭代次数超过 T_1，则执行 Step 5；否则继续执行 Step 3。

Step 5 执行综合调度地标算子。

Step 6 根据适应度函数将所有鸽子由大到小进行排序，设置调度权重，并根据公式 (8.3.14) ～ 公式 (8.3.16) 对位置和速度进行更新。

Step 7 当迭代次数超过 T_2 时，迭代结束，否则继续执行 Step 6。

3. 仿真实验

这里采用 ADID-PIO 算法对直流无刷电机参数进行设计，同时采用其他仿生群体智能优化算法对直流无刷电机的参数进行了寻优，如 PIO 算法、BSO 算法和捕食–逃逸头脑风暴 (predator-prey brain storm optimization, PPBSO) 算法[36]。ADID-PIO 的初始参数如表 8.14 所示，而 PIO、BSO 及 PPBSO 算法的参数如表 8.15、表 8.16 所示。

表 8.14　ADID-PIO 算法初始参数设置

参数	描述	值
N	鸽群数量	40
T_1	地图和指南针算子迭代次数	60
T_2	地标算子迭代次数	40
w_{b}	顶层鸽群的调度权重系数	$N(0.5, 0.3)$
w_{m}	中层鸽群的调度权重系数	$w_{\mathrm{m}} = \dfrac{it}{T_1 + T_2} \cdot (w_{\mathrm{max}} - w_{\mathrm{min}})$
c_1	学习参数	1.4944
c_2	学习参数	1.4944

为了保证对比的准确性，4 种算法均采用相同的种群大小和迭代次数，对比曲线如图 8.25 所示。仿真实验结果表明，ADID-PIO 算法的收敛速度较快，且 ADID-PIO 算法的综合效率明显高于 PIO、BSO 和 PPBSO 算法。ADID-PIO 算法在

第 12 代达到了 95.3% 的效率, 且领先于其他方法。BSO 算法和改进的 PPBSO 算法在 50 ~ 60 代范围内达到较好的值, 并随着迭代的进行效率在第 78 代达到 95.33% 左右。ADID-PIO 算法收敛速度的优势及效率优势更明显, PPBSO 算法的性能优于传统的 BSO 算法。从 PIO 算法曲线可见, 其收敛速度与 ADID-PIO 算法一样快, 但效率却远低于其他算法。

表 8.15　PIO 算法初始参数设置

参数	描述	值
N	鸽群数量	40
T_1	地图和指南针算子迭代次数	60
T_2	地标算子迭代次数	40
R	地图和指南针算子	0.3

表 8.16　BSO 和 PPBSP 算法初始参数设置

参数	描述	值
m	观点	40
N_c	最大迭代次数	100
K	群集个数	3
p_{5a}	集群中心直接改变概率	0.2
p_{6b}	选择集群概率	0.8
p_{6biii}	选择集群中心概率	0.4
$w_{predator}$	捕食者算子权重系数	0.5
p_{6c}	选择两个集群中心概率	0.5

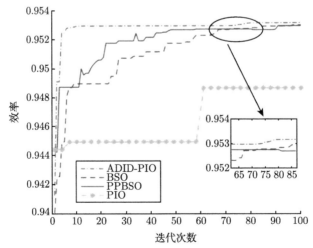

图 8.25　ADID-PIO, PIO, BSO 和 PPBSO 进化曲线对比

通过多次仿真测试, 确定了 ADID-PIO、PIO、BSO、PPBSO 算法的最佳电机参数设计值。直流无刷电机参数采用多次实验的平均值, 仿真实验最终结果如

表 8.17 所示。根据实验数据和结果可见，通过添加邻域干扰因子的地图和指南针算子，使得 ADID-PIO 算法能够以更高的效率快速到达并保持最优值。改进后算法在地标算子上附加了综合调度因子，使算法跳出局部最优且达到更高求解效率。综上，在直流无刷电机的设计过程中，ADID-PIO 算法的收敛速度、效率和稳定性均优于 PIO、BSO 和 PPBSO 算法。为了进一步给出实际优化结果，优化后直流无刷电机截面如图 8.26 所示，直流无刷电机细节如图 8.27 所示，优化后直流无刷电机的立体结构如图 8.28 所示。

表 8.17 PIO、BSO、PPBSO 和 ADID-PIO 算法设计参数

算法	η	D_s	J	B_δ	L_m	δ
PIO	94.87	216.4	4.9	0.710	39	1.02
BSO	95.28	201.3	2.070	0.648	43	0.69
PPBSO	95.29	201.3	2.057	0.649	45	0.884
ADID-PIO	95.33	200.7	2.439	0.623	45	0.8

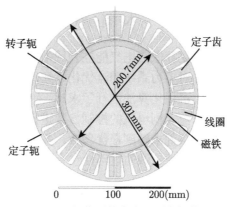

图 8.26 优化后的直流无刷电机截面

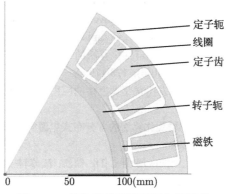

图 8.27 优化后的直流无刷电机细节

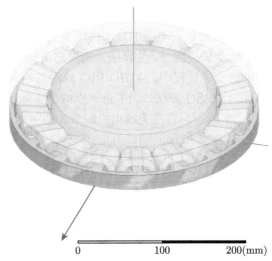

图 8.28   优化直流无刷电机的立体结构

8.4 本 章 小 结

本章主要介绍了鸽群优化算法在电气能控领域中的系统节能、器件控制等方面的应用，系统节能主要针对电力系统潮流优化、智能家居调度优化、智能车间能效优化等问题采用改进鸽群优化算法进行了求解，而器件控制主要针对微型原子传感器的磁场线圈以及直流无刷电机的控制参数进行鸽群优化求解，改进后鸽群优化算法可根据特定约束条件求解到最优参数，并通过系列仿真对比实验验证了改进鸽群优化模型在电气能控领域的适用性和有效性。

参 考 文 献

[1] 章美丹. 电力系统优化运行的相关问题研究 [D]. 杭州: 浙江大学, 2013.

[2] Zhang Y H, Lin S L, Ma H P, et al. A novel pigeon-inspired optimized RBF model for parallel battery branch forecasting[J]. Complexity, 2021, 8895496: 1-7.

[3] 田书欣, 周全, 程浩忠, 等. 基于鸽群优化算法的支持向量机在电力需求总量预测中的应用 [J]. 电力自动化设备, 2020, 40(5): 173-179.

[4] 纪鹏. 改进鸽群算法在水电站发电优化调度中的应用研究 [J]. 中国水能及电气化, 2019, 6: 21-25.

[5] 白晨, 姚李孝, 曹雯. 基于鸽群优化算法的含分布式电源配电网状态估计 [J]. 西安理工大学学报, 2018, 34(3): 294-298.

[6] 杨敏. 田口算法在电磁优化中的应用研究 [D]. 镇江: 江苏科技大学, 2015.

[7] Gao H, Zang B B. New power system operational state estimation with cluster of electric vehicles[J]. Journal of the Franklin Institute, 2022, 6: 28.

[8]   Chen G G, Qian J, Zhang Z Z, et al. Application of modified pigeon-inspired optimization algorithm and constraint-objective sorting rule on multi-objective optimal power flow problem[J]. Applied Soft Computing Journal, 2020, 92: 106321-1-19.

[9]   Chen G G, Yi X T, Zhang Z Z, et al. Applications of multi-objective dimension-based firefly algorithm to optimize the power losses, emission, and cost in power systems[J]. Applied Soft Computing, 2018, 68: 322-342.

[10] Chen G G, Lu Z M, Zhang Z Z. Improved krill herd algorithm with novel constraint handling method for solving optimal power flow problems[J]. Energies, 2018, 11(1): 1-27.

[11] Deb K, Pratap A, Agarwal S, et al. A fast and elitist multiobjective genetic algorithm: NSGA-II[J]. IEEE Transactions on Evolutionary Computation, 2002, 6(2): 182-197.

[12] Roy P C, Deb K, Islam M M. An efficient nondominated sorting algorithm for large number of fronts[J]. IEEE Transactions on Cybernetics, 2019, 49(3): 859-869.

[13] Li H, Deb K, Zhang Q, et al. Comparison between MOEA/D and NSGAIII on a set of many and multi-objective benchmark problems with challenging difficulties[J]. Swarm and Evolutionary Computation, 2019, 46: 104-117.

[14] Chen G G, Qian J, Zhang Z Z, et al. Multi-objective optimal power flow based on hybrid firefly-bat algorithm and constraints-prior object-fuzzy sorting strategy[J]. IEEE Access, 2019, 7: 139726-139745.

[15] Duan H B, Huo M Z, Shi Y H. Limit-cycle-based mutant multi-objective pigeon-inspired optimization[J]. IEEE Transactions on Evolutionary Computation, 2020, 24(5): 948-959.

[16] Khan N, Javaid N, Khan M, et al. Harmony Pigeon Inspired Optimization for Appliance Scheduling in Smart Grid[C]. Proceedings of 32nd IEEE International Conference on Advanced Information Networking and Applications, Krakow, Poland, 2018: 1060-1069.

[17] Duan H B, Qiao P X. Pigeon-inspired optimization: a new swarm intelligence optimizer for air robot path planning[J]. International Journal of Intelligent Computing and Cybernetics, 2014, 7: 24-37.

[18] 段海滨, 仝秉达, 刘冀川. 基于指数平均动量鸽群优化的多无人机协同目标防御 [J]. 北京航空航天大学学报, 2022, 48(9): 1624-1629.

[19] 段海滨, 梁静, Suganthan P N. 鸽群智能优化专题简介 [J]. 中国科学: 信息科学, 2019, 49(7): 939-940.

[20] 单鑫, 王艳, 纪志成. 基于参数知识鸽群算法的离散车间能效优化 [J]. 系统仿真学报, 2017, 29(9): 2140-2149.

[21] Duan H B, Zhao J X, Deng Y M, et al. Dynamic discrete pigeon-inspired optimization for multi-UAV cooperative search-attack mission planning[J]. IEEE Transactions on Aerospace and Electronic Systems, 2021, 57(1): 706-720.

[22] 勾青超, 李庆奎. 基于离散鸽群算法的无人机任务分配 [J]. 北京信息科技大学学报 (自然科学版), 2020, 35(6): 37-42.

[23] Hai X S, Wang Z L, Feng Q, et al. A novel adaptive pigeon-inspired optimization algorithm based on evolutionary game theory[J]. Science China Information Sciences, 2021, 64: 139203-1-2.

[24] Huo M Z, Duan H B. An adaptive mutant multi-objective pigeon-inspired optimization for unmanned aerial vehicle target search problem[J]. Control Theory and Applications, 2020, 37(3): 584-591.

[25] Wang J, Song X D, Le Y, et al. Design of self-shielded uniform magnetic field coil via modified pigeon-inspired optimization in miniature atomic sensors[J]. IEEE Sensors Journal, 2021, 21(1): 315-324.

[26] Mao Z H, Xia M X, Jiang B, et al. Incipient fault diagnosis for high-speed train traction systems via stacked generalization[J]. IEEE Transactions on Cybernetics, 2022, 52(8): 7624-7633.

[27] Li Z H, Deng Y M, Liu W X. Identification of INS sensor errors from navigation data based on improved pigeon-inspired optimization[J]. Drones, 2022, 6(10): 287-1-16.

[28] Huo M Z, Deng Y M, Duan H B. Cauchy-Gaussian pigeon-inspired optimisation for electromagnetic inverse problem[J]. International Journal of Bio-Inspired Computation, 2021, 17(3): 182-188.

[29] Bektaş Y, Karaca H. Red deer algorithm based selective harmonic elimination for renewable energy application with unequal DC sources[J]. Energy Reports, 2022, 8(10): 588-596.

[30] Xu X B, Deng Y M. UAV power component-DC brushless motor design with merging adjacent-disturbances and integrated-dispatching pigeon-inspired optimization[J]. IEEE Transactions on Magnetics, 2018, 54(8): 7402307-1-7.

[31] Brisset S, Brochet P. Analytical model for the optimal design of a brushless DC wheel motor[J]. The International Journal for Computation and Mathematics in Electrical and Electronic Engineering, 2005, 24(3): 829-848.

[32] Duan H B, Huo M Z, Yang Z Y, et al. Predator-prey pigeon-inspired optimization for UAV ALS longitudinal parameters tuning[J]. IEEE Transactions on Aerospace and Electronic Systems, 2019, 55(5): 2347-2358.

[33] Zhang S, Gong S X, Guan Y, et al. A novel IGA-EDSPSO hybrid algorithm for the synthesis of sparse arrays[J]. Progress in Electromagnetics Research, 2009, 89(4): 121-134.

[34] 张凯, 宋锦春, 李松, 等. 基于分类学习粒子群优化算法的液压矫直机控制 [J]. 机械工程学报, 2017, 53(18): 202-208.

[35] Liang J J, Qin A K, Suganthan P N, et al. Comprehensive learning particle swarm optimizer for global optimization of multimodal functions[J]. IEEE Transactions on Evolutionary Computation, 2006, 10(3): 281-295.

[36] Duan H B, Li S T, Shi Y H. Predator-prey brain storm optimization for DC brushless motor[J]. IEEE Transactions on Magnetics, 2013, 49(10): 5336-5340.

第 9 章　研究前沿与展望

9.1　引　　言

鸽群优化算法自 2014 年首次提出以来，无论在算法理论分析、模型改进还是实际应用方面都得到了很大发展。作为一种新兴的仿生群体智能优化算法，鸽群优化算法已引起国内外相关领域研究学者的广泛关注 [1−5]，并展现出广阔的应用前景和强大的生命力。

本书主要介绍了鸽群优化算法理论、模型和应用，详细介绍了算法起源及算法机理，分析了算法的收敛性能，给出了多种模型改进策略，并对鸽群优化算法的典型应用进行了系统介绍，给出了鸽群优化算法的具体实现过程，对鸽群优化算法的研究进展进行了 "抛砖引玉" 式的探讨分析。

鸽群优化算法同其他仿生群体智能优化算法类似，也存在一些基础理论和关键技术亟待进一步突破，个别方面还存在研究空白，今后可从如下方面开展创新研究。

9.2　模　型　改　进

鸽群优化算法是一种模拟鸽群归巢行为的仿生群体智能优化算法，对最优化问题的求解基于鸽群对目的地的寻找。因此，为了提高算法的寻优性能，首先需要平衡鸽群在搜索空间的 "探索" (exploration) 与 "开发" (exploitation) 行为，分别对应于广度搜索和深度搜索，两者的权衡是所有优化算法设计的共性核心问题 [6]。"探索" 行为能够增大搜索的覆盖率，有利于避免算法陷入局部最优值，但会导致收敛时间增加，"开发" 行为针对局部区域进行细化搜索，有利于加快算法收敛，但过早 "开发" 很有可能陷入局部最优解 [7]。对于这种矛盾，鸽群优化算法借助鸽群在不同阶段使用不同导航工具的机制 [8]，在第一阶段重点进行探索行为，保持种群多样性，在第二阶段逐步转向开发行为，加快收敛速度找到全局最优解。通过两个阶段的前后分工协调，既能避免较早陷入局部最优，又能避免收敛时间过长 [9,10]。目前已有众多学者引入丰富的改进机制来进一步提高鸽群优化算法的 "探索" "开发" 行为平衡能力，表现出显著成效。

鸽群优化算法中每只鸽子遵循简单的飞行机制，却能在群体层面上涌现出智能行为，其核心在于个体的更新规则 [11]。算法的更新遵循 "优胜劣汰" 的自然法则, 在每次迭代过程中, 每个个体都将根据其适应度函数值受到大自然的选择, 自然的选择作为一种交互反馈使得个体获取经验并改善自身性能[12], 经历多次更新迭代过程后, 群体就会涌现出向着最优值方向的群体演变。然而随着科学和工程需求的快速扩展, 优化问题的规模和复杂度逐步增大, 基本鸽群优化算法的性能在大规模复杂问题求解时显示出一定的瓶颈。从算法本源而言, 鸽群优化算法是受到鸽群归巢行为的启发, 考虑太阳、地磁和地标对鸽子导航的影响作用而提出的仿生群体智能优化算法。随着科技手段的不断进步, 人类对自然界中生物集群行为的探索能力逐步增强[13]。最新研究发现, 鸽群归巢过程中不仅依赖于太阳[14]、地磁[15]和地标[16], 还受到重力矢量[17]、大气次声波[18]等其他因素影响。此外, 鸽群在飞行过程中个体间的信息交互依赖稳定的层级网络[19], 鸽群层级网络结构对鸽群导航误差的鲁棒性具有较强的影响[20-23]。因此, 采用两个导航算子来模拟鸽群归巢飞行过程中导航行为的完整性有待进一步商榷, 今后应进一步开展真实鸽群的飞行试验, 挖掘鸽群归巢过程中隐藏的复杂生物机理, 分析鸽子个体的多维度行为机制, 将鸽群的智能群体行为机理融入鸽群优化算法的数学模型, 与深度强化学习等新理论、新技术融合, 突破基本鸽群优化算法的模型理论框架, 进而建立更加完整、更加有效、更加鲁棒的鸽群优化算法模型, 进一步提出面向复杂工程优化难题且更加智能化的鸽群优化混合行为算法。

9.3　理　论　深　化

由于鸽群优化算法受自然界中鸽群归巢行为启发, 模型原理和依据来自对自然界中生物群体智能行为的模拟, 遵循个体生命活动的分布式、自组织、简单规则, 因此算法是一种概率搜索算法, 其本身的理论分析相对薄弱, 对算法收敛性、稳定性以及收敛速度等性能分析在算法提出初期大多停留在仿真阶段。

近年来, 对鸽群优化算法的理论证明和分析取得了一些主要突破式进展, 例如, 张博等采用马尔可夫理论对基本鸽群优化算法以及基于捕食-逃逸机制的鸽群优化算法进行收敛性分析[24]; 张宇山等采用鞅理论对基本鸽群优化算法的随机过程模型进行了初步的收敛性分析, 采用平均增益模型进行鸽群优化算法首达时间的分析[25]。无论是马尔可夫过程还是鞅理论, 本质上都是对仿生群体智能优化算法的随机过程进行分析, 均未考虑鸽群优化算法的独特进化机制。段海滨等利用状态空间系统性质对改进后的多目标鸽群优化算法进行了收敛性分析, 给出了与参数相关的系统收敛条件[36]。虽然上述收敛理论分析对深入理解鸽群优化算法机理具有重要的指导和理论意义, 但是上述研究均建立在种群规模足够大、算法迭代次数趋近于无穷的基础上, 这对于实际工程应用是难以满足的条件。另外, 鸽群优化算法实施过程、鸽群的初始位置以及算法参数的设置对于收敛效果都会产生或大或小的影响，大多依赖算法使用者的经验，或者需要进行大量的数值实验对比选择，缺少严密数学理论推导出的科学合理的参数值，这限制了鸽群优化算法的进一步发展和应用。

今后，将研究鸽群优化算法的概率模型和动力学模型，建立完整、系统、严谨的鸽群优化算法理论体系，进一步研究和明确鸽群优化算法收敛的数学条件，给出鸽群优化算法关键参数选择的科学依据，进一步实现收敛时间可估计，为算法进一步应用于工程实际问题提供理论支撑，也是推动鸽群优化算法更好发展的重要理论驱动力。

9.4 并行实现

鸽群优化算法具有并行性的特点，鸽群中的某只鸽子在一次循环中的决策独立于其他鸽子[27]。因此，本质而言鸽群优化算法应以分布式的协同进化计算方式为特征，目前在串行计算机上对鸽群优化算法进行模拟并不能真正体现鸽群优化算法的本质特征[28-30]。今后需进一步开展鸽群优化算法的并行实现。

并行计算的实现过程旨在寻求一种计算与通信之间的平衡，鸽群优化算法的并行实现主要集中在最优并行化，即使用适量的处理机制在保证算法性能不变的前提下，竭力减少计算和通信的成本。在研究鸽群优化算法的并行实现问题时，需要解决对算法并行化过程中并行计算模型的选择以及对算法的分解、映射方法的改进等问题，还需解决鸽群优化算法并行计算过程中的粒度处理标准问题，从而使并行处理过程具有较好的可扩展性和负载均衡性。目前主要存在如下几个问题：

(1) 如果将鸽群优化算法在并行处理器上进行实现，就必须为每只鸽子执行独立的迭代进程。当优化问题的规模较大时，将会导致进程间的通信损耗急剧增大。因此，需平衡问题规模与计算速度之间的关系，确定最优鸽群规模和最佳数目的处理器，以减少计算时间。

(2) 对鸽群优化算法进行并行计算时，局部迭代更新特定次数后需进行信息交换。局部迭代次数的增大会使得鸽群优化算法早熟的概率增大，而局部迭代次数较小则会增加通信时间。因此，需确定最优或自适应的局部迭代次数，以有效平衡鸽群优化算法的收敛性与通信时间之间的平衡问题。

(3) 当前大部分的并行优化计算是在中央处理器 (central processing unit, CPU) 和图形处理器 (graphics processing unit, GPU) 的同步计算模式下进行的，CPU 和 GPU 之间是顺序工作的，在 GPU 上处理数据时，CPU 处于等待状态。因此，下一步可考虑设计基于 CPU 和 GPU 的异步算法，采用云计算模式框架，将两者的工作并行化，分段处理数据，以提高鸽群优化算法的效率，充分发挥两者协同计算的潜力[31]。

9.5　仿　生　硬　件

对自然界中生物智能的模拟一方面可通过算法软件途径进行功能模拟，另一方面可通过硬件实现途径研发仿生芯片，仿生硬件具有生物集群系统的简单性、分布性、自组织性、鲁棒性等特点，并具有实时性强的特殊优势[32]，提高软件和硬件的计算能力和效率[33]。鸽群优化算法的仿生硬件，特别是仿生芯片实现，是未来鸽群优化算法发展的一个新方向，目前还是研究空白，这方面技术的突破也是推进鸽群优化算法进一步应用于实际工程的重要技术途径。

未来鸽群优化算法仿生芯片研究将主要通过配备新一代人工智能引擎，利用实时优化方法，在计算能力、信息共享、数据存储等许多方面实现更优异的处理性能和更简洁的操作性能。鸽群优化仿生硬件主要模仿鸽群归巢行为的分布式智能进化机制，目前还处于初级研究阶段，但其在国民经济领域特别是国防科技领域的重要性不言而喻。

鸽群优化算法的仿生硬件实现，需考虑如下几个方面：

(1) 目前已开发实现的仿生硬件，例如蚁群算法仿生硬件，所能处理电路的规模、复杂程度远不如常规的电路综合方法[34]。对于规模较大、功能较复杂的电路，目前已有的仿生硬件面临着计算时间长、进化速度慢等寻优能力不足的问题，制约了其在实际工程领域的应用，今后应进一步加强鸽群优化算法在硬件平台上的迁移设计。

(2) 对于鸽群优化算法的仿生硬件产品设计，除了考虑鸽群优化算法本质特征外，还应考虑其可靠性、可测试性、普适性以及鲁棒性等产品要求。尽管鸽群优化算法对硬件平台的基本需求主要包含实时计算与信息共享两个方面，只需输入外部特性参数即可进行鸽群优化算法的全局自主寻优，但对于某些问题而言，不能仅通过系统外部特性的不完备测试来验证鸽群优化算法仿生硬件的可靠性。因此，进一步对鸽群优化算法仿生硬件进行理论分析和建模，确保鸽群优化算法仿生硬件的设计科学、可靠且实用。

(3) 鸽群优化算法仿生硬件的主要应用领域面向大规模系统的在线优化问题，因此后续应研制开发芯片级的微小型、产业化的鸽群优化算法仿生硬件芯片，进一步推动鸽群优化算法仿生硬件的商业化进程。

(4) 研制鸽群优化算法仿生硬件软件工具集、硬件系统开发平台，并建立鸽群优化算法仿生硬件的技术路线图、技术规范、技术标准等，这都是今后鸽群优化算法仿生硬件发展过程中的必要研究内容和重点方向领域。

9.6 应用拓展

鸽群优化算法以其较强的全局寻优能力，至今已在多个领域应用中取得了丰硕的创新研究成果，覆盖无人系统任务规划、自主控制、信息处理、电气能控等多个领域[35−41]。但鸽群优化算法应用目前大多停留在离线优化问题阶段，仅能为实际工程应用提供部分关键技术支撑，并没有充分发挥鸽群优化算法寻优过程中的分布式、简单性、并行性、进化性、稳健性、可扩展性等独特优势[42]。

工程上的智能优化并不局限于底层控制问题的优化，高层或组织级优化问题求解对于仿生群体智能优化算法而言也至关重要[6]。今后，应进一步将鸽群优化算法突出的全局寻优性能与大规模无人系统 (如无人机、无人车、无人船、无人潜航器等) 集群本质特性紧密融合并拓展应用，实现群体智慧超越最优秀个体智慧 "1 + 1 > 2" 的突破。要实现这一目标，需考虑如下两方面：

(1) 目前鸽群优化算法求解的大多数优化问题为离线优化，对于收敛速度、收敛时间的要求可以适当放宽，但针对大规模无人系统集群的动态优化过程，则需要显著提高鸽群优化算法的收敛性能，加快算法收敛速度，以使其努力适应在线优化过程的高精度、高时效、高鲁棒寻优要求。

(2) 受现有技术发展水平限制，无人系统集群目前还存在 "有智无慧、有感无情、有专无通、有协无同" 的瓶颈，与鸽群等实际的生物群体智能还有一定差距，自主完成复杂任务的能力亟待提高[43]。大规模无人系统的集群实时优化过程中，分布式优化是实现集群任务中多无人系统有效协同的重要保证[44]。无人系统的本质特性与自然界中的鸽子有诸多类似之处，今后可将鸽群优化算法的 "远程" 寻优机制和 "近距" 寻优机制深度融合，并映射到复杂任务场景的异/同构无人系统集群自主控制中，新的无人系统集群既有鸽群优化的本质特征，又有鸽子群体智能的 "散而不乱" 效应机制，这种映射超越了一般意义的仿生群体智能优化算法层面，从而可实现多无人系统的复杂集群任务控制。每个集群子系统的演化迭代需获取来自其他子系统的局部信息，信息的实时性、准确性、有效性对于鸽群优化而言也至关重要。因此，应进一步考虑如何实现异/同构无人系统间的快速、准确信息共享，避免在复杂任务场景下发生随无人系统规模增大而出现的通信拥挤、信息丢包等情况。

9.7 本章小结

本章主要从模型改进、理论深化、并行实现、仿生硬件及应用拓展等方面探讨了鸽群优化算法今后的发展方向。

尽管鸽群优化算法的研究时间不长，在算法模型和理论方面尚需完善，但目前在理论研究和工程应用方面已取得系列突破性进展，其为解决工程实际中的许多复杂优化问题提供了一种强力有效的技术新途径，并表现出很大的发展潜力。

优化问题无处不在，且已渗透到各个学科领域。随着新一代人工智能技术的迅速发展，仿生群体智能优化已成为科学认识和工程实践的必要工具，对鸽群优化算法这一新兴仿生群体智能优化技术的系统研究今后将更加深入，应用领域将更加宽广，发展前景也必将更加引人注目。

参 考 文 献

[1] Duan H B. Pigeon-Inspired Optimization [EB/OL]. http://hbduan. buaa.edu.cn/ pio.htm (2016-7-5) [2021-10-1].

[2] Duan H B, Qiu H X. Advancements in pigeon-inspired optimization and its variants[J]. Science China Information Sciences, 2019, 62: 070201-1-10.

[3] Wang J, Song X D, Le Y, et al. Design of self-shielded uniform magnetic field coil via modified pigeon-inspired optimization in miniature atomic sensors[J]. IEEE Sensors Journal, 2021, 21(1): 315-324.

[4] Mao Z H, Xia M X, Jiang B, et al. Incipient fault diagnosis for high-speed train traction systems via stacked generalization[J]. IEEE Transactions on Cybernetics, 2022, 52(8): 7624-7633.

[5] Zhao Z L, Zhang M Y, Zhang Z H, et al. Hierarchical pigeon-inspired optimization-based MPPT method for photovoltaic systems under complex partial shading conditions[J]. IEEE Transactions on Industrial Electronics, 2022, 69(10): 10129-10143.

[6] 辛斌, 陈杰, 彭志红. 智能优化控制: 概述与展望 [J]. 自动化学报, 2013, 9(11): 1831-1848.

[7] 段海滨, 张祥银, 徐春芳. 仿生智能计算 [M]. 北京: 科学出版社, 2011.

[8] Guilford T, Roberts S, Biro D, et al. Positional entropy during pigeon homing II: Navigational interpretation of Bayesian latent state models[J]. Journal of Theoretical Biology, 2004, 227: 25-38.

[9] Huo M Z, Deng Y M, Duan H B. Cauchy-Gaussian pigeon-inspired optimisation for electromagnetic inverse problem[J]. International Journal of Bio-Inspired Computation, 2021, 17(3): 182-188.

[10] Mao Z H, Xia M X, Jiang B, et al. Incipient fault diagnosis for high-speed train traction systems via stacked generalization[J]. IEEE Transactions on Cybernetics, 2022, 52(8): 7624-7633.

[11] Huo M Z, Duan H B, Yang Q, et al. Live-fly experimentation for pigeon-inspired obstacle avoidance of quadrotor unmanned aerial vehicles[J]. 2019, Science China Information Sciences, 62: 052201-1-8.

[12] 翟鹏, 张立华, 董志岩, 等. 机器直觉 [J]. 中国科学: 信息科学, 2020, 50(10): 1475-1500.

[13] 霍梦真. 仿鸟群智能的有人/无人机集群自主控制及验证 [D]. 北京: 北京航空航天大学, 2022.

[14] Whiten A. Operant study of sun altitude and pigeon navigation[J]. Nature, 1972, 237(5355): 405-406.

[15] Mora C V, Davison M, Martin J, et al. Magnetoreception and its trigeminal mediation in the homing pigeon[J]. Nature, 2004, 432(7016): 508-511.

[16] Biro D, Guilf T G, Lipp H P. How the viewing of familiar landscapes prior ORD release allows pigeons to home faster: Evidence from GPS tracking[J]. Journal of Experimental Biology, 2002, 205: 3833-3844.

[17] Blaser N, Guskov S I, Entin V A, et al. Gravity anomalies without geomagnetic disturbances interfere with pigeon homing-a GPS tracking study[J]. Journal of Experiments Biology, 2014, 217(22): 4057-4067.

[18] Hagstrum J T. Atmospheric propagation modeling indicates homing pigeons use loft-specific infrasonic 'map' cues[J]. The Journal of Experimental Biology, 2013, 216: 687-699.

[19] Nagy M, Akos Z, Biro D, et al. Hierarchical group dynamics in pigeon flocks[J]. Nature, 2010, 464(7290): 890-893.

[20] 段海滨, 邱华鑫. 基于群体智能的无人机集群自主控制 [M]. 北京: 科学出版社, 2018.

[21] 邱华鑫. 仿鸟群行为的多无人机编队协调自主控制 [D]. 北京: 北京航空航天大学, 2019.

[22] 赵建霞, 段海滨, 赵彦杰, 等. 基于鸽群层级交互的有人/无人机集群一致性控制 [J]. 2020, 54(9): 973-980.

[23] Duan H B, Xin L, Shi Y H. Homing pigeon-inspired autonomous navigation system for unmanned aerial vehicles[J]. IEEE Transactions on Aerospace and Electronic Systems, 2021, 57(4): 2218-2224.

[24] Zhang B, Duan H B. Three-dimensional path planning for uninhabited combat aerial vehicle based on predator-prey pigeon-inspired optimization in dynamic environment[J]. IEEE/ACM Transactions on Computational Biology and Bioinformatics, 2017, 14(1): 97-107.

[25] Zhang Y S, Huang H, Hao Z F, et al. Runtime analysis of pigeon-inspired optimizer based on average gain model[C]. Proceedings of 2019 IEEE Congress on Evolutionary Computation, Wellington, New Zealand, 2019: 1165-1169.

[26] Duan H B, Huo M Z, Shi Y H. Limit-cycle-based mutant multi-objective pigeon-inspired optimization[J]. IEEE Transactions on Evolutionary Computation, 2020, 24(5):948-959.

[27] Sun Y B, Liu Z J, Zou Y. Active disturbance rejection controllers optimized via adaptive granularity learning distributed pigeon-inspired optimization for autonomous aerial refueling hose-drogue system[J]. Aerospace Science and Technology, 2022, 124: 107528-1-16.

[28] Yu Y P, Liu J C, Wei C. Hawk and pigeon's intelligence for UAV swarm dynamic combat game via competitive learning pigeon-inspired optimization[J]. Science China Technological Sciences, 2022, 65: 1072-1086.

[29] Yuan Y, Duan H B. Active disturbance rejection attitude control of unmanned quadrotor via paired coevolution pigeon-inspired optimization[J]. Aircraft Engineering and Aerospace Technology, 2022, 94(2): 302-314.

[30] He H X, Duan H B. A multi-strategy pigeon-inspired optimization approach to active disturbance rejection control parameters tuning for vertical take-off and landing fixed-wing UAV[J]. Chinese Journal of Aeronautics, 2022, 35(1): 19-30.

[31] 谭营. 烟花算法引论 [M]. 北京: 科学出版社, 2015.

[32] 中国科学院生物物理研究所. 生物的启示: 仿生学四十年研究纪实 [M]. 北京: 科学出版社, 2008.

[33] Zhu S Q, Yu T, Xu T, et al. Intelligent computing: The latest advances, challenges and future[J]. Intelligent Computing, 2023, 0006.

[34] Duan H B, Li P. Bio-inspired Computation in Unmanned Aerial Vehicles[M]. Berlin, Heidelberg: Springer-Verlag, 2014.

[35] Duan H B, Wang X H. Echo state networks with orthogonal pigeon-inspired optimization for image restoration[J]. IEEE Transactions on Neural Networks and Learning Systems, 2016, 27(11): 2413-2425.

[36] Pei J X, Su Y X, Zhang D H. Fuzzy energy management strategy for parallel HEV based on pigeon-inspired optimization algorithm[J]. Science China Technological Sciences, 2017, 60(3): 425-433.

[37] Xu X B, Deng Y M. UAV power component-DC brushless motor design with merging adjacent-disturbances and integrated-dispatching pigeon-inspired optimization[J]. IEEE Transactions on Magnetics, 2018, 54(8): 1-7.

[38] Duan H B, Huo M Z, Yang Z Y, et al. Predator-prey pigeon-inspired optimization for UAV ALS longitudinal parameters tuning[J]. IEEE Transactions on Aerospace and Electronic Systems, 2019, 55(5): 2347-2358.

[39] Duan H B, Zhao J X, Deng Y M, et al. Dynamic discrete pigeon-inspired optimization for multi-UAV cooperative search-attack mission planning[J]. IEEE Transactions on Aerospace and Electronic Systems, 2021, 57(1): 706-720.

[40] Liu M, Feng Q, Fan D M, et al. Resilience importance measure and optimization considering the stepwise recovery of system performance[J]. IEEE Transactions on Reliability, 2022, 3196058.

[41] Duan H B, Lei Y Q, Xia J, et al. Autonomous maneuver decision for unmanned aerial vehicle via improved pigeon-inspired optimization[J]. IEEE Transactions on Aerospace and Electronic Systems, 2022, 3221691.

[42] 冯肖雪, 潘峰, 梁彦, 等. 群集智能优化算法及应用 [M]. 北京：科学出版社, 2018.

[43] 段海滨. 无人机集群应用前景广阔 [N]. 人民日报, 2022-7-13(15).

[44] 姜霞, 曾宪琳, 孙健, 等. 多飞行器的分布式优化研究现状与展望 [J]. 航空学报, 2021, 42(4): 524-551.